MINTUS – Beiträge zur mathematisch-naturwissenschaftlichen Bildung

Reihe herausgegeben von

Ingo Witzke, Mathematikdidaktik, Universität Siegen, Siegen, Deutschland

Oliver Schwarz, Didaktik der Physik, Universität Siegen, Siegen, Nordrhein-Westfalen, Deutschland

MINTUS ist ein Forschungsverbund der **MINT**-Didaktiken an der Universität Siegen. Ein besonderes Merkmal für diesen Verbund ist, dass die Zusammenarbeit der beteiligten Fachdidaktiken gefördert werden soll. Vorrangiges Ziel ist es, gemeinsame Projekte und Perspektiven zum Forschen und auf das Lehren und Lernen im MINT-Bereich zu entwickeln.

Ein Ausdruck dieser Zusammenarbeit ist die gemeinsam herausgegebene Schriftenreihe *MINTUS – Beiträge zur mathematisch-naturwissenschaftlichen Bildung*. Diese ermöglicht Nachwuchswissenschaftlerinnen und Nachwuchswissenschaftlern, genauso wie etablierten Forscherinnen und Forschern, ihre wissenschaftlichen Ergebnisse der Fachcommunity vorzustellen und zur Diskussion zu stellen. Sie profitiert dabei von dem weiten methodischen und inhaltlichen Spektrum, das MINTUS zugrunde liegt, sowie den vielfältigen fachspezifischen wie fächerverbindenden Perspektiven der beteiligten Fachdidaktiken auf den gemeinsamen Forschungsgegenstand: die mathematisch-naturwissenschaftliche Bildung.

Weitere Bände in der Reihe https://link.springer.com/bookseries/16267

Frederik Dilling · Felicitas Pielsticker ·
Ingo Witzke
(Hrsg.)

Neue Perspektiven auf mathematische Lehr-Lernprozesse mit digitalen Medien

Eine Auswahl grundlagenorientierter
und praxisorientierter Beiträge

 Springer Spektrum

Hrsg.
Frederik Dilling
Mathematikdidaktik
Universität Siegen
Siegen, Deutschland

Felicitas Pielsticker
Mathematikdidaktik
Universität Siegen
Siegen, Deutschland

Ingo Witzke
Mathematikdidaktik
Universität Siegen
Siegen, Deutschland

ISSN 2661-8060   ISSN 2661-8079   (electronic)
MINTUS – Beiträge zur mathematisch-naturwissenschaftlichen Bildung
ISBN 978-3-658-36763-3   ISBN 978-3-658-36764-0   (eBook)
https://doi.org/10.1007/978-3-658-36764-0

Die Deutsche Nationalbibliothek verzeichnet diese Publikation in der Deutschen Nationalbibliografie; detaillierte bibliografische Daten sind im Internet über http://dnb.d-nb.de abrufbar.

Planung/Lektorat: Marija Kojic
Springer Spektrum ist ein Imprint der eingetragenen Gesellschaft Springer Fachmedien Wiesbaden GmbH und ist ein Teil von Springer Nature.
Die Anschrift der Gesellschaft ist: Abraham-Lincoln-Str. 46, 65189 Wiesbaden, Germany

Vorwort

Dieser Band „Neue Perspektiven auf mathematische Lehr-Lernprozesse mit digitalen Medien – Eine Auswahl grundlagenorientierter und praxisorientierter Beiträge" stellt eine mathematikdidaktische Zusammenschau zum Einsatz digitaler Medien und Werkzeuge im Mathematikunterricht sowie in der Lehramtsausbildung Mathematik dar. Enthalten sind sowohl grundlagenorientierte Beiträge als auch reflektierte Praxisbeiträge von abgeschlossenen sowie laufenden Projekten. Dabei knüpft dieser Band an den im Mai 2020 erschienen Sammelband „Mathematische Lehr-Lernprozesse im Kontext digitaler Medien – Empirische Zugänge und theoretische Perspektiven" an und kann eine mögliche (Weiter)Entwicklung in unterschiedlichen Bereichen eines Mathematikunterrichts mit digitalen Medien und Werkzeugen darstellen.

Ziel des Sammelbandes ist es, Impulse für einen sinnvollen Einsatz digitaler Medien und Werkzeuge in Bezug auf mathematische und mathematikdidaktische Fragestellungen zu geben. Dies soll sowohl aus grundlagenorientierter, als auch aus praxisorientierter Perspektive erfolgen. Damit richtet sich das Buch an die fachdidaktische Wissenschaft – (Mathematik)Didaktiker*innen – als auch an Experten aus der Praxis – interessierte Mathematiklehrer*innen.

Die Autor*innen des Sammelwerks teilen eine positive Grundeinstellung zu den Möglichkeiten, die digitale Medien und Werkzeuge für den Mathematikunterricht entfalten können, wägen aber jeweils konstruktiv-kritisch ab, wann, wo und wie ein Einsatz einen fachinhaltlichen und fachdidaktischen Mehrwert ermöglichen kann.

Inhaltlich gehen die Autor*innen dabei z. B. auf konkrete Projekte wie „MINT-Pro^{2}Digi" und „DigiMath4Edu" ein, geben einen Überblick, z. B. über Erklärvideos, betrachten konkrete Lernumgebungen und Fallbeispiele z. B. in

Bezug auf Diagnose und Förderung und diskutieren Potentiale der Nutzung digitaler Werkzeuge und Medien für die Kompetenzentwicklung vom Problemlösen und Beweisen in verschiedenen mathematischen Kontexten. Digitale Medien und Werkzeuge kommen in den verschiedenen Beiträgen dabei zur Datenerhebung, Datenauswertung, als Lerngegenstand oder zur Vermittlung des mathematischen Lerninhalts vor. Dadurch erreicht der Sammelband eine gewissen Vielseitigkeit in den Zugängen. Diese Bandbreite wird unter spezifischen Fragestellungen diskutiert, um auch zukünftige relevante Fragen aufzuzeigen.

Das Sammelwerk beginnt mit einem Beitrag von *Eva Hoffart* und *Rebecca Schneider*, der die Chancen und Herausforderungen von Erklärvideos für den Mathematikunterricht aus einer theoretischen Perspektive auslotet. Der Beitrag von *Kevin Hörnberger* gibt einen Überblick über Tablet-Apps als Alternative zum grafikfähigen Taschenrechner in Nordrhein-Westfalen aus fachdidaktischer, unterrichtsorganisatorischer und schulpolitischer Perspektive.

Gero Stoffels und *Kathrin Holten* geben in ihrem Beitrag einen Einblick in das Projekt „MINT-Pro^{2}Digi" und gehen auf ein authentisches und projektorientiertes mathematisches Problemlösen in außerunterrichtlichen Kontexten ein.

Auf das Forschungs- und Entwicklungsprojekt „DigiMath4Edu" wird im Beitrag von *Frederik Dilling, Kevin Hörnberger, Magnus Reifenrath, Rebecca Schneider, Amelie Vogler* und *Ingo Witzke* eingegangen. Im Fokus dieses Beitrags stehen Fragen zur digitalen Transformation im Bildungsbereich mit besonderem Bezug zum Fach Mathematik.

Melanie Platz, Anna-Marietha Vogler und *Lukas Wachter* gehen in ihrem Beitrag auf den Einsatz digitaler Medien in substantiellen Lernumgebungen zum Beweisen in der Primarstufe ein und geben neben theoretischen Erörterungen viele praktische Beispiele.

Der Beitrag von *Gregor Milicic* betrachtet verschiedene Aufgabentypen für den Lehr-Lern-Prozess mit Algorithmen und präsentiert diese im Kontext einer AR-Anwendung zum Umgang mit Algorithmen. *Felicitas Pielsticker* und *Brigitta Marx* gehen im Beitrag „Das ist doch nicht fair, oder doch?" Fragestellungen in Bezug zur Bedeutungsaushandlung zum Fairnessbegriff in ausgewählten Fallbeispielen nach.

Der Beitrag von *Daniela Götze, Anne Rahn* und *Julia Stark* beschreibt konzeptionelles zum Design mathematikdidaktischer Apps und geht dabei darauf ein, wie mathematische Vorstellungen handlungsorientiert und digital gefördert werden können.

Paul Gudladt und *Simeon Schwob* betrachten in ihrem Beitrag Fallbeispiele zur konstruktiven und rekonstruktiven Betrachtung einer Diagnose und Förderung via Online-Meeting-Tools.

Der Beitrag von *Daniela Götze* und *Nicole Seidel* geht auf eine informelle Diagnostik mittels digitalem Eye Tracking ein und gibt Einblick in eine Fallanalyse zur Division.

Frederik Dilling beschreibt in seinem Beitrag mathematisches Lernen im Kontext virtueller Realitäten und beschreibt dabei eine Fallstudie zu Orthogonalprojektionen von Vektoren.

Der Beitrag von *Julian Sommer, Frederik Dilling* und *Ingo Witzke* bleibt mit einer Betrachtung von Potentialen der Virtual-Reality-Technologie für den Mathematikunterricht bei demselben Thema und geht konkret auf die App „Dreitafelprojektion-VR" ein.

Frederik Dilling, Florian Jasche, Thomas Ludwig und *Ingo Witzke* setzen den Fokus ihres Beitrags auf Augmented Reality und eine mögliche Erweiterung physischer Arbeitsmittel. Dabei geben die Autoren einen Einblick in die Entwicklung einer Anwendung zu dreidimensionalen Koordinatenmodellen aus fachdidaktischer sowie technischer Perspektive.

Der Beitrag von *Felicitas Pielsticker* und *Magnus Reifenrath* geht auf Zusammenhänge von Motivation und digitaler Herzfrequenzmessung ein. Dabei werden mathematische Wissensentwicklungsprozesse von Schüler*innen mithilfe einer quantitativ ausgerichteten Studie in den Blick genommen.

Jochen Geppert beschreibt in seinem Beitrag ein durch GeoGebra unterstütztes Problemlösen. Dabei halten insbesondere klassische geometrische Probleme Einzug in die Diskussion.

Letztlich betrachtet der Sammelwerkbeitrag von *Frederik Dilling* und *Amelie Vogler* mathematikhaltiges Programmieren mithilfe von Scratch. Dabei stehen konkrete Fragestellungen zu Problemlöseprozessen von Lehramtsstudierenden im Fokus der betrachteten Fallstudie.

Wir freuen uns, wenn auch dieser Band mit den zusammengetragenen Beiträgen vielfältige Einsichten in ein Lehren und Lernen mit Bezug zu digitalen Medien und Werkzeugen im Mathematikunterricht für den Leser oder die Leserin bereithält und weitere interessante Impulse für Forschung und Praxis geben kann. Wir wünschen viel Freude beim Lesen und Nachdenken und hoffen, dass wir auf nachfolgende Sammelwerke zu weiteren und neuen Themenbereichen neugierig machen können.

Siegen   Dr. Frederik Dilling
November 2021   Dr. Felicitas Pielsticker
                                                              Prof. Dr. Ingo Witzke

Inhaltsverzeichnis

Herausgeber- und Autorenverzeichnis

Frederik Dilling, Dr. Didaktik der Mathematik, Universität Siegen

Jochen Geppert, Dr. Didaktik der Mathematik, Universität Siegen

Daniela Götze, Prof. Dr. Institut für grundlegende und inklusive mathematische Bildung, Universität Münster

Paul Gudladt, Dr. Didaktik der Mathematik, Carl von Ossietzky Universität Oldenburg

Eva Hoffart, Dr. Didaktik der Mathematik, Universität Siegen

Kathrin Holten Didaktik der Mathematik, Universität Siegen

Kevin Hörnberger Didaktik der Mathematik, Universität Siegen

Florian Jasche Cyber-Physische Systeme, Universität Siegen

Thomas Ludwig, Jun.-Prof. Dr. Cyber-Physische Systeme, Universität Siegen

Birgitta Marx Didaktik der Mathematik, Universität Siegen

Gregor Milicic, Dr. Institut für Didaktik der Mathematik und der Informatik, Goethe-Universität Frankfurt

Felicitas Pielsticker, Dr. Didaktik der Mathematik, Universität Siegen

Melanie Platz, Prof. Dr. Lehrstuhl für Didaktik der Primarstufe – Schwerpunkt Mathematik, Universität des Saarlandes

Anne Rahn Didaktik der Mathematik, Universität Siegen

Magnus Reifenrath Didaktik der Mathematik, Universität Siegen

Simeon Schwob, Dr. Institut für grundlegende und inklusive mathematische Bildung, Westfälische Wilhelms-Universität Münster

Rebecca Schneider Didaktik der Mathematik, Universität Siegen

Nicole Seidel Institut für grundlegende und inklusive mathematische Bildung, Universität Münster

Julian Sommer Didaktik der Mathematik, Universität Siegen

Julia Stark Didaktik der Mathematik, Universität Siegen

Gero Stoffels, Dr. Didaktik der Mathematik, Universität Siegen

Amelie Vogler Didaktik der Mathematik, Universität Siegen

Anna-Marietha Vogler, Dr. Institut für Mathematik, Martin-Luther-Universität Halle-Wittenberg

Lukas Wachter Lehrstuhl für Didaktik der Primarstufe – Schwerpunkt Mathematik, Universität des Saarlande

Ingo Witzke, Prof. Dr. Didaktik der Mathematik, Universität Siegen

Abbildungsverzeichnis

**Ein Weg durch die bunte Welt der Lehr-Lern-Videos –
Mathematikdidaktische Perspektiven und Impulse für den Einsatz
in der Schule**

**WTR, GTR und CAS-Rechner als Auslaufmodell? –
Ein praxisorientierter Überblick über Tablet-Apps als
Alternative zum Taschenrechner in Nordrhein-Westfalen aus
schulorganisatorischer Sicht**

„Das ist doch nicht fair, oder doch?" – Bedeutungsaushandlung zum Fairnessbegriff mit 3D-Druck an ausgewählten Fallbeispielen

Mathematische Vorstellungen handlungsorientiert und digital fördern – Konzeptionelles zum Design mathematikdidaktischer Apps

**Diagnose und Förderung via Online-Meeting-Tools: Konstruktive
und rekonstruktive Betrachtungen anhand von Fallbeispielen**

**Informelle Diagnostik mittels digitalem Eye Tracking – Fallanalyse
am Beispiel der Division**

Mathematik Lernen in Virtuellen Realitäten – Eine Fallstudie zu Orthogonalprojektionen von Vektoren

Die App „Dreitafelprojektion VR" – Potentiale der Virtual Reality-Technologie für den Mathematikunterricht

Physische Arbeitsmittel durch Augmented Reality erweitern – Eine Fallstudie zu dreidimensionalen Koordinatenmodellen

**Mathematikhaltige Programmierumgebungen mit Scratch – Eine
Fallstudie zu Problemlöseprozessen von Lehramtsstudierenden**

Tabellenverzeichnis

**„Das ist doch nicht fair, oder doch?" – Bedeutungsaushandlung
zum Fairnessbegriff mit 3D-Druck an ausgewählten Fallbeispielen**

**Zusammenhänge von motivationalen und affektiven Aspekten
und digitaler Herzfrequenzmessung bei mathematischer
Wissensentwicklung beschreiben – Eine quantitative Studie**

Ein Weg durch die bunte Welt der Lehr-Lern-Videos – Mathematikdidaktische Perspektiven und Impulse für den Einsatz in der Schule

Eva Hoffart und Rebecca Schneider

Mittlerweile gehört der Einsatz von Lernvideos an Schulen und Hochschulen ebenso zum Alltag wie deren Nutzung durch Lernende auf YouTube (Brahme, 2015; Feierabend et al., 2017). In der mathematikdidaktischen Diskussion zeigt sich in den letzten Jahren und im Zuge der fortschreitenden Digitalisierung der zunehmende Trend, Videos in den Mathematikunterricht einzubinden. Um Lehr-Lern-Videos[1] gewinnbringend für das Mathematiklernen nutzen zu können, ist es das primäre Ziel dieses Beitrags, die wachsende Begriffsvielfalt rund um Lehr-Lern-Videos auszuschärfen, sowie Potentiale zu differenzieren. Mit Bezug zu tragfähigen Implikationen aus der mathematikdidaktischen Diskussion soll eine solide Grundlage geschaffen werden, die neben einem zielführenden Einsatz in der Schule auch weiterführende Forschungsaktivitäten zum Einsatz von Lehr-Lern-Videos im Mathematikunterricht erlaubt.

---

[1] Es wird bewusst der Begriff „Lehr-Lern-Video" verwendet, auf den in Abschn. 1.3. genauer eingegangen wird.

E. Hoffart (✉) · R. Schneider
Universität Siegen, Fak. IV/Didaktik der Mathematik, Siegen, Deutschland
E-Mail: hoffart@mathematik.uni-siegen.de

R. Schneider
E-Mail: schneider@mathematik.uni-siegen.de

© Der/die Autor(en), exklusiv lizenziert durch Springer Fachmedien
Wiesbaden GmbH, ein Teil von Springer Nature 2022
F. Dilling et al. (Hrsg.), *Neue Perspektiven auf mathematische Lehr-Lernprozesse mit digitalen Medien*, MINTUS – Beiträge zur mathematisch-naturwissenschaftlichen Bildung,
https://doi.org/10.1007/978-3-658-36764-0_1

1   Grundlegendes zum Artikel

1.1   Motivation und Intention

Bereits vor der pandemischen Situation ab dem Frühjahr 2020 wurde Lehr-Lern-Videos im Kontext des schulischen Lernens eine besondere Beachtung geschenkt. Mit den neu hinzukommenden Erfahrungen mit Unterricht in Wechselmodellen oder in vollständiger Distanz erfuhr der Einsatz von Lehr-Lern-Videos eine neue Prominenz im Kontext des schulischen Lernens (Oldenburg et al., 2020; Dorgerloh & Wolf, 2020). Die Autorinnen dieses Artikels wurden im vergangenen Jahr unabhängig voneinander und in den verschiedensten Kontexten immer wieder mit dem Thema der Lehr-Lern-Videos im Mathematikunterricht konfrontiert: In der Schulpraxis wurden Lehrkräfte förmlich mit Angeboten fertiger, teils kostenpflichtiger sowie kostenloser Lehr-Lern-Videos überhäuft, die sich nach Oldenburg et al. (2020) zu selten an grundlegende fachdidaktische Prinzipien orientieren. Auch berichteten Studierende in den Begleitveranstaltungen zum Praxissemester vermehrt von einem Einsatz Lehr-Lern-Videos in unterschiedlichsten Formaten an den Schulen. Ergänzt werden diese Erfahrungen durch ein stetig wachsendes Angebot (mathematischer) Lehr-Lern-Videos, die sich sowohl auf öffentlich zugänglichen Plattformen wie YouTube, aber auch auf Plattformen für Lehrer*innen sowie auf Plattformen einzelner Schulbuchverlage finden lassen.

Mit unserem Beitrag möchten wir auf Grundlage einer intensiven Recherche zu aktuellen Bemühungen im Bereich Lehr-Lern-Videos für den Mathematikunterricht eine Ordnung schaffen, die es erlaubt sowohl bestehende Forschungsanliegen als auch den praktischen Einsatz entsprechender Lehr-Lern-Videos zu strukturieren. Bewusst nehmen wir Abstand davon isolierte Best Practice-Beispiele aufzuzeigen. Vielmehr geht es um das Explizieren mathematikdidaktischer Potentiale sowie das sortierte Aufzeigen von Einsatzmöglichkeiten. Wir stützen unseren Vorschlag dabei auf bekannte und bewährte mathematikdidaktische Prinzipien, die durch gezielte Implikationen aus fachdidaktischen Grundlagen zum Einsatz digitaler Medien mit besonderem Blick auf den Mathematikunterricht unterstützt werden. Auf diese Weise soll deutlich werden, dass Videos mehr sein können als „Frontalunterricht mit minimaler Interaktion" (Oldenburg et al., 2020, S. 62). Dabei wird sich in diesem grundlegenden Artikel auf Lehr-Lern-Videos beim Mathematiklehren und -lernen im schulischen Kontext konzentriert. Weitere Einsatzbereiche wie Lehrerbildung, berufliche Ausbildung oder auch außerschulische Kontexte werden für diesen ersten theoretischen Zugang zunächst bewusst nicht weiter berücksichtigt.

1.2   Basale Einsatzszenarien

Ein gewinnbringender Einsatz von Lehr-Lern-Videos als eine Form digitaler Medien, setzt eine „inhaltlich sinnvolle[n] und didaktisch reflektierte[n]" Prüfung der intendierten Potentiale voraus (Platz, 2020, S. 30). Unter der Entfaltung des didaktischen Potenzials verstehen wir, dass sich eine Unterstützung der mathematischen Wissensentwicklungsprozesse der Schüler*innen einstellt, wobei hier (neue) Chancen für den mathematischen Lernprozess erwartbar sind.

Arnold und Zech (2019) beschreiben den Einsatz von Lehr-Lern-Videos als einen Baustein der Medienbildung und betonen die Verantwortlichkeit der Lehrenden für eine angemessene Einbindung in den Unterricht. Weiterführend beschreiben sie die grundsätzliche Nutzbarkeit auf zwei Ebenen, da „der von Lehrerin oder Lehrern vorgeführte Erklärfilm […] Lese-, Informations- und Rezeptionsmedium sein [kann], wohingegen der von der Schülerin/vom Schüler produzierte Erklärfilm Gestaltungs-, Kooperations-, Analyse-, Präsentations- und Visualisierungsmedium zugleich ist" (Arnold & Zech, 2019, S. 12 f.).

Somit können Lehr-Lern-Videos im (Mathematik)Unterricht einerseits als klassisches digitales Medium genutzt werden. Hier erfüllt es die ursprüngliche und im Begriff Medium verankerte Vermittlerrolle mit rezipierender Funktion. In der Praxis werden sie häufig dort verwendet, wo mathematische Inhalte in asynchronen Lernsituationen für Schüler*innen zur Verfügung gestellt werden sollen. Wenngleich hier das Distanzlernen als exemplarisches Einsatzgebiet genannt werden kann, können solche Videos auch in Präsenzformaten von besonderer Bedeutung sein. So kann der Einsatz in ausgewählten Fällen dazu beitragen individuelle Lernwege zu unterstützen, da die digital bereitgestellten Videos zu jeder Zeit abrufbar sind. Unter anderem wird so eine Einbindung in Stationenarbeiten oder Lerntheken ermöglicht. Darüber hinaus kann jederzeit wiederholt auf die Videos zurückgegriffen werden.

Werden die Schüler*innen hingegen aufgefordert, eigene Lehr-Lern-Videos zu produzieren, sind sie aktiv an dessen Entstehungs- und Konstruktionsprozess beteiligt. Aufgrund der dazu genutzten Apps oder Geräte ist das Lehr-Lern-Video dann im Sinne eines digitalen Werkzeuges zu betrachten. Neben einer fachlichen Einarbeitung in das Thema des Videos werden die Lernenden zudem mit den Anforderungen einer notwendigen Vereinfachung und Strukturierung des Themas sowie der Visualisierung und Versprachlichung konfrontiert (Arnold & Zech, 2019).

Die Einbindung von Lehr-Lern-Videos in den Mathematikunterricht kann also beide beschriebenen Ebenen abbilden und ist abhängig von der verfolgten Intention im (mathematischen) Lernprozess.

1.3   Begriffliche Verortung

Bei der Beschäftigung mit Veröffentlichungen und Publikationen zum Thema
wird schnell deutlich, dass eine Vielzahl von Begriffen, für die im Kontext
Unterricht einsetzbarer Filme vorhanden ist. Mit Erklärvideo, Video-Podcast,
Erklärfilm oder Entdeckerfilm seien hier nur einige verbreitete Beispiele genannt.
Für unsere weiteren Überlegungen nutzen wir den Begriff Lehr-Lern-Video, da
dieser Begriff unseres Erachtens sowohl aktive als auch rezeptive Einsatzszenarien im Mathematikunterricht umfasst und somit als Überbegriff für das im
Beitrag aufgespannte Feld gelten kann. In einem Lehr-Lern-Video werden zen-
trale (mathematische) Inhalte multimedial und unter besonderer Berücksichtigung
auditiver und visueller Komponenten aufbereitet, um (mathematische) Lehr-Lern-
Prozesse gezielt zu unterstützen. Ausgehend von diesem Überbegriff sollen im
weiteren Verlauf an der Intention orientierte Differenzierungen als Typen von
Lehr-Lern-Videos möglich sein (siehe Abschn. 4).

1.4   Lehr-Lern-Videos im Kontext Lernen mit Multimedia

Die Theorie der kognitiven Belastung, auch als Cognitive Load Theory (CLT)
bekannt, geht davon aus, dass Lernen stets mit kognitiver Anstrengung verbunden ist. Um Wissen zu erwerben, bedarf es der Konstruktion, der Erweiterung
oder der Umstrukturierung sogenannter Schemata. Dafür werden Kapazitäten
im Arbeitsgedächtnis benötigt, wobei die Verarbeitungskapazität des mensch-
lichen Arbeitsgedächtnisses beschränkt ist (Sweller et al., 2011). Die für das
Lernen kognitive Belastung setzt sich aus einer intrinsischen Belastung, die
von der Schwierigkeit des Lerngegenstandes bestimmt wird, und einer extrinsischen Belastung, die von der Qualität der Lernumgebung abhängt, zusammen. Es
wird angenommen, dass Lernprozesse nur gelingen können, wenn diese Gesamt-
belastung die Kapazität des Arbeitsgedächtnisses nicht überschreitet. „Gerade
im Bereich der digitalen Unterrichtsmedien wird diskutiert, inwiefern sich die
lernbezogenen kognitiven Ressourcen der Schülerinnen und Schüler durch lern-
förderliche Ansätze aktivieren und fokussieren lassen" (Hillmayr et al., 2017,
S. 6).

Erweitert werden die grundsätzlichen Annahmen der Cognitive Load Theory
(CLT) in der Kognitiven Theorie multimedialen Lernens nach Mayer (2009). Die
CTML (cognitive theory of multimedia learning) geht ergänzend davon aus, dass
auditive und visuelle Informationen in unterschiedlichen kognitiven Strukturen

verarbeitet werden. Darüber hinaus vertritt Mayer eine konstruktivistische Auffassung von Lernen, indem Lernen als aktiver Konstruktionsprozess neuer Wissensstrukturen auf Basis bestehender Wissensstrukturen verstanden wird (ebd.). Es werden drei kognitive Anforderungen betont, die bei einer kognitiven Verarbeitung an das verarbeitende Individuum gestellt werden: Die inhaltsbedingte kognitive Verarbeitung (essential kognitive processing) bezieht sich dabei auf die Auswahl und das Aktivhalten von Informationen im Arbeitsgedächtnis. Diese Belastung steigt mit dem Komplexitätsgrad des Lerninhalts. Die sachfremde kognitive Verarbeitung (extraneous kognitive processing) beschreibt den Umfang kognitiver Ressourcen, die durch gestalterische Elemente des Lernmaterials aufgewendet werden müssen. Die lernrelevante kognitive Verarbeitung (generative kognitive processing) bezieht sich auf alle Vorgänge, die zur Organisation und Integration von Wissen notwendig sind. Das Ziel besteht darin, „medienunterstützt die inhaltsbedingte kognitive Verarbeitung zu steuern" (Böhme et al., 2020, S. 4), um kognitiven Überlastungen vorzubeugen. So sollte die sachfremde kognitive Verarbeitung reduziert werden, damit ausreichend Ressourcen für die kognitive Verarbeitung zur Verfügung stehen und Lernen möglich wird (Hillmayr et al., 2017).

Nach Brame (2015) können aus der CLT sowie der CTML vier Empfehlungen abgeleitet werden, um die kognitive Belastung bei durch Lehr-Lern-Videos unterstützten Lernprozessen zu reduzieren:

1. **Signalisieren:** Wichtige Informationen werden hervorgehoben um sachfremde Verarbeitungen zu reduzieren und lernrelevante kognitive Verarbeitungen zu unterstützten. Hervorhebungen können zum Beispiel durch die Betonung von Schlüsselbegriffen oder durch den Einsatz von kontrastreichen Farben erreicht werden.
2. **Segmentieren:** Informationen werden in abgegrenzten Einheiten zusammengestellt, um die inhaltsbedingte kognitive Verarbeitung zu steuern und lernrelevante Verarbeitungsprozesse zu unterstützen. So sollte zum Beispiel die Videolänge sechs Minuten nicht überschreiten und auf die Verwendung von Kapiteln oder aktiven Elementen wie Fragen zum Weiterklicken geachtet werden.
3. **Reduzieren[2]:** Verzicht überflüssiger Informationen, um sachfremde kognitive Verarbeitungen zu reduzieren. So sollte zum Beispiel auf Musik oder komplexe Hintergründe im Video verzichtet werden.

---

[2] Übersetzung durch die Autoren. Brame verwendet hier den Begriff „weeding" was so viel bedeutet wie Unkraut jäten.

4. Modalitätspassung[3]: Komplementäre Verwendung des visuellen und auditiven Kanals, um Informationen zu vermitteln und die lernrelevante, kognitive Verarbeitung zu unterstützen. So könnten zum Beispiel Illustrationen und Erklärungen von Phänomenen in einem narrativen Stil präsentiert werden.

2 Bestandsaufnahme und eine erste Typisierung

Nach einer ersten inhaltlichen Verortung widmen wir uns im Folgenden einer Bestandsaufnahme zu (Forschungs)Aktivitäten zu Lehr-Lern-Videos. Bereits seit der letzten Dekade sind sowohl in der Didaktik der Mathematik als auch in benachbarten Wissenschaftsdisziplinen diverse (Forschungs)Aktivitäten zum Lernen und Lehren von Mathematik mit Lehr-Lern-Videos zu finden. In unserer Darstellung beziehen wir uns auf aktuelle Aktivitäten ab dem Jahr 2017. Aus dem vorliegenden Material heraus werden im Folgenden vier grundlegende Typen von Lehr-Lern-Videos unterschieden, die in Abschn. 4 zu einem umfassenden Überblick theoriebasierter Perspektiven auf Lehr-Lern-Videos im schulischen Kontext weiterentwickelt werden. Wir werden hierzu jeweils exemplarische Projekte beschreiben, die sich mit diesem Typ befassen, erheben jedoch zu keiner Zeit Anspruch auf Vollständigkeit über alle aktuellen Einzelaktivitäten.

Typ 1: Aufbereitung mathematischer Inhalte – „Man macht das so"
Mit Typ 1 werden Lehr-Lern-Videos gefasst, die ausgewählte mathematische Inhalte – häufig in Form von Regeln, Algorithmen oder Verfahren – für Schüler*innen aufbereiten (z. B.: Schriftliche Rechenverfahren, Regeln gängiger Aufgabenformate, usw.). Die Erstellung der Videos setzt dabei fachwissenschaftliche und fachdidaktische Grundlagen an den Beginn der Konzeption und stärkt damit den Fokus auf die wichtige Grundlage zur professionellen, fachdidaktischen Aufbereitung mathematischer Lerninhalte. Im Zentrum des Interesses steht damit die spezifische Aufbereitung des mathematischen Gegenstandes für Schüler*innen. Beispielhaft soll hier das Projekt „EViMath – Erklärvideos zu mathematischen Inhalten" von der Universität des Saarlandes genannt werden. In Zusammenarbeit mit Studierenden des Lehramts Mathematik für die Grundschule wurden

---

[3] Übersetzung durch die Autoren. Brame verwendet hier folgende Formulierung: „Matching modality: Using the Auditor and Visual Channels to convey complementary Information"(ebd., S. 3).

Lehr-Lern-Videos zu verschiedenen mathematischen Inhalten erstellt. Lehr-Lern-Videos werden dabei als digitale Lernformate verstanden, die „Lernenden alternative Zugänge zu mathematischen Inhalten ermöglichen, indem sie u. a. auf audiovisuelle Zugänge setzen" (Bierbrauer, n.d.). Mit dem Projekt ist eine direkte Verzahnung der Lehrerbildung mit der Schulpraxis intendiert, da eine frei zugängliche Datenbank mit hochwertigen Erklärvideos für den Einsatz in der Grundschule angedacht ist (https://www.math.uni-sb.de/lehramt/index.php/erklaervideos).[4]

Auch das Projekt LeViMM (Lernen mit Videopodcasts im Mathematikunterricht) der Universität Kassel ist hier anzuführen. In Zusammenarbeit mit verschiedenen Schulen (Primarbereich sowie Klasse 12) erstellen Studierende Lehr-Lern-Videos zu zentralen mathematischen Themen, welche dann an den Schulen zum Einsatz kommen sollen.[5] Weiterführende Informationen zum konkreten Einsatz in mathematischen Lehr-Lern-Situationen oder Reflexionen wurden bisher jedoch nicht veröffentlicht.

Typ 2: Aufbereitung von Bearbeitungswegen und Lösungszugängen – „Du kannst das so machen"

Während Lehr-Lern-Videos des Typ 1 grundlegende mathematische Inhaltsbereiche, Aufgabenformate oder Rechenwege für Schüler*innen aufbereiten, werden im Typ 2 konkrete Aufgabenstellungen präsentiert und Lösungsansätze oder gar vollständige Lösungswege für Schüler*innen nachvollziehbar aufgezeigt. Forschungs- und Entwicklungsaktivitäten zu diesem Typ 2 finden ebenfalls an der Universität des Saarlandes im Projekt StoMpS (Stop Motion Filme zu problemhaltigen Sachaufgaben) statt. In diesem Projekt erfolgt die Erstellung der Videos ausschließlich mit der Stop-Motion Technik. Mit dieser speziellen Filmtechnik wird durch die Aneinanderreihung diverser Einzelbilder unbewegter Motive die Illusion von Bewegung erzeugt. Im Projekt StoMpS (Stop Motion Filme zu problemhaltigen Sachaufgaben) werden Lösungszugänge und -wege zu problemhaltigen Sachaufgaben für Schüler*innen unterschiedlichster Voraussetzungen veranschaulicht. Mitgedacht wird

---

[4] Die aktuell 16 Lehr-Lern-Videos zu den mathematischen Inhaltsbereichen Arithmetik, Sachrechnen, Größen und Messen, Geometrie sowie Daten, Häufigkeit und Wahrscheinlichkeit sind unter dem folgenden Link verfügbar (Stand 31. Mai 2021): https://www.math.uni-sb.de/lehramt/index.php/erklaervideos.

[5] Unter dem folgenden Link sind 16 Videos aus dem Bereich Grundschule abzurufen: https://www.uni-kassel.de/fb10/institute/mathematik/arbeitsgruppen/didaktik-der-mathematik/prof-dr-rita-borromeo-ferri/levimm/grundschule (Stand 31. Mai 2021). Die 6 Videos für den Bereich Sekundarstufe sind unter diesem Link veröffentlicht: https://www.uni-kassel.de/fb10/institute/mathematik/arbeitsgruppen/didaktik-der-mathematik/prof-dr-rita-borromeo-ferri/levimm/sekundarstufe (Stand 31. Mai 2021).

hier auch die Idee, dass Schüler*innen weiterführend eigene Stop-Motion-Filme erstellen[6].

Solche digital präsentierten Aufgabenstellungen inklusive ihrer Bearbeitung können exemplarisch für analoge Aufgabenstellungen stehen und diese ergänzen. Schüler*innen können so unterstützt werden, geeignete Zugänge zu entsprechenden Aufgabenstellungen zunächst nachzuvollziehen, um sie perspektivisch selbstständig anzuwenden. Im Kontrast zu Typ 1 zeichnen sich Lehr-Lern-Videos Typ 2 durch die Ausrichtung an konkreten Aufgaben und Aufgabentypen sowie eine deutlich höhere Spezifität hinsichtlich der aufbereiteten Inhalte aus.

Typ 3: Aufbereitung mathematischer Inhalte mit Impulsen zur Aktion – „Mach mal"
Immer häufiger kommen Lehr-Lern-Videos mit interaktiven Elementen zum Einsatz, welche die Lernenden bewusst zu Aktivitäten oder Handlungen auffordern. Auf diese Weise können sowohl der Lernerfolg als auch die Aufmerksamkeit erhöht werden (Hubmann, 2016). Nach Lehner (2011) lassen sich hier interaktive Videos mit verzweigten Handlungssträngen und interaktive Videos mit bereitgestellten Zusatzinformationen unterscheiden. Als Beispiel sind hier die Entdeckerfilme der Technischen Universität Dortmund anzuführen. Diese Lehr-Lern-Videos sollen zu einem eigenständigen Erkunden, Beschreiben und Begründen mathematischer Gesetzmäßigkeiten anregen. Sie zeichnen sich durch diverse Interaktionsmöglichkeiten sowie die bewusste Integration im Rahmen mathematischer Lernumgebungen aus. Mathematische Sachverhalte und Gesetzmäßigkeiten sollen durch eine dynamische und ganzheitliche Darstellung die Entwicklung angemessener Grundvorstellungen fördern. Hierfür werden die Schüler*innen dazu angehalten ihre im Lehr-Lern-Video gemachten Entdeckungen zu verbalisieren und auch handelnd mit angemessenem Material darzulegen, wodurch ein bewusster Darstellungswechsel initiiert wird (Römer & Nührenbörger, 2018).

Als weiteres Beispiel sind die Mahiko-Kids Lernvideos des Deutschen Zentrums für Lehrerbildung Mathematik anzuführen. Ergänzend zu dem Angebot einer Vielzahl von Lehr-Lern-Videos werden hier erstmalig weiterführende Hinweise für einen mathematikdidaktisch sinnvollen Einsatz angeboten. Neben einer kurzen Nennung der Möglichkeiten im Präsenz- und Distanzunterricht werden die Merkmale der interaktiven Lehr-Lern-Videos in Abgrenzung zu „reinen" Erklärvideos skizziert. Hervorgehoben werden die Anregungen zu konkreten Aktivitäten,

---

[6] Eine Auswahl von zehn Stop-Motion-Filmen zu problemhaltigen Sachaufgaben aus dem Projekt StoMpS ist hier abrufbar: https://www.math.uni-sb.de/lehramt/index.php/sachau fgaben.

eine verständnisbasierte Erläuterung von Übungen, eine gezielte Nutzung technischer Vorteile sowie die Möglichkeiten zur Selbstkontrolle (siehe hierzu Deutsches Zentrum Lehrerbildung Mathematik, 2020).

Typ 4: Schüler*innen erstellen eigene Lehr-Lern-Videos – „Zeig mal"
Erstellen Schüler*innen eigene Lehr-Lern-Videos, werden nicht nur fachliche, sondern auch mediendidaktische Kompetenzen gefördert (Arnold & Zech, 2019; Medienberatung NRW; MSW NRW). Die Erstellung von Lehr-Lern-Videos durch Schüler*innen wird an der Technischen Hochschule Dortmund seit Anfang des Jahres in den Blick genommen (Kunsteller, 2021). Im Rahmen interviewbasierter Studien sollen Potentiale der Planung und Erstellung von Lehr-Lern-Videos durch Schüler*innen der dritten sowie vierten Jahrgangsstufe identifiziert und beschrieben werden. Im Fokus steht dabei das Erklären als mathematische Tätigkeit im Zusammenhang mit produktiven Aufgabenformaten.

In diesem Kapitel sollen auch die zur Verfügung stehenden Beurteilungsmaßstäbe für Lehr-Lern-Videos zumindest kurz erwähnt werden. Das von Fey (2017) entwickelte Augsburger Analyse- und Evaluationsraster (AAER) für analoge und digitale Bildungsmedien ist mit acht Dimensionen ein umfangreiches Kriterienraster zur Beurteilung von Lehr-Lern-Mitteln für einen kompetenzorientierten Unterricht und greift zahlreiche Perspektiven auf. Neben unterschiedlichen Unterrichtskonzepten und -theorien werden auch Konzepte des kompetenzorientierten Lehrens und Lernens oder die Möglichkeiten zur Einflussnahme auf Lernende berücksichtigt. Aufgrund dieser allgemeinen Ausrichtung des AAER konnte jedoch belegt werden, dass zahlreiche bedeutende Aspekte und Prinzipien der Mathematikdidaktik nicht erfasst werden können und für einen sinnvollen Einsatz von Lehr-Lern-Videos mathematikspezifischer Kriterien zwingend Berücksichtigung finden sollten (Balcke & Bersch, 2019). Marquadt (2020) stellt ein speziell für die Beurteilung von Lehr-Lern-Videos zu (Schul)Mathematik entwickeltes Kriterienraster vor. Anhand von 17 Merkmalen sowie 46 differenzierenden Kriterien soll im Sinne einer Checkliste eine Basis für weiterführende Überlegungen und Entscheidungen angeboten werden. Auch wenn sich auf fachdidaktische und fachmethodische Kriterien konzentriert wird, kritisieren Nutzer in der Anwendung den Umfang des Rasters sowie das Fehlen bedeutender fachdidaktischer Aspekte (Marquadt, 2020).

3   Zurück zu den Wurzeln – Mathematikdidaktische Prinzipien und Leitideen

Aus den bisherigen Ausführungen werden sowohl die Vielfalt der Lehr-Lern-Videos als auch die mögliche Bandbreite der Einsatzmöglichkeiten deutlich. Es wird nun eine Metaperspektive eingenommen, um eine Grundlage mathematik-didaktische Prinzipien und Leitideen erarbeiten zu können. Diese ermöglicht in einem nachfolgenden Schritt das Aufstellen einer erweiterten Typisierung von Lehr-Lern-Videos, um einen ersten Überblick über Einsatzmöglichkeiten, didaktische Funktionen und spezifische Elemente einzelner Typen zu erreichen.

„Unterrichts- oder didaktische Prinzipien sind Regeln für die Gestaltung und Beurteilung von Unterricht, die auf normativen Überlegungen einerseits und praktischen Unterrichtserfahrungen sowie empirischen Erkenntnissen andererseits aufbauen" (Scherer & Weigand, 2017, S. 38). Die nachfolgend aufgegriffenen mathematikdidaktischen Prinzipien stehen dabei in einer nicht-hierarchischen Ordnung nebeneinander. Eine Gewichtung der Prinzipien kann jeweils nur für den Einzelfall und somit im konkreten Planungsprozess einer Lerneinheit vorgenommen werden.

Wir möchten im Folgenden drei unseres Erachtens nach besonders zentrale Prinzipien aufgreifen, die sich konkret auf den Vorstellungsaufbau mathemati-scher Begriffe und Verfahren beziehen und orientieren uns dabei an den Vor-schlägen von Scherer und Weigand (2017), Krauthausen (2017) sowie Käpnick und Benölken (2020).

3.1   Entdeckendes Lernen und produktives Üben

Grundlegende Auffassung von Mathematik und Mathematiklernen im Prinzip des entdeckenden Lernens ist, dass Lernen als aktive und konstruktive Leistung des Individuums verstanden wird. Wittmann (1994) beschreibt „die Entstehung des Wissens im Lernenden als dessen aktive Konstruktion, d. h. als Resultat einer Wechselwirkung zwischen „innen" und „außen" [...] (Wittmann, 1994, S. 157). Winter (1984) unterstreicht ein wirkungsvolles Lernen von Mathematik durch eigene aktive Erfahrungen sowie selbstständige entdeckerische Unternehmungen (Winter, 1989).

Aus lerntheoretischer Sicht wird im Prinzip des entdeckenden Lernens davon ausgegangen, dass langfristige Lernerfolge auftreten, wenn der Lernende zentrale Einsichten in den Lerngegenstand gewinnt (Winter, 1989, S. 1). Auch aufgrund zusätzlicher affektiver Effekte wird aktiven Konstruktionsprozesse von Lernenden und den dadurch selbst entdeckten Inhalten eine höhere Behaltens- und Erinnerungsleistung zugeschrieben. Bestehendes Wissen wird durch das Erkennen von Gemeinsamkeiten mathematischer Strukturen sowie die Übertragung von Wissenselementen systematisch erweitert und womöglich zunächst isolierte Wissensbereiche zunehmend miteinander vernetzt (ebd.).

Eine besondere Rolle nimmt an dieser Stelle das Üben ein, welches hier als produktives Üben bezeichnet wird. Hengartner et al. (2006) definieren produktives Üben als ein Üben auf der Grundlage von Strukturen. Im Sinne des entdeckenden Lernens setzt sich der Lernende aktiv mit Aufgabenformaten auseinander, die so strukturiert sind, dass an ihnen ein spezifischer mathematischer Lernaspekt entdeckt werden kann. Üben und Entdecken sind dabei untrennbar miteinander verflochten.

3.2 Problemlösender Unterricht und Genetisches Prinzip

Ausgangspunkt von Lernprozessen im Sinne eines problemlösenden Unterrichts ist die Konfrontation des Lernenden mit einem für den individuellen Lernprozess geeigneten Problem, das nach Heinrich et al. (2015) als eine individuell schwierige Anforderung, deren Lösung nicht offensichtlich ist, verstanden werden soll. Es ist wichtig, dass der Lernende zur Problembearbeitung auf das eigene Vorwissen zurückgreift, es umstrukturieren kann und es auf eine neuartige Weise nutzt, um von der Ausgangslage der problemhaltigen Situation zum gewünschten Ergebnis zu gelangen.

Unter dieser Annahme werden zwei zentrale Typen problemlösender Aktivitäten im Mathematikunterricht unterschieden: Das Problemlösen kann als mathematikdidaktisches Prinzip eingesetzt werden, um möglichst tief greifende Wissensentwicklungsprozesse im Sinne des genetischen Prinzips zu initiieren. Mathematik ist nicht als „fertiges Wissen" lernbar. Folgt man der Idee eines problemlösenden Mathematikunterrichts als Unterrichtsprinzip, wird die „Genese mathematischer Begriffe" (Scherer & Weigand, 2017) als eine Entwicklung mathematischer Wissensstrukturen im Bearbeitungsprozess intendiert.

Als ausgewiesene prozessbezogene Kompetenz in den Bildungsstandards (KMK, 2003, 2004, 2012) zum Mathematikunterricht aller Jahrgangsstufen und Schulformen kann das Problemlösen zudem als eigenständiger Lernbereich gefasst werden. Der Fokus liegt dabei auf der Entwicklung einer Problemlösekompetenz, die sich durch einen gezielten Einsatz von Heurismen sowie

der Ausbildung eines zunehmend systematischeren Problemlöseprozesses zeigen. So werden heuristische Prinzipien, Strategien und Hilfsmittel selbst zum
Lerngegenstand.

Im Sinne des problemlösenden Unterrichts steht also die Initiierung individueller Problemlöseprozesse im Vordergrund, die mathematische Wissensentwicklungsprozesse nach dem genetischen Prinzip oder eine Entwicklung und
Einübung von Heurismen zum Ziel haben.

3.3   Das operative Prinzip

Eine zentrale Rolle des operativen Prinzips nimmt die Handlung an konkreten
Objekten ein. Dieses Prinzip ist auf die Theorie der Operation nach Piaget zurückzuführen und wurde durch Aebli weiterentwickelt (Krauthausen, 2017). Durch
gezielte Handlungen am Material sollen genau diese Handlungen verinnerlicht
werden, um letztlich auch abstrahiert als mentale Operationen verfügbar zu sein.
Für das Erreichen eines solchen Verständnisses reicht die Handlung als rein aus-
führende Aktion am Material nicht aus. Zudem ist die Einzelhandlung stets in
einen größeren Zusammenhang von Handlungen, die durch eine logische Struktur oder durch ein System von Beziehungen verbunden sind, eingebettet. Zentral
ist der Zusammenhang zwischen den möglichen Handlungen (Operationen) die
auf gegebene Objekte angewandt werden und den daraus resultierenden Wirkungen (Krauthausen, 2017; Wittmann, 1985). Für den Prozess der Verinnerlichung
beschreibt Aebli (1985) drei Stufen, denen ein fortschreitender Abstraktionsgrad
zugeschrieben wird. Nach der Arbeit mit konkreten Gegenständen, also der Handlung am realen Material, folgt eine Stufe des Operieren mit bildlich dargestellten
Gegenständen bevor diese in einer dritten Stufe durch Zeichen ersetzt werden,
die dann für das Individuum mit der Bedeutung des jeweiligen mathematischen
Begriffes gefüllt sind. Bei einem derartigen Vorstellungsaufbau mathematischer
Begriffe steht das Erkunden von Beziehungen zwischen realen Objekten sowie
der fortschreitende Abstraktionsprozess über einen empirischen Zugang zu formalen mathematischen Symbolen im Mittelpunkt. Das so empirisch erworbene
mathematische Wissen weist eine hohe ontologische Bindung auf, die es dem
Lernenden auch in der Weiterentwicklung des mathematischen Begriffs ermöglicht, Rückbezüge auf den konkreten Gegenstand, die konkrete Operation am
realen Material zu nehmen (Aebli, 1985).

4 Zusammenschau: Eine differenzierte Typisierung

Werden nun die in Abschn. 2 beschriebenen vier grundlegenden Typen von Lehr-Lern-Videos jeweils mit den in Abschn. 3 herausgestellten, zentralen didaktischen Prinzipien verbunden, spannt sich eine Matrix mit 12 Feldern auf. Tab. 1 bildet die jeweiligen Verknüpfungen als differenzierte Einsatzszenarien mit den damit verbundenen Intentionen ab.

Es zeigt sich, dass sich die einzelnen Felder der Matrix in kleinen, aber entscheidenden Feinheiten mit Blick auf die angestrebte Intention des Lehr-Lern-Videos unterscheiden. Das wird am Beispiel des bekannten Aufgabenformats Zahlenmauer im Folgenden expliziert. Ausgehend von den in den Spalten-überschriften angeordneten drei didaktischen Prinzipien werden die folgenden Aufgabenvorschläge weiterführend erläutert (Abb. 1):

Typ 1.1: „Man macht das so!"
Lehr-Lern-Videos Typ 1 verfolgen, wie in Abschn. 2 aufgezeigt, das Ziel mathematische Inhalte in Form von Regeln, Algorithmen oder Verfahren zu erklären. Im Vordergrund steht die Intention, Erklärungen anzubieten, die den Schüler*innen dann als abrufbares Wissen zur Verfügung stehen. Zentrale Elemente des Prinzips des entdeckenden Lernens oder produktiven Übens können damit nicht abgebildet

Tab. 1 Typenmatrix von Lehr-Lern-Videos im Mathematikunterricht

	Entdeckendes Lernen und produktives Üben (aktiv/konstruktiv)	Problemlösender Unterricht und Genetisches Prinzip (Wege zum Ziel)	Operatives Prinzip (Veränderungen und Zusammenhänge)
Typ 1 „Man macht das so!"	1.1 „Man macht das so!"	1.2 „Ich erkläre dir den Weg zum Ziel!"	1.3 „Ich zeige dir, was sich verändert und erkläre dir warum."
Typ 2 „Du kannst das so machen"	2.1 „Du kannst das so machen!"	2.2 Ich zeige dir einen möglichen Weg zum Ziel!"	2.3 „Ich zeige dir, was du verändern kannst."
Typ 3 „Mach mal!"	3.1 „Was hast du entdeckt?"	3.2 „Finde einen Weg zum Ziel!"	3.2 „Was passiert, wenn?"
Typ 4 „Zeig mal!"	4.1 „Zeig mal was du entdeckt hast!"	4.2 „Zeig mal deinen Weg zum Ziel!"	4.3 „Erkläre was passiert (und warum)!"

Exemplarisches Aufgabenbeispiel zu Intention 1.1 - 4.1	Exemplarisches Aufgabenbeispiel zu Intention 1.2 - 4.2	Exemplarisches Aufgabenbeispiel zu Intention 1.3 - 4.3
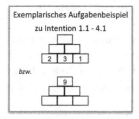		

Abb. 1 Exemplarische Aufgabenstellungen zur Explizierung der Intentionen zum Einsatz von Lehr-Lern-Videos

werden. Das Wissen über Rechenvorschriften oder Regeln für einen angemessenen Umgang mit Aufgabenformaten ist jedoch Voraussetzung, um in nach den Prinzipien des entdeckenden Lernens gestalteten Lernumgebungen arbeiten zu können.

Als Beispiel kann mit Blick auf das Aufgabenformat der Zahlenmauer ein Lehr-Lern-Video hergestellt werden, indem die Regel des Aufgabenformats – die Summe der Zahlen in zwei nebeneinanderliegenden Steinen wird in den darüberliegenden Stein eingetragen – audiovisuell dargestellt wird.

Typ 2.1: „Du kannst das so machen!"
Ein ähnlicher Konflikt ergibt sich bei der Kombination des Prinzips entdeckenden Lernens mit Lehr-Lern-Video Typ 2. In einem entsprechenden Video könnte hier ein konkreter Arbeitsauftrag zur Zahlenmauer für die Schüler*innen gestellt, gleichzeitig aber auch ein vollständiger Bearbeitungs- und Lösungsweg aufgezeigt werden. Der Fokus liegt deutlich auf dem Angebot eines möglichen Lösungswegs, den die Schüler*innen im Anschluss selbstständig auf weitere konkrete Aufgabenstellungen übertragen können. Während die Intention eines Lehr-Lehr-Videos Typ 1.1 in der Erklärung und Visualisierung der grundsätzlichen Regel des Aufgabenformats Zahlenmauer im Sinne von abgegrenzten Regeln und Verfahren liegt (siehe Abschn. 2), wird in der Intention eines Lehr-Lern-Videos Typ 2.1 ausgehend von einer konkreten Aufgabenstellung ein möglicher Weg zur Lösung angeboten. Das Prinzip des entdeckenden Lernens wird auch hier vorbereitend aufgegriffen, indem eine Basis für anschließende Aktivitäten der Schüler*innen gelegt wird, anhand derer weitere, eigene Entdeckungen initiiert werden können.

Typ 3.1: „Was hast du entdeckt?"
Eine besonders geeignete Kombination ergibt sich in der Intention 3.1, bei der Lehr-Lern-Videos des Typ 3 mit dem didaktischen Prinzip des Entdeckenden Lernens

verbunden werden. Lehr-Lern-Videos Typ 3.1 zeichnen sich durch einen zielgerichteten Anstoß zur aktiven Auseinandersetzung mit dem angestrebten mathematischen Gegenstand aus.

In unserem Beispiel zum Aufgabenformat der Zahlenmauern könnten Schüler*innen durch ein Video dazu aufgefordert werden, systematische Veränderungen an Basissteinen der Zahlenmauer vorzunehmen und die damit einhergehenden Veränderungen des Zielsteins zu beschreiben. Symbolisiert wird das durch Aufforderung im Video wie „Probiere mal!" und der dem weiterführenden Impuls „Was hast du entdeckt?". Im Unterschied zu Lehr-Lern-Videos Typ 1.1 und Typ 2.1 wird hier konkret und direkt, als Teil des Videos, dazu aufgefordert, eigene Entdeckungen durch eine aktive Auseinandersetzung mit dem Lerngegenstand zu machen und auch zu beschreiben.

Typ 4.1: „Zeig mal, was du entdeckt hast!"
Erstellen Schüler*innen selbst Lehr-Lern-Videos Typ 4.1 zu einem mathematischen Gegenstand, ist ein mathematischer Lernprozess vorausgegangen, der auf diversen Aktivitäten und Entdeckungen beruht. Diese werden dann zum Inhalt des selbst erstellten Lehr-Lern-Videos. Haben die Schüler*innen zum Beispiel die Veränderungen von Basissteinen mit ihren Auswirkungen auf den Zielstein untersucht, können die entdeckten Veränderungen systematisiert und audiovisuell beschrieben werden.

Typ 1.2: Ich erkläre dir den Weg zum Ziel!
Aus der Verbindung von Lehr-Lern-Videos Typ 1 und dem didaktischen Prinzip des Problemlösens ergibt sich die audio-visuelle Bereitstellung fertiger Erklärungen von Lösungswegen oder Verfahren zu Aufgabenstellungen, zu denen die Schüler*innen auf keinen direkten Lösungsweg zurückgreifen (können). Im Vordergrund steht also eine Vorstellung und Erklärung von isolierten Heurismen mit dem Ziel, dass diese im Anschluss an geeigneter Stelle in Problemlöseprozessen eingesetzt werden können.

Nehmen wir als Beispiel den Heurismus des Rückwärtsarbeitens, der anhand unseres exemplarischen Beispiels der Zahlenmauern erklärt werden soll. Ein Lehr-Lern-Video Typ 1.2 hätte es dann beispielsweise zum Ziel, das Rückwärtsarbeiten in einer Zahlenmauer mit vorgegebenem Deckstein zu erklären. Um eine solche Zahlenmauer zu füllen, kann ausgehend von der vorgegebenen Zahl im Deckstein rückwärts gearbeitet werden, um eine mögliche Zerlegung dieser Zahl zu generieren, die in die darunterliegenden Steine eingetragen werden kann. Um die Idee der heuristischen Strategie angemessen vorzustellen, kann es sinnvoll sein, unterschiedliche Zahlen in den Decksteinen und auch Zahlenmauern mit unterschiedlich vielen Ebenen zu nutzen.

Typ 2.2: „Ich zeige dir einen möglichen Weg zum Ziel!"

Ziel des Einsatzes eines Videos Typ 2.2 ist es, einen möglichen Weg zur vollständigen Problembearbeitung zu finden. Im Fokus steht das Aufzeigen eines möglichen,
aber nun vollständigen Lösungswegs mit all seinen Bearbeitungsschritten. Im Unterschied zu Typ 2.1 geht es hier nun nicht um einen isolierten Heurismus, sondern
um dessen Einbindung in den gesamten Bearbeitungs- und Denkprozess. Wird
erneut das Beispiel einer Zahlenmauer mit vorgegebenem Deckstein, im oben
abgebildeten Beispiel 10, herangezogen, kann ein Lehr-Lern-Video das Finden
aller hier möglichen Zahlenmauern thematisieren. Unter Einbeziehung der heuristischen Strategie Rückwärtsarbeiten lässt sich im Video die schrittweise und
systematische Zerlegung der Zahlen anschaulich in Bild und Wort erläutern. Während also für Lehr-Lern-Videos Typ 2.1 ein einzelner Heurismus fokussiert und
erklärt wird, betrachten Lehr-Lern-Videos Typ 2.2 vollständige Lösungsprozesse zu
konkreten Aufgabenstellungen und zeigen einen sinnvollen Einsatz von Heurismen
exemplarisch auf.

Typ 3.2: Finde einen Weg zum Ziel!

Aus der Kombination von Lehr-Lern-Videos Typ 3 und dem didaktischen Prinzip des Problemlösens ergeben sich Lehr-Lern-Videos, die Schüler*innen durch
eine geeignete Präsentation einer Problemstellung inklusive einem auffordernden
Impuls zu eigenständigen Problemlöseprozessen anregen. Lösungswege sowie der
Einsatz spezieller Heurismen werden in Lehr-Lern-Video Typ 3.2 jedoch nicht
vorgeschlagen oder vorgegeben.

Auch hier lässt sich erneut das Beispiel einer Zahlenmauer mit vorgegebenem
Deckstein 10 anführen. Während ein Lehr-Lern-Video Typ 2.2 einen vollständigen
Bearbeitungsweg zeigt, erhalten die Schüler*innen hier jedoch lediglich den Auf-
trag, alle möglichen dreistöckigen Zahlenmauern mit Deckstein 10 zu finden, ohne
einen konkreten Bearbeitungszugang anzubieten. Neben der Möglichkeit rückwärts
zu arbeiten sind dann zum Beispiel auch Zugänge über das systematische Probieren
denkbar.

Typ 4.2: „Zeig mal deinen Weg zum Ziel!"

Lässt man Schüler*innen eigene Lehr-Lern-Videos mit der Leitidee des Problemlösens erstellen, so werden darin die eigenen Wege zur Problemlösung dargestellt.
Problemlöseprozesse werden dadurch in Eigenaktivität tief greifend reflektiert,
um diese für andere verständlich und nachvollziehbar aufzubereiten. In Anlehnung an die Ausführungen zu Lehr-Lern-Videos der Intention 4.1 entstehen Videos
der Intention 4.2 im Nachgang zu einem abgeschlossenen Problemlöseprozess.

Die Schritte sowie die Überlegungen des eigenen Lösungswegs im Sinne einer Ergebnispräsentation werden audio-visuell aufbereitet und dargestellt.

Typ 1.3: „Ich zeige dir, was sich verändert und erkläre dir, warum"
Mit der Verbindung von Lehr-Lern-Videos Typ 1 und dem operativen Prinzip wird das Ziel verfolgt mathematische Zusammenhänge aufzuzeigen und zu erklären, welche Veränderungen sich daraus ergeben bzw. wie sich diese erklären lassen. In solchen Videos wird der Blick auf mathematische Beziehungen und Zusammenhänge gelenkt, um gerade diese zu erkennen sowie sie beschreiben und erklären zu können.

In einem Lehr-Lern-Video Typ 1.3 kann zum Beispiel anhand einer Zahlenmauer mit drei verschiedenen Basissteinen gezeigt werden, welche Auswirkung eine veränderte Reihenfolge der Zahlen in den Basissteinen auf die Zahlenmauer darstellt. Anhand der ausführlichen und schrittweisen Darstellung der Veränderungen im Video, wird die mathematische Beziehung der Zahlen in den Mauersteinen auf Basis der Regel zur Zahlenmauer fokussiert. Ziel ist es dann, Schüler*innen die Zusammenhänge zwischen den Zahlen einer Zahlenmauer offen zu legen und Erklärungen für die Veränderungen sowie deren Auswirkungen auf weitere Zahlen verständlich bereitzustellen.

Typ 2.3: „Ich zeige dir, was du verändern kannst"
Im Unterschied zu Lehr-Lern-Videos Typ 1.3 geben Lehr-Lern-Videos Typ 2.3 Anreize und Hinweise zu möglichen Veränderungen in einem Aufgabenformat oder einer konkreten Aufgabenstellung. Die durch ein entsprechendes Video angeregten Veränderungen werden so ausgewählt, dass Zusammenhänge zwischen den Objekten möglichst gut erkennbar werden. Ziel ist es Möglichkeiten zur (systematischen) Veränderung aufzuzeigen, sodass Schüler*innen eine Chance auf möglichst zentrale Einsichten in den Lerngegenstand zu erhalten.

In unserem Beispiel könnte systematisch aufgezeigt werden, wie die Basissteine in einer Zahlenmauer verändert werden können, sodass die Schüler*innen auf dieser Grundlage die sich daraus ergebenden Veränderungen der weiteren Steine der Zahlenmauer erkennen (und im Idealfall beschreiben und erklären) können. Hier ist denkbar, zu vorgegebenen Basiszahlen alle möglichen Reihenfolgen zu initiieren oder auch die systematische Erhöhung einzelner Basissteine anzuregen. Es wird also aufgezeigt, welche Elemente verändert werden können und wie sie verändert werden können, sodass Schüler*innen neue Ideen zu eigenen Handlungsmöglichkeiten erhalten.

Typ 3.3: Was passiert, wenn?

Lehr-Lern-Videos der Kombination von Typ 3 und dem operativen Prinzip haben die Intention, gezielt zentrale Zusammenhänge zwischen Elementen in einem gegebenen Aufgabenformat oder einer gegebenen Aufgabenstellung zu fokussieren, während gleichzeitig ein möglichst großer Handlungsspielraum für das Vornehmen von Veränderungen gelassen wird. Ein Lehr-Lern-Video dieser Intention gibt Anreize, um Veränderungen vorzunehmen ohne dabei die Art, Reihenfolge oder Systematik einer Veränderung vorzugeben. Im Unterschied zu Lehr-Lern-Videos Typ 2.3 bleibt die Spezifität der Veränderungen also den Schüler*innen überlassen und lässt somit einen größeren Spielraum für individuelle Zugänge. Gerahmt werden entsprechend angeregte Aktivitäten durch eine Fragestellung der Art „Was passiert, wenn?", womit die vorgenommene(n) Veränderung(en) und deren Auswirkungen fokussiert werden.

Typ 4.3: „Erkläre was passiert und warum"

Erstellen Schüler*innen selbst Videos im Sinne des operativen Prinzips, so besteht die Aufforderung darin, Veränderungen sowie deren Auswirkungen und (im Idealfall) auch Begründungen für diese Veränderungen nachvollziehbar aufzubereiten. Analog zu den für Lehr-Lern-Videos Typ 4.2 formulierten Zielen werden auch hier intensive Reflexionsprozesse über den Lerngegenstand als auch sorgfältig ausgewählte Darstellungsformen der Erkenntnisse über Zusammenhänge zwischen Elementen des Gegenstandes angeregt.

Für unser exemplarisches Beispiel Zahlenmauer könnten Schüler*innen in einem Video also sowohl auf die Möglichkeiten zur Veränderung eingehen als auch deren Auswirkungen aufzeigen, beschreiben und begründen.

5   Implikationen zum Potential von Lehr-Lern-Videos

Mit Bezug zu der nun entstandenen Matrix wird festgehalten, dass zentrale Tätigkeiten im Mathematikunterricht sich dadurch auszeichnen, dass sie eine aktive und tief greifende Auseinandersetzung der Schüler*innen mit dem mathematischen Gegenstand fordern. Barzel und Schreiber (2017) unterscheiden vier didaktische Funktionen im Lehr-Lern-Prozess, die zur Kategorisierung des Mehrwerts digitaler Medien verwendet werden: Entdecken und Erkunden, Präsentieren und Kommunizieren, Reflektieren und Kontrollieren sowie Diagnostizieren und Fördern. Diese Funktionen werden nachfolgend mit einem besonderen Blick auf Lehr-Lern-Videos dargestellt. In Verbindung mit denen in Abschn. 4 angebotenen differenzierenden Typen von Lehr-Lern-Videos können die möglichen Intentionen des Einsatzes mit konkreten Impulsen für den Planungsprozess verknüpft werden.

5.1 Entdecken und Erkunden mit Lehr-Lern-Videos

Entdeckungs- und Erkundungsprozesse mathematischer Phänomene können sinnvoll unterstützt werden, indem die Aufmerksamkeit der Schüler*innen auf den für die Entdeckung zentralen Aspekt fokussiert wird. In Lehr-Lern-Videos können Darstellungen sowohl synchronisiert als auch vernetzt verwendet werden, da aufeinander abgestimmte Darstellungen zeitgleich und räumlich kompakt angeboten werden können (Rink & Walter, 2020, S. 20). Auch lassen sich die mathematischen Phänomene nicht nur visualisieren, sondern können auditiv ergänzt werden. Strukturierungen, Transformationen und die Auswirkung bestimmter Größen und Zusammenhänge werden so hervorgehoben und können vom Lernenden genauer untersucht werden. Eine andere Form der Unterstützung ergibt sich durch eine einfache Generierung von großen Anzahlen, Termen oder geometrischen Zeichnungen, die weiterführend nach bestimmten Merkmalen untersucht werden können (Barzel & Schreiber, 2017).

5.2 Präsentieren und Kommunizieren mit Lehr-Lern-Videos

Ein anerkanntes Potential digitaler Medien liegt in den erweiterten Möglichkeiten von Präsentations- und Kommunikationsprozessen durch spezifische Präsentationssoftware und -hardware (Barzel & Schreiber, 2017). Mit Blick auf Lehr-Lern-Videos ist die Verbindung von Ton-, Wort- und Bildelementen zu betonen, die zudem statisch oder auch dynamisch umgesetzt werden kann (ebd.). Nehmen Schüler*innen ihre Bearbeitungsprozesse oder auch Prozesse des Erkundens und Entdeckens als Lehr-Lern-Video auf, erweitern sich die Möglichkeiten zur Organisation und Umsetzung von Präsentations- und Kommunikationsprozessen. Die entstandenen Aufnahmen können anschließend weiterbearbeitet werden, in dem gezielt und reflektiert zusätzliche sprachliche oder visuelle Elemente ergänzt werden.[7]

---

[7] Ein Überblick zu verschiedenen (technischen) Formen von Lehr-Lern-Videos mit hilfreichen Einschätzungen von Vor- und Nachteilen sowie Hinweisen und Tipps zu Soft- und Hardware ist in Arnold/Zech (2019) zu finden.

5.3   Reflektieren und Kontrollieren mit Lehr-Lern-Videos

Impulse zum Reflektieren und Kontrollieren werden als essentiell für Lernprozesse verstanden und gehören in weitestgehend alle Phasen des Lernprozesses
(Barzel & Schreiber, 2017, S. 209). Dabei geht es im Sinne des hier verfolgten Mathematikunterrichts nicht um eine reine Ergebniskontrolle, sondern
um die „reflektierte Nutzung von Kontrollmöglichkeiten" (KMK, 2012). Der
Einsatz von Lehr-Lern-Videos kann hier dazu dienen dezentral und asynchron
sinnvolle Reflexions- und Kontrollmöglichkeiten zum aktuellen Themengebiet
bereitzuhalten. Damit wird es ermöglicht, eigene Lösungswege zu reflektieren, zu modifizieren und mit Blick auf die mathematischen Zusammenhänge
selbstständig zu überprüfen.

5.4   Diagnostizieren und Fördern mit Lehr-Lern-Videos

Barzel und Schreiber (2017) beziehen sich bei dieser Funktion ausschließlich
auf den Einsatz spezieller digitaler Medien zur Ermittlung von Lernständen und
den daraus abzuleitenden Fördermaßnahmen. Der Einsatz von Lehr-Lern-Videos
im Sinne des Diagnose- und Fördergedankens kann völlig neue Perspektiven
eröffnen. Schüler*innen können bei der Erstellung eigener Lehr-Lern-Videos zu
einem ausgewählten Themenbereich und den dabei notwendigen Aushandlungsprozessen von der Lehrkraft durch eine gezielte Beobachtung begleitet werden.
Daraus resultiert die Chance einer prozessorientierten, individuellen und qualitativ orientierten Diagnose. Gleichzeitig eröffnet die Erstellung von Erklärvideos
durch Schüler*innen bei angemessener Formulierung und Ausgestaltung des
Arbeitsauftrages ein natürlich differenzierendes Aufgabenformat.

6   Fazit

Je nach Intention zum Einsatz eines Lehr-Lern-Videos im Mathematikunterricht konnten zwölf differenzierte Typen von Lehr-Lern-Videos herausgearbeitet werden. Die Intentionen ergeben sich dabei aus vier grundlegenden Typen, die auf einer umfangreichen Recherche zu aktuellen Aktivitäten im Bereich Lehr-Lern-Videos im Mathematikunterricht basieren sowie einer theoriebasierten Auswahl zentraler, didaktischer Prinzipien und Leitideen zum Lehren und Lernen von Mathematik in der Schule. In dieser Typisierung und der Ausformulierung der Intentionen zeigt sich die Bandbreite von gewinnbringenden, didaktischen Funktionen vom Lehr-Lern-Videos, die aktuell insbesondere in der Schulpraxis noch zu wenig Beachtung finden. Wir möchten betonen, dass die hier herausgestellten Typen mit ihren Intentionen weder der Lehrkraft in der Praxis noch dem Forscher Entscheidungen zur Aufbereitung, Gestaltung oder Ausrichtung eines Lehr-Lern-Videos abnehmen können oder sollen. Die abschließende Entscheidung über den Einsatz obliegt selbstverständlich immer der Lehrkraft. Im Sinne einer methodischen Erweiterung kann ein auf Grundlage des Lernziels ausgewähltes und eingesetztes Lehr-Lern-Video den mathematischen Lernprozess konstruktiv jedoch maßgeblich unterstützen. Genutzt werden können für die Konkretisierung die in Abschn. 5 aufgeführten Implikationen zu den Funktionen der Lehr-Lern-Videos als digitale Medien.

Die Anwendung der im Beitrag entwickelte Matrix zur Typisierung von Lehr-Lern-Videos wird zukünftig in forschungsorientierten Aktivitäten an der Universität erprobt werden, sodass aufgrund der Ergebnisse weitere Überlegungen und Modifikation abgeleitet werden können.

Literatur

Aebli, H. (1985). Das operative Prinzip. *mathematik lehren* (11), 4–6.

Arnold, S., & Zech, J. (2019). *Kleine Didaktik des Erklärvideos – Erklärvideos für und mit Lerngruppen erstellen und nutzen.* Bildungshaus Schulbuchverlage.

Balcke, D., & Bersch, S. (2019). Mathematik lernen mit Open Educational Resources (OER): Exemplarische Analysen von Angeboten der Serlo-Lernplattform. In E. Matthes, T. Heiland, & A. von Proff (Hrsg.), *Open Educational Resources (OER) im Lichte des Augsburger Analyse- und Evaluationsrasters (AAER): Interdisziplinäre Perspektiven und Anregungen für die Lehramtsausbildung und Schulpraxis* (S. 93–107). Bad Heilbrunn.

Barzel, B., & Schreiber, C. (2017). Digitale Medien im Unterricht. In M. Abshagen, B. Barzel, T. Riecke-Baulecke, B. Röcken-Winter, & C. Selter (Hrsg.), *Basiswissen Lehrerbildung: Mathematik unterrichten* (S. 200–215). Seelze.

Bierbrauer, C. (n.d). *Erklärvideos zu mathematischen Inhalten.* Verfügbar unter https://www.math.uni-sb.de/lehramt/index.php/erklaervideos.

Böhme, R., Munse-Kiefer, M., & Prestige, S. (2020). Lernunterstützung mit digitalen Medien in der Grundschule. Theorie und Empirie zur Wirkweise zentraler Funktionen und Gestaltungsmerkmale. *Zeitschrift für Grundschulforschung, 13,* 1–14.

Brame, C. J. (2015). Effective educational videos. http://cft.vanderbilt.edu/guides-sub-pages/effective-educational-videos/.

Deutsches Zentrum Lehrerbildung Mathematik. (2020). Einsatz der Mahiko-Kids Lernvideos. https://mahiko.dzlm.de/sites/mahiko/files/uploads/1_schuljahr/zum_einsatz_der_mahiko-kids-_lernvideos_neu.pdf.

Dorgerloh, S., & Wolf, K. (2020). *Lehren und Lernen mit Tutorials und Erklärvideos.* Beltz.

Feierabend, S., Plankenhorn, T., & Rathgeb, T. (2017). *FIM-Studie 2016. Familie, Interaktion, Medien. Untersuchung zur Kommunikation und Mediennutzung in Familien.* Stuttgart. https://www.mpfs.de/fileadmin/files/Studien/FIM/2016/FIM_2016_PDF_fuer_Website.pdf.

Fey, C. (2017). Das Augsburger Analyse- und Evaluationsraster für analoge und digitale Bildungsmedien. Eine Einführung. In C. Fey, & E. Matthes (Hrsg.), *Das Augsburger Analyse- und Evaluationsraster für analoge und digitale Bildungsmedien (AAER). Grundlegung und Anwendungsbeispiele in interdisziplinärer Perspektive* (S. 15–46). Julius Klinkhardt.

Heinrich, F., Bruder, R., & Bauer, C. (2015). Problemlösen lernen. In R. Bruder, L. Hefendehl-Hebeker, B. Schmidt-Thieme, & H.-G. Weigand (Hrsg.), *Handbuch der Mathematikdidaktik* (S. 279–302). Springer Spektrum.

Hengartner, E., Hirt, U., & Wälti, B. (2006). *Lernumgebungen für Rechenschwache bis Hochbegabte: Natürliche Differenzierung im Mathematikunterricht.* Klett.

Hillmayr, D., Reinhold, F., Ziernwald, L., & Reis, K. (2017). *Digitale Medien im mathematisch-naturwissenschaftlichen Unterricht der Sekundarstufe. Einsatzmöglichkeiten, Umsetzung und Wirksamkeit.* Waxmann. https://www.waxmann.com/index.php?eID=download&buchnr=3766.

Hubmann, M. (2016). Interaktive Lernvideos im Mathematikunterricht. (iplomarbeit). Technische Universität Graz. https://diglib.tugraz.at/download.php?id=582ed24817c26&location=browse.

Käpnick, F., & Benölken, R. (2020). *Mathematiklernen in der Grundschule.* Springer Spektrum. https://doi.org/10.1007/978-3-642-37962-8.

Kultusministerkonferenz (Hrsg.). (2003). *Beschlüsse der Kultusministerkonferenz: Bildungsstandards im Fach Mathematik für den Mittleren Bildungsabschluss.* Beschluss vom 04.12.2003. https://www.kmk.org/fileadmin/veroeffentlichungen_beschluesse/2003/2003_12_04-Bildungsstandards-Mathe-Mittleren-SA.pdf.

Kultusministerkonferenz (Hrsg.). (2004). *Beschlüsse der Kultusministerkonferenz: Bildungsstandards im Fach Mathematik für den Primarbereich.* Beschluss vom 15.10.2004. https://www.kmk.org/fileadmin/veroeffentlichungen_beschluesse/2004/2004_10_15-Bildungsstandards-Mathe-Primar.pdf.

Kultusministerkonferenz (Hrsg.). (2012). *Beschlüsse der Kultusministerkonferenz: Bildungsstandards im Fach Mathematik für die Allgemeine Hochschulreife.* Beschluss vom 18.10.2012. Verfügbar unter https://www.kmk.org/fileadmin/veroeffentlichungen_beschluesse/2012/2012_10_18-Bildungsstandards-Mathe-Abi.pdf.

Krauthausen, G. (2017). *Einführung in die Mathematikdidaktik*. Spektrum.

Kunsteller, J. (2021). *Kinder erstellen Erklärvideos für andere Kinder – Potenziale beim Entdecken operativer Beziehungen*. Beitrag präsentiert auf der PriMaMedien Sommertagung 2021. Abstract zum Vortrag verfügbar unter https://pri-ma-medien.de/blog/2021/m%C3%A4rz/primamedien-sommertagung-2021-%E2%80%93-tagungsprogramm.

Lehner, F. (2011). Interaktive Videos als neues Medium für das eLearning. *HMD Praxis der Wirtschaftsinformatik*, *48*, 51–62. https://doi.org/10.1007/BF03340549.

Marquardt, K. (2020). Qualitätskriterien für Mathematik-Erklärvideos. Kriterienraster als Hilfestellung bei der Qualitätsbeurteilung und Produktion. *Mitteilungen der Gesellschaft für Didaktik der Mathematik*, *46*(109), 43–49. https://ojs.didaktik-der-mathematik.de/index.php/mgdm/article/view/956.

Mayer, R.E. (2009). *Multimedia learning: second edition*. Cambridge University Press.

Oldenburg, R., Bersch, S., Merkel, A., & Weckerle, M. (2020). Erklärvideos: Chancen und Risiken Zwischen fachlicher Korrektheit und didaktischen Zielen. *Mitteilungen der Gesellschaft für Didaktik der Mathematik*, *46*(109), 58–63. https://ojs.didaktik-der-mat hematik.de/index.php/mgdm/article/view/966. Auf die Literaturangaben „Brame 2017", „Deutsches Zentrum Lehrerbildung Mathematik 2020" und „Oldenburg et al. 2020" wird im Text nicht verwiesen. Bitte fügen Sie die Verweise ein. Auf Oldenburg wird jetzt verwiesen (siehe Kommentar 1). Brame kann gelöscht werden. Deutsches Zentrum Lehrerbildung Mathematik (2020) habe ich im Text hinzugefügt.

Platz, M. (2020). Erstellung und Dokumentation von Lernumgebungen. In F. Dilling & F. Pielsticker (Hrsg.), *Mathematische Lehr-Lernprozesse im Kontext digitaler Medien. Empirische Zugänge und theoretische Perspektiven* (S.29–56). Springer Spektrum. https://doi.org/10.1007/978-3-658-31996-0_2.

Rink, R., & Walter, D. (2020). *Digitale Medien im Mathematikunterricht*. Cornelsen.

Römer, S., & Nührenbörger, M. (2018). Entdeckerfilme im Mathematikunterricht der Grundschule – Entwicklung und Erforschung von videobasierten Lernumgebungen. In Fachgruppe Didaktik der Mathematik der Universität Paderborn (Hrsg.), *Beiträge zum Mathematikunterricht 2018* (S.1511–1514). WTM. https://eldorado.tu-dortmund.de/bitstream/2003/37616/1/BzMU18_ROEMER_Entdeckerfilme.pdf.

Scherer, P., & Weigand, H.-G. (2017). Mathematikdidaktische Prinzipien. In M. Abshagen, B. Barzel, T. Riecke-Baulecke, B. Röcken-Winter, & C. Selter (Hrsg.), *Basiswissen Lehrerbildung: Mathematik unterrichten* (S. 28–42). Klett Kallmeyer.

Sweller, J., Ayres, P., & Kalyuga, S. (2011). *Cognitive Load Theory*. Springer. https://doi.org/10.1007/978-1-4419-8126-4.

Winter, H. (1984). Begriff und Bedeutung des Übens im Mathematikunterricht. *mathematik lehren* (2), 4–16.

Winter, H. (1989). *Entdeckendes Lernen im Mathematikunterricht. Einblicke in die Ideengeschichte und ihre Bedeutung für die Pädagogik*. Wiesbaden.

Wittmann, E. Ch. (1985). Objekte – Operationen – Wirkungen: Das operative Prinzip in der Mathematikdidaktik. *mathematik lehren* (11), 7–11.

Wittmann, E. Ch. (1994). Wider die Flut der „bunten Hunde" und der „grauen Päckchen": Die Konzeption des aktiv-entdeckenden Lernens und des produktiven Übens. In G. N. Müller & E. C. Wittmann (Hrsg.), *Handbuch produktiver Rechenübungen: Band 1* (S. 157–170). Klett.

WTR, GTR und CAS-Rechner als Auslaufmodell? – Ein praxisorientierter Überblick über Tablet-Apps als Alternative zum Taschenrechner in Nordrhein-Westfalen aus schulorganisatorischer Sicht

Kevin Hörnberger

Der Taschenrechner gilt als klassisches digitales Werkzeug im Mathematikunterricht und wird bereits seit vielen Jahrzehnten eingesetzt. In den letzten Jahren fanden neben wissenschaftlichen Taschenrechnern insbesondere in der Sekundarstufe II auch grafikfähige Taschenrechner Verwendung. Der GTR ist das erste in den Curricula des Landes Nordrhein-Westfalen festgeschriebene digitale Werkzeug, das verpflichtend im Mathematikunterricht der Sekundarstufe II genutzt wird. Mit der Weiterentwicklung von Tablets und Taschenrechner-Apps ist in der letzten Zeit eine ernst zu nehmende Alternative zu den herkömmlichen Taschenrechnern entstanden. Diesen Möglichkeiten hat sich auch die Schulpolitik mit entsprechenden Erlassen geöffnet. In diesem Beitrag wird ein Überblick über verschiedene Taschenrechner-Apps und die curricularen Rahmenbedingungen in Nordrhein-Westfalen gegeben.

1 Einleitung

Der grafikfähige Taschenrechner (GTR) zählt zu den am häufigsten verwendeten digitalen Werkzeugen im Mathematikunterricht. In den meisten deutschen Bundesländern ist die Technologie in der gymnasialen Oberstufe verpflichtend

K. Hörnberger (✉)
Universität Siegen, Fak. IV/Didaktik der Mathematik, Siegen, Deutschland
E-Mail: hoernberger@mathematik.uni-siegen.de

© Der/die Autor(en), exklusiv lizenziert durch Springer Fachmedien Wiesbaden GmbH, ein Teil von Springer Nature 2022
F. Dilling et al. (Hrsg.), *Neue Perspektiven auf mathematische Lehr-Lernprozesse mit digitalen Medien*, MINTUS – Beiträge zur mathematisch-naturwissenschaftlichen Bildung,
https://doi.org/10.1007/978-3-658-36764-0_2

einzusetzen und auch in den Abiturprüfungen als Hilfsmittel zugelassen – so auch in Nordrhein-Westfalen, dessen curriculare Rahmenbedingungen in diesem Beitrag im Vordergrund stehen. Ab dem Abitur im Jahr 2026 sollen hier allerdings keine GTR mehr Einsatz finden – als Alternative wurden Computeralgebrasysteme (CAS) angegeben (Schulmail NRW vom 05.08.2020). Auch die Verwendung von Tablet-Apps als Alternative zur Handheld-Version wurde explizit ermöglicht.

Damit ergeben sich für den Mathematikunterricht neue Chancen, aber auch Herausforderungen. Bereits mit der Implementation und Verbreitung des GTR war eine tiefgehende fachdidaktische Diskussion verbunden. Das Projekt GTR-NRW.de wurde gleich nach dem Inkrafttreten des Runderlasses in NRW gestartet. Sowohl die Überzeugungen von Lehrkräften als auch der Kompetenzerwerb von Schülerinnen und Schüler wurde hier untersucht und regte zur weiteren Diskussion an (Thurm et al., 2015). Schon Drijvers und Doorman (1996) stellten beispielsweise die Frage: „How should such a machine – one that reduces the drawing of graphs to the push of a button – be integrated into mathematics education?" (S. 426). Damit sprachen sie wohl vielen Lehrpersonen aus der Seele, denn so gehörte beispielsweise die klassische Kurvendiskussion, mit dem Ziel der analytischen Bestimmung kritischer Punkte zur Erschließung des Verlaufs des Funktionsgraphen, zu einem etablierten Thema, das viele Lernende und Lehrende gerne im Analysisunterricht sahen (siehe auch Danckwerts & Vogel, 2006). Eher schematische-algorithmische Aufgabentypen verloren dabei an Sinnhaftigkeit: „Es ist klar: Wenn das Ermitteln von charakteristischen Punkten das Ziel von Funktionsuntersuchungen ist, verliert der klassische ‚Katechismus' der Kurvendiskussion seine zentrale Bedeutung." (Körner, 2000, S. 113). Stattdessen musste das Aufgabenformat sinnhaft an die neuen Möglichkeiten angepasst und die Technologie damit bewusst genutzt werden.

Mit Computeralgebrasystemen, die auch symbolische Rechenoperationen übernehmen, sowie den Visualisierungs- und Informationsmöglichkeiten von Tablets verstärkt sich diese ‚alte' Forderung noch einmal. Dies zeigten auch die Studien zum CAS-Einsatz aus verschiedenen Bundesländern (u. a. SINUS-NRW, MSW NRW, 2007; CALiMERO, Pinkernell & Bruder, 2011; M3-Modellversuch, Weigand & Bichler, 2010). Zum Einsatz von Taschenrechner-Apps auf Tablets gibt es bislang keine einschlägigen Forschungsergebnisse.

Bei dem folgenden Artikel handelt es sich um einen Praxisbeitrag, der zunächst die verschiedenen Taschenrechnerarten beschreibt und unterscheidet sowie die curricularen Vorgaben für das Bundesland Nordrhein-Westfalen wiedergibt. Hierauf folgt eine kategoriengeleitete Übersicht über Taschenrechner-Apps und ein systematischer Vergleich verschiedener GTR- und CAS-Apps. Abschließend wird auf einen Erfahrungsbericht einer Schule eingegangen und ein Fazit gezogen.

2   WTR, GTR und CAS – ein Überblick

In diesem Kapitel findet sich ein kurzer Überblick über die verschiedenen Arten von Taschenrechnern, damit verbundene rechtliche Vorgaben, sowie eine kurze Beschreibung der Möglichkeiten von Tablet(-Apps).

2.1   Wissenschaftliche Taschenrechner

Ein wissenschaftlicher Taschenrechner, kurz WTR, ist ursprünglich ein einzeiliger Taschenrechner, der nicht mit Variablen rechnen und oft nur einfache arithmetische Berechnungen durchführen kann. Im Laufe der Zeit wurden sie mit weiteren Funktionen ausgestattet wie zwei bis dreizeiligen Anzeigen, einfachen Berechnungen im Bereich der Stochastik oder das Zwischenspeichern einzelner Ergebnisse zur Verwendung in weiteren Rechnungen. Bis zum Schuljahr 2015/2016 wurden sie in Nordrhein-Westfalen standardmäßig in den Abiturprüfungen genutzt, im Anschluss durch grafikfähige Taschenrechner ersetzt.

2.2   Grafikfähige Taschenrechner

Ein grafikfähiger Taschenrechner, kurz GTR, stellt vom Funktionsumfang her einen Zwischenschritt zum Computeralgebrasystem dar. Die verschiedenen verfügbaren Modelle haben in ihren Funktionsumfängen viele Gemeinsamkeiten. Der entscheidende Unterschied zum WTR sind das mittlerweile mehrfarbige, mehrzeilige und detaillierter auflösende Display sowie die damit verbundenen Visualisierungsmöglichkeiten. Die Taschenrechnerfunktionen eines GTRs sind für die Bereiche Analysis, Algebra und Stochastik beispielsweise durch das Schulministerium in NRW festgelegt, durch veröffentlichte Anforderungslisten[1]. GTR gehen in ihren Funktionen deutlich über die Möglichkeiten eines WTRs hinaus, es

---

[1] https://www.standardsicherung.schulministerium.nrw.de/cms/upload/angebote/gtr/download/GTR_Funktionalitaeten.pdf

gilt im Unterschied zu Computeralgebrasystemen allerdings weiterhin, dass ausschließlich numerisch gerechnet wird und Näherungswerte ausgegeben werden. So lässt sich beispielsweise der Wert der Ableitung einer Funktion an einer gegebenen Stelle oder der Wert eines bestimmten Integrals im Rahmen einer gewissen Genauigkeit numerisch angeben, nicht aber die Ableitungs- oder Integralfunktion. Dieser Unterschied lässt sich jedoch äußerlich (fast) nicht erkennen, da – wenn überhaupt – der äußerliche Unterschied zwischen den Handhelds mit GTR oder CAS Funktionen meist nur in einem Hinweis bei der Produktbezeichnung liegt und die Geräte ansonsten äußerlich ähnlich sind.

2.3   CAS-Rechner

Ein Computeralgebrasystem-Rechner, kurz CAS, umfasst neben dem Funktionsumfang eines GTR auch die Möglichkeiten, Gleichungen und Funktionen algebraisch zu bearbeiten und zu lösen und damit explizit mit Variablen zu rechnen. Daher kommen zu den Funktionen im Rahmen des numerischen Rechnens des GTR beim CAS die symbolischen Operationen hinzu. In Nordrhein-Westfalen waren CAS bisher nicht verpflichtend, können aber bereits seit einigen Jahren als Alternative zum WTR bzw. später zum GTR verwendet werden. Dies ist allerdings verbunden mit der Bearbeitung veränderter Abituraufgaben. Seit April 2014 wurde zudem explizit die Möglichkeit gegeben, CAS auf Tablets, Laptops und Computern – als Alternative zur Handheldversion – auch in Prüfungen zu nutzen (RdErl. d. MSW NRW, 10.04.2014). Dieser Ergänzungserlass regelte in groben Zügen den Genehmigungsprozess und legte zudem fest, dass Prüfungen mit Alternativen zum Handheld nur auf schuleigenen Geräten erfolgen dürfen.

2.4   Tablets

Tablets sind bei Kindern und Jugendlichen in den letzten Jahren zunehmend verbreitet. So besitzen laut der JIM-Studie aus dem Jahr 2020 insgesamt 38 % der befragten Jugendlichen ein eigenes Tablet, 73 % der Jugendlichen steht ein Tablet im Haushalt zur Nutzung zur Verfügung (Medienpädagogischer Forschungsverbund Südwest, 2020).

Es gibt ein breites Angebot auf dem Markt erhältlicher Tablets, deren Preisspanne ebenso weit ist. Häufig eingesetzte Betriebssysteme sind iOS, Windows und Android. Je nach Betriebssystem sind unterschiedliche Apps für den Bildungsbereich verfügbar. Für alle drei Optionen gibt es passende GTR- oder

CAS-Apps, die sich im Mathematikunterricht der Oberstufe einbinden lassen und später in diesem Beitrag vorgestellt werden. Auch andere Parameter der Tablets wie die Bildschirmgröße (meist zwischen 8" und 13") oder die Prozessorleistung bestimmen die Qualität der Geräte sowie deren Eignung für den Einsatz im Klassenraum. Eine Übersicht und Empfehlung zu digitalen Endgeräten für den Einsatz im Unterricht wurde zum Beispiel von Dilling und Hörnberger (2021) im Rahmen des DigiMath4Edu-Projekts herausgegeben.

3 Curriculare Vorgaben zum Einsatz von Taschenrechnern im Mathematikunterricht

3.1 WTR

Der wissenschaftliche Taschenrechner wird bereits im Kernlehrplan Mathematik NRW für die Jahrgänge 7 und 8 in den Kompetenzen erwähnt. Es werden hier in den verschiedenen Plänen der Schulformen nur „Taschenrechner" gefordert und nicht explizit grafikfähige oder andere Taschenrechner beschrieben.

Während in den meisten Schulen ein solches Modell bereits zu Beginn der Jahrgangsstufe 7 eingeführt wird, müssen die Lernenden spätestens für die Vera 8 (landesweite Vergleichsarbeiten) in NRW in der Jahrgangsstufe 8 im Umgang mit dem Taschenrechner vertraut sein (Abb. 1 und 2).

In der entsprechenden Kompetenz wird nicht nur von innermathematischen Problemen gesprochen, vielmehr sollen auch „alltagsnahe Probleme" mit dem WTR gelöst werden. Dazu sollen neben diesem auch andere digitale Mathematikwerkzeuge Anwendung finden wie Tabellenkalkulationsprogramme oder Funktionenplotter. Dies zeigt, dass bereits ab Klasse 7 erhöhte Anforderungen an die Taschenrechner gestellt werden könnten, da diese Werkzeuge Teil des Funktionsumfangs eines GTRs sind.

🛠 Werkzeuge – Medien und Werkzeuge verwenden	
	Schülerinnen und Schüler
Erkunden	● nutzen Tabellenkalkulation und Geometriesoftware zum Erkunden inner- und außermathematischer Zusammenhänge
Berechnen	● nutzen den Taschenrechner
Darstellen	● tragen Daten in elektronischer Form zusammen und stellen sie mit Hilfe einer Tabellenkalkulation dar
Recherchieren	● nutzen Lexika, Schulbücher und Internet zur Informationsbeschaffung

Abb. 1 Kompetenzen am Ende der Jahrgangsstufe 8

(7) lösen innermathematische und alltagsnahe Probleme mithilfe von Zuordnungen und Funktionen auch mit digitalen Mathematikwerkzeugen (Taschenrechner, Tabellenkalkulation, Funktionenplotter und Multirepräsentati-
onssysteme) (Ope-11, Mod-6, Pro-6),

Abb. 2 Kompetenzen im Bereich Funktionen am Ende der ersten Stufe (Klasse 7/8)

3.2   GTR

Grafikfähige Taschenrechner wurden in NRW mit den Abiturprüfungen im Schuljahr 2016/2017 verpflichtend im Abitur und somit zum Schuljahr 2014/2015 für
die gymnasialen Oberstufen und die Berufskollegs eingeführt.

Im dazu veröffentlichten Erlass vom 27.06.2012 wird auf die fachdidaktische Entwicklung in der Mathematik und ihrem Verständnis der Bedeutung von
„Werkzeugen" in der Sekundarstufe II hingewiesen. Der GTR sollte es ermöglichen, Sachverhalte genauer betrachten zu können, indem er routinehafte Abläufe
reduziert. Grafikfähige Taschenrechner können neben allen Operationen eines
WTR auf ein großes Display zurückgreifen – durch automatisches Zeichnen von
Graphen oder Histogrammen sollten sie vor allem visuell unterstützen bzw. qualitatives Argumentieren ermöglichen. Der GTR hat im Gegensatz zum WTR für
den Einsatz im Unterricht in NRW eine klare Anforderungsliste. Eine solche
Liste ist vor allem nötig, um diese Taschenrechner von den CAS Taschenrechnern
abzugrenzen, die einen deutlich höheren Funktionsumfang aufweisen.

Die folgenden Anforderungen an die Funktionalität eines GTR in der S II
wurden für NRW veröffentlicht:

I. Wertetabellen und Listen

- Erstellen und bearbeiten von Tabellen und Listen
- grafische Darstellung von Werten einer Tabelle (z. B. als Punktwolke)

II. Analysis

- Graphische Darstellung von
  - *Funktionen*
  - *Tangenten an einen Funktionsgraphen an einer Stelle*
  - *Integralfunktionen*
- Variieren von Parametern von Funktionstermen

- Ermitteln von Koordinaten ausgewählter Punkte, auch durch Abfahren der Graphen (TraceModus), Kontrolle rechnerischer Ergebnisse (z. B. lokale Extremstellen, Wendestellen, Schnittpunkte zweier Funktionsgraphen)
- Numerische Berechnungen
- Ableitung einer Funktion an einer Stelle
- bestimmte Integrale
- Lösen von Gleichungen

III. Lineare Algebra
Lineare Gleichungssysteme (mind. mit 6 Unbekannten)

- Bestimmung der Lösungsmenge von Gleichungssystemen
- Lösungsmengen auch von unterbestimmten linearen Gleichungssystemen z. B. mithilfe der reduzierten Zeilenstufenform einer erweiterten Koeffizientenmatrix

Analytische Geometrie/Matrizen (mind. bis zur Dimension 6×6)

- Elementare Rechenoperationen mit Vektoren und Matrizen
- Matrizenmultiplikation
- Potenzieren quadratischer Matrizen

IV. Stochastik

- Berechnen von Kennzahlen statistischer Daten (Mittelwert, Standardabweichung)
- Wahrscheinlichkeitsverteilungen
  - *Erstellen von Histogrammen*
  - *Variieren der Parameter*
  - *Berechnen von Kennzahlen (Erwartungswert, Standardabweichung)*
- Berechnen von Wahrscheinlichkeiten bei binomial- und normalverteilten Zufallsgrößen.
- Berechnen von kumulierten Wahrscheinlichkeiten.
- Generieren von Listen mit Zufallszahlen.

Alternativ können Schulen auf freiwilliger Basis auch Computer-Algebra-Systeme einsetzen.
(MSB NRW, o. D., https://www.standardsicherung.schulministerium.nrw.de/cms/upload/angebote/gtr/download/GTR_Funktionalitaeten.pdf, Stand 18.08.2021)

Werkzeuge – Medien und Werkzeuge verwenden	
Schülerinnen und Schüler	
Erkunden	• nutzen mathematische Werkzeuge (Tabellenkalkulation, Geometriesoftware, Funktionenplotter) zum Erkunden und Lösen mathematischer Probleme
Berechnen	• wählen ein geeignetes Werkzeug („Bleistift und Papier", Taschenrechner, Geometriesoftware, Tabellenkalkulation, Funktionenplotter) aus und nutzen es
Darstellen	• wählen geeignete Medien für die Dokumentation und Präsentation aus
Recherchieren	• nutzen selbstständig Print- und elektronische Medien zur Informationsbeschaffung

Abb. 3 Kompetenzen am Ende Jahrgang 10

(6) erkunden und systematisieren mithilfe dynamischer Geometriesoftware den Einfluss der Parameter von Funktionen (Pro-1, Pro-2, Pro-4, Pro-6, Ope-13),

(11) identifizieren funktionale Zusammenhänge in Messreihen mit digitalen Hilfsmitteln (Arg-1, Arg-4, Ope-11, Ope-13),

Abb. 4 Kompetenzen im Bereich Funktionen am Ende der Zweiten Stufe (Klasse 9/10)

In den Lehrplänen des Landes NRW ist der Hinweis auf den Funktionsumfang, wie schon bei den WTR, eher ungenau angegeben. Die Beschreibung der allgemeinen Kompetenzen am Ende der Jahrgangsstufe 10 – zu denen auch der Kompetenzbereich „Werkzeuge – Medien und Werkzeuge verwenden" gehört – lässt aber bereits erste Vermutungen auf die Notwendigkeit eines GTR zu, da neben den Werkzeugen, wie sie bereits in den Plänen für Klasse 7/8 angegeben waren, noch die Geometriesoftware ergänzt wurde (Abb. 3 und 4).

Die verpflichtende Verwendung des GTRs für die Sekundarstufe II wurde dann sehr genau im Kernlehrplan Mathematik Sek II für NRW dargestellt. Der *Kompetenzbereich Werkzeuge nutzen* verweist hier explizit auf den Einsatz entsprechender Hilfsmittel:

„Bei der mathematischen Bearbeitung komplexer Fragestellungen treten immer wieder Routinen auf, die an geeignete digitale und nichtdigitale Werkzeuge delegiert werden können. Dadurch kann die Bearbeitung auf den eigentlichen mathematischen Kern konzentriert werden." (MSW NRW, 2014c, S.16/17)

In der anschließenden Darstellung der prozessbezogenen Kompetenzen wird der grafikfähige Taschenrechner dann auch explizit erwähnt. Außerdem wird an dieser Stelle festgehalten, welche Operationen von Schülerinnen und Schülern mit Hilfe von digitalen Werkzeugen durchgeführt werden sollen (Abb. 5).

Werkzeuge nutzen

Die Schülerinnen und Schüler

- nutzen Formelsammlungen, Geodreiecke, Zirkel, geometrische Modelle, grafik-fähige Taschenrechner, Tabellenkalkulationen, Funktionenplotter, Dynamische Geometrie-Software und gegebenenfalls Computer-Algebra-Systeme,
- verwenden verschiedene digitale Werkzeuge zum ...

  ... Lösen von Gleichungen und Gleichungssystemen,

  ... zielgerichteten Variieren der Parameter von Funktionen,

  ... Darstellen von Funktionen grafisch und als Wertetabelle,

  ... grafischen Messen von Steigungen,

  ... Berechnen der Ableitung einer Funktion an einer Stelle,

  ... Messen von Flächeninhalten zwischen Funktionsgraph und Abszisse,

  ... Ermitteln des Wertes eines bestimmten Integrales,

  ... Durchführen von Operationen mit Vektoren und Matrizen,

  ... grafischen Darstellen von Ortsvektoren, Vektorsummen und Geraden,

  ... Darstellen von Objekten im Raum,

  ... Generieren von Zufallszahlen,

  ... Ermitteln der Kennzahlen statistischer Daten (Mittelwert, Standardabweichung),

  ... Variieren der Parameter von Wahrscheinlichkeitsverteilungen,

  ... Erstellen der Histogramme von Wahrscheinlichkeitsverteilungen,

  ... Berechnen der Kennzahlen von Wahrscheinlichkeitsverteilungen (Erwartungswert, Standardabweichung),

  ... Berechnen von Wahrscheinlichkeiten bei binomialverteilten und (auf erhöhtem Anforderungsniveau) normalverteilten Zufallsgrößen,

- nutzen mathematische Hilfsmittel und digitale Werkzeuge zum Erkunden und Recherchieren, Berechnen und Darstellen,
- entscheiden situationsangemessen über den Einsatz mathematischer Hilfsmittel und digitaler Werkzeuge und wählen diese gezielt aus,
- reflektieren und begründen die Möglichkeiten und Grenzen mathematischer Hilfsmittel und digitaler Werkzeuge.

Abb. 5 Werkzeuge nutzen

Durch die Schulmail NRW vom 05.08.2020, in der die Beendigung der GTR-Pflicht für die Sekundarstufe II angekündigt wurde, lässt sich somit vermuten, dass der Kernlehrplan für die Sekundarstufe II angepasst werden muss, sobald der GTR nicht mehr verpflichtend ist.

3.3   CAS

Parallel zur verpflichtenden Einführung des GTR für die Einführungsphase der
Sekundarstufe II im Schuljahr 2014/2015 wurde auch explizit die Möglichkeit
eröffnet, sich statt für den GTR Handheld für ein CAS Handheld zu entscheiden. Schon vor 2014/2015 und dem entsprechenden Erlass vom 12.06.2012 gab
es einzelne Schulen oder Kurse, die CAS Systeme statt der normalen WTR
nutzten (siehe z. B. MSW NRW, 2007). Genaue Vorgaben zum Funktionsumfang der CAS Rechner gibt es bis jetzt – zumindest für NRW – nicht. Die
ursprünglichen Vorgaben zum Abitur mit dem CAS, damals noch als Alternative
zum WTR gesehen, werden vom Ministerium mittlerweile nicht mehr öffentlich
bereitgestellt.

Nach Angaben des Schulministeriums NRW soll der grafikfähige Taschenrechner zum Abitur im Jahr 2026 auslaufen – es sollen keine Aufgaben mehr gestellt
werden, die einen GTR als Hilfe voraussetzen[2]. Das Ziel ist die Angleichung der
Abituranforderungen in den verschiedenen Bundesländern. CAS-Systeme sollen
weiterhin ein mögliches Hilfsmittel im Abitur darstellen, über Alternativen wird
zurzeit noch beraten. Aus diesem Grund ist davon auszugehen, dass die Anforderungen an CAS-Systeme oder andere noch nicht näher spezifizierte Alternativen
in der kommenden Zeit in aktualisierter Form veröffentlicht werden.

3.4   Tablet

Zwei Jahre nach dem Runderlass zur Einführung des GTRs (MSW NRW, 2012)
wurde dieser um einen Ergänzungserlass (MSW NRW, 2014a, b) erweitert,
der eine Nutzung von CAS Systemen auf Taschenrechnern, Computern oder
Tablets für die Abiturprüfungen ermöglichte. Die Nutzung ist jedoch mit einigen Auflagen verbunden. Hierzu zählt zunächst ein Genehmigungsverfahren bei
der zuständigen Schulaufsichtsbehörde. Außerdem müssen die Prüfungen auf
schuleigenen bzw. durch die Schule verwalteten Geräten erfolgen. Schließlich
dürfen Lernende auch nicht zu einer kostenintensiveren Anschaffung als der
GTR verpflichtet werden. Somit müssen alle Erziehungsberechtigten mit der
Tablet-Anschaffung einverstanden sein oder es muss eine Aufteilung der Kosten
(auf verschiedene Unterrichtsfächer, durch ein Leasingmodell, etc.) erfolgen. Der
Grund hierfür liegt darin, dass Tablets wie digitale Endgeräte im Allgemeinen

---

[2] https://www.schulministerium.nrw/05082020-hinweis-zum-einsatz-von-gtr-der-sekundars
tufe-i

keine offiziellen Lernmittel darstellen und aus Gründen der Chancengleichheit auch nicht zu der durch die Eltern einzubringende Grundausstattung zählen dürfen (4635 Drs. 17/11.972).

4   Tablet-Apps – Alternativen zu Taschenrechnern?

Veranlasst durch die Entscheidung der Landesregierung NRW, die das Ende der GTR-Pflicht für die Sekundarstufe II zum Abiturjahr 2026 festlegt, suchen viele Schulen zurzeit nach einem Handheld-Ersatz und eruieren beispielsweise die Möglichkeiten von Tablet-Apps als Alternative. Im Folgenden soll ein kleiner Überblick über verschiedene Kategorien von Taschenrechner-Apps gegeben werden, gerade auch mit dem Fokus darauf, ob die jeweiligen Apps als Alternative zum Handheld infrage kommen.

4.1   Die „Standard" Taschenrechner-App

Die Rechner-Apps, die auf fast jedem Handy oder Tablet vorinstalliert sind, lassen sich insbesondere für Grundrechenarten nutzen und weisen meist nur wenige erweiterte Funktionalitäten auf. Die Möglichkeiten liegen weit unter denen eines WTR, sodass sie für einen sinnhaften Einsatz im Mathematikunterricht nicht infrage kommen.

4.2   Erweiterte Taschenrechner-Apps

Für alle Betriebssysteme sind auch solche Taschenrechner-Apps erhältlich, die dem Funktionsumfang eines WTR Handhelds ähnlich sind. Hierzu zählt zum Beispiel die App „Pcalc Lite". Diese Apps eignen sich grundsätzlich als Ersatz für einen WTR, es gibt bisher aber keine größeren Studien zum konsequenten Einsatz solcher Apps.

4.3   Taschenrechner-Apps mit Fotofunktion

Seit einigen Jahren neu auf dem App-Markt sind Apps, die kameragestützt beim Lösen von Gleichungen unterstützen bzw. direkt ganze Aufgaben lösen können und Erklärungen dazu bereitstellen.

Ein bekanntes Beispiel ist die App *Photomath*. Diese App wurde schon von Klinger & Schüler-Meyer (2019) auf Nutzerprofile hin untersucht und es hat sich anhand der durchgeführten Analyse der Bewertungen ergeben, dass diese App vor allem zum schematischen Erlernen bzw. Wiederholen von Stoff genutzt wird, und das sogar nicht nur von Schülerinnen und Schülern sondern auch von Eltern und außerdem als Hilfsmittel von Lehrerinnen und Lehrern (vgl. Klinger & Schüler-Meyer, 2019). Eine Chance solcher Apps liegt darin, dass zeitintensive Eingaben vermieden werden und der Fokus auf inhaltsreichere Aktivitäten gelegt werden kann. Durch die Apps entsteht allerdings auch das Potential für die missbräuchliche Verwendung, da ganze Rechenwege mit nur einem Foto angegeben werden.

4.4 GTR-Apps

Auch wenn der GTR wohl demnächst nicht mehr im Mathematikunterricht der Oberstufe in NRW genutzt wird, gibt es auf dem Markt einige GTR-Apps namhafter Hersteller. Neben den kostenpflichtigen Apps TI-Nspire von Texas Instruments und GTReasy + von Westermann, bietet unter anderem GeoGebra auch eine kostenlose App namens GeoGebra Grafikrechner an, die auf die Anforderungen eines GTR abgestimmt ist. In der folgenden Tabelle sind die Funktionen der drei bekanntesten GTR-Apps TI-Nspire, GTReasy + und GeoGebra Grafikrechner nach den Kategorien „Mathematische-Funktionen", um einen Überblick über die grundlegenden Fähigkeiten zu geben, die eine Einordnung als GTR möglich machen, „Plattformen", um die Systemunabhängigkeit im Schulsystem einschätzen zu können, „Kosten", da ein nicht unwesentlicher Faktor bei der Entscheidung für oder gegen ein Produkt in der Schule auch immer die finanzielle Belastung des Systems oder der Erziehungsberechtigten ist, und relevante „Zusatz-Funktionen", einige zusätzliche genehmigungsfähige Funktionen, die nicht zum Standard eines GTR gehören, gegenübergestellt (Tab. 1):

Bei der Betrachtung der Tabelle fällt auf, dass alle Apps umfassende mathematische Funktionen aufweisen. Lediglich in der GeoGebra Grafikrechner-App sind – im Gegensatz zur GeoGebra Classic App – keine stochastischen Berechnungsmöglichkeiten implementiert.

Ein großer Unterschied zwischen den Apps liegt bei den möglichen Plattformen, auf denen diese verwendet werden kann. Während sowohl die Westermann App GTReasy +, als auch die GeoGebra App auf mehreren Betriebssystemen verfügbar sind, beschränkt sich Texas Instruments mit seiner App auf iOS als Betriebssystem. Vor dem Hintergrund der rechtlichen Rahmenbedingungen und

Tab. 1 Gegenüberstellung

	Mathematische-Funktionen						Plattformen				Zusatz-Funktionen			Kosten (Stand: 08/2021)
	Numerische Berechnungen	Tabellenfunktionen	Funktionsplotter	Algebraische & Geometrische Berechnungen	Dynamische Berechnungen	Stochastische Berechnungen	Windows	iOS	Android	ChromeOS	Gegliederte Visualisierung	InApp Prüfungsmodus	Integration von Bildern	
GTReasy +	X	X	X	X	X	X	X	X	X		X	X		24,99 €
GeoGebra Grafikrechner	X	X	X	X	X		X	X	X	X	(X)	X		Kostenlos
TI-Nspire	X	X	X	X	X	X	X	X			X		X	32,99 €

der somit einzukalkulierenden möglichen Wahlfreiheit der Endgeräte erscheint dies als Herausforderung. Hinzu kommt, dass die TI App zwar in den Zusatz-funktionen mit der Integration von Bildern punkten kann, ihr aber im Gegensatz zu den anderen betrachteten Apps ein eingebauter Prüfungsmodus fehlt. Ein kleiner Unterschied liegt zudem in der Visualisierung der Inhalte. Während bei GeoGebra von der Desktopanwendung aus gedacht wurde und bei der TI-App vom Handheld aus, scheint die Westermann App für die Darstellung am Tablet optimiert worden zu sein. Die Visualisierung und vor allem die Darstellung meh-rerer Bereiche nebeneinander lassen sich hier intuitiv einrichten, wohingegen bei anderen Apps entweder über Untermenüs oder Befehle entsprechende Ansichten generiert werden können.

Preislich gibt es ebenfalls deutliche Unterschiede. Der GeoGebra Gra-fikrechner ist kostenlos erhältlich, für die Westermann-App und die Texas Instruments-App zahlt man einmalig 24,99 € bzw. 32,99 €.

4.5   CAS-Apps

Die möglichen Chancen und Herausforderungen von Computeralgebrasystemen sind bereits seit langem Diskussionsgegenstand der fachdidaktischen Forschung. Ihr Einsatz erfolgte aber bislang an den wenigsten Regelschulen und war meist auf Forschungsprojekte beschränkt (z. B. SINUS-NRW; MSW NRW, 2007).

Neben CAS-Handhelds sind verschiedene CAS-Apps für Tablets verfügbar. In der folgenden Tabelle wird anhand der vier Kategorien „Mathematische-Funktionen", um einen Überblick über die grundlegenden Fähigkeiten zu geben, die eine Einordnung als CAS möglich machen, „Plattformen", um die Sys-temunabhängigkeit im Schulsystem einschätzen zu können, „Kosten", da ein nicht unwesentlicher Faktor bei der Entscheidung für oder gegen ein Produkt in der Schule auch immer die finanzielle Belastung des Systems oder der Erziehungsberechtigten ist, und relevante „Zusatz-Funktionen", einige zusätzliche genehmigungsfähige Funktionen, die nicht zum Standard eines CAS gehören, ein Überblick über verschiedene Apps gegeben (Tab. 2):

Bei den betrachteten CAS-Apps fällt auf, dass nahezu alle Apps den glei-chen Umfang an mathematischen-Funktionen haben. Die Unterschiede liegen in den möglichen Plattformen und den Zusatz-Funktionen, aber vor allem auch im Preis. Weitere Unterschiede wie beispielsweise die Bedienbarkeit und das gene-relle Nutzungsverhalten sollen in unserer weiteren Forschung näher betrachtet werden.

Tab. 2 Überblick

	Mathematische-Funktionen									Platformen				Zusatz-Funktionen			Kosten (Stand: 08/2021)
	Numerische Berechnungen	Symbolische Berechnungen	Gleichungslöser	Ableitung und Integralrechnung	Tabellenfunktionen	Funktionsplotter	Algebraische & Geometrische Berechnungen	Dynamische Berechnungen	Stochastische Berechnungen	Windows	iOS	Android	ChromeOS	Gegliederte Visualisierung	InApp Prüfungsmodus	Integration von Bildern	
CASeasy+	X	X	X	X	X	X	X	X	X	X	X	X		X	X		24,99 €
GeoGebra Suite	X	X	X	X	X	X	X	X	X	X	X	X	X	X	X	X	kostenlos
GeoGebra CAS	X	X	X	X	X	X	X	X	X	X	X	X	X	X	X		kostenlos
TI-Nspire CAS	X	X	X	X	X	X	X	X	X		X			X		X	32,99 €
Casio ClassPad-App	X	X	X	X	X	X	X	X	X		X	X		X		X	1,99 €/ Monat

Bezogen auf die Betriebssysteme, mit denen die jeweilige App verwendet werden kann, ist GeoGebra am umfangreichsten ausgestattet. Beide CAS-Versionen laufen auf den Systemen Windows, iOS, Android und ChromeOS. Auch die App CASeasy + der Westermann-Gruppe läuft auf Windows, iOS und Android. Die Verwendung der Apps von Texas Instruments (iOS) und Casio (iOS & Android) ist dagegen nur auf weniger Betriebssystemen möglich.

Betrachtet man die Zusatzfunktionen, so erkennt man, dass alle Anwendungen die Darstellung mehrerer Inhalte nebeneinander zulassen (gegliederte Visualisierung). Einen integrierten Prüfungsmodus gibt es nur bei den Apps von GeoGebra und Westermann. Die Integration von Bildern ist lediglich in GeoGebra Suite, TI-Nspire CAS und Casio ClassPad möglich.

Der Preis der betrachteten Anwendungen unterscheidet sich stark. Während die beiden Apps von GeoGebra kostenlos verwendet werden können, kostet CASeasy + einmalig 24,99 € und TI-Nspire CAS einmalig 32,99 €. Die Casio ClassPad-App ist im Abo für 1,99 € pro Monat erhältlich.

An dieser Stelle muss noch ein weiterer eher informeller Aspekt hinzugezogen werden: Die Handhabung bzw. Bedienung. Im Rahmen unseres Projektes begleiten wir aktuell mehrere Schulen auf dem Weg durch die Genehmigungsphase und haben unter anderem auf einer Fachkonferenz und in einer offenen Fortbildung explizit CAS-Apps in einer geteilten Arbeitsphase an derselben Aufgabe erproben lassen. GeoGebra Classic war den Teilnehmer*innen bereits bekannt. Die oben beschriebenen App-Versionen kannten die meisten aber nicht. Die anderen Apps waren den Teilnehmer*innen zuvor nicht bekannt. Die Apps beurteilten die Teilnehmer*innen sehr unterschiedlich. Während GeoGebra mit dem „gewohnten Umfeld" punkten konnte, wurde die TI-App als eher schwierig in der Handhabung beschrieben, da es sich um eine Projektion des Handhelds auf den Bildschirm handelt. Dagegen habe Casio nach Einschätzung der Teilnehmer*innen mit seiner App eher den „Schritt Richtung Tablet-App" gemacht. Durchweg positiv haben die Teilnehmer*innen die App CASeasy + von Westermann bewertet, da hier die Visualisierung ein „intuitives" Bedienen möglich mache.

In den Abb. 6 bis 8 befinden sich Screenshots der Casio ClassPad-App, der GeoGebra CAS-App und der CASeasy + -App.

Die Ansichten lassen erste Deutungen für die von den Teilnehmern beschriebenen Unterschiede zu. Bei Abb. 6 zeigt die ClassPad-App eine Ansicht, die sehr der des Handhelds entspricht. Markante Design-Merkmale sind übernommen und an die Dimensionen eines Tablets angepasst worden. Casio hat hier auf Bewährtes und Bekanntes zurückgegriffen und nutzt die vertraute Umgebung des Handhelds, um den Umstieg auf die App-Version zu erleichtern.

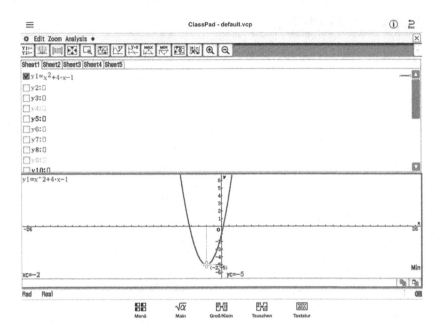

Abb. 6 Screenshot der Casio ClassPad-App

In eine ähnliche Richtung geht wohl auch GeoGebra, wie man Abb. 7 ent-
nehmen kann. Das Design entspricht dem der bekannten, anerkannten und weit
verbreiteten Desktop-Anwendung. Die Befehlsstruktur ist von der Ursprungsplatt-
form übernommen und die Bedienung ist somit wohl für jeden Desktopanwender
nicht schwierig.

Die in Abb. 8 dargestellte CASeasy + App von Westermann hat eine auffällig andere Aufmachung als die anderen. Die Ansicht ist, wie die Teilnehmer
beschreiben, sinnvoll vertikal in die Bereiche Analyse, Tabelle und Plotter einge-
teilt und eine aufwendige Befehlssuche ist im dynamische Analysetool unnötig.
Keiner der Teilnehmer kannte die App ursprünglich, trotzdem konnte jeder
intuitiv die Schritte einer Funktionsanalyse durchgehen.

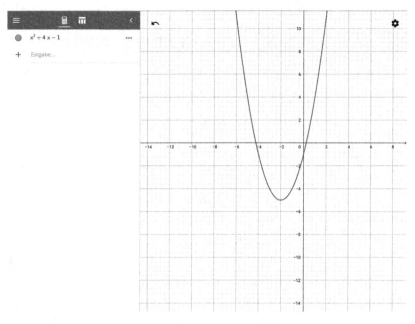

Abb. 7 Screenshot der GeoGebra CAS-App

5 Modellbeispiel – Tablet-Schule

Wie wird man eine Tablet-Schule? Welche Gründe sprechen für oder gegen GTR-
und CAS-Apps im Mathematikunterricht? Diese oder ähnliche Fragen haben sich
spätestens in den vergangenen Monaten der Corona-Pandemie viele Kollegien
und Schulleitungen gestellt. Im Folgenden sei zur Anregung der Diskussion ein
Praxiserfahrungsbericht aus einer Schule genannt, die wir bei ihrer Arbeit mit
CAS-Apps begleiten. Er könnte eine sinnvolle Grundlage für eigene Diskussionen
im Kollegium bilden und die Entscheidungsfindung in Bezug auf GTR- und CAS-
Apps unterstützen.

> **Gesamtschule Freudenberg**
> *Wir haben uns in unserer Oberstufe bewusst für die Nutzung von Computer-*
> *Algebra-Systemen auf dem Tablet entschieden. Ein großer Vorteil ist aus*

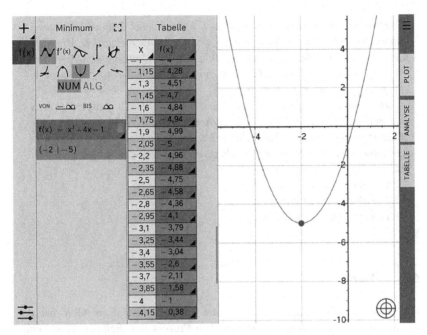

Abb. 8 Screenshot der CASeasy + -App von Westermann

unserer Sicht die im Vergleich zu grafikfähigen Taschenrechnern einfach verständliche, teils intuitive Bedienung. Darüber hinaus eröffnet die Nutzung von Apps wie bspw. GeoGebra Möglichkeiten zur Vernetzung von geometrischen und algebraischen Zugängen zu mathematischen Problemen. Ebenso können dynamische Funktionen der Software z. B. das Verstehen funktionaler Zusammenhänge in der Analysis unterstützen.

Auf diese Weise wird ein verständnisorientierter Mathematikunterricht gefördert, welcher den Bedürfnissen unterschiedlicher Lerner*innentypen gerecht wird. Dies erweist sich insbesondere in den oftmals sehr heterogen zusammengesetzten Mathematik-Grundkursen als sehr hilfreich.

Darüber hinaus hat unsere Schule die grundsätzliche Entscheidung zur flächendeckenden Nutzung von iPads in der Oberstufe getroffen, um auch in anderen Fächern digitale Lernwerkzeuge, insbesondere fachbezogene Apps, nutzen zu können. Der überwiegende Teil der Schüler*innen

*nutzt dabei eigene Endgeräte, lediglich ein geringer Teil unserer Ober-
stufenschüler*innen greift auf ein schulisches Leihgerät zurück. Mit Hilfe
des „Classroom Managers" lässt sich zudem die Nutzung von Apps von
den Lehrenden steuern, sodass ein Einsatz der GeoGebra-App auch in
Prüfungssituationen möglich ist.*

*Der Implementationsprozess (Start im Schuljahr 2019/20) hat gezeigt, dass
die anfänglich in der Elternschaft vorherrschende Skepsis gegenüber dem
Einsatz privat angeschaffter digitaler Endgeräte im Unterricht einer Über-
zeugung von didaktischem und methodischem Nutzen der Tablets gewichen
ist.*

Florian Kraft, StD
Abteilungsleiter Oberstufe
Gesamtschule Freudenberg

6   Fazit

Das Ende der GTR-Verpflichtung für die Sekundarstufe II in NRW hat den
Schulen eine weitere Aufgabe im aktuellen Prozess der digitalen Transformation – Stichwort „Turbodigitalisierung" – verschafft. In vielen Kollegien heißt es
daher nicht mehr „Ist der GTR sinnvoll?" sondern „Was machen wir? Abwar-
ten oder direkt CAS einführen?" (Zitat einer Fortbildungsteilnehmerin). Hinzu
kommt die Frage, ob Tablets und entsprechende Taschenrechner-Apps eine Alternative zum bisher meist genutzten Handheld darstellen können. Auf eben diese
Frage werden wir im Rahmen der Forschung T8 des DigiMAth4Edu Projekts
eingehen und die Ergebnisse veröffentlichen.

Das Ziel dieses Beitrags war es, einen Überblick über Taschenrechnerlö-
sungen für die Sekundarstufe II sowie die curricularen Vorgaben am Beispiel
des Bundeslandes Nordrhein-Westfalen zu geben. Hierzu wurden zunächst die
verschiedenen relevanten Taschenrechnerarten (WTR, GTR & CAS) sowie das
Tablet als neue Hardwaremöglichkeit definiert und es wurden Eigenschaften der
Systeme beschrieben. Darauf folgte eine detaillierte Darstellung der curricularen Rahmenbedingungen in Nordrhein-Westfalen. Im vierten Abschnitt wurden
dann verschiedene Taschenrechner-Apps kategorisiert und im Falle der GTR-
und CAS-Apps systematisch gegenübergestellt. Schließlich wurde im letzten
Abschnitt ein Erfahrungsbericht aus einer kooperierenden Schule abgedruckt.

Die im Beitrag zur Verfügung gestellten Informationen sollen die Entscheidungsfindung in Kollegien unterstützen und einen Anstoßpunkt für Forschung zu GTR- und CAS-Apps bilden. Im Forschungsprojekt DigiMath4Edu (Dilling & Witzke, 2021) untersucht der Autor dieses Beitrages neben dem Einsatz weiterer digitaler Medien auch die Chancen und Herausforderungen der hier vorgestellten Taschenrechner-Apps im Unterricht. Dabei werden diese kategorisiert, Kriterien für „gute" Taschenrechner-Apps entwickelt, die Beliefs von Lehrpersonen zum Einsatz von Taschenrechner-Apps beschrieben sowie Charakteristika mathematischer Lernprozesse mit Taschenrechner-Apps identifiziert und mit alternativen Hardwarelösungen verglichen.

Literatur

Danckwerts, R., & Vogel, D. (2006). *Analysis verständlich unterrichten*. Springer Spektrum.

Dilling, F., & Hörnberger, K. (2021). Digitale Endgeräte. http://material.digimath4edu.de (Stand: 18.10.2021).

Dilling, F., & Witzke, I. (2021). Die Einführung von digitalen Medien im Mathematikunterricht nachhaltig begleiten – Das Modellprojekt DigiMath4Edu. *Beiträge zum Mathematikunterricht 2021*.

Drijvers, P., & Doorman, M. (1996). The Graphics Calculator in Mathematics Education. *Journal of Mathematical Behavior, 15*, 425–440.

Klinger, M., & Schüler-Meyer, A. (2019). Wenn die App rechnet: Smartphone-basierte Computer-Algebra-Apps brauchen eine geeignete Aufgabenkultur. *Mathematik Lehren*, Heft 215.

Körner, H. (2000). Was bleibt von Kurvendiskussionen im Zeitalter grafikfähiger Taschenrechner? In W. Herget, H.-G. Weigand, & T. Weth (Hrsg.), *Standardthemen des Mathematikunterrichts in moderner Sicht* (S. 113–121). Franzbecker.

Medienpädagogischer Forschungsverbund Südwest. (2020). *Jim-Studie 2020. Jugend, Information, Medien. Basisuntersuchung zum Medienumgang 12- bis 19-Jähriger.* Download unter: https://www.mpfs.de/fileadmin/files/Studien/JIM/2020/JIM-Studie-2020_Web_final.pdf (Stand: 11.08.2021).

MSB NRW (o. D.). Anforderungen an die Funktionalität eines GTR in der SekII. https://www.standardsicherung.schulministerium.nrw.de/cms/upload/angebote/gtr/download/GTR_Funktionalitaeten.pdf (Stand 18.08.2021).

MSW NRW. (2007). *Impulse für den Mathematikunterricht in der Oberstufe. Konzepte und Materialien aus dem Modellversuch SINUS-Transfer NRW.* Klett.

MSW NRW. (2012). RdErl. d. Ministeriums für Schule und Weiterbildung v. 27.06.2012 (523–6.08.01–105571) *Gebrauch von graphikfähigen Taschenrechnern im Mathematikunterricht der gymnasialen Oberstufe und des Beruflichen Gymnasiums.*

MSW NRW. (2014a). RdErl. d. Ministeriums für Schule und Weiterbildung 523–6.08.01–105571 v. 10.04.2014 *Ergänzungserlass – Gebrauch eines Computer-Algebra-Systems*

(CAS) auf Tablets, Laptops und Computern im Mathematikunterricht und in Prüfungen der gymnasialen Oberstufe und des Beruflichen Gymnasiums. MSW NRW. (2014b). RdErl. d. Ministeriums für Schule und Weiterbildung 532–6.03.15.06–110656 v. 4.9.2013 *Kernlehrplan für die Sekundarstufe II Gymnasium/Gesamtschule in Nordrhein-Westfalen Mathematik.*

MSW NRW (2014c). Kernlehrplan für die Sekundarstufe II Gymnasium/Gesamtschule in Nordrhein-Westfalen. Mathematik. https://www.schulentwicklung.nrw.de/lehrplaene/upl oad/klp_SII/m/KLP_GOSt_Mathematik.pdf (Stand 18.08.2021).

Pinkernell, G., & Bruder, R. (2011). CAliMERO (2005–2010): CAS in der Sekundarstufe I. Ergebnisse einer Längsschnittstudie. In R. Haug & L. Holzäpfel (Hrsg.), *Beiträge zum Mathematikunterricht 2011* (S.627–630). WTM.

Thurm, D., Klinger, M., & Barzel, B. (2015). *Rahmenbedingungen und Wirksamkeit einer DZLM-Fortbildungsreihe zum GTR auf Lehrer-und Unterrichtsebene.* Universitätsbibliothek Dortmund.

Weigand, H.-G., & Bichler, E. (2010). Towards a competence model for the use of symbolic calculators in mathematics lessons: The case of functions. *ZDM Mathematics Education, 42*(7), 697–713.

MINT-Pro²Digi: Authentisches projektorientiertes mathematisches Problemlösen in außerunterrichtlichen digitalen Kontexten

Gero Stoffels und Kathrin Holten

*Echte Problemstellungen mit mathematischem Gehalt aus kleinen und mittleren Unternehmen in den Kreisen Olpe und Siegen-Wittgenstein lassen Jugendliche im außerunterrichtlichen Projekt MINT-Pro²Digi erleben, wie sie ihr in der Schule erworbenes Wissen in die Arbeitswelt einbringen können. Im Akronym bildet sich das Erkenntnisinteresse der beteiligten Wissenschaftler*innen ab: Im Bereich **MINT** angesiedelte **pro**jektorientierte **Pro**blemlöseprozesse mit Blick auf die Nutzungsweisen passender **digi**taler Medien und Werkzeuge analysieren. Im vorliegenden Beitrag wird diesbezüglich ein theoretisches Modell vorgestellt und anhand zweier Fallbeispiele aus dem ersten Projektzyklus illustriert, das der qualitativen Abbildung des Arbeitsprozesses der Jugendlichen als Trajektorie in den drei Dimensionen Problemlösen, projektorientiertes Arbeiten und Umgang mit digitalen Medien dient.*

Das Projekt MINT-Pro²Digi ermöglicht eine enge Zusammenarbeit zwischen an MINT interessierten Jugendlichen, das sind Schüler*innen der Klassenstufe 7-Q2, kleinen und mittleren Unternehmen (KMU) sowie der Universität. Das übergeordnete Ziel des Projekts ist es, Jugendliche aus den Kreisen Olpe und Siegen-Wittgenstein konkret erfahren zu lassen, wie sie ihre in der Schule erworbenen (digitalen) Mathematikkompetenzen in den gewerblich-technischen Unternehmen und Betrieben der Region Südwestfalen produktiv in MINT-Problemstellungen zur Anwendung bringen können. Neben diesem vor allem

G. Stoffels · K. Holten (✉)
Universität Siegen, Fak. IV/Didaktik der Mathematik, Siegen, Deutschland
E-Mail: holten@mathematik.uni-siegen.de

G. Stoffels
E-Mail: stoffels@mathematik.uni-siegen.de

© Der/die Autor(en), exklusiv lizenziert durch Springer Fachmedien Wiesbaden GmbH, ein Teil von Springer Nature 2022
F. Dilling et al. (Hrsg.), *Neue Perspektiven auf mathematische Lehr-Lernprozesse mit digitalen Medien*, MINTUS – Beiträge zur mathematisch-naturwissenschaftlichen Bildung,
https://doi.org/10.1007/978-3-658-36764-0_3

außerunterrichtlich praktischen Ziel verfolgen die beteiligten wissenschaftlichen Mitarbeitenden das Forschungsinteresse Umsetzungsstrategien zu identifizieren, um „echte" mathematikhaltige Problemstellungen aus Unternehmen zu nutzen und damit Problemlöseprozesse und projektorientiertes Arbeiten im Umgang mit digitalen Medien bei den teilnehmenden Jugendlichen zu initiieren. Besondere Schwerpunkte liegen in der Betrachtung von Neugier, Interesse, Motivation und Frustrationstoleranz der Jugendlichen.

In diesem Beitrag wird zunächst die soeben vorgestellte Projektidee, deren Umsetzungsplan und konkreter Projektstand dargestellt, um die bisherigen Ergebnisse in ihren Kontext einzuordnen. Im zweiten Teil des Beitrags wird ein mehrdimensionales theoretisches Modell vorgeschlagen, das Problemlösephasen, Phasen des projektorientierten Arbeitens und den Umgang mit digitalen Medien qualitativ auf der Basis etablierter Modelle skaliert und durch Trajektorien der interagierenden Projektbeteiligten vernetzt. Ein wichtiges weiteres theoretisches Konzept, das die Trajektorien der Beteiligten zusammenbringt, kann im interactional alignment (vgl. Abschn. 2.4) der Beteiligten identifiziert werden, das Beobachtungsergebnisse aus der Pilotphase erklärt. Da sich das Projekt zurzeit am Ende der Pilotphase befindet, wird die Anwendung des theoretischen Konzepts zunächst nur anhand zweier Fallbeispiele illustriert, die sich darin unterscheiden, dass die Trajektorien der jeweils an den Problemstellungen Beteiligten ein hohes bzw. niedriges Maß an interactional alignment aufzeigen. Die Fallbeispiele basieren hauptsächlich auf der Datenquelle der Projekttagebücher und ethnographischen Beobachtungen aus den „Solver-Team"-Sitzungen (vgl. Abschn. 1). Am Ende dieses Beitrags werden die vorläufigen Ergebnisse diskutiert und darauf aufbauend weitere Forschungsperspektiven für die folgenden Zyklen ausgewiesen.

1   Darstellung der Projektidee und organisatorische Umsetzung des Projekts MINT-Pro^{2}Digi

1.1   Die Projektidee

Die Grundidee des Projektes liegt darin, gehaltvolle und echte MINT-Problemstellungen (mit besonderem Fokus auf Mathematik) aus Unternehmen (Modellbildung, Optimierungen, Produktdesign etc.) Jugendlichen in Projektteams zur Aufgabe zu machen. Die Problemstellungen sollen sowohl die Neugier auf und das Interesse von Jugendlichen an Arbeiten in MINT-Kontexten fördern.

Die Unternehmen bringen in enger Abstimmung mit erfahrenen Lehramtsstudierenden, Lehrkräften und wissenschaftlichem Personal die Problemstellungen (z. B. Wie kann eine Verlängerung einer Toilettenspüldrückerplatte zur Einpassung eines modernen Spülsystems in einem bestehenden Toilettenkasten erstellt werden?) zielgruppengerecht ein und ermöglichen interessierten Schüler*innen auf diese Weise direkt zu erleben, wie sie ihr schulisches Wissen in der Arbeitswelt einbringen können. Im Laufe des Projektes arbeiten die Jugendlichen mit den Unternehmen moderiert durch Mitarbeiter*innen der Universität Siegen zusammen, besichtigen die Unternehmen und erfahren, wie ihre Ergebnisse konkret einzuordnen sind bzw. angewandt werden und welche spannenden weiteren Anknüpfungspunkte sich durch eine Ausbildung in dem Betrieb oder ein Studium in den Bereichen der Unternehmen ergeben würden. Mathematik wird damit nicht als „abstrakte Kunstwelt", sondern mit Hilfe digitaler Medien (3D-Druck, Programmierung, etc.) als unmittelbar relevant für berufliches Schaffen in der Region erfahren. Dadurch werden den Jugendlichen Einblicke in spannende berufliche Perspektiven vor Ort gegeben. Sie lernen problemorientiert in Teams authentische Fragestellungen zu bearbeiten und werden in ihren fachlichen mathematischen, aber auch MINT-bezogenen Kompetenzen gefördert.

Ein besonders wichtiger Faktor, der aber nicht im Zentrum dieses Beitrags steht, ist, dass die Jugendlichen originale Problemstellungen der Unternehmen in den Blick nehmen, die durch enge Zusammenarbeit der Mitarbeitenden der Unternehmen und der Universität Zielgruppengerecht aufgearbeitet werden, und zwar so, dass Probleme identifiziert werden, die als von Schüler*innen lösbar eingeschätzt werden, und in der Darstellung des Problemaufriss zugänglich für Schüler*innen sind. Die Authentizität der Problemstellung im Sinne einer authentischen Anwendungssituation steht somit in diesem Projekt nicht infrage, im Vergleich zu eingekleideten Aufgaben (Jahnke, 2005) oder Aufgaben zur (komplexeren) Modellierung (Eichler, 2015; Leufer, 2016). Vielmehr schließt das Projekt an Winter (2016, S. 247) an:

> Wenn man echtes Anwenden im Mathematikunterricht anstrebt, also Mathematisierungs- oder Modellbildungsprozesse entwickeln will, dann muss man sich ernsthaft auf außermathematisches Gebiet begeben.

Für das Projekt, die beteiligten Jugendlichen und die wissenschaftlichen Mitarbeitenden der Universität bedeutet dies eine ernsthafte Auseinandersetzung und ein konkretes Eintauchen in die Kontexte der kooperierenden KMU.

1.2   Die Umsetzung

Die Projektlaufzeit gliedert sich in eine Vorbereitungszeit von einem halben Jahr und drei etwa halbjährige Zyklen, in denen die Jugendlichen die Problemstellungen der Unternehmen bearbeiten können. Diese Bearbeitung erfolgt in sog. Solver-Teams (das sind Gruppen aus drei bis fünf teilnehmenden Jugendlichen), wovon sich jeweils ein bis zwei Solver-Teams an einem sog. Solver-Hub in wöchentlichen Sitzungen treffen. Im ersten Zyklus sollten fünf Solver-Hubs an vier Kooperationsschulen in den Kreisen Olpe und Siegen-Wittgenstein und der MatheWerkstatt der Mathematikdidaktik der Universität Siegen eingerichtet werden. Aufgrund der Pandemiesituation wurde der erste Zyklus vollständig digital, bis auf wenige Unternehmensbesuche, sofern diese möglich waren, durchgeführt. Im zweiten Zyklus ab Herbst 2021 werden fünf weitere Solver-Hubs an Schulen der Region eingerichtet, sodass für die letzten beiden Zyklen insgesamt zehn räumlich gut verteilte und mit digitalen Medien und Werkzeugen ausgestattete Solver-Hubs für die teilnehmenden Jugendlichen zur Verfügen stehen.

Bevor die zweistündigen wöchentlichen Arbeitsphasen der Solver-Teams an den Solver-Hubs starten können, werden zunächst durch Abstimmung zwischen Mitarbeitenden der KMU und der Universität Siegen echte Problemsituationen der KMU identifiziert. Dies erfolgt in der Regel im Rahmen von drei Treffen:

1. *Treffen: Kennenlernen der Kooperationspartner und der KMU, Projektvorstellung und Vorstellung der Arbeitsweisen der KMU. Möglicherweise schon Ansprache erster denkbarer Problemstellungen.*
2. *Treffen: Konkrete Sammlung und erste Sortierung möglicher Problemstellungen in den KMU, die geeignet erscheinen. Die Mitarbeiter*innen der Universität Siegen greifen die Ideen auf und konkretisieren – wenn nötig – die Problemstellung im Nachgang, um den Jugendlichen einen Zugang zur Problemstellung zu ermöglichen.*
3. *Treffen: Diskussion der ausgewählten Problemstellung und Absicherung, dass auch nach der Konkretisierung aus Sicht der Unternehmen der Kern des Problems erhalten bleibt.*

Nach Festlegung der zu bearbeitenden Problemstellung werden technische oder digitale Werkzeuge angeschafft, die zur Problemlösung benötigt werden und noch nicht in den Solver-Hubs vorhanden sind.

In der Eröffnungsveranstaltung eines jeden Zyklus kommen die Jugendlichen, nach ihrer Bewerbung durch ein Motivationsschreiben für das Gesamtprojekt, mit Vertreter*innen der KMU zusammen. Die Eröffnungsveranstaltung wird von den

Mitarbeiter*innen der Universität Siegen moderiert. Dort stellen die KMU aus ihrer Sicht die ausgearbeiteten Problemstellungen den Schüler*innen im Format eines Speed-Datings vor. Im Anschluss an die Veranstaltung wird zum einen eine Rückmeldung der KMU eingeholt in Bezug auf aus ihrer Sicht für die eigene Problemstellung besonders geeigneter Jugendlicher. Zum anderen können die Jugendlichen selbst ihre Wünsche in einer Prioritätenliste angeben, welche Problemstellungen sie gerne über den Zeitraum eines Schulhalbjahres hinweg bearbeiten möchten. Im ersten Zyklus haben sich die Jugendlichen interessanterweise auch hinsichtlich ihrer mathematischen Fähigkeiten, die aufgrund der Jahrgangsstufe vermutet werden, passend zum Niveau der verschiedenen Problemstellungen zugeordnet. Alle teilnehmenden Jugendlichen konnten daher ihren Erst- oder Zweitwunsch erhalten und damit eine für sie ansprechende Problemstellung bearbeiten.

Nach der Eröffnungsveranstaltung beginnt die Arbeitsphase der Jugendlichen, wobei der Großteil ihrer Arbeit wöchentlich in zweistündigen Solver-Hub Sitzungen erfolgt. An diesen Terminen findet innerhalb der Solver-Teams die konkrete Arbeit an der Problemstellung statt. Zugleich werden aber auch Strukturierungs-(Gantt-Charts, Strukturpläne) und Dokumentationstechniken (Projektbuch) für die Projektarbeit eingeführt und angewendet. In jeder der insgesamt 90-minütigen Sitzungen findet außerdem ein ca. 15- bis 30-minütiges Jour fixe statt, in dem jede Gruppe den anderen Solver-Teams den eigenen Projektstand kurz darstellt und dem Plenum zur Diskussion stellt.

Während dieser Problemlösephase wirken die KMU je Problemstellung in unterschiedlicher Intensität und Frequenz mit. Dies hängt u. a. von der Größe des KMU ab. Größere KMU haben die Möglichkeit öfter eine*n Mitarbeiter*in auch für die Projektsitzungen freizustellen. Es gibt aber auch Problemstellungen in denen dies nicht zwingend nötig ist und ein*e Mitarbeiter*in vor allem nach vorheriger Anmeldung des Bedarfs für konkrete Nachfragen zur Verfügung steht. Corona-bedingt war es leider bis zum jetzigen Zeitpunkt noch nicht möglich, mit jedem Solver-Team einen Unternehmensbesuch durchzuführen, da einige Unternehmen selbst vollständig im Home-Office Betrieb arbeiteten und keine Gäste empfangen können. Durch die Unternehmensbesuche, die mit den Jugendlichen durchgeführt werden konnten, hat sich jedoch bereits gezeigt, dass dieser Ortstermin sehr wichtig für die Arbeit im Projekt zu sein scheint und auch von allen Beteiligten als wichtig wahrgenommen wird. Einerseits wird der Kontakt zwischen den KMU und den Teilnehmenden persönlich geknüpft und intensiviert, andererseits – und das scheint der für das Projekt wichtigste Aspekt zu sein – wird die zu bearbeitende Problemstellung im konkreten Kontext des KMU

erlebbar, oder ist dort zu verorten. Hierdurch kann von allen Beteiligten wahrgenommen werden, inwiefern die Ideen oder Lösungsansätze der Jugendlichen im
Unternehmen wirksam werden.

Die Ergebnisse des projektorientierten Problemlöseprozesses sollen im Rahmen eines sog. „Forum des Fortschritts" durch die teilnehmenden Jugendlichen
nicht nur den beteiligten Unternehmen, sondern auch einer breiteren Öffentlich-
keit vorgestellt werden. Aktuell befindet sich das Projekt in der letzten Phase
der Problembearbeitung, sodass bisher noch keine Erfahrungen zum „Tag des
Fortschritts" gemacht und an dieser Stelle geteilt werden können.

2   Theoretische Vorüberlegungen: Entwicklung eines dreidimensionalen Modells zur Beschreibung des interactional alignment in Kontexten wie MINT-Pro²Digi

Die Grundbausteine des theoretischen Rahmens finden sich im Akronym des
Projekts. In echten **MINT**-Kontexten der beteiligten KMU sollen längerfristige **pro**jektorientierte **P**roblemlöseprozesse mit Blick auf die Nutzungsweisen
passender **digi**taler Medien und Werkzeuge initiiert und wissenschaftlich begleitet werden. Entsprechend erscheint es sinnvoll die Arbeit in diesem Projekt
anhand der Dimensionen „Problemlösen", „projektorientiertes Arbeiten" und
„Umgangsformen mit digitalen Medien" zu beschreiben. Die erste Dimension ist
ein klassisches Thema mathematikdidaktischer Forschung. Die beiden weiteren
Dimensionen müssen im Rahmen dieses Projekts aber wesentlich fachübergrei-
fender gedacht werden, insofern die Problemstellungen interdisziplinäres oder
zumindest fachübergreifendes Arbeiten erfordern.

2.1   Dimension des Problemlösens in mathematikhaltigen Kontexten

Das Problemlösen bildet nicht nur eine wichtige prozessbezogene Kompetenz
bzw. eine allgemeine mathematische Kompetenz (KMK, 2004), sondern ist
vermutlich einer der Ausgangspunkte mathematischen Arbeitens. In der internationalen mathematikdidaktischen Literatur wird daher dieses Feld intensiv
beforscht. Einschlägig bekannt sind die Arbeiten zum Problemlösen von Pólya
(1995) und Schoenfeld (1985). Aktuelle Literatur aus dem deutschen Sprachraum
findet sich bspw. in Rott (2020).

Basierend auf Pólya (1995) wird der Prozess des Problemlösens üblicherweise in vier Phasen strukturiert, und zwar:

1. *Das Problem verstehen.*
2. *Einen Plan machen.*
3. *Den Plan durchführen.*
4. *Rückschau.*

Rott (2020) identifiziert zusätzlich verschiedene Interventionsarten von Lehrer*innen, die Problemlöseprozesse begleiten. Diese Interventionsarten bringt er mit den o.g. vier Phasen des Problemlösens in Form einer Kreuztabelle zusammen. Bei den Interventionsarten unterscheidet Rott (2020) drei verschiedene Grade der Lenkung bei der Begleitung von Problemlöseprozessen der Lehrer*innen. Die „enge Führung", bei der die Lehrkraft „korrekte" Interpretationen des Problems oder zu verwende Strategien benennt, die „neutrale Führung", bei der die Lehrkraft nur wenig in den Problemlöseprozess der Schüler*innen eingreift und die „Aufforderung zur Verwendung von Strategien", bei der die Lehrkraft Tipps zum Verstehen des Problems oder den Hinweis auf die Vorteile einer Wahl von Problemlösestrategien gibt. Anhand konkreter Fallbeispiele weist Rott (2020) darauf aufbauend verschiedene Typen von Lehrer*innen aus, die er mit den Profillinien der Begleitung ihrer Problemlösestunden zusammenbringt. Damit gibt Rott (2020) einen weiteren Beleg dafür, dass die Beliefs der Lehrer*innen einen großen Einfluss auf die Initiierung von Problemlöseprozessen haben.

Im hier beschriebenen Projekt sind diese Ergebnisse relevant, da insbesondere die begleitenden Betreuer*innen in den Solver-Hubs aber auch die Unternehmen die Problemlöseprozesse unterstützen. Auf der konzeptionellen Ebene wurde eine Begleitung im Sinne einer „Aufforderung zur Verwendung von Strategien" angelegt. Im dritten Teil dieses Beitrags wird sichtbar, dass dies nicht bei allen Problemstellungen und Solver-Teams möglich war. Insbesondere dann, wenn es nur einen niedrigen Grad an interactional alignment zwischen den Solver-Teams und den Unterstützenden gibt. Ein niedriges interactional alignment zeigt sich u. a. dadurch, dass die verschiedenen Projektbeteiligten den Lösungsprozess unterschiedlichen Problemlösephasen zuordnen, bspw. die Teilnehmenden zur Phase „einen Plan machen" und die Unterstützenden zur Phase „Problem verstehen" (vgl. Abschn. 3.2).

Der im Fokus stehende Forschungsgegenstand in dieser Dimension des Projekts ist das langfristige Problemlösen in mathematikhaltigen Kontexten. Zwar gibt es bereits Studien zur *langfristigen Adressierung von Problemlösen*, z. B.

im Mathematikunterricht (Collet & Bruder, 2008) oder insbesondere im Kontext
der PISA-Untersuchungen das Konzept sog. „komplexer Problemlöseprozesse"
(Klieme et al., 2001), aber es sind den Autoren dieses Beitrags keine Untersuchungen zur Betrachtung *langfristiger Problemlöseprozesse* mit vergleichbarem
Umfang (hier ca. ½ Jahr) bekannt. Hier stellt sich die Frage, inwiefern die
etablierten Beschreibungsmöglichkeiten von Problemlöseprozessen auch auf die
längerfristigen Problemlöseprozesse übertragbar sind.

2.2 Dimension des projektorientierten Arbeitens in authentischen außerunterrichtlichen Kontexten

Angelehnt an die DIN 69901 werden in verschiedenen Fachbüchern zum Projektmanagement fünf Phasen der Projektarbeit unterschieden. Das sind die
Projektinitialisierung, die Projektdefinition, die Projektplanung, die Projektsteue-
rung und der Projektabschluss (beispielsweise Peipe, 2020). Nach dem Leitfaden
Schulentwicklung Bayern (2005) ist der Projektablauf für unterrichtliche Zwecke in die vier Phasen Projektdefinition, Projektplanung, Projektdurchführung
und Projektabschluss zu untergliedern. Im Vergleich zur Norm sind die beiden
Phasen der Projektinitialisierung und der Projektdefinition im Leitfaden in einer
einzigen Phase abgebildet, die alle Aktivitäten von der „Ideenfindung zu einem
Thema bis zur Formulierung eines konkreten Projektauftrages und der Ernen-
nung eines Projektleiters" (Leitfaden Schulentwicklung Bayern, 2005, S. 5) für
eine Umsetzung durch Schüler*innen vereinigt. Diese erste Phase, die Definition
eines jeden Projektes, koordiniert im MINT-Pro^{2}Digi die Universität und formuliert eine konkrete Problemsituation in Abstimmung mit einem KMU. Die
Aufgabe der Jugendlichen beginnt also im MINT-Pro^{2}Digi erst bei der ferti-
gen Projektidee in Form des Verstehens der konkreten Problemstellung. Unsere
Vorgehensweise stimmt mit dem ersten Schritt der Handlungsfolge nach Reich
überein, die neben einer „eigenständige[n] Formulierung der Aufgabenstellung"
alternativ auch mit einer „Information über die Projektidee/die Aufgabenstellung"
beginnen kann (Reich, 2012b, Projektarbeit). Es seien aus konstruktivistischer
Perspektive in Anlehnung an Dewey und Kilpatrick (1935), fünf Schritte einer
zirkulären Handlungsfolge in der Projektarbeit vorgesehen, die für alle Methoden
im Allgemeinen als Orientierung dienen können. Das sind die Handlungsstu-
fen Vorbereiten, Informieren, Durchführen, Präsentieren und Evaluieren (Reich,
2012a, S. 247–248). Für die Projektmethode im Besonderen wird jedoch das
Phasenmodell VEPRAPA vorgeschlagen, das einen idealtypischen Ablauf von
Projekten im Unterricht darstelle (Reich, 2012b).

Tab. 1 Entwicklung der Dimension des projektorientierten Arbeitens im MINT-Pro²Digi

Phasen angelehnt an DIN 69901	Phasenmodell VEPRAPA (Reich, 2012b, Projektarbeit)	Akteure im MINT-Pro²Digi	Phasen der Projektarbeit der Solver-Teams im MINT-Pro²Digi
Projektinitialisierung	Vorbereitung	Uni Siegen	
Projektdefinition		Uni Siegen und KMU	
	Einstieg	Uni Siegen und Jugendliche	Einstieg
Projektplanung	Planung	Jugendliche	Planung
Projektdurchführung	Realisation	Jugendliche	Bearbeitung
	Auswertung	Jugendliche und KMU	Übergabe
Projektabschluss	Präsentation	Jugendliche	Ergebnispräsentation
	Abschluss	Jugendliche, KMU und Uni Siegen	Reflexion

Dieses im Vergleich zum Leitfaden ausdifferenzierte Phasenmodell nach Reich, 2012b scheint für das hier zu entwickelnde Modell nützlicher, das die Phasen des projektorientierten Arbeitens der Jugendlichen im MINT-Pro²Digi sinnvoll abbilden soll. Für die konkrete Arbeit der Jugendlichen im Projekt MINT-Pro²Digi scheint daher zum jetzigen Zeitpunkt der Pilotierung (im zweiten Drittel des ersten Zyklus) auf Grundlage der oben skizzierten drei Modelle und insbesondere in Anlehnung an das VEPRAPA Phasenmodell eine Unterteilung in die sechs Dimensionen Einstieg, Planung, Bearbeitung, Übergabe, Ergebnispräsentation und Reflexion angemessen (vgl. Tab. 1 und 2).

2.3 Dimension der Umgangsformen mit digitalen Medien und Werkzeugen in authentischen außerunterrichtlichen Kontexten

Es gibt vielfältige mathematikdidaktische Literatur, die sich sowohl mit digitalen Medien (Krauthausen, 2012; Pallack, 2018) wie auch Werkzeugen (Dilling & Pielsticker, 2020; Thurm, 2020) beschäftigt. Die Forschungsperspektiven im Kontext digitaler Medien beim Lehren und Lernen von Mathematik sind vielfältig. Einige Arbeiten nehmen aus stoffdidaktischer Perspektive die Möglichkeiten der

Tab. 2 Auszug aus dem Projektbuch des Solver-Teams H zur Illustration des Verfahrens der Zuweisung eines Tripels

Eintrag im Projektbuch	Codierung	Zuweisung eines Tripels
Problem verstehen Checkliste Türkontrolle	PL1, DM4, PA1	$T_1 = (1, 4, 1)$
• Schneller Entschluss für Programmierung einer App • bei Android Geräten: Programmierung mit Android Studios und Java • bei Ipads: Swift • Arbeit mit HTML und CSS	PL2, DM4, PA2	$T_2 = (2, 4, 2)$

Medien und Werkzeuge in den Blick, wie beispielsweise Arbeiten zu dynamischer Geometriesoftware (Kaenders & Schmidt, 2014), CAS (Pinkernell & Bruder, 2019) sowie die „neuen" neuen Medien 3D Drucker (Dilling, 2019) oder Virtual Reality (Florian & Etzold, 2021) und andere. Weitere Arbeiten nehmen Prozesse in den Blick, wie Begriffsbildung mit und durch digitale Medien (Pielsticker, 2020) oder Modellieren mit digitalen Medien (Greefrath & Weitendorf, 2013).

Im Projekt MINT-Pro^{2}Digi werden digitale Medien als Hilfsmittel, also im Sinne eines Werkzeugs eingesetzt. Sie sollen dazu beitragen, die bei den Unternehmen vorzufindenden authentischen Problemstellungen zu lösen. Je nach Problemstellung treten somit unterschiedliche Nutzungsformen der digitalen Medien auf. In der Informatikdidaktik wurden bereits verschiedene Nutzungsformen von Medien identifiziert, die unabhängig vom fachspezifischen Einsatzszenario unterschieden werden können. Lehmann (1993) unterscheidet vier verschiedene Arten des Umgangs mit informatorischen Systemen, im Rahmen seines Vorschlags Software-Wartung als geeigneten Kontext für den Einstieg in die Informatik zu wählen.

Der Unterricht beginnt mit einer Problemstellung, für deren Lösung ein fertiges, dokumentiertes Softwareprodukt vorliegt. Die Phasen sind:

- Analyse des Problems,
- Benutzung der Software und Erkennen ihrer Grobstruktur,
- Analyse von Softwareteilen,
- kleine Wartungsaufträge und damit Übergang zu ersten eigenen Konstruktionsarbeiten

(Lehmann, 1993, S. 134).

Somit unterscheidet Lehmann die Eingriffsmöglichkeiten auf informatorische Systeme in Benutzung, Analyse, Änderung und Konstruktion. Für das Projekt MINT-Pro²Digi ist diese Unterscheidung besonders geeignet, da diese verschiedenen Arten des Umgangs mit digitalen Medien, also eine Erweiterung der zuvor von Lehmann (1993) intendierten Anwendung der Wartung von Software, in den verschiedenen Problemstellungen auftreten (vgl. Abschn. 3). Der Vergleich von Lehmanns (1993) Modell beispielsweise mit dem SAMR-Modell (Puentedura, 2006) oder dem Medienkompetenzrahmen NRW (Medienberatung NRW, 2020, S. 10–11) zeigt, dass zweitgenanntes Modell verschiedene Einstellungen und Nutzungsformen in den Blick nimmt, wohingegen drittes vornehmlich das Präsentieren und die reine Verwendung von Medien ausweist. Dies ist nicht verwunderlich, da beide Modelle den Einsatz von digitalen Medien in der Schule charakterisieren sollen.

Im Anwendungsfeld der authentischen Problemstellungen, die im Projekt MINT-Pro²Digi in den Blick genommen werden, gehen die Tätigkeiten über das Anwenden von digitalen Medien hinaus, bspw. wird Soft- oder Hardware angepasst oder neu konzipiert.

Im Folgenden wird sich zeigen, dass auch diese Dimension, bzw. die Zuordnung der Projektarbeit zu einer dieser Umgangsarten durch die Projektbeteiligten Einfluss auf ihr interactional alignment nimmt und somit auch auf den Erfolg der Problemlösung wirkt. Entsprechend kann es auch hier zu kommunikativen Missverständnissen kommen.

2.4   Interactional alignment der Projektpartner*innen

Die (implizite) Zuweisung verschiedener Skalenwerte der Dimensionen – dies sind die Phasen des Problemlöseprozesses (Abschn. 2.1), die Phasen der Projektarbeit (Abschn. 2.2) und die Umgangsformen mit digitalen Medien (Abschn. 2.3) – durch die Projektbeteiligten kann bei weitgehender Übereinstimmung der Zuordnungen zu einem hohen interactional alignment führen, oder zu einem niedrigeren interactional alignment, wenn nur wenige oder gar keine Zuordnungen übereinstimmen. Das Konzept des interactional alignment wurde in verschiedenen Disziplinen von der Kognitionspsychologie bis zur Soziologie angewendet, mit je unterschiedlichen Foci verschiedener Dimensionen des interactional alignments (Rasenberg et al., 2020). Dabei kann die Grundidee des Konzepts so zusammengefasst werden, dass Interaktionspartner im gemeinsamen Gespräch, oder wie im Projekt in der gemeinsamen Arbeit, intersubjektive

Perspektiven entwickeln und sich somit durch bzw. in der Interaktion „angleichen" oder „anpassen". Pickering und Garrod (2006) beschreiben in ihrem psycholinguistischen Ansatz zum interactional alignment in Diskursen:

> The informational-alignment account assumes that dialogue is better characterized as a process of aligning information states than as a process of transferring information from speaker to listener. (Pickering & Garrod, 2006, S. 209)

Dies ist besonders relevant für Lehr-Lernprozesse und fügt sich in eine typisch konstruktivistische Sicht auf diese ein. Bedeutet aber auch, dass die verschiedenen Projektbeteiligten aus den KMU und der Universität Siegen sowie den Solver-Teams in den Solver-Hubs stetig im Austausch versuchen, ihre Sichtweisen auf die Problemstellung, den Problemlöseprozess, die Projektarbeit und die verwendeten Medien und Werkzeuge anzupassen und wechselseitig Sichtweisen zu eröffnen.

2.5   Zusammenführung des dreidimensionalen Modells zur Beschreibung des interactional alignments im Kontext des Projekts MINT-Pro²Digi

In Abb. 1 werden die oben definierten Phasen in den drei Dimensionen „Problemlösen", „Projektorientiertes Arbeiten" und „Umgang mit Digitalen Medien" grafisch dargestellt. Bei der langfristigen Beobachtung der Arbeit im Projekt sollten sich für jeden Projektbeteiligten, bzw. Gruppen von Projektbeteiligten Trajektorien ergeben, die von der Verortung in den Dimensionen und von der Durchführungszeit abhängen. Letztere wirkt wie der Parameter in einer Parametrisierung der Trajektorie. Die Stärke des interactional alignment der Projektbeteiligten ergibt sich erst durch den Vergleich verschiedener Trajektorien.

3   Empirischer Ausblick auf konkrete Trajektorien im dreidimensionalen Modell zur Beschreibung des interactional alignments im Kontext MINT-Pro²Digi

Da die Pilotphase des MINT-Pro²Digi zum Zeitpunkt der Erstellung dieses Beitrags erst in einigen Wochen abgeschlossen sein wird, sind die folgenden Ergebnisse als vorläufig zu betrachten. Insbesondere ist die Arbeit in den Solver-Teams noch nicht abgeschlossen, sodass sich in der Analyse zeigt, dass die

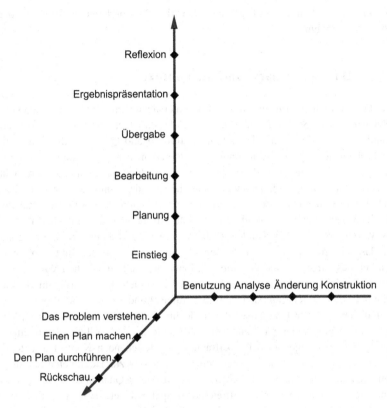

Abb. 1 Dreidimensionales theoretisches Modell mit den Dimensionen „Problemlösen", „Projektorientiertes Arbeiten" und „Umgang mit digitalen Medien"

Teilnehmer*innen hinsichtlich der Dimension Projektarbeit erst bis zur 3. Phase „PA3: Bearbeitung" vorgedrungen sind. Trotzdem bietet der bisherige Projekt-fortschritt die Möglichkeit, das theoretisch entwickelte dreidimensionale Modell dahingehend zu überprüfen, ob es die Möglichkeit bietet, unterschiedliche Grade des interactional alignment zu beschreiben.

Dazu werden im Folgenden zunächst die Datengrundlage und der Kontext der Datenaufnahme dargelegt, worauf die Darstellung der Auswertungsme-thode – ausgehend von einer strukturierenden qualitativen Inhaltsanalyse (May-ring, 2008) – auf der Basis der theoretisch dargestellten Dimensionen erfolgt. Die Daten werden im Anschluss visuell aufbereitet und davon ausgehend Ergebnisse zum interactional alignment abgeleitet. Den Abschluss bildet eine Diskussion der erhaltenen Ergebnisse.

3.1 Datengrundlage und ihr Kontext

Die Datengrundlage für die folgenden Untersuchungen bilden die Projekttagebücher zweier Solver-Teams. Das in 3.3.1 betrachtete Solver-Team D, drei männliche Jugendliche aus den Jahrgangsstufen 9 und Q1, beschäftigt sich mit der Problemstellung, die Abrechnung von Rabatten in Kassensystemen zu optimieren. Das Problem liegt dabei darin, dass verschiedene Rabattaktionen nicht überschneidungsfrei sind, einander ausschließen oder kombinierbar sind. Das Ziel des Unternehmens ist es, unter Berücksichtigung der möglichen Rabatte für einen gegebenen Warenkorb, so effizient wie möglich den günstigsten Preis des Warenkorbs für den Kunden zu berechnen. Eine wichtige Randbedingung ist, dass aufgrund des großen Sortiments und einer starken Fluktuation hinsichtlich des Angebots und der Rabattaktionen nicht alle möglichen Warenkörbe vorab gespeichert werden können. Das in 3.3.2 betrachtete Solver-Team H, drei männliche Jugendliche aus den Jahrgangsstufen 9 und EF, soll das Problem der Digitalisierung einer Qualitätsendkontrolle im Unternehmen durch Konzeption und Entwicklung einer passenden Tablet-App lösen. Die Rahmenbedingungen dieses Problems liegen in der Übertragung der bestehenden Kontrollaspekte in ein digitales Format sowie im digitalen Datentransfer zur Dokumentensammelstelle (Cloud). Zu den wesentlichen Aspekten dieser Qualitätskontrolle gehört neben der Prüfung, ob Mängel auftreten oder Spaltmaße etc. eingehalten werden, insbesondere eine Foto-Dokumentation im Prüfstand.

In der Pilotphase wurden neben der Einführung eines Projektbuchs zur Dokumentation des Arbeitsprozesses der Solver-Teams verschiedene Methoden zur Projektarbeit expliziert, wie etwa die Formulierung eines Pflichten- und Lastenhefts, Gantt-Diagramme aber auch Mind-Maps zur Strukturierung von Ideen zur Problemlösung. Für das Projekttagebuch wurden keine formalen Vorgaben gemacht, allerdings sollte jedes Solver-Teams je Treffen einen Eintrag formulieren. Entsprechend sind die Einträge in den Projektbüchern variantenreich innerhalb eines Solver-Teams aber auch im Vergleich zwischen den Solver-Teams. Eine detaillierte Analyse erfolgt nach Abschluss des jeweiligen Zyklus. Typischerweise enthalten die Projektbücher stichwortartige Notizen zu Ergebnissen, Fragen, Terminen und Zwischenergebnissen bzw. einer kurzen Beschreibung, was in der Sitzung erarbeitet, bzw. welche Themen besprochen wurden.

Zusätzlich werden zur Beschreibung des interactional alignment antizipierte Trajektorien des Arbeitsprozesses durch die Mitarbeiter*innen der Unternehmen und der Universität Siegen ausgewiesen. Diese basieren auf den teilnehmenden Beobachtungen des Autors bei der Konzeption der Problemstellung und dem weiteren Austausch während des Zyklus mit den Mitarbeiter*innen der Unternehmen.

3.2 Auswertungsmethode

Die Analyse der Projekttagebücher erfolgt durch eine Kategorienzuweisung im Sinne einer strukturierenden qualitativen Inhaltsanalyse nach (Mayring, 2008). Da in diesem Kapitel nur ein kleiner Teil der Projekttagebücher, die noch nicht vollständig vorliegen, untersucht wird, wurde die Codierung nach Mayring vorgenommen. Bis zu diesem Zeitpunkt ist keine Revision der theoretisch abgeleiteten Kategorien notwendig, sofern man beachtet, dass die Projektarbeiten noch nicht abgeschlossen sind. Daher umfassen die rekonstruierten Trajektorien der Solver-Teams nur die Phasen der Projektarbeit PA1-PA3. In den antizipierten Trajektorien treten hingegen alle Phasen auf (vgl. Abb. 3 und 5).

Im Anschluss an die oben beschriebene Kategorisierung wurden entsprechend der Reihenfolge im Projektbuch die Phasen des Problemlöseprozesses oder des projektorientierten Arbeitens und die Umgangsweisen mit digitalen Medien durch ein Tripel basierend auf den Ausprägungen der jeweiligen Dimensionen codiert. Die Tripel legen einen entsprechenden Punkt im dreidimensionalen Modell fest. Die Trajektorien ergeben sich entsprechend der Abfolge dieser Punkte.

Am folgenden Auszug aus dem Projektbuch des Solver-Teams H wird das Verfahren illustriert.

3.3 Ergebnis

In den Abschn. 3.3.1 und 3.3.2 werden die Solver-Teams einzeln betrachtet, wobei ein Vergleich hinsichtlich der antizipierten Trajektorien durch die Betreuer*innen erfolgt. Ein Vergleich sowie eine Einschätzung des Nutzens des Modells erfolgt in der Diskussion (3.4).

3.3.1 Solver-Team D: „Optimierung der Abrechnung von Rabatten in Kassensystemen"

In Abb. 2 ist entsprechend der Auswertungsmethode die Trajektorie des Arbeitsprozesses des Solver-Teams D dargestellt.

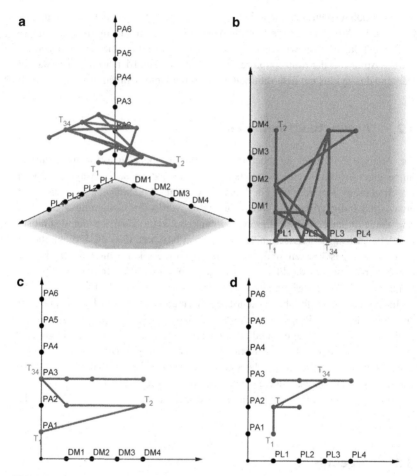

Abb. 2 Trajektorie (rot) des Solver-Teams „Optimierung der Abrechnung von Rabatten in Kassensystemen". Wobei T_1 den Anfangs- und T_{34} den Endpunkt der Trajektorie bezeichnet

Zur besseren Übersichtlichkeit sind nicht alle Punkte benannt. In Abb. 2a. ist eine schräge Orthogonalprojektion der Trajektorie gegeben. Analog zu einer Dreitafelprojektion ist in den übrigen Abbildungsteilen die Trajektorie auf die Ebene projiziert, die durch je zwei Dimensionen aufgespannt wird. In b. die Dimensionen „Problemlösen" und „Umgang mit digitalen Medien", in c. die Dimensionen „Umgang mit digitalen Medien" und „projektorientiertes Arbeiten"

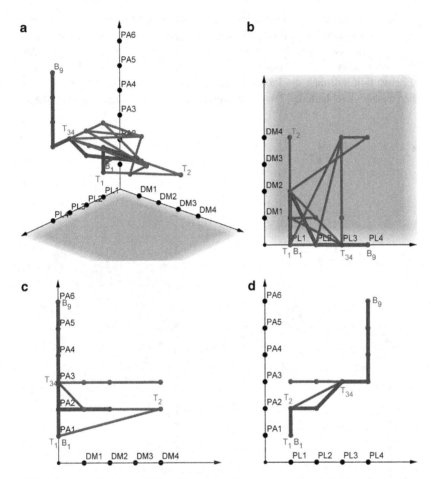

Abb. 3 Trajektorie (rot) des Solver-Teams „Optimierung der Abrechnung von Rabatten in Kassensystemen". Wobei T_1 den Anfangs- und T_{34} den Endpunkt der Trajektorie bezeichnet. Die blaue Trajektorie mit dem Anfangspunkt B_1 und dem Endpunkt B_9 gibt den durch die betreuenden Mitarbeiter*innen der Universität und des Unternehmens antizipierten Arbeitsprozess hinsichtlich der drei Dimensionen wieder

und in d. die Dimensionen „Problemlösen" und „projektorientiertes Arbeiten". Dieselbe Darstellungsart wird ebenfalls in den Abb. 3, 4 und 5 verwendet.

Auffallend ist, dass jede Umgangsform mit digitalen Medien in der Problemlösephase „PL1: Das Problem verstehen" (s. Abb. 2b.) auftritt . Ebenso fällt auf, dass die Problemlösephase „PL1: Das Problem verstehen" in allen bisher durchlaufenen Phasen des projektorientierten Arbeitens (PA1-PA3)

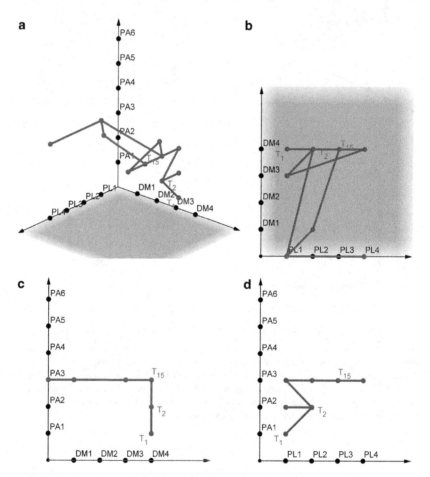

Abb. 4 Trajektorie (rot) des Solver-Teams „Qualitätsprüfung". Wobei T_1 den Anfangs- und T_{15} den Endpunkt der Trajektorie bezeichnet

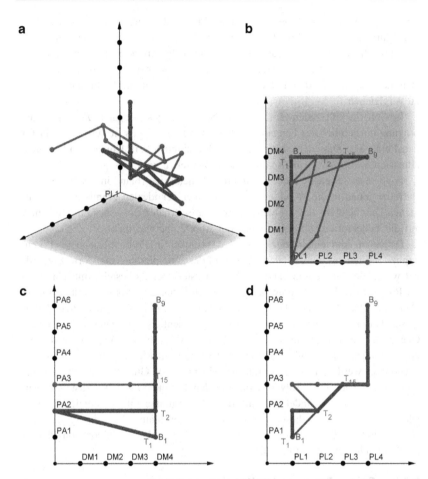

Abb. 5 Trajektorie (rot) des Solver-Teams „Qualitätsprüfung". Wobei T_1 den Anfangs- und T_{15} den Endpunkt der Trajektorie bezeichnet. Die blaue Trajektorie mit dem Anfangspunkt B_1 und dem Endpunkt B_9 gibt den durch die betreuenden Mitarbeiter*innen der Universität und des Unternehmens antizipierten Arbeitsprozess hinsichtlich der drei Dimensionen wieder

auftritt (s. Abb. 2d.). Zudem wird jede Problemlösephase in „PA3: Bearbeiten" durchlaufen (s. Abb. 2d). Vergleicht man den letzten Aspekt mit dem Projektbuch stellt man fest, dass in Phase PA3 mehrfach die Phasen des Problemlösens durchlaufen wurden durch eigene Rückschau oder durch Intervention der Betreuer*innen, z. B. durch einen Hinweis das Ergebnis mit der Problemstellung zu vergleichen.

In Abb. 2c fällt zudem auf, dass bspw. dem Trajektoriepunkt T_1 keine Ausprägung hinsichtlich des Umgangs mit Medien zugeordnet wird; Gleiches gilt für den Punkt T_{34}. Dies liegt daran, dass im Projektbuch kein Umgang mit Medien adressiert wird, bzw. explizit von diesem abgesehen wird.

Fügt man ebenso die antizipierte Trajektorie (blau in Abb. 3) der Betreuer*innen in die Abbildung mit ein, unter der idealen Prämisse eines einfachen Durchlaufens des Problemlösekreislaufs, erhält man Abb. 3, die reduziert auf die Trajektorie des Solver-Teams mit Abb. 2 übereinstimmt.

Dabei ist zum einen festzustellen, dass außer in Problemlösephase 1 kein expliziter Umgang mit digitalen Medien in der antizipierten Trajektorie zugeordnet wird. Dies liegt daran, dass ein Kassensystem bereits besteht, mit dem auch im Rahmen des Projekts umgegangen werden kann. Die Problemstellung macht aber vor allem zunächst das Aufstellen eines Algorithmus erforderlich, bevor dieser dann informatisch in die Software implementiert wird. Dies steht ganz im Gegensatz zur Trajektorie des Solver-Teams (Abb. 3b. und 3c.), durch die bis auf Ausprägung DM3 alle weiteren im Umgang mit Medien im Arbeitsprozess zugeordnet werden. Hier ist somit eher ein niedriger Grad an interactional alignment zwischen dem Solver-Team und den Betreuer*innen festzustellen. Ein weiterer Unterschied findet sich aufgrund der Prämisse für die antizipierte Trajektorie im Vergleich dieser mit der des Solver-Teams. Dies ist typisch für „reale" Problemlöseprozesse mit vielfältigem Wechsel und Zyklen von Phasen im Problemlöseprozess (Rott, 2014).

3.3.2 Solver-Team H: „Digitalisierung einer Qualitätsendkontrolle"

In Abb. 4 ist entsprechend der Auswertungsmethode die Trajektorie des Arbeitsprozesses des Solver-Teams H dargestellt. In Bezug auf die abgebildete Trajektorie fällt auf, dass hier vor allem in den verschiedenen Problemlösephasen ein Fokus auf keine direkte Adressierung von digitalen Medien oder die Konstruktion von Medien liegt (s. Abb. 4b.). Dieser Fokus zeigt sich insbesondere in den ersten beiden Phasen projektorientierten Arbeitens (s. Abb. 4c.). Auch im Solver-Team H treten alle Problemlösephasen auch in der Phase „PA3: Bearbeitung" auf. Hier wird allerdings zu Beginn dieser Phase mit einer erneuten Phase 2PL1: „Das Problem verstehen" begonnen.

Fügt man ebenso die antizipierte Trajektorie (blau in Abb. 5) der Betreuer*innen in die Abbildung mit ein, unter der idealen Prämisse eines einfachen Durchlaufens des Problemlösekreislaufs, erhält man Abb. 5, die reduziert auf die Trajektorie des Solver-Teams mit Abb. 4 übereinstimmt.

Ein Unterschied zwischen den beiden Trajektorien findet sich bei der Zuordnung aller Problemlösephasen in Abschnitten, in denen kein Umgang mit Medien adressiert wird in der Solver-Team Trajektorie im Vergleich mit der antizipierten Trajektorie in der dies nicht auftaucht (s. Abb. 4b.). Der Fokus auf den Umgang mit Medien im Sinne von „DM4: Konstruktion" findet sich aber ebenso in der antizipierten Trajektorie (s. Abb. 5b.).

In Abb. 5c. ist auffällig, dass in der antizipierten Trajektorie vermutet wird, dass das Problem auch ohne Bezug auf die digitale Konstruktion verstanden werden muss. Also der Ablauf der bisherigen analogen Qualitätsprüfung. Dafür gibt es keinen Hinweis im Projekttagebuch. Dies kann daran liegen, dass dies gar nicht geschehen ist, die Teilnehmer*innen des Solver-Hubs dies bereits in der Vorstellungsrunde aufgenommen haben oder sie dies nicht für vermerkwürdig in ihrem Projektbuch hielten. Auch in Abb. 5c. ist das mindestens einmalige Durchlaufen aller Problemlösephasen sichtbar, was aufgrund der Prämisse nicht in der „antizipierten" Trajektorie auftritt (s. Abb. 5d.).

Insgesamt zeigt sich eine recht große Überlagerung der Trajektorie des Solver-Teams H und der „antizipierten" Trajektorie durch die Betreuer*innen, was auf ein recht hohes interactional alignment schließen lässt.

3.4   Diskussion

Vergleicht man die beiden Solver-Teams hinsichtlich der Trajektorien ihrer Arbeitsprozesse, lässt sich als Gemeinsamkeit feststellen, dass im Verlauf des Bearbeitungsprozesses neue Probleme entstehen. In dieser Folge müssen die Phasen des Problemlöseprozesses mehrfach durchlaufen werden und nicht zwingend in der normativen Reihenfolge nach Pólya (1995), was zu etablierten Ergebnissen der Mathematikdidaktik passt (vgl. Abschn. 3.3.1). Trotzdem treten auch Unterschiede zwischen den Arbeitsprozessen der beiden Solver-Teams auf. Besonders auffallend ist der Fokus von Solver-Team H auf nur wenige Umgangsformen mit digitalen Medien im Vergleich zu Solver-Team D (vgl. Abb. 2b und 4b sowie 2c. und 4c.). Entsprechend hat Solver-Team D ein niedrigeres interactional alignment mit den Betreuer*innen als Solver-Team H, was sich auch in der Lösungsprogression beider Gruppen zeigt, soweit dies anhand des vorläufigen Projektstandes feststellbar ist. Natürlich muss bei diesen vorläufigen Ergebnissen beachtet werden, dass sie sich zur Erprobung des Modells auf nur zwei Quellen beziehen. Zukünftig ist eine Triangulation weiterer Informationsquellen wünschenswert und die Analyse weiterer Solver-Teams.

4   Fazit

Die vorläufigen Ergebnisse zeigen, dass das dreidimensionale Modell geeignet ist, das interactional alignment zwischen Solver-Teams und Betreuer*innen zu beschreiben. Zumindest können die erwarteten Ausprägungen der Dimensionen des Modells auf die vorläufigen Daten angewendet werden und zeigen interessante Zusammenhänge zwischen den Dimensionen. Insbesondere zeigt sich auch, dass die Unterscheidung der Dimensionen des „projektorientierten Arbeitens" und „Problemlösens" im Kontext von MINT-Pro^{2}Digi und ähnlichen Settings sinnvoll ist, da Problemlösephasen mehrfach bei längerfristigen authentischen Problemstellungen in mathematikhaltigen Kontexten auftreten, was aufgrund einschlägiger Ergebnisse mathematikdidaktischer Forschung zu erwarten war.

Auch die hier vorgestellte Visualisierung erscheint geeignet, um Daten mit Bezug auf mehrdimensionale Modelle darzustellen und qualitativ auszuwerten. Es bleibt zu überlegen, ob diese statische Darstellungsart zukünftig angepasst werden muss, um die Reihenfolge der Trajektionspunkte besser abbilden zu können. Eine Möglichkeit dies zu lösen, liegt darin, kürzere Zeitabschnitte zu betrachten. Eine andere Möglichkeit könnte in einer dynamischen Visualisierung liegen, was jedoch für eine Darstellung in Printmedien weniger geeignet zu sein scheint. Der Fokus dieses Artikels lag aber darin aufzuzeigen, dass auch über längerfristige Problemlöseprozesse ein Überblick gewonnen werden kann.

Besonders interessant für die Anwendung des Modells wird die Schlussphase eines Zyklus, in dem es für die Jugendlichen darum geht, die Lösung aufzubereiten und an die Unternehmen zu übergeben. Aus der heutigen Perspektive zeichnet sich bereits ab, dass die Mitarbeiter*innen der Universität Siegen aufgrund der Zusammenarbeit mit den Unternehmen über ihr Fach hinauswachsen müssen, die Unternehmer*innen Lösungen für ihre eigenen echten Probleme erhalten, sowie mögliche zukünftige Arbeitnehmer*innen kennenlernen und die Teilnehmer*innen die Möglichkeit erhalten, ihr eigenes mathematisches Wissen und Kompetenzen wirksam anzuwenden und zu vertiefen.

Dank Das Projekt MINT-Pro²Digi wird aus Mitteln des Europäischen Fonds für regionale Entwicklung (EFRE) durch die Europäische Union und das Land Nordrhein-Westfalen gefördert. Wir danken den am Projekt beteiligten KMU der Kreise Siegen-Wittgenstein und Olpe für den Einblick in die Unternehmensabläufe, für das kreative Aus- und Eindenken in die eigene Problemstellung sowie für die ausdauernde Unterstützung der Solver-Teams bei der Bearbeitung der Problemstellung. Wir danken außerdem allen Projektmitarbeiter*innen der Universität Siegen und insbesondere den beiden studentischen Mitarbeiter*innen. Ohne ihr Einsatz wäre das Projekt nicht umsetzbar. Ein besonderer Dank gilt den Jugendlichen, die sich Woche für Woche in ihrer Freizeit mit großem Engagement am Projekt beteiligen. Es ist eine große Freude, ihre Fortschritte begleiten zu dürfen.

Literatur

Collet, C., & Bruder, R. (2008). Longterm-study of an intervention in the learning of problem-solving in connection with self-regulation. In *Proceedings of the Joint Meeting of PME* (S. 353–360).

Dewey, J., & Kilpatrick, W. H. (1935). *Der Projekt-Plan: Grundlegung und Praxis. PAEDAGOGIK DES AUSLANDS, Teil BD. 6.* Böhlau.

Dilling, F. (2019). Der Einsatz der 3D-Druck-Technologie im Mathematikunterricht. *Springer Fachmedien Wiesbaden.* https://doi.org/10.1007/978-3-658-24986-1

Dilling, F., & Pielsticker, F. (2020). Mathematische Lehr-Lernprozesse im Kontext digitaler Medien. *Springer Fachmedien Wiesbaden.* https://doi.org/10.1007/978-3-658-31996-0.

Eichler, A. (2015). Zur Authentizität realitätsorientierter Aufgaben im Mathematikunterricht. In G. Kaiser & H.-W. Henn (Hrsg.), *Realitätsbezüge im Mathematikunterricht. Werner Blum und seine Beiträge zum Modellieren* (S. 105–118). Springer Fachmedien Wiesbaden. https://doi.org/10.1007/978-3-658-09532-1_8.

Florian, L., & Etzold, H. (2021). Würfel mit digitalen Medien – Wo führt das noch hin? Ein tätigkeitstheoretischer Blick auf Würfelhandlungen. In A. Pilgrim, M. Nolte & T. Huhmann (Hrsg.), *Mathematik treiben mit Grundschulkindern – Konzepte statt Rezepte. Festschrift für Günter Krauthausen* (S. 17–29). WTM-Verlag Münster. https://doi.org/10.37626/GA9783959871624.0.02.

Greefrath, G., & Weitendorf, J. (2013). Modellieren mit digitalen Werkzeugen. In R. Borromeo Ferri, G. Greefrath, & G. Kaiser (Hrsg.), *Mathematisches Modellieren für Schule und Hochschule* (S. 181–201). Springer Fachmedien Wiesbaden. https://doi.org/10.1007/978-3-658-01580-0_9.

Jahnke, T. (2005). Zur Authentizität von Mathematikaufgaben. In G. Graumann (Hrsg.), *Beiträge zum Mathematikunterricht: Vorträge auf der 39. Tagung für Didaktik der Mathematik vom 28.2. bis 4.3. 2005 in Bielefeld.* Franz Becker.

Kaenders, R., & Schmidt, R. (2014). Mit GeoGebra mehr Mathematik verstehen. *Springer Fachmedien Wiesbaden.* https://doi.org/10.1007/978-3-658-04222-6.

Klieme, E., Funke, J., Leutner, D., Reimann, P. & Wirth, J. (2001). Problemlösen als fächerübergreifende Kompetenz. Konzeption und erste Resultate aus einer Schulleistungsstudie. *Zeitschrift für Pädagogik, 47*(2), 179–200.

KMK. (2004). *Bildungsstandards im Fach Mathematik für den mittleren Schulabschluss: Beschluss vom 4.12.2003* (Beschlüsse der Kultusministerkonferenz). Luchterhand. https://www.kmk.org/fileadmin/veroeffentlichungen_beschluesse/2003/2003_12_04-Bil dungsstandards-Mathe-Mittleren-SA.pdf.

Krauthausen, G. (2012). Digitale Medien im Mathematikunterricht der Grundschule. *Spektrum Akademischer Verlag*. https://doi.org/10.1007/978-3-8274-2277-4.

Lehmann, E. (1993). Software-Wartung. Ein neuartiger Einstieg in den Informatik-Anfangsunterricht. In W. Brauer & K. G. Troitzsch (Hrsg.), *Informatik aktuell. Informatik als Schlüssel zur Qualifikation* (S. 134–140). Springer Berlin Heidelberg. https://doi.org/ 10.1007/978-3-642-78529-0_16.

Leitfaden Schulentwicklung Bayern. (2005). *Projektmanagement: Ein Leitfaden für die Schule.* Eine Initiative der Vereinigung der Bayerischen Wirtschaft (vbw) in Kooperation mit dem Bayerischen Staatsministeriums für Unterricht und Kultus und dem Bildungswerk der bayerischen Wirtschaft (bbw).

Leufer, N. (2016). *Kontextwechsel als implizite Hürden realitätsbezogener Aufgaben: Eine soziologische Perspektive auf Texte und Kontexte nach Basil Bernstein. Dortmunder Beiträge zur Entwicklung und Erforschung des Mathematikunterrichts: v. 26.* Springer Fachmedien Wiesbaden.

Mayring, P. (2008). *Einführung in die qualititative Sozialforschung: Eine Anleitung zu qualitativem Denken* (5. Aufl.). *Beltz Studium.* Beltz.

Medienberatung NRW (Hrsg.). (2020). Medienkompetenzrahmen NRW. https://medienkom petenzrahmen.nrw/fileadmin/pdf/LVR_ZMB_MKR_Broschuere.pdf.

Pallack, A. (2018). Digitale Medien im Mathematikunterricht der Sekundarstufen I + II. *Springer, Berlin Heidelberg.* https://doi.org/10.1007/978-3-662-47301-6.

Peipe, S. (2020). *Crashkurs Projektmanagement: Grundlagen für alle Projektphasen.* Haufe-Lexware GmbH & Co. KG.

Pickering, M. J., & Garrod, S. (2006). Alignment as the basis for successful communication. *Research on Language and Computation, 4*(2), 203–228.

Pielsticker, F. (2020). Mathematische Wissensentwicklungsprozesse von Schülerinnen und Schülern. *Springer Fachmedien Wiesbaden.* https://doi.org/10.1007/978-3-658-29949-1.

Pinkernell, G., & Bruder, R. (2019). Ergebnisse aus Stundenprotokollen im niedersächsischen Projekt CALiMERO zum CAS-Einsatz in der Sekundarstufe I. In A. Büchter, M. Glade, R. Herold-Blasius, M. Klinger, F. Schacht, & P. Scherer (Hrsg.), *Vielfältige Zugänge zum Mathematikunterricht* (S. 147–162). Springer Fachmedien Wiesbaden. https://doi.org/10.1007/978-3-658-24292-3_11.

Pólya, G. (1995). *Schule des Denkens: Vom Lösen mathematischer Probleme* (4. Aufl.). *Sammlung Dalp.* Francke.

Puentedura, R. (2006). *Transformation, technology, and education [Blog post].*

Rasenberg, M., Özyürek, A., & Dingemanse, M. (2020). Alignment in Multimodal Interaction: An Integrative Framework. *Cognitive science, 44*(11), e12911. https://doi.org/10. 1111/cogs.12911.

Reich, K. (2012a). *Konstruktivistische Didaktik: Das Lehr- und Studienbuch mit Online-Methodenpool* (5. Aufl.). *Pädagogik und Konstruktivismus.* Beltz.

Reich, K. (Hrsg.). (2012b). Online-Methodenpool. http://methodenpool.uni-koeln.de.

Rott, B. (2014). Mathematische Problembearbeitungsprozesse von Fünftklässlern – Entwicklung eines deskriptiven Phasenmodells. *Journal für Mathematik-Didaktik, 35*(2), 251–282. https://doi.org/10.1007/s13138-014-0069-2.

Rott, B. (2020). Teachers' Behaviors, Epistemological Beliefs, and Their Interplay in Lessons on the Topic of Problem Solving. *International Journal of Science and Mathematics Education, 18*(5), 903–924. https://doi.org/10.1007/s10763-019-09993-0.

Schoenfeld, A. H. (1985). Mathematical Problem Solving. *Elsevier*. https://doi.org/10.1016/C2013-0-05012-8.

Thurm, D. (2020). Digitale Werkzeuge im Mathematikunterricht integrieren. *Springer Fachmedien Wiesbaden*. https://doi.org/10.1007/978-3-658-28695-8.

Winter, H. W. (Hrsg.). (2016). *Entdeckendes Lernen im Mathematikunterricht.* Springer Fachmedien Wiesbaden. https://doi.org/10.1007/978-3-658-10605-8.

Das Forschungs- und Entwicklungsprojekt DigiMath4Edu – Digitale Transformation im Bildungsbereich am Beispiel des Mathematikunterrichts

Frederik Dilling, Kevin Hörnberger, Magnus Reifenrath, Rebecca Schneider, Amelie Vogler und Ingo Witzke

Im Projekt DigiMath4Edu wird die (Weiter-)Entwicklung professioneller Kompetenzen von Mathematiklehrer*innen insbesondere im Bereich der Anwendung digitaler Medien beispielhaft an 15 Schulen über drei Jahre begleitet. Anstelle eines Fortbildungsprogramms mit punktuellen Impulsen findet im Projekt eine kontinuierliche Unterstützung der Lehrkräfte in den Schulen statt. Hierzu werden den beteiligten Schulen jeweils zwei Unterrichtsassistent*innen über ein Schuljahr für digitale Bildung zur Seite gestellt. Es handelt sich dabei um von der Universität Siegen spezifisch geschulte Studierende, die vor Ort bei der Planung und Durchführung,

F. Dilling (✉) · K. Hörnberger · M. Reifenrath · R. Schneider · A. Vogler · I. Witzke
Fak. IV/Didaktik der Mathematik, Universität Siegen, Siegen, Deutschland
E-Mail: dilling@mathematik.uni-siegen.de

K. Hörnberger
E-Mail: hoernberger@mathematik.uni-siegen.de

M. Reifenrath
E-Mail: reifenrath@mathematik.uni-siegen.de

R. Schneider
E-Mail: schneider@mathematik.uni-siegen.de

A. Vogler
E-Mail: vogler2@mathematik.uni-siegen.de

I. Witzke
E-Mail: witzke@mathematik.uni-siegen.de

© Der/die Autor(en), exklusiv lizenziert durch Springer Fachmedien
Wiesbaden GmbH, ein Teil von Springer Nature 2022
F. Dilling et al. (Hrsg.), *Neue Perspektiven auf mathematische Lehr-Lernprozesse mit digitalen Medien,* MINTUS – Beiträge zur mathematisch-naturwissenschaftlichen Bildung,
https://doi.org/10.1007/978-3-658-36764-0_4

insbesondere beim ersten Einsatz mit bis dahin noch nicht genutzten digitalen Medien, unterstützen. Zudem findet eine didaktische und wissenschaftliche Begleitung durch Mitarbeiter*innen der Fachgruppe Mathematikdidaktik der Universität Siegen statt. Diese Modellstruktur wird hinsichtlich ihrer Wirksamkeit systematisch beforscht. In diesem Beitrag werden Konzeption und Forschungsziele des Projekts DigiMath4Edu vorgestellt sowie erste von den beteiligten Lehrer*innen im Vorfeld geäußerte Erwartungen thematisiert.

1   Die Grundidee von DigiMath4Edu

Im Zuge der digitalen Transformation im Bildungsbereich und dem zunehmenden Einsatz digitaler Medien im Mathematikunterricht kommen auf Lehrpersonen viele verschiedene neue Herausforderungen zu. So wird beispielsweise in der Strategie der Kultusministerkonferenz zur „Bildung in der digitalen Welt" gefordert, dass „Lehrkräfte digitale Medien in ihrem jeweiligen Fachunterricht professionell und didaktisch sinnvoll nutzen sowie gemäß dem Bildungs- und Erziehungsauftrag inhaltlich reflektieren können" (KMK, 2016, S. 25). Um diesen Herausforderungen begegnen zu können, müssen Mathematiklehrer*innen ihre professionellen Kompetenzen im Umgang mit digitalen Medien und deren gezielten Einsatz in mathematischen Lehr-Lernprozessen (weiter-)entwickeln. Dazu heißt es in dem Beschluss der Kultusministerkonferenz: „Die Förderung der Kompetenzbildung bei Lehrkräften, die ihren Bildungs- und Erziehungsauftrag in einer „digitalen Welt" verantwortungsvoll erfüllen, muss daher als integrale Aufgabe der Ausbildung in den Unterrichtsfächern sowie den Bildungswissenschaften verstanden und über alle Phasen der Lehrerbildung hinweg aufgebaut und stetig aktualisiert werden." (KMK, 2016, S. 25). Der Bedarf an einer professionellen Weiterbildungsstruktur hat sich nicht zuletzt in den Phasen des Distance-Learning an deutschen Schulen während der Corona-Pandemie gezeigt (siehe z. B. Hasselhorn & Gogolin, 2021; DIE ZEIT, 2020).

Die Grundidee des Projektes DigiMath4Edu der Fachgruppe für Mathematikdidaktik der Universität Siegen ist eine wissenschaftlich begleitete Kompetenzentwicklung von Mathematiklehrpersonen in Bezug auf den Einsatz digitaler Medien im Unterricht vor Ort in konkreten Unterrichtssituationen anzuregen. Hierzu unterstützen „Unterrichtsassistent*innen für Digitalisierung" die Lehrer*innen bei der Planung und Durchführung von Mathematikunterricht mit digitalen Medien. Bei den Unterrichtsassistent*innen handelt es sich um ausgewählte Lehramtsstudierende höheren Semesters, die in Ergänzung zu den in ihrem Studium aufgebauten Kompetenzen, in spezifischen Veranstaltungen für ihre Tätigkeiten im Projekt ausgebildet wurden und im Rahmen eines studentischen Arbeitsverhältnisses beschäftigt sind. Insgesamt nehmen in den drei Jahren Projektlaufzeit 15 Schulen unterschiedlichster Schulformen an dem Projekt teil. Jede Schule wird über ein Jahr hinweg kontinuierlich von zwei Unterrichtsassistent*innen unterstützt und profitiert in den Folgejahren durch Vernetzungs- und weitere spezielle Fortbildungsveranstaltungen.

Die Betreuung der Unterrichtsassistent*innen erfolgt durch ein Team aus wissenschaftlich sowie schulpraktisch erfahrenen Mitarbeiter*innen der Fachgruppe Didaktik der Mathematik. Insbesondere über die Unterrichtsassistent*innen erfolgt damit ein kontinuierlicher Austausch zwischen den Lehrpersonen der Schulen und den Mitarbeiter*innen der Universität. Neben der individuellen Assistenz der Mathematiklehrpersonen durch die Unterrichtsassistent*innen und Mitarbeiter*innen findet ein breites Angebot an zentralen Fortbildungsveranstaltungen statt. Die Evaluation und wissenschaftliche Begleitung des Projektes erfolgt im Rahmen verschiedener übergeordneter und konkreter Forschungsvorhaben (siehe Abschn. 3) durch das Projektteam der Universität.

Das Projekt DigiMath4Edu wird zu großen Teilen durch das Ministerium für Kultur und Wissenschaft sowie das Ministerium für Schule und Bildung des Landes Nordrhein-Westfalen gefördert und durch die Bezirksregierung Arnsberg unterstützt. Zusätzliche Förderer sind zwölf regionale Unternehmen, drei Unternehmensverbände und drei Sparkassen, die neben einer finanziellen auch eine inhaltliche Unterstützung in Form von authentischen Beispielen für die Anwendung digitaler Medien und der Mathematik in das Projekt einbringen. An den Projektschulen treten des Weiteren die Schulträger als Fördergeber für eine umfassende Ausstattung mit den im Projekt einzusetzenden digitalen Medien auf (eine vollständige Liste der Förderer findet sich unter www.digimath4edu.de). Das Projekt wurde im Rahmen der Regionale Südwestfalen 2025 ausgezeichnet (Abb. 1).

2   Die Schulen in DigiMath4Edu

Das Projekt DigiMath4Edu konnte am 1. Februar 2021 in die aktive Projektzeit an den Schulen starten. Die Schulen des ersten Projektjahres setzen sich aus zwei Gymnasien, einer Gesamtschule, einer Sekundarschule und einer Grundschule zusammen. Räumlich sind sie sowohl im urbanen als auch im ländlichen Gebiet in den Kreisen Olpe und Siegen-Wittgenstein in Nordrhein-Westfalen angesiedelt.

Wenngleich die Mathematiklehrer*innen im Projekt die Möglichkeit bekommen mit einer Vielzahl verschiedener digitaler Medien umzugehen, wurde mit

Abb. 1 Kooperationsstruktur des Projektes DigiMath4Edu

jeder Projektschule ein Schwerpunktthema entwickelt, mit welchem sich die Kooperationspartner*innen in dem Teilnahmejahr verstärkt beschäftigen. Diese sind:

- *(Grafikfähiger) Taschenrechner als Auslaufmodell? – Alternative Apps im Mathematikunterricht (Gesamtschule)*
- *Virtual Reality & Augmented Reality – Kompetenzen zur Raumerfahrung mit digitalen Medien entwickeln (Gymnasium)*
- *Makerspace-School – Die Vielfalt digitaler Werkzeuge selbstständig und eigenverantwortlich erfahren (Sekundarschule)*
- *„Bring Your Own Device" – Chancen und Herausforderungen für den Mathematikunterricht (Gymnasium)*
- *Digitale Tafeln, Smartboards und Co – Zeitgemäßes Darstellen von Erkenntnissen und Ergebnissen im Mathematikunterricht für die Klassen 1–4 (Grundschule)*

In einem Fragebogen wurden vor dem Projektstart unter anderem die Erwartungen einiger teilnehmender Mathematiklehrpersonen erhoben. Dabei wurde den Lehrpersonen die Frage gestellt, inwiefern sich nach ihrer Einschätzung der

Unterricht an ihren Schulen durch die Beteiligung am Projekt DigiMath4Edu verändern wird.

In ihren Antworten schreiben viele der Lehrpersonen von der Erwartung einer Weiterentwicklung ihrer Digitalkompetenzen und von neuen konkreten Ideen zum Einsatz digitaler Medien. Sie erhoffen sich also eine Erweiterung ihres didaktischen Repertoires, wie es beispielhaft in der folgenden Antwort deutlich wird:

„Ich erhoffe mir Ideen für die Einbindung neuer Technologien zu erhalten, die ich bisher noch nicht genutzt habe."

Als wesentliches Ziel des veränderten Unterrichts nennen die meisten der befragten Lehrpersonen eine für die Schüler*innen motivierendere und interessantere Darstellung der mathematischen Inhalte durch anschauliche Zugänge und einen qualitativ hochwertigen und reflektierten Medieneinsatz:

„Unterricht wird interessanter [sic] für SchülerInnen motivierender gestaltet."
„Die Qualität des Medieneinsatzes steigt hoffentlich an, die Anschaulichkeit ebenso."
„Bessere Reflexion."

Ein wesentlicher Aspekt des Projekts DigiMath4Edu ist die Unterstützung der Lehrer*innen durch die Unterrichtsassistent*innen für Digitalisierung. In einer Frage des Fragebogens wurden die Lehrpersonen gefragt, was sie sich vom Einsatz der Digitalassistent*innen erhoffen.

Als Antwort formulieren viele der Befragten das Einbringen neuer Ideen und die Einführung in die neuen Medien durch die Personen vor Ort:

„Anregungen für den Unterricht mit digitalen Medien, eventuell auch eine Einführung in die Medien und ein Aufzeigen der Einsatzgebiete."

Die meisten Lehrer*innen wünschen sich aber auch eine Unterstützung bei der Planung und Durchführung von Unterricht, insbesondere, wenn die digitalen Medien noch neu sind. Beispielsweise soll der Aufwand durch neue Medien reduziert werden:

„Reduzierung von Aufwand in der Planung und Feedback."
„Unterstützung im Unterricht (mehr Hilfestellung für Schülerinnen und Schüler)."

Dieser kurze exemplarische Einblick in die Antworten der Lehrer*innen im Fragebogen zu Beginn des Projektes zeigt bereits die breit gefächerten Wünsche und Ideen der Lehrpersonen, welche die Ausgangslage für die Arbeit im Projekt bilden und dahingehend berücksichtigt werden.

3   Fachdidaktische Forschung in DigiMath4Edu

Ein zentrales Ziel des Projektes DigiMath4Edu ist es, die Charakteristika digitaler Transformationsprozesse im Bildungsbereich am Beispiel des Mathematikunterrichts wissenschaftlich zu untersuchen. In der Modellstruktur des Projektes werden fünf übergeordnete Forschungsfelder bearbeitet, welche die Kooperations- und Fortbildungsstruktur, die Beliefs von Lehrpersonen, die Identifikation von Wissensdimensionen, einen digitalen Mathematikunterricht als empirisch-gegenständlichen Wissenserwerb sowie die Schnittstelle von Schule und Wirtschaft in den Blick nehmen. Diese Forschungsfelder werden in Mixed-Methods-Designs sowohl qualitativ als auch quantitativ bearbeitet. Dabei kommen verschiedene Erhebungsformate zum Einsatz, insbesondere Fragebögen, Interviews, Tests, Unterrichtsbeobachtungen und Dokumentenanalysen. In den folgenden Abschnitten soll genauer auf die übergeordneten Forschungsfelder eingegangen werden. Darüber hinaus geben wir einen Überblick über weitere bereits konkretisierte Forschungsvorhaben.

3.1   P1: DigiMath4Edu als nachhaltige Kooperations- und Fortbildungsstruktur

Durch den zunehmenden Einsatz digitaler Medien im Mathematikunterricht ergeben sich vielfältige Chancen für das Mathematiklehren und -lernen, es kommen aber auch vielfältige Herausforderungen auf Lehrpersonen zu. Im Projekt DigiMath4Edu sollen die Lehrpersonen durch eine spezielle Kooperations- und Fortbildungsstruktur nachhaltig beim Einsatz digitaler Medien begleitet werden. Die Kompetenzentwicklung wird vor Ort in konkreten Unterrichtssituationen durch Unterstützung von Unterrichtsassistent*innen gefördert, welche durch ein Team wissenschaftlich sowie schulpraktisch erfahrener Mitarbeiter*innen betreut werden. Hinzu kommen ein breites zentrales Fortbildungsangebot und das Einbringen von professionellen Kompetenzen der Partner*innen aus dem Bereich der Wirtschaft.

Das übergeordnete Forschungsvorhaben P1 beschäftigt sich daher mit den Voraussetzungen und der Realisierung dieser Kooperations- und Fortbildungsstruktur im schulischen, universitären und wirtschaftlichen Bereich.

Im Fokus sind die folgenden Ziele:

- *Beschreibung der im Projekt durch die Lehrpersonen (weiter-)entwickelten Kompetenzen im Umgang mit digitalen Medien*
- *Identifikation der Erwartungen von am Mathematikunterricht beteiligten (und interessierten) Personengruppen an einen Mathematikunterricht mit digitalen Medien*
- *Identifikation entscheidender Faktoren zur Professionalisierung der Lehreraus- und -weiterbildung im Umgang mit digitalen Medien*
- *Entwicklung von Kriterien für eine nachhaltige Innovationstruktur hinsichtlich digitaler Medien im Mathematikunterricht*

3.2   P2: Beliefs von Lehrpersonen zu digitalen Medien im Mathematikunterricht

Unter Beliefs lassen sich nach Philipp (2007) „[…] psychologically held under-standings, premises, or propositions about the world that are thought to be true" (S. 259) verstehen. Beliefs können ganz unterschiedliche Bereiche betreffen und treten häufig kontextspezifisch auf. In Teilprojekt P2 sind die Beliefs von Lehr-personen zu digitalen Medien im Mathematikunterricht von Interesse. Sie gelten im Allgemeinen als wichtiger Parameter für einen (erfolgreichen) Einsatz digi-taler Medien im Unterricht (vgl. Thurm, 2020). Im Kontext des im vorherigen Abschnitt bereits vor einem anderen Hintergrund betrachteten Fragebogen wurde eine Pilotstudie zu Beliefs zu digitalen Medien gestartet, deren Daten zur Zeit ausgewertet werden.

Im Fokus sind die folgenden Ziele:

- *Empirische Erhebung von Beliefs von Lehrpersonen über digitale Medien im Mathematikunterricht (Mixed-Methods-Design)*
- *Längsschnittstudie zur Entwicklung von Beliefs über digitale Medien im Laufe des Projektes (qualitativ)*
- *Empirische Studie zum Zusammenhang von Beliefs und dem tatsächlichen Einsatz digitaler Medien im Mathematikunterricht (qualitativ)*

3.3   P3: Identifikation von Wissensdimensionen professioneller Digital-Kompetenzen von Lehrpersonen

Die digitalen Transformationsprozesse im Bildungsbereich und speziell im Mathematikunterricht stellen Lehrpersonen vor verschiedene Herausforderungen. Um diesen Herausforderungen begegnen zu können, müssen Mathematiklehrer*innen ihre professionellen Kompetenzen im Umgang mit digitalen Medien und deren gezielten Einsatz in mathematischen Lehr-Lernprozessen (weiter-) entwickeln. Eine wichtige Frage in diesem Zusammenhang ist, welche Aspekte die professionellen Digital-Kompetenzen von Mathematiklehrpersonen umfassen (deskriptiv) bzw. umfassen sollten *(präskriptiv)*. Ein etablierter Ansatz zur Beschreibung von Digital-Kompetenzen ist das TPCK-Modell, welches die Wissensdimensionen des technischen, pädagogischen und fachlichen Wissens sowie die verschiedenen Schnittstellen dieser unterscheidet (vgl. Koehler & Mishra, 2009).

In Teilprojekt P3 sollen die Aspekte professioneller Digital-Kompetenzen mit Blick auf die Spezifika des Faches Mathematik ausgehend vom TPCK-Modellpräzisiert werden und hierauf aufbauend ein Lehrbuch zur Aus- und Weiterbildung von Mathematiklehrpersonen konzipiert werden.

Im Fokus sind die folgenden Ziele:

- *Identifikation der aus Sicht von Mathematiklehrpersonen und Lehramtsstudierenden wichtigen Aspekte professioneller Digital-Kompetenzen durch eine empirische Studie*
- *Identifikation der aus Sicht von Fachdidaktik und Bildungspolitik wichtigen Aspekte professioneller Digital-Kompetenzen durch eine systematische Literaturstudie*
- *Entwicklung eines Lehrbuches zur Aus- und Weiterbildung von digitalen Kompetenzen für den Mathematikunterricht in der Lehrerbildung*

3.4   P4: Aspekte eines empirisch-gegenständlichen Mathematikunterrichts im Kontext digitaler Medien

Der Mathematikunterricht der Schule ist aus lern- und bildungstheoretischen Gründen von Anschaulichkeit und Realitätsbezug geprägt (Hefendehl-Hebeker, 2016). Die Schüler*innen nutzen mathematisches Wissen zur Beschreibung empirischer Objekte (Arbeits- und Anschauungsmittel) und entwickeln es auf der Grundlage dieser Objekte weiter. Sie entwickeln dabei eine empirische Auffassung von Mathematik ähnlich einer Naturwissenschaft, sodass sich ihr mathematisches Wissen adäquat als empirische Theorien rekonstruieren lässt (siehe Burscheid & Struve, 2009).

Verschiedene empirische Untersuchungen legen nahe, dass diese Herangehensweise auch oder gerade in einem Mathematikunterricht mit digitalen Medien von Bedeutung ist (vgl. u. a. Dilling, 2020a, 2021; Dilling & Pielsticker, 2020; Dilling & Witzke, 2020; Pielsticker, 2020).

In Teilprojekt P4 soll die Untersuchung mathematischer Lehr-Lernprozesse mit digitalen Medien vor dem Theoriehintergrund eines empirisch-gegenständlichen Mathematikunterrichts weitergeführt werden.

Im Fokus sind die folgenden Ziele:

- *Beschreibung und Analyse mathematischen (Schüler*innen-)Wissens als empirische Theorien im Kontext digitaler Medien*
- *Praxisnahe Aufbereitung des Konzeptes empirischer Theorien im Kontext digitaler Medien*

3.5 P5: Digitale Medien im Mathematikunterricht an der Schnittstelle von Schule und Wirtschaft

Die Gesellschaft ist durch die rasante Entwicklung digitaler Technologien vielfältigen Veränderungsprozessen unterworfen. Die Wirtschaft und der Bildungsbereich sind zwei wesentliche Gesellschaftsbereiche, die von dieser digitalen Transformation betroffen sind und den hiermit verbundenen Chancen und Herausforderungen begegnen müssen.

Das Teilprojekt P5 dient der gemeinsamen Betrachtung und der Suche nach Synergien zwischen den digitalen Transformationsprozessen in Wirtschaft und Bildung.

Im Fokus sind die folgenden Ziele:

- *Vergleich und Übertragung von Strategien digitaler Transformationsprozesse in Schule und Wirtschaft*
- *Identifikation von zentralen Digitalkompetenzen im Bereich der Wirtschaft und Vergleich mit curricular geforderten Digitalkompetenzen im Bildungsbereich*
- *Beschreibung der Beliefs von Schüler*innen gegenüber der Verbindung von Mathematik und Wirtschaft im Kontext digitaler Medien*

- *Untersuchung der Charakteristika von Problemlöseprozessen von Schüler*innen mit digitalen Medien bei authentischen wirtschaftsnahen mathematischen Problemstellungen (vgl. Dilling, 2020b)*
- *Entwicklung von Best-Practice-Beispielen zu authentischen wirtschaftsnahen mathematischen Problemstellungen mit digitalen Medien*

3.6   Weitere konkrete Forschungsfelder im Projekt

Neben den übergeordneten Forschungsfeldern wird einer Vielzahl verschiedener konkreter Forschungsvorhaben nachgegangen. Diese behandeln unter anderem Themen im Bereich von Dynamischer Geometrie-Software, 3D-Druck, Virtual und Augmented Reality, (Block-)Programmierung, digitale Sprachassistenten, Präsentationsmedien, Erklärvideos, Taschenrechner-Apps und Bring-Your-Own-Device. In den konkreten Forschungsvorhaben werden Lehr-Lernprozesse mithilfe von Multiple-Case-Study Formaten (vgl. Stake, 2005) in den Blick genommen, deren Ergebnisse durch die wissenschaftlich gestützte Entwicklung von Lernumgebungen und -materialen praxisnah aufbereitet werden (siehe z. B. Dilling et al., 2021).

Eine detaillierte Beschreibung der Forschungsvorhaben und aktuelle Entwicklungen lassen sich unter folgendem Link finden: forschung.digimath4edu.de.

4   Ausblick

Das Projekt DigiMath4Edu ist durch seine besondere Kooperationsstruktur bestehend aus Universität, Schulen und Vertretern der fördernden Unternehmen geprägt. Das gemeinsame Ziel ist es, die digitale Transformation im Bildungsbereich am Beispiel des Mathematikunterrichts voranzutreiben und dabei möglichst konkrete und übertragbare Ansätze zu entwickeln.

Damit weist das Projekt zwei wesentliche Komponenten auf:

1. *Als Schulentwicklungsprojekt steht die (Weiter-)Entwicklung der Digitalkompetenzen der beteiligten Mathematiklehrer*innen im Vordergrund. Die Erwartung ist, dass durch eine längerfristige Begleitung durch die Unterrichtsassistent*innen und Mitarbeiter*innen der Universität Siegen nachhaltig Kompetenzen in diesem Bereich aufgebaut werden können. Dies soll im Projekt exemplarisch und systematisch evaluiert werden.*

2. *Als Forschungsprojekt sollen weitreichende Erkenntnisse zum Einsatz digitaler Medien im Mathematikunterricht erzielt werden. Dazu werden verschiedene übergeordnete Forschungszusammenhänge untersucht, wie Beliefs von Lehrpersonen zu digitalen Medien oder die Schnittstelle von Schule und Wirtschaft im Kontext digitaler Medien. Es gibt aber auch verschiedene sehr konkrete Vorhaben, die einzelne digitale Medien oder Ansätze betreffen.*

Bei der Formulierung der Ergebnisse wird zudem wesentlich auf eine mögliche Übertragbarkeit auf andere und weitere (möglichst kostenneutrale) Forschungs- und Entwicklungsstrukturen geachtet. In einem weiteren Sinne bietet aus unserer Sicht beispielsweise das in NRW etablierte Praxissemester, in dem Studierende über einen längeren Zeitraum an einer Schule vor Ort sind, Anknüpfungsmöglichkeiten dafür. Die Praxissemesterstudieren könnten so – entsprechend den Erfahrungen aus dem Projekt DigiMath4Edu – beispielsweise als Expert*innen für gewisse Felder im Bildungsbereich einen Beitrag zu Forschung und Entwicklung leisten und dabei gleichzeitig ihre eigene Professionalisierung vorantreiben.

Literatur

Burscheid, H. J., & Struve, H. (2009). *Mathematikdidaktik in Rekonstruktionen. Ein Beitrag zu ihrer Grundlegung.* Franzbecker.

DIE ZEIT. (2020). Unterrichte lieber ungewöhnlich. Deutsche Mathelehrer tun sich schwer mit digitalen Schulstunden aus der Ferne. 32/2020, 30. Juli 2020.

Dilling, F. (2020a, online first). *Zur Rolle empirischer Settings in mathematischen Wissensentwicklungsprozessen – eine exemplarische Untersuchung der digitalen Funktionenlupe.* Mathematica Didactica.

Dilling, F. (2020b). Authentische Problemlöseprozesse durch digitale Werkzeuge initiieren – eine Fallstudie zur 3D-Druck-Technologie. In F. Dilling & F. Pielsticker (Hrsg.), *Mathematische Lehr-Lernprozesse im Kontext digitaler Medien* (S. 161–180). Springer Spektrum

Dilling, F. (2021). *Begründungsprozesse im Kontext von (digitalen) Medien im Mathematikunterricht. Wissensentwicklung auf der Grundlage empirischer Settings.* Dissertation an der Universität Siegen.

Dilling, F., & Pielsticker, F. (Hrsg.). (2020). *Mathematische Lehr-Lernprozesse im Kontext digitaler Medien. Empirische Zugänge und theoretische Perspektiven.* Springer Spektrum.

Dilling, F., Marx, B., Pielsticker, F., Vogler, A., & Witzke, I. (2021). *Praxishandbuch 3D-Druck im Mathematikunterricht. Einführung und Unterrichtsentwürfe für die Sekundarstufen I und II.* Waxmann.

Dilling, F., & Witzke, I. (2020). The use of 3D-printing technology in calculus education – concept formation processes of the concept of derivative with printed graphs of functions. *Digital Experiences in Mathematics Education, 6*(3), 320–339.

Hasselhorn, M., & Gogolin, I. (2021). Editorial: Bildung in Corona-Zeiten. *Zeitschrift für Erziehungswissenschaft, 24,* 233–236.

Hefendehl-Hebeker, L., et al. (2016). Mathematische Wissensbildung in Schule und Hochschule. In A. Hoppenbrock (Hrsg.), *Lehren und Lernen von Mathematik in der Studieneingangsphase* (S. 15–24). Springer.

KMK. (2016). *Bildung in der digitalen Welt. Strategie der Kultusministerkonferenz. Beschluss der Kultusministerkonferenz vom 08.12.2017.* KMK.

Koehler, M. J., & Mishra, P. (2009). What is technological pedagogical content knowledge? *Contemporary Issues in Technology and Teacher Education, 9*(1), 60–70.

Philipp, R. A. (2007). Mathematics teachers' beliefs and affect. In F. K. Lester (Hrsg.), *Second handbook of research on mathematics teaching and learning* (S. 257–315). Information Age.

Pielsticker, F. (2020). *Mathematische Wissensentwicklungsprozesse von Schülerinnen und Schülern. Fallstudien zu empirisch-orientiertem Mathematikunterricht mit 3D-Druck.* Springer Spektrum.

Stake, R. (2005). *Multiple case study analysis.* Guilford.

Thurm, D. (2020). *Digitale Werkzeuge im Mathematikunterricht integrieren: Zur Rolle von Lehrerüberzeugungen und der Wirksamkeit von Fortbildungen.* Springer Spektrum.

Einsatz digitaler Medien in substantiellen Lernumgebungen zum Beweisen in der Primarstufe

Melanie Platz, Anna-Marietha Vogler und Lukas Wachter

Das Ziel des hier vorgestellten Beitrages ist es Möglichkeiten für Beweistätigkeiten mit Unterstützung digitaler Medien in der Primarstufe aufzuzeigen. Im Beitrag werden in der Literatur genannte für das präformale Beweisen in der Primarstufe (vermeintlich) geeignete Behauptungen und Sätze vorgestellt und als Basis für die Entwicklung substantieller Lern- bzw. Beweisumgebungen, in denen digitale Medien (zunächst in App-Stores und im Web frei zugängliche Angebote) eingesetzt werden, herangezogen.

M. Platz (✉)
Universität des Saarlandes, Lehrstuhl für Didaktik der Primarstufe – Schwerpunkt Mathematik, Saarbrücken, Deutschland
E-Mail: melanie.platz@uni-saarland.de

A.-M. Vogler
Martin-Luther-Universität Halle-Wittenberg, Institut für Mathematik, Halle (Saale), Deutschland
E-Mail: anna-marietha.vogler@mathematik.uni-halle.de

L. Wachter
Universität des Saarlande, Lehrstuhl für Didaktik der Primarstufe – Schwerpunkt Mathematik, Saarbrücken, Deutschland
E-Mail: wachter@math.uni-sb.de

© Der/die Autor(en), exklusiv lizenziert durch Springer Fachmedien Wiesbaden GmbH, ein Teil von Springer Nature 2022
F. Dilling et al. (Hrsg.), *Neue Perspektiven auf mathematische Lehr-Lernprozesse mit digitalen Medien*, MINTUS – Beiträge zur mathematisch-naturwissenschaftlichen Bildung, https://doi.org/10.1007/978-3-658-36764-0_5

1   Einleitung

Das Beweisen ist eine der zentralen Tätigkeiten in der Mathematik. Im Mathematikunterricht der weiterführenden Schulen und der universitären Lehre begegnet Lernenden das Beweisen in einer Vielzahl von mathematischen Themengebieten. Hier wird von den Lernenden gefordert, innerhalb von Beweisen Sätze aus anderen, schon bewiesenen Sätzen bzw. aus als wahr anerkannten Axiomen, herzuleiten. Jedoch verspüren viele Lernende von sich aus kein Beweisbedürfnis (Winter, 1983; Schwarzkopf, 2000) oder empfinden Beweistätigkeiten und den Begriff „Beweisen" gar abschreckend (Krauthausen, 2001). Das Ermöglichen von Beweistätigkeiten bereits in der Primarstufe kann dieser „Abwehrhaltung" entgegenwirken und dazu beitragen, dass Lernende das mathematische Beweisen an weiterführenden Schulen oder an der Universität als natürliche Erweiterung ihrer früheren mathematischen Erfahrungen (Stylianides, 2016) – und somit den Mathematikunterricht als zusammenhängendes Ganzes (Wittmann, 2014) – wahrnehmen. Auf diese Weise kann sich ein positives Bild des Beweisens und der Mathematik als beweisende Disziplin etablieren. Digitale Medien können in diesem Zusammenhang das Potenzial in sich tragen, Kinder darin zu unterstützen, das Beweisen durch Selbsttätigkeit (Freudenthal, 1979) zu erlernen. Jedoch existieren bisher nur wenige Arbeiten, welche das Beweisen in der Primarstufe fokussieren und Möglichkeiten für Beweistätigkeiten in der Grundschule thematisieren. Auch finden sich bisher kaum Beschreibungen, wie gerade das genannte Potential digitaler Medien für das Beweisen in der Grundschule methodisch und motivational genutzt werden kann.[1]

Das Ziel des hier vorgestellten Beitrages ist es, an diese Erkenntnisse anknüpfend, einen Grundstein zum Schließen dieser Lücke zu legen und Möglichkeiten für Beweistätigkeiten mit Unterstützung digitaler Medien in der Primarstufe aufzuzeigen. Im Rahmen einer Literaturrecherche wurden für das präformale Beweisen (Blum & Kirsch, 1991) in der Primarstufe (vermeintlich) geeignete Behauptungen und Sätze identifiziert (u. a. Stylianides, 2016; Wittmann, 2014) und als inhaltliche Basis für die Entwicklung substantieller Lernumgebungen, in denen digitale Medien (zunächst in App-Stores und im Web frei zugängliche Angebote) eingesetzt werden, herangezogen. Diese werden im Folgenden

---

[1] Ausnahme bildet hier das Projekt „Prim-E-Proof", welches das Ziel verfolgt, Lernumgebungen mit digitalen Medien (Applets auf Tablet PCs) zur Unterstützung von Beweisfähigkeiten im Mathematikunterricht der Grundschule zu entwickeln (2020a, b, c, d; Platz, 2019).

als „Beweisumgebungen" bezeichnet. Diese Beweisumgebungen werden im Rahmen eines (transuniversitären) Seminars mittels Design Science Research (DSR; vgl. Peffers et al., 2006; Prediger et al., 2012) (weiter-)entwickelt. DSR verfolgt das Ziel Problemlösungen zu entwickeln und zu evaluieren, um das Wissen über Design Sciences als Designtheorien zu kodifizieren. In unserem Fall stellt das Problem die seltene Behandlung des Beweisens in der Primarstufe dar. Zur Problemlösung werden Beweisumgebungen entwickelt, die eine Behandlung von Beweisen im Mathematikunterricht ermöglichen sollen. DSR umfasst in der Regel die Erstellung eines Artefakts und/oder einer Designtheorie (in Fall des hier vorgestellten Forschungsinteresses: Beweisumgebungen und Konzepte zum Beweisen im Mathematikunterricht der Primarstufe), um den aktuellen Stand der Praxis sowie das vorhandene Forschungswissen zu erweitern und zu optimieren (Vaishnavi et al., 2019). Mit diesem Ziel wird das Dortmunder Modell zur fachdidaktischen Entwicklungsforschung zu diagnosegeleiteten Lehr-Lernprozessen zur Erforschung und Weiterentwicklung von Unterricht (u. a. Prediger et al., 2012) mit dem DSR Methodology Process zur Erforschung und Weiterentwicklung von Information Systems Research (u. a. Peffers et al., 2006) kombiniert, um Synergieeffekte beider Ansätze produktiv zur Entwicklung einer technologiegestützten substantiellen Lernumgebung nutzen zu können. In diesem Zusammenhang werden auch die verwendeten digitalen Medien didaktisch reflektiert und es werden bei Bedarf Weiterentwicklungsmaßnahmen vorgeschlagen.

In diesem Beitrag wird untersucht, wie das Beweisen als mathematischer Inhalt bzw. Begriffsfeld dem Lernenden vermittelt werden kann (Lern- und Verstehenskultur, Reusser, 2009), gegebenenfalls mit Hilfe digitaler Medien. Beim Einsatz digitaler Medien steht dabei der „Primat des Fachdidaktischen" (GDM, 2017, S. 41) im Vordergrund.

Insbesondere beim Beweisen spielt auch eine Ziel- und Stoffkultur sowie eine Kommunikations- und Unterstützungskultur (Reusser, 2009) eine wichtige Rolle. Nach Krumsdorf (2015) lässt sich das beispielgebundene Beweisen als ein changierender Prozess zwischen Latenz, subjektiver Realisierung und sprachlicher Manifestierung eines Beweises als Sinnstruktur beobachten. „Der Lernende beweist beispielgebunden i. e. S. wenn ein betrachtender Experte in dem vom Lernenden dargestellten Beweis eine Sinnstruktur als beispielgebundenes Argument(-gefüge) sieht." (Krumsdorf, 2015, S. 141). Dieser betrachtende Experte muss folglich die fachlichen und didaktischen Hintergründe des Beweisens beherrschen, um einen Beweis auch als solchen anerkennen zu können.

Zunächst werden in den folgenden Abschnitten die Begriffe präformales Beweisen und substantielle Lernumgebungen geklärt und für den hier dargestellten Kontext nutzbar gemacht.

2   Präformales Beweisen

Blum und Kirsch (1989) unterscheiden zwischen verschiedenen Beweistypen: (1)
den experimentellen'Beweisen', (2) den handlungsbezogenen Beweisen (sogenannter „Action Proof"; Semadeni, 1976, 1981), (3) den inhaltlich-anschaulichen
Beweisen und (4) den formalen Beweisen (s.a. Wittmann & Müller, 1988). Blum
und Kirsch (1989) fassen in diesem Zusammenhang die handlungsbezogenen und
inhaltlich-anschaulichen Beweise unter dem Oberbegriff der präformalen Beweise
zusammen (s.a. Reid & Knipping, 2010). Die Grenze zwischen ‚Beweisen, die
keine sind' und ‚echten' Beweisen verläuft dabei nach Wittmann und Müller
(1988) zwischen dem ersten und zweiten Typus (vgl. auch: Biehler & Kempen,
2016; Brunner, 2014).

Beim inhaltlich-anschaulichen Beweisen (u. a. Blum & Kirsch, 1979, 1989,
1991; Wittmann & Müller, 1988, 1990) geht man von einem konkreten, visuell
wahrnehmbaren Gegenstand aus, an dem etwas Allgemeines bewiesen wird und
der in der Regel ikonisch dargestellt wird. Durch geschulte Betrachtung kann
dieser Gegenstand als Gegenstand allgemeinerer Art aufgefasst werden, wobei
das Allgemeine am Besonderen dieses Beispiels gedanklich eingesehen werden
muss, um einen anschaulichen Beweis führen zu können (Krumsdorf, 2015).
Dieser Gegenstand stellt beim operativen Beweisen (Wittmann, 1985) eine einfache, allgemein ausführbare Operation dar, die auf eine ganze Klasse anwendbar
ist, so zum Beispiel das Verschieben von Plättchen, das Abreißen und Zusammenfügen von Ecken eines Dreiecks oder das Vertauschen von Summanden.
Bevor diese Operationen im Beweis verwendet werden und ihre Wirkung entfalten können, müssen sie zunächst selbst als allgemein ausführbar erkannt werden
(Yackel & Cobb, 1996). Damit das zunächst subjektiv für allgemeingültig Befun-
dene sozial geteilt und von anderen auch anerkannt werden kann, muss folglich
das anschauliche und das operative Beweisen versprachlicht werden. Wittmann
und Ziegenbalg (2007) verdeutlichen anhand eines Beispiels mit Punktmustern,
dass das bloße Legen bestimmter Muster und die Verifikation von Beziehungen
an diesen Mustern noch keinen Beweis darstellen. „Es kommt vielmehr auf die
‚Wirkungen' allgemein ausführbarer Operationen an den Punktmustern an. Diese
müssen unbedingt sprachlich beschrieben werden." (Wittmann & Ziegenbalg,
2007, S. 38). Um solche Versprachlichungen innerhalb von Interaktionen in Lehr-
Lern-Situationen im Mathematikunterricht der Grundschule zu unterstützen und
so diskursive Aushandlungsprozesse mit Beweischarakter zu evozieren, bietet sich
die Konzeption einer substantiellen Lernumgebung auf Basis sogenannter „mathematischer Situationspattern" (Steckbriefe) an (Platz, 2020a, b, c, d; Vogel, 2013,

2014, S. 232). Diese mathematischen Situationspattern wird im vorliegenden Projekt auch genutzt, um im Sinne der DSR Weiterentwicklungen vorzunehmen und zu dokumentieren. Der Begriff der substantiellen Lernumgebung wird im Folgenden näher erläutert.

3 Substantielle Lernumgebung

Eine Lernumgebung wird in diesem Beitrag verstanden als eine Arbeitssituation als Ganzes, die aktiv-entdeckendes und soziales Lernen ermöglichen und unterstützen soll, d. h. eine natürliche Erweiterung dessen, was man im Mathematikunterricht traditionell eine „gute Aufgabe" nennt (Wollring, 2008, S. 14). Wittmann (1998, S. 337 f.) charakterisiert substantielle Lernumgebungen anhand von vier Kriterien:

- *Sie müssen zentrale Ziele, Inhalte und Prinzipien des Mathematikunterrichts repräsentieren.*
- *Sie müssen reiche Möglichkeiten für mathematische Aktivitäten von Schüler*innen bieten.*
- *Sie müssen flexibel sein und leicht an die speziellen Gegebenheiten einer bestimmten Klasse angepasst werden können.*
- *Sie müssen mathematische, psychologische und pädagogische Aspekte des Lehrens und Lernens in einer ganzheitlichen Weise integrieren und daher ein weites Potential für empirische Forschungen bieten.*

Im Rahmen des Themengebiets des Beweisens können diese Kriterien substantieller Lernumgebungen besonders nachhaltig und fruchtbar umgesetzt werden, da nicht nur zahlreiche prozessbezogene Kompetenzen (Problemlösen, Argumentieren, Kommunizieren) gefördert werden, sondern auch jeder Beweis stets einen inhaltlichen Bezug benötigt (Muster & Strukturen, Zahlen & Operationen, Raum & Form, etc.). Auch kann – entsprechend des ersten und des vierten Kriteriums – durch das Beweisen in der Primarstufe diese fundamentale Idee der Mathematik in Lernsituationen, die mathematische, psychologische und pädagogische Aspekte des Lehrens und Lernens in einer ganzheitlichen Weise integrieren, früh eingeführt und genetisch weiterentwickelt werden (Wittmann, 2014, S. 214). Wenn die in der Lernumgebung verwendeten Beweisaufgaben offen gestaltet werden und insbesondere ein Entdecken der Behauptung zulassen, bieten diese reichhaltige Möglichkeiten für mathematische Aktivitäten von Schüler*innen, wie unter Punkt 2 beschrieben wird. Eine Hürde kann allerdings die

Erfüllung des dritten Kriteriums darstellen, da das Beweisen eine anspruchsvolle Tätigkeit ist und leistungsschwächere Kinder gegebenenfalls Schwierigkeiten haben einen Zugang zu finden. Eine Möglichkeit solche Beweisumgebungen natürlich differenzierend zu gestalten, sodass allen Kindern eine Partizipation ermöglicht wird, könnten – nach Krauthausen und Scherer (2019) – Aufgaben*formate* wie beispielsweise Rechendreiecke, Zahlenmauern bieten. Diese Aufgabenformate zeichnen sich dadurch aus, dass sie

> […] aus einer immer gleich dargestellten (formatierten) Grundform, die als Vorlage für unterschiedliche Frage- und Problemstellungen dient und dazu unterschiedlich befüllt werden kann [, bestehen]. Wie von einem Vorlagenblock kann man immer gleichbleibende Grunddarstellungen als Leerformate abrufen […]. Zur Formatierung gehört neben der Grundform-Darstellung noch eine stets gleichbleibende Regel. (Krauthausen & Scherer, 2019, S. 112)

Solche Aufgabenformate wären allerdings bezogen auf das präformale Beweisen (in vielen Fällen) eher einschränkend, da die (Grund-)Darstellung bereits vorgegeben und somit die Vielfalt an möglichen Lösungswegen eingeschränkt wäre., welche gerade das mathematische Beweisen sowie die Mathematik selbst auszeichnet (Gray & Tall, 1994).

Nicht jede substantielle Lernumgebung muss jedoch auch zwingend ein Aufgaben*format* sein (Krauthausen & Scherer, 2019, S. 113). Es stellt sich folglich die Frage, *wie eine substantielle Lernumgebung (noch) aussehen kann, um dem Kriterium der Flexibilität und Adaptivität, welche unter Punkt 2 und 3 formuliert wurden, zu genügen.* Anknüpfend an Wittmann (1998) scheint in diesem Zusammenhang die Aussage zentral zu sein, dass „[…] eine substantielle Lernumgebung prinzipiell offen [ist]. Nur die Schlüsselinformationen, die die Lehrperson am Beginn einer jeden Etappe gibt, sind fixiert. Die weitere Interaktion mit den Schülern und unter den Schülern bleibt offen." (Wittmann, 1998, S. 339). Bezogen auf das präformale Beweisen stellt sich folglich weiterführend die Frage, wie solche Schlüsselinformationen bezogen auf eine Lernumgebung zum Beweisen aussehen können und wie offen die weitere Interaktion gestaltet sein sollte, um einerseits eine eigenständige Beweistätigkeit anregen zu können und ein Beweisbedürfnis bei den Kindern zu erzeugen, ohne zu stark zu lenken.

Wie also sollte eine Beweisumgebung aussehen, die sowohl den Kriterien der substantiellen Lernumgebungen gerecht wird als auch dem zuvor formulierten Anspruch genügt?

4   Beweisumgebungen in der Primarstufe

Im folgenden Abschnitt soll an die oben genannte Fragestellung angeknüpft werden. Hierzu werden verschiedene in der Literatur genannte für das präformale Beweisen in der Primarstufe (vermeintlich) geeignete Behauptungen und Sätze beschrieben und kategorisiert. Diese Beweisumgebungen werden wie folgt benannt:

- *Grade und ungerade Zahlen*
- *Rechenketten*
- *Schriftliche Addition mit Ziffernkärtchen*
- *Parkettierungen*
- *Malkreuz – Binomische Formeln*
- *Gegensinniges Verändern*
- *Gauß'sche Summenformel*
- *Zahlsystembeweis – Stamps Problem*
- *Anzahl der Nullen von 100!*
- *Satz des Pythagoras*

Es wird skizziert, wie diese Behauptungen und Sätze als Basis für die Entwicklung substantieller Lern- bzw. Beweisumgebungen, in denen digitale Medien (zunächst in App-Stores und im Web frei zugängliche Angebote) eingesetzt werden, herangezogen werden können. Besonders die erste hier genannte Beweisumgebung wird dabei im Sinne der DSR in Anlehnung an Platz (u. a. 2020c) aufgearbeitet und präsentiert.

4.1   Gerade und ungerade Zahlen

Eine Beweisumgebung kann zum Satz *die Summe zweier ungerader Zahlen ist immer gerade* entwickelt werden. Wittmann (2014, S. 214 ff.) stellt diese im Kern bereits in seinen Ausführungen zu substantiellen Lernumgebungen vor, die den Begriff „operativer Beweis" und seine curriculare Einbettung exemplarisch beleuchten. Ausgehend von Wittmanns Ausführungen wurde diese Beweisumgebung mittels DSR weiterentwickelt. Diese wird hier als paradigmatisches Beispiel für diese Entwicklung vorgestellt. Im Folgenden werden die einzelnen „Schritte" bzw. Versionen der Beweisumgebung in Anlehnung an Platz (2019, 2020a) kurz erläutert, um so die Entwicklung für den Leser nachvollziehbar zu machen.

4.1.1 Version 1 der Lernumgebung

Eine erste Version der Lernumgebung mit Verwendung des *Wendeplättchen-applets*[2] (2020a; Platz, 2019) wurde im Mai 2018 mit einer 4. Klasse einer nordrhein-westfälischen Grundschule erprobt. Diese Kinder besuchten das Lehr-Lern-Labor MatheWerkstatt der Universität Siegen. Die Schulklasse (n = 23) wurde in Rücksprache mit der Lehrkraft in drei Sechsergruppen und eine Fünfergruppe unterteilt, innerhalb dieser Gruppen arbeiteten die Kinder zu zweit zusammen. Die Kinder arbeiteten jeweils für 20 min an der präformalen Beweisaufgabe: *Wenn man zwei ungerade Zahlen miteinander addiert, erhält man immer eine gerade Zahl. Stimmt das? Begründe!* Besondere Maßnahmen zum Wecken eines Beweisbedürfnisses wurden in der Lernumgebung zunächst nicht getroffen. Innerhalb der Sechsergruppen arbeiteten die Lernenden in Tandems jeweils an einem Tablet-PC am Wendeplättchen-Applet, um eine Kommunikation innerhalb der Tandems anzuregen. Im Applet sind die Objekte, auf die im Sinne des operativen Prinzips verändernd eingewirkt wird (Wittmann, 1985. S. 9), virtuelle Wendeplättchen, die mittels Multitouch auf einem Tablet bewegt werden können. Es wurden bewusst keine Strukturierungshilfen implementiert, um eine gewisse Offenheit der Nutzung des Applets, besonders in der Funktion als Argumentations- und Beweismittel (Krauthausen, 2018), zu ermöglichen. Das Applet ist als Substitution der analogen Wendeplättchen zu verstehen, da die Technologie hier als direkter Materialersatz, fast ohne funktionale Veränderung, fungiert. Um die Kinder mit dem Wendeplättchen-Applet vertraut zu machen und um den Kindern eine Möglichkeit der Unterscheidung gerader und ungerader Zahlen mitzuliefern, wurden der Beweisaufgabe folgende Aufgaben vorangestellt:

- *Denke dir irgendeine Zahl zwischen 2 und 10 aus und lege genauso viele Plättchen zurecht.*
- *Bilde nun Pärchen aus den Plättchen.*
- *Wenn kein Plättchen am Ende übrigbleibt, ist es eine gerade Zahl, die du gelegt hast. Wenn ein Plättchen am Ende übrigbleibt, ist es eine ungerade Zahl, die du gelegt hast. Ist deine Zahl eine gerade oder eine ungerade Zahl?*

Ausgewählte Szenen wurden mittels *Abstraction in Context* (vgl. Dreyfus & Kidron, 2014) ausgewertet, um Aussagen darüber treffen zu können, welche epistemischen Aktionen in den Tätigkeiten der Viertklässler erkennbar werden (Platz, 2020b).

---

[2] https://www.melanie-platz.com/WPA/

4.1.2 Version 2 der Lernumgebung

Die Analysen ergaben, dass vermutlich durch fehlende Strukturierungshilfen im Applet, sowie dadurch, dass nur einzelne Plättchen entnommen werden können, der Verallgemeinerungsprozess für die Lernenden erschwert wird, da so das Wiedererkennen und Anwenden eines bekannten Musters kaum möglich ist. Infolgedessen wurde das Applet optimiert und zum *Steinchen-Applet*[3] weiterentwickelt, indem Strukturierungshilfen (Walter, 2017) implementiert wurden (Gitter im Hintergrund, die Möglichkeit neben Einer-Plättchen auch Zweier-, Fünfer- oder Zehnerstangen zu verwenden). Zudem kann gegebenenfalls eine stärkere Passung zwischen Handlung und mentaler Operation (Walter, 2017) durch die Möglichkeit Plättchen zu Gruppieren, die Gruppierungen zu drehen und zu verschieben und gruppierte Plättchen wieder in Einer zu zerlegen sowie die Funktion des automatisierten Bildens von Rechtecken (bzw. Doppelreihen mit oder ohne ‚Nase') erzeugt werden. Um alle Funktionen, die das digitale Medium zur Stützung der Argumente liefert, zur Verfügung zu stellen, wurden die Funktionen des weiterentwickelten Applets zunächst erklärt, denn: „Der Umgang mit den Apps und den enthaltenen Potentialen muss – wie bei jedem anderen (physischen) Arbeitsmittel auch – erlernt werden." (Walter, 2017, S. 279). Um eine Abwehrreaktion gegenüber der Lernumgebung (2020a; b; Platz, 2019) zu vermeiden und um ein Beweisbedürfnis wecken zu können, wurde diese in einen historischen Exkurs (Krauthausen, 2018) eingebettet. Dabei wird ein Bezug zum Mathematiktreiben der Pythagoreer hergestellt, um die Kinder entdecken zu lassen „[…], dass die ‚Erfinder' der Mathematik damals vergleichbare Werkzeuge benutzten wie wir heute." (Krauthausen, 2018, S. 330). Dadurch kann der Werkzeug-Charakter zum Tragen kommen, sodass „[…] die Werkzeuge nicht *als solche* einen Teil des Problems darstellen." (Krauthausen, 2001, S. 106, H. i. O.). Die zentralen Fragestellungen der Lernumgebung lauteten:

- *Was war nochmal eine gerade Zahl und was war eine ungerade Zahl?*
- *Wie könnten die Pythagoreer gerade und ungerade Zahlen mit Steinchen dargestellt haben?*
- *Addiere immer zwei ungerade Zahlen. Was fällt dir auf?*
- *Warum ist das so? Begründe!*

Die Lernumgebung wurde im November 2019 im Rahmen eines 45-minütigen Einzelinterviews mit einem Schüler einer Tiroler Grundschule (Klassenstufe 4) erprobt. Der Schüler besuchte eine jahrgangsübergreifende Schulklasse, gerade

---

[3] https://www.melanie-platz.com/Steinchen-Applet/Steinchen.html

und ungerade Zahlen wurden mit Hilfe von Montessori-Material eingeführt. Da sich eine Einzelbefragung nicht mit den Routinen des Mathematikunterrichts deckt und deshalb ein unterrichtlicher Bezug eher inhaltlich hergestellt werden kann, können nur begrenzt Schlussfolgerungen für präformales Beweisen im Mathematikunterricht gezogen werden. Dennoch können die erhobenen Daten Aufschluss „[…] über Lehr-/Lernprozesse, Denkprozesse und Lernfortschritte von Schülerinnen und Schülern [geben] […]. Andererseits helfen sie, die Lernumgebungen zu evaluieren und zu revidieren, um Lehr-/Lernprozesse noch effektiver gestalten zu können" (Wittmann, 1998, S. 339). Leider gelang dem Schüler eine Verallgemeinerung nicht, deshalb wurde mit dem Fokus der Implementation von Unterstützungsmaßnahmen für den Verallgemeinerungsprozess die Lernumgebung weiterentwickelt.

4.1.3 Version 3 der Lernumgebung

Dazu wurde ein Forscherheft entwickelt (Platz, 2020c), bei dem der historische Exkurs mittels einer einführenden Geschichte „Die Pythagoreer Damon und Phintias" (vgl. Dinger, 2014) zum Einstieg in die Lernumgebung vertieft wurde, denn: „Für Grundschüler gibt es andere Relevanzerlebnisse als für Mathematiker. Auf dem Umweg über eine Geschichte können sich mathematisch notwendige Relevanzen auch im kindlichen Geist einnisten." (Kothe, 1979, S. 280). Der Aufbau des Forscherhefts orientiert sich am didaktischen Modell zum Beweisen lernen und lehren bezogen auf das Prozessmodell des schulischen Beweisens (Brunner, 2014) Innerhalb eines diskursiven Rahmens wird ein Beweisbedürfnis angebahnt, indem das Orakel von Delphi den Kindern ein Rätsel stellt: *Wenn ich zwei gerade Zahlen miteinander addiere, ist das Ergebnis gerade oder ungerade? Wenn ich zwei ungerade Zahlen miteinander addiere, ist das Ergebnis dann gerade oder ungerade? Kannst Du mich davon überzeugen, dass Deine Behauptung immer gilt?* Anhand von Aufgaben oder Aufgabensequenzen bzw. Vorübungen (Goldberg, 1992) erfolgt die Erarbeitung dieser beiden Beweise (Fischer & Malle, 2004). Dabei kann beim zweiten Beweis die Beweisführung teilweise analog zum ersten Beweis erfolgen. Zentrale Aufgabenstellungen sind jeweils:

- *Was waren nochmal gerade und ungerade Zahlen?*
- *Finde Aufgaben (gerade plus gerade bzw. ungerade plus ungerade). Was hast Du entdeckt?*
- *Im Anschluss beschäftigen sich die Kinder mit einem Aufgabenformat in Anlehnung an Akinwunmi (2012, S. 128 f.) bei dem sich die Lernenden mit einer geometrisch-visualisierten Folge aus quadratischen Plättchen (Rechensteinen) beschäftigen (figurierte Zahlen), um einen sinnstiftenden Zugang zur Algebra*

zu ermöglichen. Dabei wird die Folge gerader bzw. ungerader Zahlen, die figuriert mittels Plättchen dargestellt wird, mit einer in einer Tabelle gegebenen arithmetischen Darstellungsform verbunden.[4]

- *Was passiert, wenn ich an eine gerade/ungerade Zahl 2, 4, 6 oder 8/1, 3, 5, 7 oder 9 Plättchen anlege? Ist die neue Zahl dann gerade oder ungerade?*
- *Woran sieht man, dass bei der Summe zweier gerader/ungerader Zahlen, die mit Plättchen dargestellt sind, eine gerade/ungerade Zahl herauskommt?*
- *Wir haben es nun nur für ein Beispiel erklärt. Warum gilt das für alle geraden/ungeraden Zahlen?*

Durch diese Arbeit an Vorübungen zum Beweisen und die Zerlegung des Beweises, sollen Kinder beim Strukturieren des Beweises unterstützt werden. Zudem kann die Gesprächsführung für den Interviewer erleichtert werden, da dieser den jeweiligen Verallgemeinerungsgrad der Behauptung oder der Konklusion eines Teilarguments einfacher erkennen und mitbenennen kann, denn:

Der Schüler kann die Grenzen der Verallgemeinerungsfähigkeit von Behauptung und Beweis falsch einschätzen, insbesondere dann, wenn er sich beim Entdecken und nicht nur beim Prüfen einer Behauptung an der Front seines Wissens befindet. (Krumsdorf, 2015, S. 354)

Diese Version der Lernumgebung wurde im Juni 2020 u. a. mit einem Kind einer hessischen Grundschule im Einzelinterview durchgeführt (Platz, 2021, angenommen). Es fanden zwei Sitzungen zu 45 min statt. Neben dem Steinchen-Applet wurden auch analoge quadratische Plättchen (blau und rot) zur Verfügung gestellt, die allerdings nicht genutzt wurden. Mit viel Hilfestellung konnte der Schüler zum inhaltlich-anschaulichen Beweis geführt werden, wobei durch das Forscherheft viel vorgegeben wird und insbesondere die Darstellungsformen und Lösungswege eingeschränkt werden.

4.1.4 Version 4 der Lernumgebung

In Rahmen von Seminaren im Wintersemester 2020/2021 an der Westfälischen Wilhelms-Universität Münster (*Forschungsfragen der Mathematikdidaktik*, Master of Education für das Lehramt an Grundschulen, Dozent: Platz) und im Sommersemester 2021 an der Pädagogischen Hochschule Tirol (*Mathematik in der Primarstufe*, Masterstudium Primarstufe, und *Mathematisch didaktische*

---

[4] Die in der Aufgabenstellung abgebildete geometrische Figur wurde in Anlehnung an Wittmann (2014) und Krauthausen (2018) als Doppelreihe bzw. Doppelreihe mit Nase bezeichnet.

Prinzipien und Lernkulturen 1, Bachelorstudium Primarstufe – Schwerpunkt Mathematik, Dozent: Platz) wurde ausgehend von Version 2 der Lernumgebung (Abschn. 4.1.2) gemeinsam mit den Studierenden die Lernumgebung weiterentwickelt und im Rahmen von klinischen Interviews mit Grundschulkindern erprobt. Dabei wurden verschiedene Unterstützungsmöglichkeiten abhängig von der Beweisphase getestet, z. B. die Variation geeigneter Materialien oder Darstellungen (Krauthausen, 2001), die Variation passender beispielgebundener Beweisgänge (Zugänge) (Krumsdorf, 2015), Big Numbers oder bloß noch vorgestellte Beispiele (Krumsdorf, 2015), fachlicher Konsens, Vorübungen (Brunner, 2014) und das Stellen von Warum-Fragen (Brunner, 2014; Krauthausen, 2001). Es konnte festgestellt werden, dass die Kinder in Anknüpfung an ihr Vorwissen Lösungswege und Darstellungsformen selbständig wählten, eine enge Führung oder Vorgabe war nicht notwendig. Folgende erste *„Design Prinzipien"* konnten für die Gestaltung von substantiellen Lernumgebungen zum Beweisen abgeleitet werden:

4.1.5   Ableitung von ersten Design Prinzipien und eines Seminarkonzepts

- *Gute Vorbereitung: mögliche Lösungswege/Fehlerquellen identifizieren. Denn:* Lehrpersonen haben die notwendige fundierte Kenntnis über die spezifische Sachlage, [...] zudem den Überblick über die Vielfalt der zu dem aktuellen Problem gehörenden möglichen Ergebnisse und Strategien, so dass sie imstande sind, die Aktivitäten der Kinder durch geeignete nicht zu weit gehende Impulse zu unterstützen und zu ergänzen und den Kindern eine ergiebige Quelle für verlässliche sachliche Informationen zu sein. (Wollring, 2008, S. 2)
- *Aufgaben in einen historischen Kontext einbetten, da so der Verweigerung der Aufgabe entgegengewirkt und ein Beweisbedürfnis bei den Kindern geweckt werden kann. Darüber hinaus wirkt das eigenständige Entdecken der Behauptung motivierend (Krumsdorf, 2015).*
- *Vorerfahrungen und Ideen der Kinder aufgreifen (nicht zu stark lenken, sondern an deren Denkwege anknüpfen), da bspw. Vorerfahrungen mit genutzten Arbeitsmitteln/Werkzeugen vorhanden sein müssen, sodass der Werkzeug-Charakter zum Tragen kommen kann (Kauthausen, 2001).*
- *Immer wieder Warum-Fragen stellen, denn: „ 'Wir bekommen das, was wir akzeptieren' (Higgins, 1988) – und wenn wir uns mit weniger zufrieden geben, werden uns Kinder auch nur dieses liefern" (Krauthausen, 2001, S. 105). Gleichzeitig*

*sollte den Kindern Zeit gegeben werden, um sich mit der komplexen Aufgabe
auseinandersetzen zu können.*

- *Anwendung des Konzepts „Big Numbers", um Kinder beim Übergang vom wiederholten induktiven Prüfen zum Verallgemeinern zu unterstützen, indem das Augenmerk auf die strukturellen Aspekte der Aufgabenstellung verschoben wird* (Krumsdorf, 2015*).*

Im Rahmen eines kooperativen Seminars der Universität des Saarlandes (*Mathematikdidaktische Forschung: Beweisen in der Primarstufe,* Dozent: Platz) und der Goethe-Universität Frankfurt (*Achilles auf dem Rücken der Schildkröte – Begründen, Argumentieren und Beweisen in der Mathematik,* Dozent: Vogler) erarbeiteten Grundschullehramtsstudierende substantielle Lernumgebungen zum Beweisen in der Primarstufe und erproben die entwickelten Lernumgebungen im Rahmen klinischer Interviews. Die Seminare fanden aufgrund der aktuellen Corona-Richtlinien im Distance Learning statt.

Nach einer einführenden Sitzung via Videokonferenz erhielten die Studierenden einen Leseauftrag (Ausschnitte aus Brunner, 2014; Krauthausen, 2001; Platz, 2020b und optional Krumsdorf, 2015) zum theoretischen Hintergrund des Beweisens. Anschließend wurde in zwei Sitzungen via Videokonferenz das Projekt *Prim-E-Proof* und der aktuelle Stand (siehe Abschnitte 4.1.1–4.1.3) vorgestellt. Es erfolgte eine weitere Selbstlernphase zum Thema Lernumgebung (Krauthausen & Scherer, 2019; Platz, 2020d) und zum Thema Diagnostische Gespräche[5]. In der nächsten Seminarsitzung via Videokonferenz wurde das Steckbriefformat vorgestellt und die Beweise (Nummer 2–10; siehe Aufzählung am Anfang von Abschn. 4) wurden vorgestellt und den Studierenden zugeteilt. In einer weiteren Selbstlernphase lasen die Studierenden die bereitgestellte Literatur zu ihren Beweisen (siehe unten) und begannen eine Impulskarte zum Beweisen zur Kommunikation innerhalb des Seminars auszufüllen. Schließlich fand ein gemeinsamer Termin der Standorte Saarbrücken und Frankfurt via Videokonferenz statt, bei dem die Tandemgruppen sich kennenlernten. In gather.town[6] wurde ein Raum angelegt, in dem sich die Studierenden jederzeit standortübergreifend treffen können, um an ihren Lernumgebungen zu arbeiten. Die Lernumgebungen wurden mittels eines Steckbriefes entwickelt und können in diesem Format

---

[5] https://kira.dzlm.de/diagnose-co/diagnostischegespr%C3%A4che
[6] https://gather.town/

als OER publiziert werden (Platz, 2020d). Dies geschieht im Rahmen des Seminars via Wikiversity[7]. Am Ende des Semesters präsentierten die Studierenden die entwickelten Lernumgebungen und Erprobungen via Videokonferenz.

Mittels Literaturrecherche wurden von Dozierendenseite zunächst Beweise identifiziert, die für den Einsatz in der Primarstufe geeignet sein könnten. Abhängig von der Teilnehmerzahl an den Seminaren wurden den Studierenden neun Beweise zur Auswahl gestellt, diese werden im Folgenden kurz beschrieben:

4.2   Rechenketten

Eine Möglichkeit für eine Beweisumgebung lässt sich an Wittmann (2014) anlehnen. Als eine Möglichkeit für mathematische Überlegungen in Verbindung mit Rechenübungen führt Wittmann (2014, S. 216 ff.) Rechenketten an. „Nach dem Berechnen der Ergebnisse stechen Muster zwischen den Start- und Zielzahlen ins Auge." (Wittmann, 2014, S. 216). Weiß (2021, S. 19) schlägt folgende Aufgabenstellung mit dem Hinweis, dass bei den Zielzahlen keine Reste erlaubt sind, vor: *Welche Zahlen sind möglich, wenn in den grauen Feldern immer die gleichen Zahlen stehen müssen?*

Die Kinder können feststellen, dass nur Zahlen eingesetzt werden können, die durch 12 teilbar sind. 100er-Feld und Malwinkel können zur Begründung eingesetzt werden (Weiß, 2021). Hier könnte das Applet Number-Frames[8] zum Einsatz kommen. Es wird deutlich, dass die Plusoperation nur bei Teilern von 12 durch das Verschieben des Winkels nach rechts möglich ist (Weiß, 2021; siehe Abb. 1).

4.3   Schriftliche Addition mit Ziffernkärtchen

Ausgehend von einer Rechenübung mit neun Ziffernkärtchen mit den Ziffern 1 bis 9 werden drei dreistellige Zahlen gebildet und addiert. Es kann festgestellt werden, dass die Ergebnisse die Vielfachen von 9 sind, gemäß der Divisionsregel für 9 sind die Quersummen der Zahlen 9, 18 oder 27 (Wittmann, 2014, S. 218 f.). Nutzt man zur Begründung Plättchen in der Stellentafel, gibt die Quersumme

---

[7] https://de.wikiversity.org/wiki/OpenSource4School/Lernumgebungen_zum_Beweisen_in_der_Primarstufe

[8] https://apps.mathlearningcenter.org/number-frames/

einer Zahl die Zahl der Plättchen an, die benötigt werden, um die Zahl in der Stellentafel zu legen (Abb. 2).

Insgesamt werden $1 + 2 + \ldots + 9 = 45$ Plättchen benötigt, um die drei Zahlen zu legen. Um das Ergebnis zu bestimmen, müssen im ersten Schritt die Plättchen in jeder Spalte zusammengeschoben werden, in einem zweiten Schritt sind – bei den Einern beginnend – Überträge vorzunehmen. Bei jedem Übertrag werden 10 Plättchen einer Spalte entfernt, und dafür wird ein Plättchen in die nächsthöhere Spalte gelegt. Bei jedem Übertrag werden also 9 Plättchen entfernt. Bei jedem Beispiel dieser Lernumgebung werden 45 Plättchen benötigt, um die Summanden zu legen. Da 45 ein Vielfaches von 9 ist, können die Quersummen der Ergebnisse nur Vielfache von 9 sein. Andere Zahlen als die aufgelisteten können daher nicht als Ergebnisse auftreten. An der Anzahl der Überträge kann man die Quersumme eines Ergebnisses ablesen. (Wittmann, 2014, S. 219)

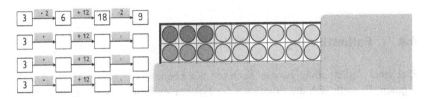

Abb. 1 Rechenketten ; rechts: Darstellung der ersten Rechenkette mit 100er-Feld und Malwinkel. Screenshot des Applets *Number-Frames*. (Eigene Darstellung in Anlehnung an Weiß, 2021, S. 19)

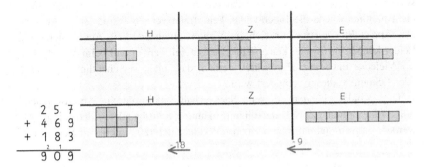

Abb. 2 Darstellung der Rechnung in Ziffernschreibweise; rechts: Darstellung mittels Mehrsystemblöcken in der Stellenwerttafel. Screenshot des Applets *Number-Pieces*

Abb. 3
Parkettierungsversuch mit
regelmäßigen Fünfecken;
rechts: Parkettierung mit
unregelmäßigen Vierecken.
Screenshot des Applets
Polypad. Screenshot des
Applets Polypad

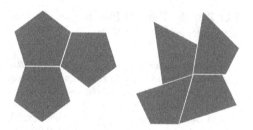

Im Beispiel gibt es drei Überträge ($1 + 2 = 3$), daher ist die Quersumme des Ergebnisses $45\text{-}9\text{-}18 = 45\text{-}3\cdot 9 = 18$. Das Applet *Number-Pieces*[9] könnte zur Darstellung angewendet werden sowie die iOS-App *Stellenwerttafel*[10] (kostenpflichtig) oder die Android-App *Touch Integers*[11] eingesetzt werden. Leider konnte bisher noch keine adäquate kostenfreie App gefunden werden, die die Funktionen der *Stellenwerttafel*-App (iOS) bietet.

4.4   Parkettierung

Ziel einer Parkettierung ist das Auslegen der Ebene durch plane (regelmäßige) Figuren. Es stellt sich die Frage, welche Figuren zu diesem Zweck zum Einsatz kommen können. Die Kinder entdecken durch Selbsttätigkeit mit (digitalen) Plättchen zunächst, dass Figuren, die zur Parkettierung geeignet sind, Punktsymmetrie aufweisen müssen, oder sich mehrere zu einer größeren solchen symmetrischen Figur zusammenfügen lassen (u. a. Benölken et al., 2018, S. 201 ff.). Die Kinder können z. B. feststellen, dass eine Parkettierung mit dem regelmäßigen Fünfeck nicht möglich ist, da die Innenwinkel kein Teiler von 360° sind (siehe Abb. 3). Das Applet *Ploypad*[12] bietet sich zur Visualisierung und zum Ausprobieren an. Leider können im Applet keine Winkel angezeigt werden und beim Verschieben der Vielecke muss darauf geachtet werden, dass nicht versehentlich die Größe oder Eckpunkte dieser verändert wird.

Die Kinder können diesen Sachverhalt auch durch Abreißversuche selbst überprüfen. Zur Unterstützung kann das folgende Video eingesetzt werden: https://vitalmaths.com/videos/all-videos/item/202-interior-angles-of-a-tri

---

[9] https://apps.mathlearningcenter.org/number-pieces/

[10] https://apps.apple.com/de/app/place-value-chart/id568750442

[11] https://play.google.com/store/apps/details?id=com.nummolt.touch.integers

[12] https://mathigon.org/polypad

angle-2#german. Leistungsstarke Lernende erhalten mit der Erweiterung der Aufgabe auf nicht-regelmäßige Figuren eine Möglichkeit der tiefergehenden Auseinandersetzung mit dem Unterrichtsgegenstand.

4.5 Malkreuz – Binomische Formeln

Als verkürzte Addition lässt sich die Multiplikation durch rechteckige Punktmuster darstellen. Im 1. und 2. Schuljahr lernen die Kinder, wie man Aufgaben des kleinen Einmaleins mit Punktfeldern darstellen kann (Selter & Zannetin, 2019). Daraus ergeben sich das Folienkreuz und schließlich das Malkreuz, das die anschauliche Struktur der distributiven Zerlegung, aber auch die schematisierte algebraische Form des Distributivgesetzes beinhaltet (Wittmann, 1997). Das Distributivgesetz lässt sich mit Rechtecksdarstellungen visualisieren. Daraus kann die 1. Binomische Formel hergeleitet werden: Der Flächeninhalt eines großen Quadrates entspricht den der Summe des Flächeninhalts der vier kleinen Rechtecke (Selter & Zannetin, 2019). Zur Visualisierung kann beispielsweise das Applet *Partial Product Finder*[13] eingesetzt werden (Abb. 4).

4.6 Gegensinniges Verändern

Behauptung: *Wenn drei aufeinanderfolgende Zahlen addiert werden, dann ergibt sich das Dreifache der mittelgroßen Zahl.* Krumsdorf (2015) weist darauf hin, dass sich drei aufeinanderfolgende Beispielzahlen durch drei Kästchentürme mit einem Höhenunterschied von jeweils einem Kästchen darstellen lassen. Die Höhendifferenz lässt sich durch das Versetzen von Kästchen vom höchsten Turm zum niedrigsten Turm ausgleichen. Das Gesetz der Konstanz der Summe wird durch gegensinniges Verändern angewendet, alle Türme haben nun so viele Kästchen wie die mittlere Zahl.

Da nun drei gleichhohe Kästchentürme erzeugt wurden, kann mit Auffassung der Multiplikation als fortgesetzte Addition gefolgert werden, dass die Anzahl der Kästchen gleich dem dreifachen der mittelgroßen Zahl ist. Alternativ schlägt Krumsdorf (2015) den Einsatz von Platzhaltern vor. Zur Unterstützung kann auch für diesen Beweis das *Steinchen-Applet* (siehe Abb. 5) eingesetzt werden.

---

[13] https://apps.mathlearningcenter.org/partial-product-finder/

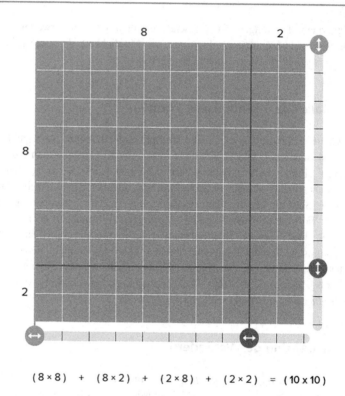

$$(8 \times 8) \ + \ (8 \times 2) \ + \ (2 \times 8) \ + \ (2 \times 2) \ = \ (10 \times 10)$$

Abb. 4 Darstellung des Distributivgesetzes bzw. der 1. Binomischen Formel am Folienkreuz. Screenshot des Applets Partial Product Finder

Abb. 5
Kästchentürme – Screenshot
des Steinchen-Applets

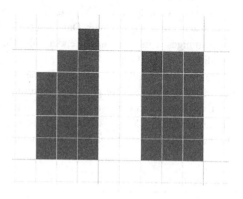

4.7   Gauß'sche Summenformel

Die Gauß'sche Summenformel $(1 + 2 + 3 + \ldots + n = \frac{n}{2}(n + 1))$ ist wohl eine der ästhetischsten Formeln der Mathematik (Stewart, 2007). Zu eben jener Formel existieren eine Vielfalt an Beweisformen. Ebenso lassen sich hieran die verschiedenen, bereits in Abschn. 2 beschriebenen Beweisstufen nach Wittmann und Müller (1988) sowie Blum und Kirsch (1989) sehr gut nachvollziehen. Ausgehend von der Geschichte vom kleinen Gauß, der im Schulunterricht die Summe der ersten 100 Zahlen viel schneller berechnete, als der Lehrer dies erwartet hatte (Dahl & Nordquist, 1996, S. 37), kann zunächst mit einem einfacheren Beispiel, der Summe der ersten 10 Zahlen, begonnen werden. Folgender „Trick" kann angewendet werden: zuerst kann die erste mit der letzten Zahl, die zweite mit der Vorletzten usw. zusammengefügt werden (Vogler, 2021). Man erhält also (Abb. 6):

Anschließend kann auf diese Weise die Summe der ersten 12, 14, 16 usw. Zahlen berechnet werden und die Kinder entdecken möglicherweise den „Trick", den man bei der Summe aufeinanderfolgender Zahlen mit gerader Endzahl n anwenden kann: Die Endzahl n halbieren und mit der Endzahl plus 1 multiplizieren $\frac{n}{2}(n + 1)$. Was passiert aber bei ungerader Endzahl, z. B. 9? (Abb. 7)

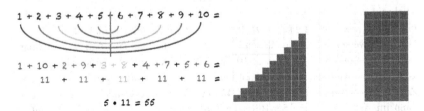

Abb. 6 Generisches Beispiel der Gauß'sche Summenformel für n = 10; rechts: Kästchentürme, Screenshot des Steinchen-Applets

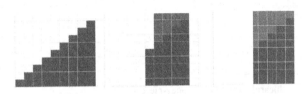

Abb. 7 Kästchentürme – Screenshot des Steinchen-Applets

Es ergibt sich zunächst $(9 + 1) \cdot 4 + 5$: der übriggebliebene 5er-Turm müsste im Sinne der Formel $\frac{n}{2}(n + 1)$ halbiert werden, also $4{,}5 \cdot (9 + 1)$.

4.8   Zahlsystembeweis – Stamps Problem

Beim Stamps Problem ergeben sich die Behauptungen und Beweisaufgaben in natürlicher Weise durch die Arbeit der Kinder an dem Problem. Das Problem lautet folgendermaßen: Man hat viele 1-cent-, 2-cent und 3-cent-Briefmarken. Man kann die verfügbaren Briefmarken nutzen, um verschiedene Beträge aufzukleben. Beispielsweise kann man 3 cent auf drei verschiedenen Arten kleben: (1) indem nur die 3-cent-Briefmarke genutzt wird, (2) indem eine 1-cent- und eine 2-cent-Briefmarke genutzt wird und (3) indem drei 1-cent-Briefmarken genutzt werden. *Versucht herauszufinden, wie viele Möglichkeiten es gibt, um verschiedene Beträge mit den verfügbaren Briefmarken zu kleben.* Eine Behauptung könnte sein: Man kann 4 cent auf 4 verschiedene Arten kleben, 5 cent auf 5 verschiedene Arten, kann man also n cent auf n verschiedene Arten kleben? Dies kann durch ein Gegenbeispiel widerlegt werden, z. B. durch Betrachtung von 6 cent (Stylianides, 2016, S. 30). Aufbauend auf dem Stamps Problem kann das folgende Problem betrachtet werden: *Anna behauptet: Jeder Geldbetrag, der größer als 7 € ist, lässt sich mit 5 €-Scheinen und 3 €-Scheinen darstellen, ohne dass Rückgeld rausgegeben werden muss. Luis widerspricht ihr und glaubt, dass es nicht mit jedem Geldbetrag funktioniert. Wer gewinnt die Wette?* (Schnell et al., 2020). Um zu beweisen, dass alle Zahlen ab 8 mit der Stückelung 5 und 3 darstellbar sind, muss gezeigt werden, dass 10 und alle Zahlen bis 19 dargestellt werden können. Alle weiteren Zahlen erhält man dann aus den vorherigen Darstellungen. Zur Visualisierung kann das Applet *Money Pieces*[14] verwendet werden. Leider kann im Applet nur eine 5er-Bündelung vorgenommen werden, die „3er" müssen in Form von Einern entnommen werden und die erlaubte Stückelung muss mitgedacht werden (Abb. 8):

Anschließend können die Stückelungen unseres Geldes[15] mit den Kindern behandelt werden.

---

[14] https://apps.mathlearningcenter.org/money-pieces/

[15] Verordnung (EU) Nr. 729/2014 des Rates vom 24. Juni 2014 über die Stückelungen und technische Merkmale der für den Umlauf bestimmten Euro-Münzen (Neufassung).

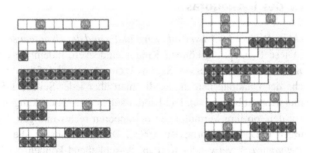

Abb. 8 Zerlegung der Zahlen 10 bis 19 –Screenshot des Applets Money Pieces

4.9 Anzahl der Nullen von 100!

Mit wie vielen Nullen endet $1 \cdot 2 \cdot 3 \cdots 99 \cdot 100$? Um sich diesem Problem zu nähern, empfiehlt Grieser (2013, S. 13) das Problem zu vereinfachen und Ergebnisse systematisch in einer Tabelle festzuhalten (Tab. 1).

Die erste Null tritt bei 5! und kommt daher, dass 120 durch 10 teilbar ist, also $2 \cdot 5$, und 2 und 5 kommen in $5! = 1 \cdot 2 \cdot 3 \cdot 4 \cdot 5$ vor. Bei zwei Nullen am Ende muss die Zahl durch 100 teilbar sein, also durch $10 \cdot 10 = 2 \cdot 5 \cdot 2 \cdot 5 = 2^2 \cdot 5^2$. Ohne etwas ausrechnen zu müssen, kann man diesen Gedanken fortsetzen, indem man nur auf 2en und 5en achtet. „Wann tritt der nächste Faktor 5 auf? Bei 6, 7, 8, 9 nicht, aber bei 10, denn $10 = 2 \cdot 5$. Faktoren 2 gibt es im Überfluss, sie stecken in jeder der Zahlen 2, 4, 6, …" (Grieser, 2013, S. 14). Man muss also die Fünfen und Zweien in 100! zählen, denn die Anzahl der Nullen einer Zahl bedeutet, dass die Zahl durch $10 \cdot 10 \cdot \ldots \cdot 10 \cdot 10$ (die Anzahl der Faktoren entspricht der Anzahl der Nullen) teilbar ist, also dass die Zahl mindestens so oft wie die Anzahl ihrer Nullen den Faktor 5 und den Faktor 2 enthält. Durch geschicktes Zählen kommt man darauf, dass 100! 24 Nullen hat (Grieser, 2013). Zur Unterstützung kann das Kurzvideo *100!* gezeigt werden: https://www.uni-gie ssen.de/fbz/fb07/fachgebiete/mathematik/idm/projekt/Matheklips/index.html.

Tab. 1 Komparative Ergebnisse von n und n! nach Grießer (2013)

n	1	2	3	4	5	6
n!	1	2	6	24	120	720

4.10   Satz des Pythagoras

Für rechtwinklige Dreiecke mit den Katheten a und b und der Hypotenuse c gilt: a^2 + $b^2 = c^2$. Diese Behauptung können Kinder entdecken, indem sie ein rechtwinkliges Dreieck zeichnen, dessen Seiten 3 cm, 4 cm und 5 cm lang sind und die Fläche der Quadrate berechnen, die man über jeder Seite des Dreiecks zeichnen kann (siehe Abb. 9, links). Die Kinder sollen ihre Entdeckungen festhalten und überprüfen, ob ihre Vermutungen bei anderen rechtwinkligen Dreiecken ebenfalls zutreffen (Dahl & Nordqvist, 1996). Dazu kann bspw. die Android-App *Touch Pythagoras*[16] verwendet werden. Anschließend können der indische Beweis (Benölken et al., 2018, S. 328), der auf der Zerlegungsgleichheit basiert durch Legen eines Puzzles (unterstützend kann hierbei ein Video Clip eingesetzt werden: https://vitalmaths.com/videos/all-videos/item/187-the-theorem-of-pythag oras-2#german) bzw. ein Beweis, der auf der Ergänzungsgleichheit (Benölken et al., 2018, S. 330) basiert durch Legen eines Puzzles in einen Rahmen geführt werden (Dahl & Nordqvist, 1996). Neben der Möglichkeit der Visualisierung auf Papier oder in einer App, bieten additive Fertigungsverfahren z. B. in Form von 3D-Druck die Chance, mathematische Objekte zu realisieren und damit (be-)greifbar zu machen. Während die Analysis unter Nutzung dieser Technologie für den Mathematikunterricht bereits vielfach erforscht wird (z. B. Dilling & Struve, 2019), so gibt es doch wenige Versuche gedruckte Modelle zum Zweck der Beweisführung einzusetzen. Mittels CAD-Software[17] können sogar bewegliche Objekte erschaffen werden, die funktional denkende Kinder unterstützen können. Ein Beispiel zeigt Abb. 9 (rechts). Im Sinne der Trias enaktiv-ikonisch-symbolisch können Kinder mit diesen und anderen Modellen[18] zunächst anhand realer Objekte den Zusammenhang des pythagoräischen Lehrsatzes entdecken, um anschließend die Entdeckungen zu systematisieren und abstrahieren.

5   Zusammenfassung und Ausblick

Ziel des vorgestellten Beitrages war es, Möglichkeiten für Beweistätigkeiten mit Unterstützung digitaler Medien in der Primarstufe herauszuarbeiten. Hierzu wurden zehn Behauptungen und Sätze mit möglichen Ansätzen für die Anregung

---

[16] https://play.google.com/store/apps/details?id=nummolt.touch.pythagoras

[17] z. B. https://www.tinkercad.com/

[18] unter dem Suchbegriff *pythagorean* finden sich z. B. bei thingiverse.com oder cults3d.com zahlreiche Anregungen, nicht nur mit klassischen Quadraten(!).

Abb. 9 Visualisierung des Beispiels, Screenshot der App *Touch Pythagoras;* rechts: 3D-gedrucktes Modell[19]

von Beweistätigkeiten in der Primarstufe mit Unterstützung kostenfrei verfüg-barer Apps in App-Stores und im Web frei zugänglicher Angebote vorgestellt und mögliche Ausformungen für die Umsetzung mit Grundschüler*innen skiz-ziert. Die vorgestellten digitalen Medien, die im Zuge dessen vorgestellt bzw. in die Beweisumgebungen integriert wurden, haben dabei größtenteils Werkzeugcha-rakter, da sie dazu dienen, mathematische Lösungsprozesse zu unterstützen (Urff, 2014). Teilweise werden in den vorgeschlagenen Apps und Applets bekannte real-gegenständliche Arbeitsmittel aus dem Mathematikunterricht strukturähn-lich als virtuelle Arbeitsmittel dar- bzw. nachgestellt (Krauthausen, 2012). Die vorgeschlagenen Videos haben zumeist einen Aufforderungscharakter.

Im Verlauf der Entwicklung der Beweisumgebungen mit Unterstützung digi-taler Formate zeigt sich, dass kein passendes (kostenfreies) digitales Angebot gefunden werden kann, welches optimal zur Beweisumgebung passt. Allzu oft treffen die Funktionen in Apps und Applets oder die Inhalte in Videos die Beweisintention nicht oder es werden zu viele Optionen angeboten, die vom mathematischen Kern des Beweises ablenken können. Es scheint daher unabding-bar Lehrkräfte und Lehramtsstudierende nicht nur mit den Möglichkeiten bzw. möglichen Inhalten für Beweisumgebungen vertraut zu machen. Darüber hinaus müssen gemeinsam mit den (angehenden) Lehrkräften digitale Formate hinsicht-lich ihrer Passung zu den jeweiligen Beweisumgebungen überprüft bzw. analysiert

---

[19] vgl. *Pythagoras on Hinges, Dissection Models for the Pythagorean Theorem*, verfügbar unter: https://www.thingiverse.com/thing:4852007.

und modifiziert werden. Hierzu, wie auch in Bezug auf die inhaltliche Ausgestaltung der Beweisumgebungen, können die im Seminar angewendeten Steckbriefe bzw. mathematischen Situationspattern ein hilfreiches Instrument sein, da diese auf inhaltliche wie auch digitale Aspekte der Lernumgebung fokussieren. Im Sommersemester 2021 wurden die Studierenden bei der Entwicklung und Erprobung solcher Beweisumgebungen begleitet und die Ergebnisse werden durch die Studierenden auf Wikiversity als OER publiziert. In Zukunft ist geplant, Ergebnisse aus der Gestaltung wie auch den Analysen der resultierenden empirischen Daten aus der Grundschule in weiteren Beiträgen vorzustellen und hierbei zu beleuchten, inwieweit Studierende durch die eigentätige Entwicklung der oben angeführten Beweisumgebungen darin bestärkt werden, diese in der Grundschule auch zukünftig zu realisieren und welche Chancen und Hürden bei der Realisierung der substantiellen Beweisumgebungen im Zuge des Seminars in (frühen) Grundschulklassen rekonstruiert werden können.

Die Einbindung des mathematikdidaktischen Prinzips des aktiv-entdeckenden Lernens durch die selbständige Entdeckung der Behauptung sowie des Beweises, des genetischen Prinzips, unter anderem durch die Einbettung in einen historischen Exkurs, sowie des operativen Prinzips, beispielsweise unterstützt durch Arbeitsmittel und die Nutzung von Potenzialen digitaler Medien, kann dazu beitragen, ein Beweisbedürfnis bei den Kindern zu wecken. Durch das Aufgreifen der fundamentalen Idee des Beweisens (Wittmann, 2014) bereits in der Primarstufe kann ein Beitrag dazu geleistet werden, den Mathematikunterricht als zusammenhängendes Ganzes basierend auf einem „authentischen Bild der Mathematik als „Wissenschaft der Muster" (Wittmann, 2014. S. 213) wahrzunehmen, an das in den weiterführenden Schulen angedockt werden kann.

Literatur

Akinwunmi, K. (2012). *Zur Entwicklung von Variablenkonzepten beim Verallgemeinern mathematischer Muster*. Springer.

Benölken, R., Gorski, H. J., & Müller-Philipp, S. (2018). *Leitfaden Geometrie*. Springer.

Biehler, R., & Kempen, L. (2016). Didaktisch orientierte Beweiskonzepte – Eine Analyse zur mathematikdidaktischen Ideenentwicklung. *Journal für Mathematik-Didaktik, 37*(1), 141–179.

Blum, W., & Kirsch, A. (1979). Zur Konzeption des Analysisunterrichts in Grundkursen. *Der Mathematikunterricht, 25*(3), 6–24.

Blum, W., & Kirsch, A. (1989). Warum haben nichttriviale Lösungen von f'= f keine Nullstellen? Beobachtungen und Bemerkungen zum inhaltlich-anschaulichen Beweisen. In

H. Kautschitsch & W. Metzler (Hrsg.), *Anschauliches Beweisen*. (S. 199–209). Hölder-Pichler-Tempsky, Teubner.

Blum, W., & Kirsch, A. (1991). Preformal proving: Examples and reflections. *Educational Studies in Mathematics, 22*(2), 183–203.

Brunner, E. (2014). *Mathematisches Argumentieren, Begründen und Beweisen*. Springer.

Dahl, K., & Nordqvist, S. (1996). *Zahlen Spiralen und magische Quadrate*. Friedrich Oetinger.

Dilling, F. & Struve, H. (2019). Funktionen zum Anfassen. Ein empirischer Zugang zur Analysis. Mathematik Lehren, 217, 343–37.

Dinger, M. (2014). *Gute-Nacht- und Guten-Tag-Geschichten, die Ich Dir erzählte. Marcs Buch für Marlon.* https://archive.org/details/GeschichtenDieIchDirErzhlteMARCsBUCH FFrMARLONBANDI2014

Dreyfus, T., & Kidron, I. (2014). Introduction to abstraction in context (AiC). In A. Bikner-Ahsbahs & S. Prediger (Hrsg.), *Networking of theories as a research practice in mathematics education* (S. 85–96). Springer.

Fischer, H., & Malle, G. (2004). *Mensch und Mathematik. Eine Einführung in didaktisches Denken und Handeln.* Profil. Franzbecker. Stewart, I. (2007). Die Macht der Symmetrie. Warum Schönheit Wahrheit ist. Berlin, Heidelberg: Springer Spektrum.

Freudenthal, H. (1979). Konstruieren, Reflektieren, Beweisen in phänomenologischer Sicht. In W. Dörfler & R. Fischer (Hrsg), *Beweisen im Mathematikunterricht: Vorträge des 2. Internationalen Symposiums für „Didaktik der Mathematik" von 26.9. bis 29.9. 1978 in Klagenfurt (Vol. 2)* (S. 183–200). Hölder-Pichler-Tempsky.

Gesellschaft für Didaktik der Mathematik (GDM) (2017). Die Bildungsoffensive für die digitale Wissensgesellschaft: Eine Chance für den fachdidaktisch reflektierten Einsatz digitaler Werkzeuge im Mathematikunterricht [Electronic version]. *Mitteilungen der Gesellschaft für Didaktik der Mathematik,* [S.l.], n. 103, S. 39–41, Juli 2017. https://ojs.didaktik-der-mathematik.de/index.php/mgdm/article/view/59

Goldberg, E. (1992). Beweisen im Mathematikunterricht der Sekundarstufe I. Ergebnisse – Schwierigkeiten – Möglichkeiten. *Der Mathematikunterricht, 6,* 33–46.

Gray, E., & Tall, D. (1994). Duality, ambiguity and flexibility: a proceptual view of simple arithmetic. *Journal for Research in Mathematics Education, 25,* 116–146.

Grieser, D. (2013). *Mathematisches Problemlösen und Beweisen.* Springer.

Higgins, J. L. (1988). One Point of View: We Get What we Ask For. The Arithmetic Teacher, *35*(5), 2–2.

Kothe, S. (1979). Gibt es Entwicklungsmöglichkeiten für ein Beweisbedürfnis in den ersten Schuljahren? In W. Dörfler & R. Fischer (Hrsg), *Beweisen im Mathematikunterricht: Vorträge des 2. Internationalen Symposiums für „Didaktik der Mathematik" von 26.9. bis 29.9. 1978 in Klagenfurt (Vol. 2)* (S. 275–282). Hölder-Pichler-Tempsky.

Krauthausen, G. (2001). „Wann fängt das Beweisen an? Jedenfalls, ehe es einen Namen hat." Zum Image einer fundamentalen Tätigkeit. In Weiser, W. & Wollring, B. (Hrsg.), *Beiträge zur Didaktik der Mathematik in der Primarstufe (Festschrift für Siegbert Schmidt)* (S. 99–113). Dr. Kovač.

Krauthausen, G. (2012). *Digitale Medien im Mathematikunterricht der Grundschule.* Springer Spektrum.

Krauthausen, G. (2018). *Einführung in die Mathematikdidaktik – Grundschule* (4. Aufl.). Springer.

Krauthausen, G., & Scherer, P. (2019). *Natürliche Differenzierung im Mathematikunterricht. Konzepte und Praxisbeispiele aus der Grundschule* (3. Aufl.). Kallmeyer.

Krumsdorf, J. (2015). *Beispielgebundenes Beweisen.* (Dissertationsschrift, Univ. Münster).

Meyer, M., & Prediger, S. (2012). Warum? Argumentieren, Begründen, Beweisen. *Praxis der Mathematik in der Schule, 30*(51), 1–7.

Peffers, K., Tuunanen, T., Gengler, C. E., Rossi, M., Hui, W., Virtanen, V., & Bragge, J. (2006). The design science research process: a model for producing and presenting information systems research. In *Proceedings of the first international conference on design science research in information systems and technology (DESRIST 2006)*, S. 83–106. sn.

Platz, M. (2019). Learning environments applying digital learning tools to support argumentation skills in primary school: first insights into the project. In U. T. Jankvist, M. van den Heuvel-Panhuizen, & M. Veldhuis (Eds.), *Proceedings of the Eleventh Congress of the European Society for Research in Mathematics Education (CERME11, 6.-10.2.2019)* (S. 2908–2915). Freudenthal Group & Institute, Utrecht University & ERME.

Platz, M. (2020a). Lernumgebungen mit digitalen Medien zur Unterstützung von Argumentations- und Beweiskompetenzen in der Primarstufe – Der aktuelle Stand des Projektes „Prim-E-Proof". In B. Brandt, L. Bröll, & H. Dausend (Hrsg.), *Digitales Lernen in der Grundschule II* (S. 258–274). Waxmann Verlag.

Platz, M. (2020b). Abstraction in Context zur Optimierung einer Lernumgebung zum präformalen Beweisen mit digitalen Medien in der Primarstufe. In S. Ladel, R. Rink, C. Schreiber & D. Walter (Hrsg.), *Beiträge zum 6. Band der Reihe „Lernen, Lehren und Forschen mit digitalen Medien"* (S. 37–53). WTM-Verlag.

Platz, M. (2020c). „Forscher spielen" und mathematisches Beweisen in der Primarstufe. *transfer Forschung – Schule, 6*, 30–43.

Platz, M. (2020d). Ein Schema zur kriteriengeleiteten Erstellung und Dokumentation von Lernumgebungen mit Einsatz digitaler Medien. In F. Dilling & F. Pielsticker (Hrsg.), *Mathematische Lehr-Lernprozesse im Kontext digitaler Medien* (S. 29–56). Springer Spektrum.

Platz, M. (2021, angenommen). "... Then it looks beautiful" – Preformal Proving in Primary School. In *ICTMT15 Conference Proceedings. 15th International Conference on Technology in Mathematics Teaching, 13–16.09.2021.*

Prediger, S., Link, M., Hinz, R., Hußmann, S., Thiele, J., & Ralle, B. (2012). Lehr-Lernprozesse initiieren und erforschen – Fachdidaktische Entwicklungsforschung im Dortmunder Modell. *MNU, 65*(8), 452–457.

Reid, D. A., & Knipping, C. (2010). *Proof in mathematics education. Research, learning and teaching.* Sense Publisher.

Reusser, K. (2009). Empirisch fundierte Didaktik—didaktisch fundierte Unterrichtsforschung. In Perspektiven der Didaktik (S. 219–237). VS Verlag für Sozialwissenschaften.

Schnell, S., Schorcht, S., Kimmel, V., Gafiuk, L., & Hundemer, L. (2020). *Mathe-KLIPS: Videos zu mathematischen Kompetenzen für das Lehramt in der Primarstufe: Ergänzungsmaterial Zahlzerlegung.* Justus-Liebig-Universität Gießen & Goethe-Universität Frankfurt.

Schwarzkopf, R. (2000). Argumentationsprozesse im Mathematikunterricht - Theoretische Grundlagen und Fallstudien. Hildesheim.

Selter, C. & Zannetin, E. (2019). *Mathematik unterrichten in der Grundschule*. Kallmeyer.

Semadeni, Z. (1976). *The concept of premathematics as a theoretical background for primary mathematics teaching*. Institute of Mathematics, Polish Academy of Sciences.

Semadeni, Z. (1981). *A Principle of Schema Permanence in Defining Arithmetical Concepts. Preprint Nr. 237.* Institute of Mathematics, Polish Academy of Sciences.

Stylianides, A. J. (2016). *Proving in the elementary mathematics classroom*. Oxford University Press.

Urff, C. (2014). *Digitale Lernmedien zur Förderung grundlegender mathematischer Kompetenzen. Theoretische Analysen, empirische Fallstudien und praktische Umsetzung anhand der Entwicklung virtueller Arbeitsmittel*. Mensch und Buch.

Vaishnavi, V., Kuechler, W. & Petter, S. (2019). *Design Science Research in Information Systems*. January 20, 2004 (created in 2004 and updated until 2019 by Vaishnavi, V. and Kuechler, W.).

Vogel, R. (2013). Mathematical situations of play and exploration. *Educational Studies in Mathematics, 84*(2), 209–226.

Vogel, R. (2014). Mathematical situations of play and exploration as an empirical research instrument. In U. Kortenkamp, B. Brandt, C. Benz, G. Krummheuer, S. Ladel & R. Vogel (Hrsg.), *Early mathematics learning: selected papers of the POEM 2012 conference* (S. 223–236). Springer.

Vogler, A.-M. (2021, im Druck). Gespräche mit Kindern über Mathematik. *Theorie und Praxis der Sozialpädagogik (TPS), 11, Die Schönheit der Mathematik*.

Walter, D. (2017). *Nutzungsweisen bei der Verwendung von Tablet-Apps*. Springer.

Weiß, B. (2021). Darstellen und Begründen an Rechenketten. *Grundschule Mathematik, 68*, 16–19.

Winter, H. (1983). Zur Problematik des Beweisbedürfnisses. *Journal für Mathematikdidaktik, 4*(1), 59–95.

Wittmann, E. C. (1985). Objekte–Operationen–Wirkungen: Das operative Prinzip in der Mathematikdidaktik. *Mathematik lehren, 11*(1985), 7–11.

Wittmann, E. C. (1997). Von Punktmustern zu quadratischen Gleichungen. *Mathematik lehren, 83*, 18–20.

Wittmann, E. C. (1998). Design und Erforschung von Lernumgebungen als Kern der Mathematikdidaktik. *Beiträge zur Lehrerbildung, 16*(3), 329–342.

Wittmann, E. C. (2014). Operative Beweise in der Schul- und Elementarmathematik. *mathematica didactica, 37*, 213–232.

Wittmann, E. C. & Müller, G. (1988). Wann ist ein Beweis ein Beweis? *Mathematikdidaktik. Theorie und Praxis. Festschrift für Heinrich Winter* (S. 237–257). Bielefeld.

Wittmann, E. C., & Müller, G. (1990). *Handbuch produktiver Rechenübungen* (Bd. 1). Klett.

Wittmann, E. C. & Ziegenbalg, J. (2007). Sich Zahl um Zahl hochhangeln. In G. Müller, H. Steinbring & E. C. Wittmann (Hrsg). *Arithmetik als Prozess (2. Aufl.)* (S. 35–53). Kallmeyer.

Wollring, B. (2008). Kennzeichnung von Lernumgebungen für den Mathematikunterricht in der Grundschule. In Kasseler Forschergruppe (Hrsg.), Lernumgebungen auf dem Prüfstand (S. 9–26). Kassel: kassel university press GmbH.

Yackel, E., & Cobb, P. (1996). Sociomathematical norms, argumentation, and autonomy in mathematics. *Journal for Research in Mathematics Education, 27*(4), 458–477.

Aufgabentypen für den Lehr-Lern-Prozess mit Algorithmen

Gregor Milicic

Algorithmen gewinnen auch innerhalb des Mathematikunterrichts (wieder) mehr und mehr an Bedeutung. Um eine nachhaltige Einbindung zu gewährleisten, ist neben der curricularen Anbindung und Beschreibung von Unterrichtskonzepten eine didaktische Aufarbeitung des Themas der Algorithmen notwendig. In diesem Beitrag werden verschiedene Aufgabentypen vorgestellt, die beim Lehr-Lern-Prozess mit Algorithmen unabhängig von der jeweiligen Umsetzung genutzt werden können. Außerdem wird ausgeführt, wie unter Nutzung von verschiedenen Technologien eine explorative Anwendung für den Schulbereich konzipiert wurde, welche neue Möglichkeiten für den Unterricht zur Förderung des algorithmischen Denkens ermöglicht.

1 Einleitung

Mit der zunehmenden Digitalisierung unseres Lebens gewinnen entsprechende digitale Kompetenzen ebenfalls an Bedeutung. Neben der Medienkompetenz werden vermehrt auch Problemlösekompetenzen mit starkem Bezug zur Informatik in den Curricula Europas integriert (Bocconi et al., 2016). Unter dem Begriff des *Computational Thinkings* werden diese Kompetenzen mittlerweile auch bei internationalen Schulleistungsstudien wie z. B. der ICILS (*International Computer and Information Literacy Study,* (Eickelmann et al., 2019)) und der PISA-Studie

G. Milicic (✉)
Goethe-Universität Frankfurt, Institut für Didaktik der Mathematik und der Informatik, Frankfurt am Main, Deutschland
E-Mail: milicic@math.uni-frankfurt.de

© Der/die Autor(en), exklusiv lizenziert durch Springer Fachmedien Wiesbaden GmbH, ein Teil von Springer Nature 2022
F. Dilling et al. (Hrsg.), *Neue Perspektiven auf mathematische Lehr-Lernprozesse mit digitalen Medien,* MINTUS – Beiträge zur mathematisch-naturwissenschaftlichen Bildung, https://doi.org/10.1007/978-3-658-36764-0_6

(OECD, 2019) erhoben. Algorithmen als ein Themengebiet in der Schnittstelle zwischen Mathematik und Informatik (Ziegenbalg et al., 2016) bieten zahlreiche Anknüpfungspunkte und Möglichkeiten, Computational Thinking und insbesondere den Teilaspekt des Algorithmischen Denkens in den Schulunterricht zu integrieren. Dies kann in den verschiedenen Themenbereich und Schulstufen des Mathematikunterrichts erfolgen (Kortenkamp & Lambert, 2015; Oldenburg, 2011).

Häufig werden Algorithmen im Zusammenhang mit einer blockbasierten Programmiersprache im Mathematikunterricht behandelt (Eppendorf & Marx, 2020). Der damit einhergehende automatische Verzicht auf eine Syntax ermöglicht ein exploratives Vorgehen seitens der SchülerInnen und die unmittelbare Verknüpfung des Implementierungsprozesses zum Algorithmischen Denken (Dilling & Vogler, 2021). Allerdings sei darauf hingewiesen, dass die Umsetzung eines Algorithmus mittels einer (blockbasierten) Programmiersprache zwar ein sehr wichtiger, allerdings nur einer von verschiedenen Aspekten beim Lehr-Lern-Prozess mit Algorithmen sein sollte. Die Gleichsetzung von Algorithmen mit Programmierung ist alleine schon deshalb nicht möglich, da es sich bei Algorithmen um einen Themenbereich zwischen den Wissenschaften Mathematik und Informatik (Ziegenbalg et al., 2016) und bei der Programmierung um den *Prozess der Umsetzung* (eines Algorithmus) handelt. Ein Programm kann daher als "exakte Darstellung eines Algorithmus" (Schubert & Schwill, 2011) angesehen werden. Des Weiteren kann ein Algorithmus auch durch einen Pseudocode oder einen Text mit einer Reihe von Befehlen gegeben sein. Unplugged-Aktivitäten (Eppendorf & Marx, 2020) zeigen zudem, dass das Lehren und Lernen mit Algorithmen auch unabhängig von Hardware durchgeführt werden kann. Der Wechsel der verschiedenen Umsetzungsformen (Pseudocode zu Programm, Text zu Pseudocode etc.) kann ebenfalls im Unterricht thematisiert werden um die zugrunde liegenden Konzepte, wie z. B. Iterationen, Wiederholungen und Bedingungen, ohne jegliche Syntax einzuführen.

Auch aus wissenschafts-historischer Sicht betrachtet würde eine Reduktion der Algorithmen auf die bloße Programmierung unhaltbar sein. Für viele der zum Teil bereits jetzt in den Lehrplänen vorhandenen mathematischen Approximationsverfahren, wie z. B. das Heron-Verfahren oder das Newton-Verfahren (Ziegenbalg et al., 2016), wurden lange vor der Konzeption der ersten Computer Algorithmen formuliert und zur näherungsweisen Lösung von Gleichungen genutzt. Die Identifikation des historischen Entwicklungsprozesses und der Mehrwert, den eine exakte Formulierung des Verfahrens mit sich brachte, können fruchtbar für die Planung des Mathematikunterrichts sein. Die sukzessive Vorstellung der einzelnen Algorithmen anhand von geeigneten Problemstellungen nach dem historisch-genetischem Prinzip (Wagenschein, 1991) kann dabei eine inhaltliche Struktur vorgeben und den SchülerInnen eine heuristische Seite der Mathematik vermitteln.

Obgleich ein Algorithmus, wie ausgeführt, nicht gleichzusetzen ist mit der Programmierung als Prozess oder einem Programm als Endprodukt desselben, ist natürlich der Transfer der Ausführung der einzelnen Handlungsschritte auf eine weitere Entität (Computer oder Mensch) häufig einer der Hauptgründe zur Formulierung des Algorithmus. Um dementsprechend Algorithmen als Themenbereich nachhaltig und sinnvoll in den Mathematikunterricht einzubinden, lohnt sich ein Blick in die Vergangenheit, um bei der Einführung der Programmierung in den Schulunterricht auftretenden Probleme zu identifizieren und bei einer stärkeren Betonung von algorithmischen Inhalten zu vermeiden.

Seymour Paperts Konzeption der Programmiersprache LOGO folgend (Papert, 1980) fand die Programmierung in den 70er und 80er Jahren des letzten Jahrhunderts durchaus Anwendung im Schulbereich, verlor jedoch in den 90er Jahren mehr und mehr an Relevanz (Moreno-León & Robles, 2016). Als mögliche Gründe kann die fehlende curriculare Anbindung und Integration in die jeweiligen Fächer sowie das fehlende didaktische und fachspezifische Wissen der Lehrkräfte angeführt werden (Kafai & Burke, 2013; Misfeldt & Ejsing-Duun, 2015). Die Programmierung wurde häufig zum reinen Selbstzweck und nicht als neues und kreatives Ausdrucksmittels zur Erkundung und Anwendung von Paperts „powerful ideas" eingeführt (Resnick, 2012).

Dieser Artikel soll zur didaktischen Aufbereitung von Algorithmen und damit zur nachhaltigen und sinnvollen Einbindung von algorithmischen Inhalten im Mathematikunterricht beitragen. Dazu wird zunächst ein explorativer Prototyp für eine Anwendung vorgestellt, in welcher mittels einer blockbasierten Programmiersprache eine virtuelle Drohne angesteuert werden kann. Auf Basis eines einfachen und beispielhaften Algorithmus werden generische Aufgabentypen vorgestellt, welche unabhängig von der jeweiligen Umsetzung und dem Zweck des Algorithmus anwendbar sind. Die Aufgabentypen können daher für verschiedene Inhalte auch im Bereich der Geometrie, Stochastik oder auch der Analysis genutzt werden.

2   Vom realen in den virtuellen Raum

Die Nutzung neuer Technologien im Schulunterricht kann für SchülerInnen sehr motivierend sein (Hernández de Menéndez et al., 2020) und bietet gerade im

naturwissenschaftlichen Unterricht viele thematische Anknüpfungspunkte. Drohnen als eine dieser neuen Technologien werden neben naheliegenden Anwendungen in der Logistik und Medienproduktion auch vermehrt im Bildungsbereich
genutzt (Ludwig et al., 2020). So konnte z. B. beim räumlichen Denken und den
Programmierfähigkeiten bei achtjährigen SchülerInnen ein signifikanter Zuwachs
durch eine sechswöchige Intervention nachgewiesen werden (Chou, 2018). Die
Bewegungen der dabei genutzten Drohnen ließen sich durch eine blockbasierte
Programmiersprache von den Lernenden selbst implementieren. Der Einsatz von
Drohnen im Klassenraum birgt jedoch viele organisatorische Hürden. Das gleich-
zeitige Starten und Ansteuern von mehreren Drohnen erfordert entsprechend viel
Vorbereitung und Aufmerksamkeit der Lehrkraft um die Sicherheit der SchülerInnen zu gewährleisten. Auch die Kosten für die entsprechende Hardware
sind nicht zu unterschätzen. Gerade für etwaigen Distanzunterricht und den Einsatz in Blended Learning Formaten ist die Anschaffung weiterer Hardware oft
ein Ausschlusskriterium für die Verwendung einer bestimmten Lernumgebung
oder Technologie. So motivierend also die Nutzung von Drohnen im Unterricht sein kann, so unpraktikabel ist sie auch unter Beachtung der aufgeführten
Rahmenbedingungen (Milicic & Ludwig, 2021). Die durch die voranschreitende
Digitalisierung zur Verfügung stehenden technischen Möglichkeiten nutzend
wurde im Rahmen des < colette/ > -Projekts (Computational Thinking Learning Environment for Teachers in Europe)[1] ein Prototyp zur Programmierung
einer virtuellen Drohne entwickelt, der genau an diesem Punkt ansetzt und in die
gleichnamige Lernumgebung integriert wird.

Aus dem Blickwinkel der Informatikdidaktik betrachtet wird die von Seymour
Papert (Papert, 1980) konzipierte Schildkröte, deren Bewegungen durch Befehle
der Programmiersprache LOGO gesteuert und auch grafisch veranschaulicht wurden, durch die Programmierung einer virtuellen Drohne um eine Dimension
erweitert. Die zugrunde liegende Idee der Steuerung einer Figur oder eines
Objektes wurde natürlich oft aufgegriffen und adaptiert um einen möglichst
nachvollziehbaren und motivierenden Einstieg in die Programmierung und den
Lernprozess mit Algorithmen zu schaffen. Ein Beispiel für solch eine Adaption
ist der Roboter Karol (Pattis, 1981), der das Prinzip der Turtle erweitert und
die Steuerung einer Spielfigur in einem dreidimensionalen Raum erlaubt. Der
Einsatz solcher Lernumgebungen zur Einführung in die Arbeit mit Algorithmen
wurde vielfach beschrieben, mit teils unterschiedlichem Erfolg. Aufgrund der
nötigen Lehrkraftzentrierung bei der Einführung des Roboter Karols wird gegen
seine Nutzung zugunsten von Scratch argumentiert (Borowski & Diethelm, 2009).

---

[1] www.colette-project.eu, Fördernummer: 2020-1-DE03-KA201-077.363.

Scratch (Resnick et al., 2009) bietet mit der blockbasierten Programmierung einen niedrigschwelligeren und intuitiveren Einstieg, wird jedoch vermehrt auf einem Computer genutzt. Im Gegensatz dazu ist ein leitender Grundsatz bei der konzeptionellen Planung der <colette/>-Lernumgebung das Bring-Your-Own-Device (BYOD) Prinzip. Die SchülerInnen sollen Aufgaben direkt auf ihren eigenen Smartphones (Apple und Android) in einer App bearbeiten können, sodass die Nutzung der Lernumgebung und die Einbindung in den Unterricht ohne die Anschaffung weiterer Hardware möglich ist. Die im nächsten Abschn. 2.1 vorgestellte explorative Anwendung zur Programmierung einer virtuellen Drohne ist in jedem aktuellen Browser ausführbar und folgt damit dem BYOD-Ansatz.

Der Schritt in den virtuellen Raum bietet neben dem angeführten Sicherheitsaspekt und den geringeren bzw. nicht anfallenden Anschaffungskosten insbesondere den Vorteil, dass Funktionalitäten einer ansonsten sehr teuren Drohne einfacher simuliert und auch von den SchülerInnen genutzt werden können, wie z. B. der Transport einer virtuellen Last. Die Anzeige der Aktionen und Bewegungen der Drohne erfolgt mittels Augmented Reality (AR) nach Ausrichtung der Kamera des jeweiligen mobilen Endgeräts auf den AR-Marker direkt am Bildschirm. Die Lernumgebung ist damit der Form des „Image-based AR" (Buchner, 2018) einzuordnen, wobei der Bildschirm als „Magic Window" fungiert. Durch die Nutzung von AR wird die vormals auf die Ausmaße des Bildschirms begrenzte Darstellungsfläche erweitert. Zudem ist die Betrachtung des Szenarios aus verschiedenen Blickwinkeln intuitiv durch die eigene Bewegung im realen Raum möglich. Auch wenn die entsprechende Interaktion mit der Realität in diesem Setting nur begrenzt durch die Ausrichtung auf den Marker gegeben ist, kann davon ausgegangen werden, dass die Lernumgebung für die SchülerInnen sehr motivierend ist (Radu, 2013). Ein empirischer Vergleich zwischen der Nutzung von virtuellen und realen Drohnen bezüglich der Motivation und Effektivität des Lernzuwachses der SchülerInnen ist in diesem Zusammenhang eine offene und noch zu klärende Fragestellung. Die Nutzung von AR stellt jedoch in jedem Fall einen guten Kompromiss zwischen motivierendem Setting und Praktikabilität für den alltäglichen Unterricht dar.

2.1 Steuerung und Nutzung der virtuellen Drohne

Zur vereinfachten Beschreibung der Bewegung der Drohne im dreidimensionalen Raum wurde eine schachbrettartige Grundfläche definiert, auf welcher sich die

Drohne bewegt. Sobald sich der AR-Marker[2] im Sichtfeld der Kamera befindet, wird die Grundfläche mit der Drohne auf dem Bildschirm angezeigt. Die Bewegung der Drohne kann dann schrittweise über die quadratischen Felder durch Nutzung des Blocks „Fliege x Schritt(e) *Richtung*" angesteuert werden, wobei als Richtungen vorwärts, rechts und links, sowie natürlich hoch und runter zur Auswahl stehen. Außerdem kann sich die Drohne um 90° im oder gegen den Uhrzeigersinn drehen. Als drohnenspezifischer Befehl für das im nächsten Abschnitt beschriebene Szenario steht der Befehl „Mach' ein Foto" zur Verfügung, wodurch das Fotografieren zur Dokumentation der entsprechenden Situation durch die Drohne nachempfunden werden soll. Weitere Codeblöcke wie z. B. „Abladen" oder „Scan" können in anderen Szenarien genutzt werden. Das Abladen eines Gegenstandes soll die Anwendung der Drohne im Bereich der Logistik simulieren, das Scannen der unmittelbaren Umgebung erfüllt eine Entdeckungsfunktion und kann so die Nutzung von Bedingungen motivieren.

Vorrangig zielt diese explorative Anwendung auf die Förderung des Algorithmischen Denkens als ein zentraler Aspekt des Computational Thinkings ab, indem die SchülerInnen mittels einer blockbasierten Programmiersprache Algorithmen zur Steuerung der virtuellen Drohne umsetzen können. Bei der Nutzung von realen Drohnen konnte nach Abschluss der Intervention zudem ein Zuwachs beim räumlichen Denken nachgewiesen werden (Chou, 2018). Bei der Verwendung von (realen sowie virtuellen) Drohnen ist es erforderlich, die Spielfläche aus verschiedenen Blickwinkeln zu betrachten, die Orientierung der Drohne mittels Bewegungen und Rotationen gezielt zu steuern und ihre Position im dreidimensionale Raum nachzuvollziehen und zu beschreiben. Neben der Anwendung und Förderung des Algorithmischen Denkens liegt daher die noch empirisch zu überprüfende Vermutung nahe, dass auch das räumliche Denken mittels dieser explorativen Anwendung angesprochen werden kann.

2.2   Das Szenario „Bilderturm"

Grundlegend für die im Folgenden beschriebenen Aufgabenstellungen ist das in Abb. 1 (links) Szenario. Auf dem Feld (4,3) ist ein aus vier Würfeln bestehender Turm platziert, die Drohne startet vom Feld (3,0). An verschiedenen Seitenflächen des Turms sind Bilder zu sehen. Eine mögliche Aufgabenbeschreibung könnte nun z. B. wie folgt lauten:

---

[2] Verfügbar auf https://colette-project.eu/AR/.

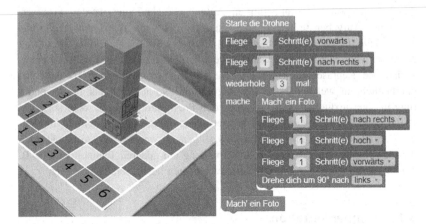

Abb. 1 Nach erfolgtem Abfotografieren des ersten Bildes befindet sich die Drohne nun vor dem zweiten Bild. Ein möglicher Algorithmus zur Dokumentation aller Bilder ist rechts gegeben

Auf dem Feld (4,3) ist ein Turm bestehend aus mehreren Würfeln platziert. An verschiedenen Seiten des Turms ist ein Bild angebracht. Die Drohne soll alle Bilder abfotografieren. Nutze dafür den Befehl „Mach' ein Foto".

Durch die räumliche Anordnung der Bilder muss die Aktionsfläche von allen Seiten betrachtet werden. Nach Identifikation des zugrunde liegenden Musters – die Bilder sind gegen den Uhrzeigersinn auf der jeweils nächst höheren Ebene angebracht – kann eine Schleife genutzt werden, um die Drohne alle Bilder nacheinander ansteuern zu lassen und die jeweiligen Bilder zu fotografieren. Ein entsprechender Algorithmus ist ebenfalls in Abb. 1 (rechts) gegeben. Mittels des Blocks „Starte die Drohne" wird die Bewegung der Drohne initiiert. Der in Abb. 1 (links) vor dem ersten Bild zu sehende halb transparente blaue Quader symbolisiert dabei die erfolgte Aufnahme der jeweiligen Situation durch die Drohne mittels des Befehls „Mach' ein Foto".

3   Aufgabentypen bei Algorithmen

Im Folgenden werden Aufgabentypen beschrieben, die beim Lehr-Lern-Prozess mit Algorithmen eingesetzt werden können. Basierend auf dem in vorherigen Abschn. 2.2 vorgestellten Szenario mit dem in Abb. 1 rechts gegebenen

Algorithmus sowie der angeführten Aufgabenbeschreibung werden vier verschiedene Aufgabenstellungen abgeleitet, jeweils vom Typ *Implementierung,
Parsons-Puzzle, Finde den Fehler* und *Analyse* (Milicic et al., 2020). Diese vier
Aufgabentypen werden zunächst allgemein beschrieben und sind auch auf unterschiedliche Repräsentationsformen von Algorithmen anwendbar. Es ist dabei
unerheblich, in welcher Form der Algorithmus vorliegt, ob als Implementierung in einer textuellen oder blockbasierten Programmiersprache, oder sogar als
Pseudocode. Die Aufgabentypen können daher insbesondere auch für unplug-
ged Aktivitäten (Eppendorf & Marx, 2020) genutzt werden. Zudem ist natürlich
die Nutzung der Aufgabentypen in Verbindung mit anderen Technologien (z. B.
3D-Druck bei BlocksCAD) oder Lernumgebungen (z. B. Scratch) möglich.

3.1   Implementation

Beim Aufgabentyp *Implementierung* sind die SchülerInnen nach Vorgabe der
Aufgabenbeschreibung dazu aufgefordert, einen entsprechenden Algorithmus
selbst umzusetzen. Falls der Algorithmus ein grafisches Endprodukt liefert, also
z. B. ein Dreieck von der Spielfigur gezeichnet werden soll (Eppendorf & Marx,
2020), kann auch das geforderte Bild als Vorlage den SchülerInnen zur Verfügung
gestellt werden. Die konkrete Aufgabenstellung für das beschriebene Szenario[3]
würde dann wie folgt lauten:

> *Implementiere einen Algorithmus für die folgende Situation:*
> *Auf dem Feld (4,3) ist ein Turm bestehend aus mehreren Würfeln platziert. An ver-
> schiedenen Seiten des Turms ist ein Bild angebracht. Die Drohne soll alle Bilder
> abfotografieren. Nutze dafür den Befehl „Mach' ein Foto".*

Zudem kann natürlich noch die explizite Nutzung von spezifischen Codeblöcken,
wie z. B. einer Wiederholung, in der Aufgabenstellung gefordert werden.

---

[3] Auf https://colette-project.eu/AR/dronestasks8.html kann die Aufgabenstellung unter Nutzung eines gängigen und aktuellen Browsers getestet werden. Der AR-Marker ist auf https://
colette-project.eu/AR/vorhanden.

3.2   Parsons-Puzzle

Durch die zufällige Anordnung der Bestandteile (Befehle, Zeilen bzw. Codeblöcke) einer bereits vorhandenen Umsetzung eines Algorithmus wird der Aufgabentyp Parsons-Puzzle (Parsons & Haden, 2006) definiert. Die SchülerInnen sind nun dazu aufgefordert, die Bestandteile wieder korrekt zusammenzusetzen.

Werden weitere, allerdings nicht benötigte Bestandteile vorgegeben, wird dieser Aufgabentyp *Parsons-Puzzle mit Distraktoren* genannt. Durch die Distraktoren erhöht sich die Komplexität der Aufgabe, da die SchülerInnen selbst entscheiden müssen, welche Bestandteile zur Lösung der Aufgabe notwendig oder überflüssig sind.

Der ansonsten häufig als kreativ bezeichnete Prozess der Implementierung wird durch diesen Aufgabentyp eingeschränkt. Der Übersetzungsprozess vom gegebenen Problem hin zur konkreten Implementierung wird durch die Vorgabe der Bestandteile entsprechend vorweggenommen. Bei komplexeren Aufgaben kann dies allerdings durchaus gewünscht sein. Die SchülerInnen können dadurch gezielt die Verwendung der jeweiligen Bestandteile üben und festigen. Außerdem besteht die Möglichkeit, die einzelnen Bestandteile nicht atomar auseinander zu nehmen, sondern kleinere, zusammenhängende Bestandteile den SchülerInnen zur Verfügung zu stellen.

Die konkrete Aufgabenstellung des Typs *Parsons-Puzzle* für das beschriebene Szenario lautet dementsprechend wie folgt:

Implementiere einen Algorithmus für die folgende Situation:
Auf dem Feld (4,3) ist ein Turm bestehend aus mehreren Würfeln platziert. An verschiedenen Seiten des Turms ist ein Bild angebracht. Die Drohne soll alle Bilder abfotografieren. Nutze dafür den Befehl „Mach' ein Foto". Nutze dafür die in Abb. 2 *aufgeführten Codeblöcke.*

Falls auch die unter der grauen Trennlinie in Abb. 2 aufgeführten Codeblöcke vorgegeben werden, handelt es sich bei dieser Aufgabenstellung um *Parsons-Puzzle mit Distraktoren*.

3.3   Finde den Fehler

Bei der Aufgabe des Typs *Finde den Fehler* werden in einer korrekten Umsetzung des Algorithmus bewusst einige Fehler hinzugefügt. Die Aufgabe der SchülerInnen besteht dann darin, die Fehler zu identifizieren und zu korrigieren.

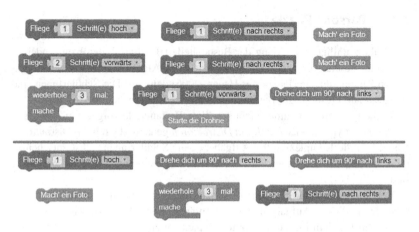

Abb. 2 Vorlage für den Aufgabentyp *Parsons-Puzzle*. Die unter dem Strich vorhandenen Codeblöcke dienen als Distraktoren

Durch die hinzugefügten Fehler können insbesondere bereits in vorherigen Einheiten durchgesprochene Konzepte und Aspekte erneut thematisiert und vertieft werden. Ebenso können bereits erkannte und besprochene Fehler der SchülerInnen durch diesen Aufgabentyp erneut aufgegriffen werden, um so das Verständnis der SchülerInnen nochmals auf den jeweiligen Aspekt zu lenken. Die Komplexität dieses Aufgabentyps sollte nicht unterschätzt werden. Zur erfolgreichen Bearbeitung müssen die SchülerInnen zunächst die fehlerhafte Umsetzung des Algorithmus in der Gänze nachvollziehen und mit der jeweiligen Anforderung abgleichen, bevor anschließend eine Korrektur erfolgen kann.

Bezogen auf das beschriebene Szenario kann eine Aufgabenstellung des Typs *Finde den Fehler* wie folgt lauten:

> *In Abb. 3 ist ein fehlerhaftes Programm für die folgende Situation gegeben:*
> *Auf dem Feld (4,3) ist ein Turm bestehend aus mehreren Würfeln platziert. An verschiedenen Seiten des Turms ist ein Bild angebracht. Die Drohne soll alle Bilder abfotografieren. Nutze dafür den Befehl "Mach' ein Foto".*
> *Welche Fehler sind im Programm enthalten? Korrigiere sie, sodass der Algorithmus auf die Situation angewendet werden kann.*

Bei dem in Abb. 3 umgesetzten Algorithmus sind zwei Fehler enthalten, beide befinden sich innerhalb der Schleife. Zum einen dreht sich die Drohne nicht, wie erforderlich, nach links, sondern nach rechts. Zum anderen verändert die Drohne nicht ihre Flughöhe, ein Block "Fliege 1 Schritt(e) nach oben" muss hinzugefügt werden.

Abb. 3 Vorlage für den
Aufgabentyp *Finde den*
Fehler

3.4   Analyse

Im Gegensatz zu den bisher vorgestellten Aufgabentypen ist bei der *Analyse* eines Algorithmus nicht die Umsetzung gefragt, sondern die Beschreibung eines gegebenen Algorithmus. Dieser Aufgabentyp kann daher insbesondere zur Wiederholung eines bereits bekannten Algorithmus oder zur schrittweisen Einführung von neuen Konzepten genutzt werden. Wie bereits beim Aufgabenformat *Parsons-Puzzle* können auch hier Teile des Algorithmus zusammengefasst und abschnittsweise analysiert werden. Falls der Algorithmus als Programm implementiert ist, können zudem einzelne Teile durch die Lehrkraft gezielt mit Kommentaren versehen werden
um den SchülerInnen die Analyse zu vereinfachen.

Unter Nutzung des bekannten Szenarios kann für den Aufgabentyp *Analyse* z. B. die folgende Aufgabenstellung mit bereits eingefügten Kommentaren abgeleitet werden:

In Abb. 4 *ist ein Algorithmus umgesetzt. Beantworte zunächst die in den Kommentaren enthaltenen Fragen. Für welches Szenario könnte dieser Algorithmus eingesetzt werden?*

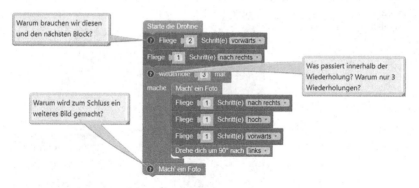

Abb. 4 Vorlage für den Aufgabentyp *Analyse*

Falls der Algorithmus zudem in einer weiteren Art und Weise notiert ist, z. B. als Pseudocode oder eine einfache Reihenfolge von Anweisungen ohne weitere Syntax, können die verschiedenen Umsetzungen miteinander verglichen und Bezüge zueinander hergestellt werden.

4   Fazit und Ausblick

Die vorgestellten Aufgabentypen sollen als Anregung für einen abwechslungsreichen Lehr-Lern-Prozess mit Algorithmen angesehen werden. Eine dogmatische Aneinanderreihung der verschiedenen Typen sollte ebenso vermieden werden wie eine ausschließliche Nutzung von Implementierungsaufgaben. Empirische Ergebnisse deuten darauf hin, dass der Aufgabentyp *Implementierung* für die SchülerInnen die größte Herausforderung darstellt (Venables et al., 2009), gefolgt von *Analyse* und *Finde den Fehler.* Der Aufgabentyp *Parsons-Puzzle* hingegen eignet sich als einfacherer Aufgabetyp (Lopez et al., 2008) insbesondere für die Einführung von neuen Konzepten oder Themenbereichen.

Um nicht die in der Einleitung erwähnten Fehler bei der Behandlung der Programmierung auch bei der Einführung von Algorithmen im Mathematikunterricht zu wiederholen, ist es notwendig, die algorithmischen Inhalte auch mit konkreten mathematischen Konzepten zu verknüpfen. Bezogen auf das vorgestellte Szenario „Bilderturm" in Abschn. 2.2 wäre es ratsam, wenn die SchülerInnen zunächst die Lernumgebung kennenlernen und die Orientierung auf der

Spielfläche sicher beherrschen. Anschließend könnten z. B. die folgenden Fragestellungen als Hinführung zum Konzept des Vektors und des Betrags eines Vektors in der analytischen Geometrie gemeinsam behandelt werden:

- *Welchen Weg legt die Drohne insgesamt zurück, wenn sie vom Feld (3,0) startet und zur Koordinate (4,2,2) fliegt?*
- *Wie viel kürzer wäre der direkte Weg vom Feld (3,0) zur Koordinate (4,2,2) ohne die Zerlegung in die einzelnen Bewegungen?*
- *Die Drohne startet auf dem Feld (3,0) und fliegt zur Koordinate (2,5,3). Wie nahe kommt sie einem auf dem Feld (4,3) stehenden Turm?*

Nach gemeinsamer Besprechung der jeweiligen Fragestellung kann die vorgestellte explorative Anwendung zum Nachvollziehen der Bewegung der Drohne im Raum eingesetzt und damit die entsprechende Fragestellung unmittelbar und anschaulich visualisiert werden.

Wie angeführt können die vorgestellten Aufgabentypen (Implementation, Parsons-Puzzle, Finde den Fehler und Analyse) unabhängig von der Umsetzung des entsprechenden Algorithmus genutzt werden. Die Aufgabentypen können daher in verschiedenen Schulstufen und für unterschiedliche Themenbereiche Anwendung finden. Soll z. B. handlungsorientierter Zugang mittels Scratch zur Konstruktion von Vielecken und zur Parkettierung (Förster, 2015) vermittelt werden, kann als eine der ersten Aufgabenstellungen der Typ *Parsons-Puzzle* genutzt werden. Mittels des Aufgabentyps *Finde den Fehler* kann in folgenden Einheiten die Innenwinkelsumme bei Vielecken erneut thematisiert werden. Der Fehler kann dann z. B. beim Drehwinkel der Spielfigur oder bei der Anzahl der Wiederholungen eingebaut werden, um auf diese Aspekte bei der Zeichnung der geometrischen Figuren erneut den Fokus zu legen.

Die vorgestellte explorative Anwendung zur Steuerung einer virtuellen Drohne wird im Laufe des <colette/>-Projekts weiterentwickelt und in die <colette/>-Lernumgebung als eine Aufgabenklasse integriert. Zusätzlich zu den beschriebenen Grundfunktionalitäten sind noch weitere drohnenspezifische Codeblöcke, wie z. B. ein Codeblock zur Aufnahme eines zu transportierenden Objekts, angedacht. Als weiteres Szenario ist der Scan von einer aus mehreren Blöcken bestehenden Wand oder eines Feldes auf der Grundfläche geplant. Erst nach dem Scanvorgang ist auch für die Lernenden ein Bild oder eine Markierung an der entsprechenden Stelle sichtbar. Die Drohne soll anschließend von jeder Markierung ein Foto zur Dokumentation machen. Wie bereits erwähnt kann dadurch insbesondere die Verwendung von Bedingungen motiviert werden.

Neben dieser vorgestellten Aufgabenklasse zur Steuerung einer virtuellen Drohne mit dem Szenario „Bilderturm" werden noch andere Aufgabenklassen zur gezielten Förderung des Computational Thinkings implementiert, wie z. B. das Setzen von virtuellen Blöcken auf einer Spielfläche oder auch Problemstellungen zu Graphen (Milicic et al., 2021). Als zweite Komponente der Lernumgebung können die Lehrkräfte ein Webportal nutzen. Innerhalb des Webportals können die Lehrkräfte verschiedene Aufgaben auswählen, variieren und mit anderen Aufgaben zu einer Lernsequenz zusammenfügen. Ein ebenfalls im Webportal verfügbares Handbuch wird die wesentlichen Funktionen beschreiben und zusätzliche didaktische Hinweisen für einen erfolgreichen Einsatz der <colette/>-Lernumgebung im Unterricht enthalten. Das Ziel des Projektes ist es, Lehrkräften und SchülerInnen eine niedrigschwellige Lernumgebung zur Verfügung zu stellen, mit welcher gezielt und auf die jeweiligen Voraussetzungen und Bedürfnisse abgestimmt die unterschiedlichen Aspekte des Computational Thinkings adressiert und gefördert werden können.

Literatur

Bocconi, S., Chioccariello, A., Dettori, G., Ferrari, A., Engelhardt, K., Kampylis, P. & Punie, Y. (2016). Developing Computational Thinking in Compulsory Education. Implications for policy and practice. *EUR – Scientific and Technical Research Reports.* https://doi.org/10.2791/792158

Borowski, C. & Diethelm, I. (2009). Kinder auf dem Wege zur Informatik: Programmieren in der Grundschule. *Zukunft braucht Herkunft, INFOS 2009, 13. GI-Fachtagung, Berlin,* 244–253.

Buchner, J. (2018). *Real – nur besser Augmented Reality für individualisiertes Lehren und personalisiertes Lernen.* Computer+Unterricht.

Chou, P. (2018). Smart technology for sustainable curriculum: using drone to support young students' learning. *Sustainability, 10*(10). https://doi.org/10.3390/su10103819

Dilling, F. & Vogler, A. (2021). Mathematikhaltige Programmierumgebungen mit Scratch – Eine Fallstudie zu Problemlöseprozessen von Lehramtsstudierenden. In F. Dilling, F. Pielsticker & I. Witzke (Hrsg.), *Neue Perspektiven auf mathematische Lehr-Lernprozesse mit digitalen Medien – Eine Sammlung wissenschaftlicher und praxisorientierter Beiträge.* Springer Spektrum.

Eickelmann, B., Bos, W., Gerick, J., Goldhammer, F., Schaumburg, H., Schwippert, K., Senkbeil, M. & Vahrenhold, J. (2019). *ICILS 2018 #Deutschland: Computer- und informationsbezogene Kompetenzen von Schülerinnen und Schülern im zweiten internationalen Vergleich und Kompetenzen im Bereich Computational Thinking.* Waxmann. https://books.google.de/books?id=UHnCDwAAQBAJ

Eppendorf, F. & Marx, B. (2020). Blockprogrammieren im Mathematikunterricht – ein Werkstattbericht. In F. Dilling & F. Pielsticker (Hrsg.), *Mathematische Lehr-Lernprozesse im Kontext digitaler Medien: Empirische Zugänge und theoretische Perspektiven* (S. 227–245). Springer Fachmedien Wiesbaden. https://doi.org/10.1007/978-3-658-31996-010

Förster, K. T. (2015). *Scratch im Geometrieunterricht. Mathematik lehren, 32*(188), 20–24.

Hernández de Men´endez, M., Escobar, C. & Morales-Menendez, R. (2020). Technologies for the future of learning: state of the art. *International Journal on Interactive Design and Manufacturing (IJIDeM), 14*, 683–695. https://doi.org/10.1007/s12008-019-00640-0

Kafai, Y., & Burke, Q. (2013). Computer Programming Goes Back to School. *Phi Delta Kappan, 95*, 61–65. https://doi.org/10.1177/003172171309500111

Kortenkamp, U., & Lambert, A. (2015). Wenn..., dann... bis.... Algorithmisches Denken (nicht nur) im Mathematikunterricht. *Mathematik lehren, 188*, 2–9.

Lopez, M., Whalley, J. L., Robbins, P. & Lister, R. (2008). Relationships between reading, tracing and writing skills in introductory programming. *ICER '08.*

Ludwig, M., Milicic, G. & Wetzel, S. (2020). Algorithmen, Drohnen und Vektoren. In H.-S. Siller, W. Weigel & J. Wörler (Hrsg.), *Beiträge zum Mathematikunterricht* (S. 1525). WTM-Verlag. https://doi.org/10.13140/RG.2.2.30319.66729

Milicic, G. & Ludwig, M. (2021). Nutzung von Augmented Reality zur Förderung des räumlichen und algorithmischen Denkens. In K. Hein & S. Prediger (Hrsg.), *Beiträge zum Mathematikunterricht*. WTM-Verlag.

Milicic, G., van Borkulo, S., Medova, J., Wetzel, S. & Ludwig, M. (2021). Design and Development of a Learning Environment for Computational Thinking: The Erasmus+ <colette/> Project. *EDULEARN21 Proceedings.*

Milicic, G., Wetzel, S. & Ludwig, M. (2020). Generic Tasks for Algorithms. *Future Internet, 12*(9). https://doi.org/10.3390/fi12090152

Misfeldt, M. & Ejsing-Duun, S. (2015). Learning mathematics through programming: An instrumental approach to potentials and pitfalls. In K. Krainer & N. Vondrová (Hrsg.), *CERME 9 – Ninth Congress of the European Society for Research in Mathematics Education* (S. 2524–2530). https://hal.archives-ouvertes.fr/hal-01289367

Moreno-León, J. & Robles, G. (2016). Code to learn with Scratch? A systematic literature review. https://doi.org/10.1109/EDUCON.2016.7474546

OECD. (2018). PISA 2022 Mathematics Framework. https://pisa2022-maths.oecd.org/files/PISA%202022%20Mathematics%20Framework%20Draft.pdf

OECD (2019). PISA 2018 Ergebnisse (Band I): Was Schülerinnen und Schüler wissen und können. Bielefeld: wbv Media.

Oldenburg, R. (2011). *Mathematische Algorithmen im Unterricht: Mathematik aktiv erleben durch Programmieren*. Vieweg+Teubner. https://books.google.at/books?id=NzIjBAAAQBAJ

Papert, S. (1980). *Mindstorms: children, computers, and powerful ideas.*

Parsons, D. & Haden, P. (2006). Parson's programming puzzles: a fun and effective learning tool for first programming courses. *Proceedings of the 8th Australasian Conference on Computing Education – Volume 52*, 157–163.

Pattis, R. E. (1981). *Karel the Robot: A Gentle Introduction to the Art of Programming (1st).* Wiley.

Radu, I. (2013). Augmented reality in education: a meta-review and cross-media analysis. *Personal and Ubiquitous Computing, 18*, 1533–1543.

Resnick, M., Maloney, J., Monroy-Hern´ andez, A., Rusk, N., Eastmond, E., Brennan, K., Millner, A., Rosenbaum, E., Silver, J., Silverman, B. & Kafai, Y. (2009). Scratch: Programming for All. *Commun. ACM, 52*(11), 60–67. https://doi.org/10.1145/1592761.159 2779

Resnick, M. (2012). Reviving Papert's Dream. *Educational Technology, 52*(4), 42–46. http://www.jstor.org/stable/44430058

Schubert, S. & Schwill, A. (2011). *Didaktik Der Informatik*. Spektrum Akademischer Verlag. https://books.google.at/books?id=z8ElBAAAQBAJ

Venables, A., Tan, G. & Lister, R. (2009). A closer look at tracing, explaining and code writing skills in the novice programmer. *Proceedings of the Fifth International Workshop on Computing Education Research Workshop* (S. 117–128). https://doi.org/10.1145/158 4322.1584336

Wagenschein, M. (1991). *Verstehen lehren: genetisch – sokratisch – exemplarisch*. Beltz.

Ziegenbalg, J., Ziegenbalg, O. & Ziegenbalg, B. (2016). *Algorithmen von Hammurapi bis Gödel: Mit Beispielen aus den Computeralgebrasystemen Mathematica und Maxima*. Springer Fachmedien Wiesbaden. https://books.google.at/books?id=VsdeCwAAQBAJ

„Das ist doch nicht fair, oder doch?" – Bedeutungsaushandlung zum Fairnessbegriff mit 3D-Druck an ausgewählten Fallbeispielen

Felicitas Pielsticker und Birgitta Marx

Fokus der dargestellten Untersuchung bildet die Unterrichtseinheit „Ein faires Glücksspiel?!". Der Begriff der Fairness soll in der Wahrscheinlichkeitsrechnung einer 10. Klasse im Zusammenhang mit Glücksspielen vertieft werden. Dabei unterstützt ein handlungsorientierter Zugang über das digitale Werkzeug der 3D-Druck-Technologie mit einer Spielsituation zum Würfelturm die Bedeutungsaushandlung des Begriffs Fairness. Ein Würfelturm war in der Antike ein Garant für die Fairness eines Würfelspiels und verhinderte einen möglichen Betrug. Damit ergibt sich die Frage, ob so ein Würfelturm eben gerade durch seinen Aufbau und die Anwendung den Zufall als eine notwendige Bedingung gewissermaßen enthalten kann (und muss). Interessant ist, wie Schüler*innen den Begriff Fairness eigenständig (weiter-)entwickeln und im Umgang mit potenziellen Deutungskonflikten vertiefen. Die Betrachtung und Auseinandersetzung mit der Fairness von Glücksspielen und den 3D-gedruckten Würfeltürmen führt dazu, dass sich Schüler*innen auf die Andersartigkeit eines historischen Stückes Mathematik einlassen, die historische Sicht mit ihrer eigenen in Beziehung setzen und ihr aktuelles Verständnis vertiefen können. Die Lernumgebung wurde in einer 10. Klasse als Vertiefungseinheit durchgeführt und jede Unterrichtsstunde videographiert. Dabei wird untersucht, welche Auffassung Schüler*innen unseres Fallbeispiels zum Fairnessbegriff entwickeln und

F. Pielsticker (✉) · B. Marx
Universität Siegen, Fak. IV/Didaktik der Mathematik, Siegen, Deutschland
E-Mail: pielsticker@mathematik.uni-siegen.de

B. Marx
E-Mail: Birgitta.Marx@uni-siegen.de

F. Dilling et al. (Hrsg.), *Neue Perspektiven auf mathematische Lehr-Lernprozesse mit digitalen Medien*, MINTUS – Beiträge zur mathematisch-naturwissenschaftlichen Bildung, https://doi.org/10.1007/978-3-658-36764-0_7

inwiefern (Schüler*innen-)Theorien zum Fairnessbegriff im Umgang mit dem 3D-gedruckten Würfelturm (weiter-)entwickelt werden können. Zur Beschreibung und Analyse nutzen wir den deskriptiven Ansatz der empirischen Theorien.

1   Einleitung und Motivation

„Das ist nicht fair!" Diese Aussage hat wohl jeder Mensch in seinem Leben schon einmal gehört oder getätigt – und vielleicht dabei sogar gewürfelt oder eine Münze geworfen. Daraus könnte hergeleitet werden, dass jeder Mensch auch eine ungefähre Vorstellung von dem Begriff der Fairness haben muss. Interessanterweise lautet der Ausruf ja nicht „Das ist fair!", sondern „Das ist nicht fair!" oder „Das ist unfair!". Bedeutet dies etwa, dass so lange bspw. eine faire Spielsituation vorliegt, Zufriedenheit und Einvernehmen vorherrscht? Der Duden definiert den Begriff der Fairness in zweierlei Hinsicht. Einerseits als ein „a) anständiges Verhalten; gerechte ehrliche Haltung anderen gegenüber und andererseits als ein b) den [Spiel]regeln entsprechendes, anständiges und kameradschaftliches Verhalten beim Spiel, Wettkampf o. Ä" (Duden online, 2021). Demnach definiert der Duden Fairness in a) und b) ausschließlich in Bezug auf das Verhalten von Personen, nicht in Bezug auf Spielregeln ohne Personen. In diesem Sinne würde der Duden bspw. ein Verhalten in einem unfairen Spiel (wenn bspw. der Erwartungswert für einen Gewinn geringer ist als der für einen Verlust) auch noch als fair bezeichnen, wenn sich die Spieler an die Regeln halten. Weiterhin scheint Gerechtigkeit für den Duden ein anderes Wort für Fairness zu sein. Nach Dänzer (2016) könnte vermutet werden, dass Fairness und Gerechtigkeit in einem unterschiedlichen Verhältnis zueinanderstehen können. Das kann dazu führen, „dass Gerechtigkeit für uns Menschen ganz unterschiedliche Facetten haben kann – und zwar jenseits eines einfachen mathematischen Verteilungsmodells" (Möbius, 2018), insbesondere auch mit Blick in die Geschichte der Wahrscheinlichkeitstheorie (Burscheid & Struve, 2020b). „Also wir können sagen, wir wollen, dass alle gleich belohnt werden. Oder wir können sagen, dass derjenige mehr erhält, der mehr geleistet hat. Aber wir können auch sagen wir wollen, dass die Personen mehr bekommen, die höhere Bedürfnisse haben" (Möbius, 2018). Mit Blick in das Werk „An Introduction to Probability Theory and Its Applications" von Feller (1968) können wir feststellen, dass hier eine „theory of ‚fair' games" (Feller, 1968, S. 248) behandelt wird. Auch ein Blick in aktuelle Schulbücher, z. B. exemplarisch in das Schulbuch *Lambacher Schweizer Einführungsphase* zeigt, dass Fairness im Mathematikunterricht eine Rolle spielt. Der Begriff *fair* in Zusammenhang mit Glücksspielen wird folgendermaßen definiert: „Ein Spiel wird als fair bezeichnet, wenn der Erwartungswert für den Gewinn 0 beträgt" (Jörgens et al., 2010, S. 183). Der Erwartungswert erscheint in dem betrachteten Schulbuch als wichtig für die Beurteilung eines Spiels. Ein faires Spiel wird im Schulbuch Lambacher Schweizer somit in Zusammenhang mit der Betrachtung von Wahrscheinlichkeiten thematisiert.

Die Leitidee *Daten und Zufall* ist sowohl in den Bildungsstandards für die Primarstufe als auch für die Sekundarstufe I verankert. In diesem Zusammenhang befassen sich die Schüler*innen im Mathematikunterricht mit Begriffen wie *wahrscheinlich, zufällig* und *fair*. Diese in mehrerlei Hinsicht interessante Diskussion zu „Das ist unfair, das ist nicht fair" haben wir für die unten beschriebene Lernumgebung zum 3D-gedruckten Würfelturm unseres Fallbeispiels aufgegriffen.

2   Theoretischer Hintergrund

2.1   Empirische Theorien

Es ist heute allgemein anerkannt, dass Schüler*innen ihr mathematisches Wissen in Handlungs- und Aushandlungsprozessen konstituieren (Bauersfeld, 1983; Krummheuer, 1984; Voigt, 1984). Lernen wird in diesem Sinne als ein aktiver Prozess verstanden – ein Prozess, der von individuellen Erfahrungsbereichen abhängt – der Konstruktion von Theorien für eine adäquate Erkenntnis bestimmter Phänomene der Empirie (Burscheid & Struve, 2020a). Betrachtet man Ansätze aus der kognitiven Psychologie wie z. B. die „Theory theory" von Alison Gopnik, so scheint es durchaus sinnstiftend, das Verhalten und Wissen von Schüler*innen in Theorien zu beschreiben. „Mit Wissen ist in diesem Kontext nicht von der betreffenden Person formuliertes Wissen gemeint [...] sondern das Wissen, das Beobachter den betreffenden Personen unterstellen, um ihr Verhalten zu erklären: Die Personen – etwa die Kleinkinder oder auch Schüler – verhalten sich so, als ob sie über das Wissen/die Theorie verfügen würden" (Burscheid & Struve, 2020a, S. 53–54). Dies steht mit den Untersuchungen von Gopnik (2003) in Verbindung. Gopnik hält fest, dass „children develop abstract, coherent, systems of entities and rules, particularly causal entities and rules, [...] they develop theories" (Gopnik, 2003, S. 5). In Anlehnung an den konzeptionellen Ansatz von Bauersfeld (1983), Voigt (1984) und Krummheuer (1984) wollen wir zusätzlich betonen, dass es Unterschiede zwischen den Perspektiven der Lehrkräfte auf der einen Seite und den Perspektiven der Schüler*innen auf Lernprozesse auf der anderen Seite gibt. Mathematikunterricht aus der Perspektive der Schüler*innen erscheint oft ganz anders als aus der Sicht der Lehrkraft, wie empirische Studien von Bauersfeld (1983), Coles (2015), Steinbring (2015) oder Voigt (1984) zeigen. Struve (1990) weist zudem darauf hin, dass Schüler*innen (schulische) Mathematik in weiten Teilen als eine empirische Theorie über real-erfahrbare Objekte (z. B. Zeichenblattfiguren) wahrnehmen – empirische Objekte, wie wir sie in Übereinstimmung mit dem entwickelten theoretischen Ansatz der empirischen Theorien nennen möchten. Weiterhin beschreiben Burscheid und Struve (2020a; b) das Wissen der Schüler*innen in empirischen Theorien, die sich durch den Umgang mit diesen empirischen Objekten konstituieren. Diese empirischen Theorien zielen darauf ab, die Phänomene der Realität zu beschreiben und zu erklären (Struve, 1990; Burscheid & Struve, 2020a, b). Wenn Schüler*innen mathematische Konzepte durch den Umgang mit empirischen Objekten im konstruktivistischen Sinne erwerben, ist es wahrscheinlich, dass sie ein sogenanntes empirisches Belief-System entwickeln (Schoenfeld, 1985). Dabei folgen wir Schoenfelds Ansatz zu Beliefs, der besagt, dass „One's beliefs about mathematics […] determine how one chooses to approach a problem, which techniques will be used or avoided, how long and how hard one will work on it, and so on. The belief system establishes the context within which we operate […]" (Schoenfeld, 1985, S. 45). Nach diesem Verständnis kann das empirische Belief-System als eine Menge von Beliefs charakterisiert werden, die sich aus dem Umgang mit empirischen Objekten in Bezug auf mathematische Konzepte ergeben. Nach Burscheid und Struve (2020a), Witzke (2009), Schlicht (2016), Schiffer (2019), Stoffels (2020) ist dieser „'non-abstract' point of view […] a reasonable one for the developing of mathematical knowledge" (Witzke, 2019, S. 199).

2.2   Empirisch-orientierter Mathematikunterricht

Im Sinne von Hefendehl-Hebeker (2016) ist davon auszugehen, dass die Begriffe und Inhalte der Schulmathematik ihren phänomenologischen Ursprung überwiegend in der uns umgebenden Wirklichkeit haben. Insgesamt ist die ontologische Bindung an die Realität durch die pädagogischen und psychologischen Zwecke und Ziele der Schule gegeben. Für unsere Analyse der kognitiven Aspekte in den Wissensentwicklungsprozessen der Schüler*innen ist das Konzept des empirisch-orientierten Mathematikunterrichts entscheidend. Dabei baut der empirisch-orientierte Mathematikunterricht auf dem Ansatz der empirischen Theorien (Burscheid & Struve, 2020a, b; Witzke, 2009) auf. Zusammenfassend kann man sagen, dass im empirisch-orientierten Mathematikunterricht davon auszugehen ist, dass die Schüler*innen ein empirisches Belief-System entwickeln. Empirisch-orientierter Mathematikunterricht ist ein Unterricht, in dem die Lehrkraft bewusst die Entscheidung trifft (in einem präskriptiven Sinne), mit empirischen Objekten als den mathematischen Gegenständen des Mathematikunterrichts in ihrer Konzeption und Realisierung zu arbeiten (Pielsticker, 2020). Die empirischen Objekte (z. B. Würfel in der Wahrscheinlichkeitsrechnung, Zeichenblattfiguren in der Geometrie oder Plättchen in der Arithmetik oder Algebra) dienen im Mathematikunterricht nicht der Veranschaulichung abstrakter mathematischer Konzepte, sondern sind Gegenstand des Unterrichts. Die empirischen Objekte werden bewusst im Sinne einer definitorischen Referenzbeziehung eingesetzt (Pielsticker, 2020). Empirische Objekte, die in diesem Beitrag eine Rolle spielen, sind 3D-gedruckte Würfeltürme und handelsübliche Spielwürfel.

Studien haben ergeben, dass die Nutzung des 3D-Drucks insbesondere auch für die Wahrscheinlichkeitsrechnung sinnvoll erscheint. Z. B. argumentieren Pielsticker und Witzke (2022, online first), dass mit einer Erstellung und Nutzung 3D-gedruckter manipulierter Würfel, gewinnbringende Aushandlungsprozesse zum theoretischen Begriff der Wahrscheinlichkeit unter Lernenden initiiert werden können.

Ein empirisches Objekt wie der in diesem Artikel beschriebene 3D-gedruckte Würfelturm (vgl. Abschn. 3.2.2) dient im Unterricht dann „nicht zur Veranschaulichung eigentlich abstrakter mathematischer Begriffe, sondern […] [als] Gegenstand] des Unterrichts" (Pielsticker, 2020, S. 45). Die Lehrkraft entscheidet sich ihren Mathematikunterricht dementsprechend zu konzipieren. So kann es auch zu Fragen von Schüler*innen wie „War das wirklich Mathematik in der letzten Woche?" (Witzke & Heitzer, 2019, S. 2) kommen. Die Antwort darauf lautet: Ja! Denn 3D-Druck als digitales Werkzeug in einer Unterrichtskonzeption eines empirisch-orientierten Mathematikunterrichts schafft schülerorientierte Anlässe, sich über Mathematik auszutauschen. Was an der überraschten Frage der Schülerin oder des Schülers deutlich wird, ist der Impuls, digitale Werkzeuge und fachspezifische Wissensentwicklung im Schulunterricht gewinnbringend zu verbinden. Reflektiert eingesetzt können digitale Werkzeuge eine innovative Möglichkeit sein und einen echten Mehrwert bieten. Gerade zu Beginn stellt die 3D-Druck-Technologie ein gewinnbringendes und sinnstiftendes (digitales) Werkzeug für einen empirisch-orientierten Mathematikunterricht dar. Die Schüler*innen verhandeln über Mathematik, wodurch das digitale Werkzeug 3D-Druck als ein Motor zur Weiterentwicklung des Schülerwissens im Unterricht gesehen werden kann. Das (mathematische) Wissen der Schüler*innen wird dabei im Umgang mit den (3D-gedruckten) Objekten – kontextspezifisch (Bauersfeld, 1983) – aufgebaut und ontologisch daran gebunden. Im Unterricht wird mit diesen Objekten, wie bspw. dem 3D-gedruckten Würfelturm, als den mathematischen Objekten gearbeitet. Eine Eigenkonstruktion des Würfelturms im CAD-Programm im Mathematikunterricht ist dabei durchaus wünschenswert und ein entscheidender Teil auch der hier betrachteten Unterrichtseinheit „Ein faires Glücksspiel?!". Der Konstruktionsprozess kann durch die Lernenden im Sinne des 3. Nutzungsszenarios (Witzke & Hoffart, 2018) eigenständig durchgeführt werden. Die Schüler*innen verhandeln dabei den Aufbau und damit auch die Funktionsweise des 3D-gedruckten Würfelturms. Es wird über die Frage nachgedacht, wie der Würfelturm Fairness beim Würfeln gewissermaßen garantieren könnte. Im Umgang mit dem 3D-gedruckten Würfelturm entwickeln die Schüler*innen ihr mathematisches Wissen (weiter). Gleichzeitig wird an dieser Stelle bereits für die fachdidaktische Herausforderung einer Bereichsspezifität (Bauersfeld, 1983) von Wissen sensibilisiert, die mit einer Bindung und Entwicklung des (Schüler-)Wissens an die Objekte eines empirisch-orientierten Mathematikunterrichts einhergeht.

Argumentieren, Begründen, Problemlösen und die Begriffsbildung sind in einem so angelegten Mathematikunterricht dann Prozesse, die sich auf reale Gegenstände beziehen. In diesem Beitrag werden wir dafür insbesondere die Begriffsentwicklungsprozesse von Schüler*innen unseres Fallbeispiels in den Blick nehmen. In diesem Sinne ist ein empirisch-orientierter Mathematikunterricht sehr gut geeignet für ein lebendiges, entdeckendes und authentisches Mathematiklernen. Im Folgenden wird ein Lehr-Lern-Prozess aus einem Mathematikunterricht vorgestellt, der dieser Konzeption Rechnung trägt. Zudem wird das nachfolgende praxisnahe Beispiel des 3D-gedruckten Würfelturms als eine Möglichkeit des Einsatzes der 3D-Druck-Technologie im empirisch-orientierten Mathematikunterricht beschrieben. Dabei ermöglicht die 3D-Druck-Technologie neue innovative Aspekte einzubringen, indem an Bekanntes angeknüpft werden kann.

3   Design und Datenerhebung

3.1   Forschungsanliegen

Aufgrund immer wiederkehrender Diskussionsanlässe („Das ist unfair, das ist nicht fair") im Unterricht soll dieser Artikel dazu beitragen, zu beleuchten, welche Auffassung des Begriffs der Fairness bei Schüler*innen eines 10. Jahrgangs einer Sekundarschule in NRW identifiziert werden kann. Mit den Untersuchungen von Burscheid und Struve (2020a, b) wollen wir an dieser Stelle auch auf eine historische Entwicklung zu „Fragen der Gerechtigkeit von Glücksspielen" (Burscheid & Struve, 2020b, S. 21 ff.) hinweisen, welche für unser Forschungsanliegen wegweisend sind. Dabei ging es um verschiedene Glücksspiele (z. B. Augensummen beim Wurf mit einem oder mehreren Würfeln oder dem Ziehen von Kugeln aus einer Urne, Zahlenfolgen beim Lotterielos, usw.). Oft bestand Einigkeit darüber, wie das Verhältnis von Einsatz und Gewinn aussehen mussten, damit das Spiel fair war. Ein Problem bei dem Mathematiker unterschiedliche Lösungen verfolgten und welches damals viel diskutiert wurde, wird *force majoure* genannt:

> *Zwei Spieler, A und B, haben eine Reihe von Spielen verabredet, die jeweils nur mit dem Gewinn des einen oder anderen enden können. Ein Remis ist nicht möglich. Wer zuerst k (∈ ℕ) viele Spiele gewonnen hat, erhält den von beiden zu gleichen Teilen geleisteten Einsatz. Durch höhere Gewalt müssen die Spieler bei einem Stand von a:b für Spieler A gegen Spieler B die Partien vorzeitig abbrechen. Wie ist der Einsatz gerecht zu verteilen?*

Pascal und Fermat schlagen hierauf 1654 eine Lösung vor, „die der modernen wahrscheinlichkeitstheoretischen Auffassung entspricht" (Burscheid & Struve, 2020b, S. 26). Leibniz macht 1678 in Kenntnis der Lösung von Fermat und Pascal einen anderen Aufteilungsvorschlag. Für normative Probleme gibt es eben keine richtigen oder falschen Lösungen, sondern nur mehr oder minder angemessene Lösungsvorschläge (Burscheid & Struve, 2020a, S. 21). Die Wahrscheinlichkeitstheorie spielt dabei heutzutage für eine Beurteilung der Fairness von Glücksspielen eine maßgebliche Rolle. Zuvor war dies nicht der Fall, denn die Wahrscheinlichkeitstheorie hat eine Wurzel in der Theorie der Gerechtigkeit von Glücksspielen (Burscheid & Struve, 2020b). Somit ist es interessant, dass der für die Wahrscheinlichkeitstheorie grundlegende Begriff der Wahrscheinlichkeit historisch gesehen innerhalb eines „anwendungsbezogenen Kontextes: eben der Frage nach der Fairneß [sic.] von Glücksspielen" (Burscheid & Struve, 2020a, S. 22) entwickelt wurde.

Für uns ist nun interessant, wie ausgewählte Schüler*innen unseres Fallbeispiels im unterrichtlichen Kontext der Wahrscheinlichkeit mit dem Fairnessbegriff umgehen. Dazu gehen wir in diesem Beitrag zwei Forschungsfragen nach:

1. *Welche Auffassung entwickeln Schüler*innen unseres Fallbeispiels zum Fairnessbegriff?*
2. *Inwiefern können (Schüler*innen-)Theorien zum Fairnessbegriff im Umgang mit dem 3D-gedruckten Würfelturm (weiter-)entwickelt werden?*

3.2   Datenerhebung

3.2.1   Material

Die Datenerhebung zur Analyse der Begriffsentwicklungsprozesse erfolgte auf der Basis von Schülerdokumenten, die vor, während und nach der Durchführung der Unterrichtseinheit *Ein faires Glücksspiel?!* erstellt wurden. Das Portfolio enthielt Arbeitsblätter mit verschiedenen Themenschwerpunkten „Falschspiel und Betrug", „Zufall als faire Bedingung", „Unsere Datenreihe-Testung unseres Würfelturms" und „Was ist denn nun fair?". Die Aufgaben verknüpften die mathematischen Inhalte mit dem Forschungsanliegen, informierten die Lernenden, regten zur selbstständigen Bearbeitung an und sicherten gleichzeitig ihre Ergebnisse. Die Konzeption der Lernumgebung ermöglichte umfangreiche Kommunikations- und Interaktionsprozesse, die für das Forschungsanliegen wichtig sind.

Die Unterrichtseinheit *Ein faires Glücksspiel?!* wurde im Mathematikunterricht einer 10. Klasse zu Beginn einer Unterrichtsreihe zu zweistufigen Zufallsversuchen mit dem Ziel das Vorwissen der Lernenden zum Thema Wahrscheinlichkeitsrechnung zu aktivieren durchgeführt (4 Unterrichtsstunden, ohne Druckzeit). Da im Mathematikunterricht oft der *faire Würfel* stellvertretend für gleiche Gewinnchancen bei Zufallsexperimenten oder Glücksspiele thematisiert wird, war davon auszugehen, dass die Lernenden schon über Vorkenntnisse diesbezüglich verfügten. Um die (Weiter-)Entwicklung der Begriffsbildung zur Fairness zu dokumentieren, war es deshalb notwendig vor der ersten Unterrichtsstunde einen Präfragebogen hineinzugeben, der das individuelle Verständnis der Schüler*innen zu Glücksspielen, der Bedeutung von Fairness beim Spiel und ihre Meinung, ob der Zufall fair ist, dokumentierte. Der Fragebogen ermöglichte somit eine erste Analyse bereits existierender Schülertheorien zum Fairnessbegriff.

Der Einstieg ins Thema erfolgte über einen assoziativen Einstieg, indem die Schüler*innen darüber berichten konnten, welche Glücksspiele ihnen bekannt sind und über welche Erfahrungen sie mit Glücksspielen verfügen. Dadurch gelang es die Schüler*innen für den Lernprozess zu aktivieren und einen ersten Kommunikationsprozess anzuregen. Der Aufruf einer Problemstellung in Form einer Geschichte zu einem unfairen Spielverhalten, während eines *Mensch-ärgere-dich-nicht* Spiels, rundete die Einstiegssituation ab und stellte einen authentischen Kontext her, der die Schüler*innen motivierte, ihre individuellen Erfahrungen bzw. ihre Vorstellungen zu *Fairness* mit in den Unterrichtsprozess einfließen zu lassen. Damit ein vertieftes Problembewusstsein geschaffen werden konnte, wurde im weiteren Verlauf der Unterrichtseinheit ein Arbeitsblatt: *Falschspiel und Betrug – Das darf doch nicht sein, oder?!* eingesetzt. Tatsächlich beschäftigt sich die Menschheit mit diesem Problem schon viele tausend Jahre. So galt in der Antike der Einsatz eines Würfelturms z. B. als Garant für Fairness im Würfelspiel.

Durch die nachfolgende Aufgabe einen Würfelturm mithilfe der 3D-Druck-Technologie zu konstruieren, sollte ein handlungsorientierter Zugang in Bezug zu einer Spielsituation geschaffen werden. Damit der Turm tatsächlich die aus Schülerperspektive erforderlichen Bedingungen für einen fairen Spielverlauf aufwies, mussten innerhalb der Schülergruppen dazu gemeinsame Kriterien festgelegt werden. In Partnerarbeit tauschten sich die Schüler*innen über die gemeinsam festzulegenden Kriterien aus und hielten diese sowohl in sprachlicher als auch zeichnerischer Form fest.

Im Anschluss daran führten die Lernenden jeweils Testreihen mit und ohne Würfelturm durch und berechneten anschließend die absoluten und relativen Häufigkeiten ihrer Würfe. Anschließend stellten sie ihre Ergebnisse in einem Diagramm ihrer Wahl dar und konnten somit ihr Wissen aus den vorherigen Schuljahren aktivieren und anwenden. Zur weiteren Differenzierung standen zusätzlich Tippkarten zur Verfügung. Die Ergebnisse wurden im Plenum präsentiert und diskutiert.

Zur Überprüfung, inwieweit der Würfelturm zur einer (Weiter-)Entwicklung des Fairnessbegriffs beigetragen hat oder beitragen konnte, fand zum Abschluss der Unterrichtseinheit *Ein faires Glücksspiel?!* eine Konfrontation der Lernenden mit der Frage, ob der Würfelturm tatsächlich ein Garant für ein faires Würfelspiel ist, statt. Die Lernenden sollten dazu Pro- und Kontra-Argumente sammeln und sich außerdem zu potenziellen Grenzen eines Würfelturms und weiteren Faktoren, von denen ein faires Spiel abhängig ist, äußern.

Nach ca. 4 Wochen wurden die Schüler*innen ohne vorherige Ankündigung aufgefordert noch einmal in Form eines stummen Schreibgesprächs mit dem Impuls den Satzanfang „Fairness ist für mich ..." darzulegen, welche Auffassung sie zum dem Begriff Fairness haben.[1]

3.2.2 Ein Würfelturm

Ein Würfelturm (lat. *turricula*) war in der Antike ein Garant für die Fairness eines Würfelspiels und verhinderte einen möglichen Betrug, indem „die Würfel von oben in den Würfelturm geworfen werden, die dann über schiefe Ebenen oder Stufen vorne aus der Öffnung wieder herausrollen" (Dilling et al., 2021, S. 218).

---

[1] Teile des in dieser Studie genutzten und in Abschn. 3.2.1 beschriebenen Materials zur Unterrichtseinheit findet sich auch in Dilling et al., 2021.

Abb. 1 The
Vettweiss-Froitzheim Dice
Tower (Rheinisches
Landesmuseum). ©Jürgen
Vogel,
LVR-LandesMuseum Bonn

Es war daher für das Würfelergebnis nicht entscheidend, wie der Würfel in den Turm geworfen wurde.

Bisher wurden lediglich zwei Würfeltürme entdeckt, der Würfelturm aus Vettweiß-Froitzheim (Abb. 1) und der Würfelturm aus Qustul in Ägypten.

Ein weiterer Fund aus Richborough legt nahe, dass es sich hierbei ebenfalls um einen Würfelturm handeln könnte. „During excavations at Richborough Roman fort in Kent between 1928 and 1931, several pieces of bone plating [...] were found fairly close together, near the bottom of the inner ditch just outside the walls of the late third-century A.D. stone fort, on the west side. Initially, all these pieces of bone were considered to be bone casings of a wooden box, but more recently some of these pieces have been recognised as parts of a dice tower, from the distinctive perpendicular cuts in one of the large pieces of bone plating [...]. By comparison with two towers which have survived from antiquity, from Vettweiß-Froitzheim in Germany and from Qustul in Egypt [...], it has been possible to work out something of what the object looked like" (Cobbett, 2008, S. 219). Die bisherigen Funde zeigen, dass es

sich um quaderförmige turmähnliche Konstruktionen verschiedener Größe handelt, die sowohl aus einfachen Materialien wie Holz und Knochen oder auch
aus wertvollen Materialien wie Bronze (Würfelturm Vettweiß, Abb. 1) hergestellt wurden. Die Würfeltürme weisen eine unterschiedliche künstlerische teils
sehr aufwendige Gestaltung durch Verzierungen mit Silber oder Elfenbein oder
in Form von Sprüchen auf. Es wird davon ausgegangen, dass in der Antike Würfeltürme bei Würfelspielen eingesetzt wurden. Gespielt werden durfte allerdings
nur an bestimmten Festtagen, den Saturnalien. Bis heute werden Würfeltürme
als Bausatz oder schon fertig montiert in unterschiedlichen Ausführungen (bspw.
aus Acryl oder Holz) zum Kauf angeboten. Für die Unterrichtseinheit *Ein faires
Glücksspiel?!* dieses Fallbeispiels haben die Schüler*innen Würfeltürme mithilfe
der CAD-Software Tinkercad^{TM} selbständig konstruiert und aus Kunststoff (PLA)
mit einem 3D-Drucker ausgedruckt.

3.3   Methodik

Zur Analyse der Begriffsentwicklungsprozesse der betrachteten Schüler*innen
nutzen wir eine informelle Beschreibung mithilfe der Terminologie der empirischen Theorien nach Burscheid und Struve (2020a). Diese Beschreibung
basiert auf dem strukturalistischen Ansatz – einer bewährten Metatheorie zur
Beschreibung und Darstellung erfahrungswissenschaftlicher Theorien – nach Balzer (1982), Stegmüller (1985), Balzer und Moulines (1996) und Balzer und
Sneed und Moulines (2000), der durch Burscheid und Struve (2020a) für die
Mathematikdidaktik zur Beschreibung mathematischen (Schüler*innen-)Wissens
gewonnen wurde. Die Daten unseres Fallbeispiels sind insbesondere entsprechend
dem Interesse an einer Beschreibung der verbundenen Sinnzusammenhänge (Bauersfeld, 1983) ausgewählt worden. Dieses Vorgehen war gekennzeichnet von
Elementen des Case-Study-Ansatzes (Stake, 1995) zur Identifikation von Schlüsselszenen, dem Konzept der Subjektiven Erfahrungsbereiche (Bauersfeld, 1983)
zur Identifikation von Schülertheorien und einer analytischen Untersuchung mithilfe der Terminologie des strukturalistischen Theoriekonzepts. Im Sinne einer
multiple-instrumental Case Study (Stake, 1995) lag der Fokus auf unseren beiden
Forschungsfragen (vgl. 3.1). Mit Blick auf die Erzeugung von Informativität bzw.
einem tieferen Verständnis des Cases sind Schlüsselszenen ausgewählt worden
(„Case studies are undertaken to make the case understandable", Stake, 1995,
S. 85). Mithilfe der Subjektiven Erfahrungsbereiche nach Bauersfeld (1983),
beschränkt auf kognitive Aspekte, wurde das Schüler*innenwissen geordnet und

Tab. 1 Fachtermini zur Beschreibung empirischer (Schüler*innen-)Theorien in empirischen Kontexten (Pielsticker & Witzke, 2022 online first, S. 5)

Fachtermini	Beschreibung mit Erläuterung
Intendierte Anwendungen	Sind die durch eine empirische Theorie beschriebenen und erklärten Phänomene der Realität
Paradigmatische Beispiele	Sind vorbildliche Beispiele für Anwendungen der Theorie und begründen dabei eine Klasse von intendierten Anwendungen einer empirischen Theorie
Referenzobjekte	Sind empirische Objekte (Gegenstände und Objekte der Realität), die unter einen bestimmten Begriff fallen und im Sinne einer empirischen Theorie als definierend für empirische Begriffe angesehen werden. (Zum Beispiel referiert der Begriff „Würfel" auf Hexaeder-förmige Körper.)
Nichttheoretische Begriffe	Sind solche, die bereits in einer Vortheorie geklärt sind oder Referenzobjekte in der Realität besitzen (d. h. Objekte der Realität, die unter diesen Begriff fallen)
Theoretische Begriffe	Sind Begriffe, die kein empirisches Referenzobjekt besitzen und deren Bedeutung erst durch die Aufstellung bzw. innerhalb einer Theorie geklärt werden können

anschließend einer analytischen Untersuchung in empirischen Theorien mithilfe der Terminologie des Strukturalismus zugeführt (vgl. Tab. 1).

Nach der Darstellung unserer Methodik wollen wir nachfolgend im 4. Abschnitt die Analyse der Begriffsentwicklungsprozesse betrachteter Schüler* innen beschreiben und in 5. auf unsere Ergebnisse eingehen.

In diesem Beitrag stellen wir insbesondere den dritten Schritt der Untersuchung mithilfe der Terminologie des strukturalistischen Theoriekonzepts dar. Dazu möchten wir die in diesem Beitrag verwendeten Fachtermini in ihrer Bedeutung für die Analyse aufführen und kurz beschreiben. Für unsere Fallbeispiele und die damit verbundene Untersuchung der Begriffsentwicklungsprozesse der ausgewählten Schüler*innen nutzen wir:

4   Bedeutungsaushandlung zum Fairnessbegriff

4.1   Beschreibung des Fallbeispiels

Unser Fallbeispiel enthält zwei Schlüsselszenen, die im Sinne unserer multiple-instrumental Case Study (Stake, 1995) zur Klärung unserer beiden Forschungs-fragen (vgl. Abschn. 3.1) beitragen sollen. Um ein tieferes Verständnis des Cases zu erreichen sind also zwei Schlüsselszenen ausgewählt worden, welche wir nachfolgend beschreiben.

In der Lerneinheit wurde das Glücksspiel – Würfelspiel – betrachtet und dabei Wissen zu Fairness erworben. Es sollte sich mit der Frage auseinandergesetzt werden, wann ein Spiel fair ist. In der Lerneinheit wurde dafür auf eine Verknüp-fung von antiken und digitalen Werkzeugen – dem Würfelturm – zurückgegriffen. Mit Bezug zu der Konstruktion eines (antiken) 3D-gedruckten Würfelturm (vgl. Abschn. 3.2.2) sollte über Fairness nachgedacht und reflektiert werden.

4.1.1   Faires Spiel – die Schülerin Ardelin

Für den Fall des *fairen Spiels* wollen wir zunächst auf die Ergebnisse der Schüle-rin Ardelin (16 Jahre) eingehen. Wir werden dazu anfangs auf die Antworten der Schülerin im Präfragebogen fokussieren und anschließend ihren Bearbeitungsbo-gen beschreiben. Im Präfragebogen wird Ardelin danach gefragt: „Was verstehst du unter einem Glücksspiel?". Daraufhin antwortet die Schülerin: Das „ist ein Spiel, wo es eine Chance gibt zu gewinnen und eine Chance gibt zu verlieren". Weiterhin hält sie fest, dass „die Chance zu verlieren [meistens] viel größer" sei (vgl. Abb. 2).

Die Schülerin geht in ihrer Antwort von einem Spiel aus, in dem es eine Chance zu gewinnen und zu verlieren gibt. Dabei spielt an dieser Stelle die Fair-ness des Glückspiels noch keine Rolle, was aber auch nicht erwartbar ist, denn

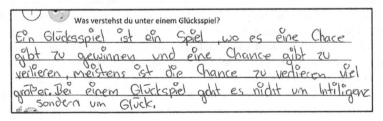

Abb. 2 Antwort zu 1) von Ardelin im Präfragebogen

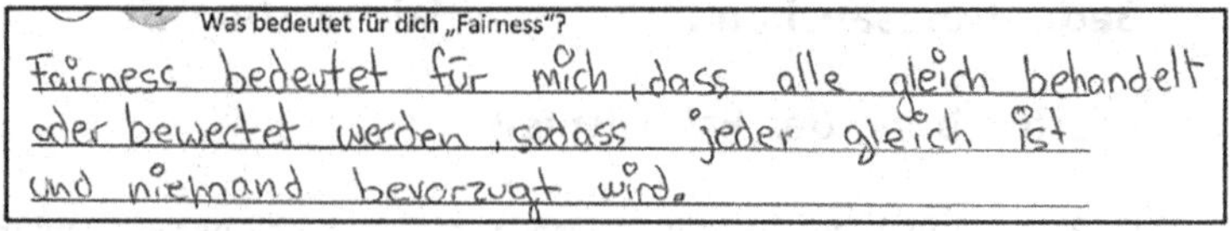

> Was bedeutet für dich „Fairness"?
>
> Fairness bedeutet für mich, dass alle gleich behandelt oder bewertet werden, sodass jeder gleich ist und niemand bevorzugt wird.

Abb. 3 Antwort zu 2) von Ardelin im Präfragebogen

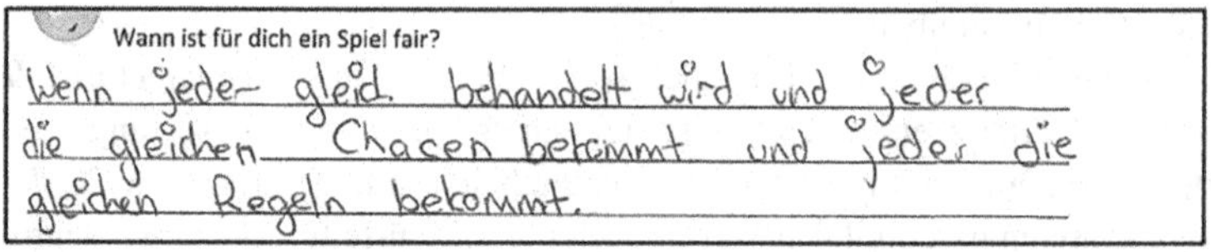

> Wann ist für dich ein Spiel fair?
>
> Wenn jeder gleich behandelt wird und jeder die gleichen Chancen bekommt und jeder die gleichen Regeln bekommt.

Abb. 4 Antwort zu 3) von Ardelin im Präfragebogen

es gibt faire und unfaire Glückspiele. Anschließend wird Ardelin danach gefragt: „Was bedeutet für dich ‚Fairness'?". Die Schülerin hält dazu fest, „dass alle gleich behandelt oder bewertet werden, sodass jeder gleich ist und niemand bevorzugt wird" (vgl. Abb. 3).

Die Schülerin macht ihren Fairnessbegriff am Umgang mit unbestimmten Personen („jeder" und „niemand") fest. Sie referenziert also auf (ihre) Mitspieler. Ihren Fairnessbegriff soll Ardelin nun auf ein Spiel beziehen. Sie wird gefragt: „Wann ist für dich ein Spiel fair?". Die Schülerin hält fest, „wenn jeder gleich behandelt wird und jeder die gleichen Chancen bekommt und jeder die gleichen Regeln bekommt" (vgl. Abb. 4).

Ardelin bleibt bei der Referenz („jeder") und betont dabei, dass „jeder die gleichen Chancen bekommt" und „jeder die gleichen Regeln bekommt" (vgl. Abb. 4). Die Schülerin macht ein faires Spiel somit einmal an einem Spielkontext fest, in dem „die gleichen Regeln" gelten. Auch verbindet sie ein faires Spiel mit „gleichen Chancen" und letztlich nennt sie die Spieler, „jeder", die „gleich behandelt" werden sollen. Als Ardelin in der 4. Frage des Präfragebogens nach ihrer Meinung gefragt wird: „Ist Zufall fair? Begründe deine Meinung.", macht die Schülerin dies zunächst an der Gewinnchance eines Spiels fest. „Wenn die Chance zu gewinnen und zu verlieren gleich groß ist, dann ist es fair" (vgl. Abb. 5). Gleichzeitig verweist Ardelin auch wieder auf die Spieler, indem sie festhält: „Es kommt auch darauf an, ob die Person weiß, dass es Zufall ist."

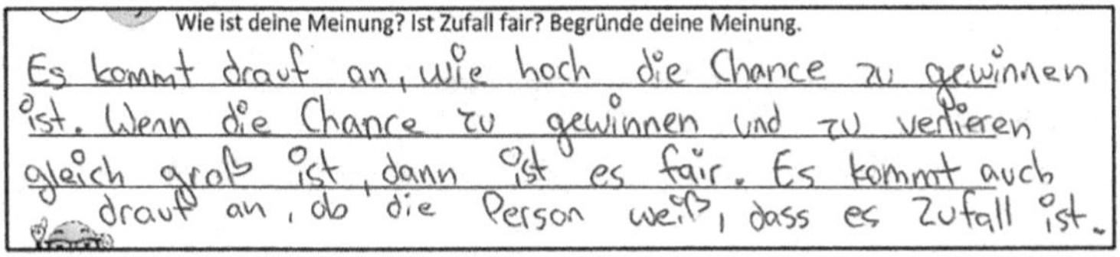

Wie ist deine Meinung? Ist Zufall fair? Begründe deine Meinung.

Es kommt drauf an, wie hoch die Chance zu gewinnen ist. Wenn die Chance zu gewinnen und zu verlieren gleich groß ist, dann ist es fair. Es kommt auch drauf an, ob die Person weiß, dass es Zufall ist.

Abb. 5 Antwort zu 4) von Ardelin im Präfragebogen

Die Schülerin unterscheidet in ihren Antworten somit zwischen Spiel, beteiligten Personen (Mitspielern) und der Gewinnchance des Spiels.

An dieser Stelle wollen wir auf die Ergebnisse des Bearbeitungsbogens der Schülerin eingehen. Ardelin hat einen 3D-gedruckten Würfelturm erstellt und im weiteren Verlauf der Lerneinheit ausprobiert (vgl. Abb. 6). In der Abb. 6 ist der 3D-gedruckte Würfelturm zu sehen. Ardelin hat einige schräge Ebenen (die Schülerin selbst schreibt „Stufen") im Innern des Würfelturms konstruiert und weiterhin eine Würfelturmwand, die im Nachhinein mit Klebeband am restlichen Würfelturm angebracht werden soll. Die Schülerin erklärte in der Unterrichtssituation, dass sie die Würfelturmwand nur mit Klebeband befestigen wollte, da sie kontrollieren wollte, wie der Würfel entlang der schrägen Ebenen rollt.

Auf ihrem Bearbeitungsbogen beschreibt die Schülerin bzgl. der Kriterien, die für ihren Würfelturm gelten sollen: „Er muss fair sein" und „Er muss immer mit der 1 von oben fallen gelassen werden und mehr von diesen Stufen geben" (vgl. Abb. 7).

Bei „Er muss fair sein" gibt es verschiedene Möglichkeiten, was Ardelin mit „Er" an dieser Stelle meinen könnte. Sie könnte den Würfelturm meinen, der

Abb. 6 3D-gedruckter Würfelturm und dazugehörige Skizze von Ardelin

Aufgabenstellung:

a) Notiert zuerst Kriterien, die euer Würfelturm erfüllen soll (Seid hierbei möglichst kreativ!).

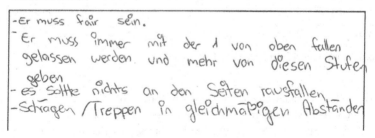

Abb. 7 Ergebnis Aufgaben a) des Bearbeitungsbogens von Ardelin

besonders „fair" konstruiert sein muss. Sie könnte mit „Er" auch einen Würfel meinen, wie z. B. bei „Er muss immer mit der 1 von oben fallen gelassen werden" (vgl. Abb. 7) oder Ardelin meint das Spiel mit dem Würfelturm, welches fair sein muss. In diesem Sinne scheinen an dieser Stelle drei Begriffe von „fair" unterscheidbar. (1) Ein Glücksspiel kann fair sein, in dem Sinne, dass die Regeln fair sind, (2) das Verhalten einer Person kann fair sein, in dem Sinne, dass er oder sie (in gewissem Sinne) *anständig* ist und (3) ein Würfelturm kann fair sein, in dem Sinne, dass ein Würfel, der z. B. Stufen hinunterrollt, zufällige Ergebnisse zeigt (Abschn. 3.2.2 Ein Würfelturm).

Das empirische Objekt, auf welches sich Ardelin an dieser Stelle bezieht, ist der 3D-gedruckte Würfelturm. Für das Spiel mit dem Würfelturm sollen weiterhin besondere Regel festgehalten werden, wie, „Er [der Würfel] muss immer mit der 1 von oben [in den Würfelturm] fallen gelassen werden", es muss „mehr von diesen Stufen geben", die „in gleichmäßigen Abständen" angebracht werden sollen und letztlich gilt, „es sollte nichts an den Seiten rausfallen" (vgl. Abb. 7).

Am Beispiel des 3D-gedruckten Würfelturms, als empirisches Objekt, argumentiert Ardelin, wie dieser für ein faires Spielen gestaltet sein muss. Dafür hält sie zunächst fest, dass das Spiel fair sein muss und formuliert anschließend gleichzeitig, welche Regeln gelten müssen.

Ihre Auffassung beschreibt Ardelin auch noch einmal in ihrem stummen Schreibgespräch (vgl. Abb. 8). Ardelin beschreibt hier eine „gerechte Chance […], also, […] gleiche Chance" – sie gebraucht die beiden Ausdrücke wohl synonym – mit „gleichen Regeln und Voraussetzungen". Dies argumentiert sie

Fairness   Name: ___Ardelin (Name geändert)___

♦ Ergänze den folgenden Satzanfang. Erkläre Deine Aussage ausführlich.
   Verwende dazu ein Beispiel.

♦ Fairness ist für mich

Fairness ist für mich, wenn eine gerechte Chance besteht zu gewinnen, also, wenn jeder Beteiligte die gleiche Chance hat und jeder die gleichen Regeln und Voraussetzungen hat. Ein Beispiel ist ein Würfelspiel. Fair ist es, wenn jeder Mitspieler den selben Würfel hat und die gleiche Chance besteht zu Gewinnen. z.B. wenn Leute ausmachen, dass der eine bei geraden Zahlen gewinnt und der andere bei ungeraden Zahlen gewinnt, dann hat jeder die gleiche Chance zu gewinnen. Wenn man aber sagt, dass der eine bei der Zahl 6 gewinnt und der andere bei den anderen Zahlen ist die Chance nicht mehr gleich und auch nicht fair, da die Chance höher ist keine 6 zu bekommen.

Abb. 8 Stummes Schreibgespräch „Fairnessbegriff" von Ardelin

mithilfe der intendierten Anwendungen „Würfelspiel" und „Glücksspiel: Gerade – ungerade" – als intendierte Anwendungen der Schülertheorie über Glücksspiele. Als empirisches Objekt für die intendierte Anwendung Würfelspiel kann dabei der Würfel angesehen werden. Ardelin betont hier, dass „jeder Mitspieler den selben Würfel" (vgl. Abb. 8) haben soll.

In Bezug auf die Theorie der Gerechtigkeit von Glücksspielen ist das „Glücksspiel: Gerade – ungerade" eine intendierte Anwendung mit geraden und ungeraden Zahlen als Ausfälle eines Zufallsversuchs. Die Schülerin nennt an dieser Stelle ein Gegenbeispiel, welches sie entweder auf die intendierte Anwendung Würfelspiel oder auf ein anderes Glücksspiel bezieht: „Wenn man aber sagt, dass der eine bei der Zahl 6 gewinnt und der andere bei den anderen Zahlen ist die Chance nicht mehr gleich und auch nicht fair, da die Chance höher ist keine 6 zu bekommen". Gehen wir von der intendierten Anwendung Würfelspiel aus (wo „der eine bei der Zahl 6 gewinnt und der andere bei den anderen Zahlen"), kann der Würfel als empirisches Objekt gesehen werden, an dem Ardelin ihr Gegenbeispiel zur „gleichen Chance" erläutert.

Auch wird hier an dem stummen Schreibgespräch (vgl. Abb. 8) der Schülerin deutlich, dass sie sich in ihrer Bedeutungsaushandlung zum Fairnessbegriff am Spielkontext orientiert. Die intendierten Anwendungen in Bezug auf die Theorie der Gerechtigkeit von Glücksspielen der Schülerin sind Glücksspiele wie „Würfelspiel" (mit oder ohne 3D-gedrucktem Würfelturm) oder „gerade – ungerade". Dem Fairnessbegriff gibt Ardelin dabei im Spielkontext eine Bedeutung. Ob ein Spiel fair ist, entscheidet sich für die Schülerin an diesem Spielkontext, mit den zugehörigen Regeln und „Voraussetzung" (vgl. Abb. 8), wie bspw., dass „jeder Mitspieler den selben Würfel" (vgl. Abb. 8) hat. Zu erwähnen ist auch, dass Ardelin bei ihren Beispielen wohl stillschweigend davon ausgeht, dass jeder Spieler denselben Einsatz zahlt.

In dem nachfolgenden Abschn. 4.1.2 wollen wir auf eine weitere Schlüsselszene unseres Fallbeispiels und die Ergebnisse des Schülers Lukas (Name geändert) eingehen.

4.1.2 Faires Spielen – der Schüler Lukas

Lukas (16 Jahre) gibt im Präfragebogen auf die Frage: „Was verstehst du unter einem Glücksspiel" als Antwort: „Bei einem Glücksspiel gibt es meist eine geringe Chance zu gewinnen und wenn man gewinnt hat man Glück gehabt". Der Schüler bezieht sich in seiner Antwort auf eine „Chance". Diese Chance ist seiner Meinung nach im Glücksspiel „meist eine geringe" (vgl. Abb. 9).

Gleichzeitig wird ein Gewinnen des Glücksspiels eben mit „Glück haben" in Verbindung gebracht. Anschließend wird Lukas im Präfragebogen nach seinem Fairnessbegriff gefragt: „Was bedeutet für dich ‚Fairness'". Der Schüler beschreibt dabei zunächst, dass Fairness für ihn bedeutet, „Wenn jeder die selben Bedingungen hat" (vgl. Abb. 10). Gleichzeitig betont der Schüler, dass gilt, dass „man nichts verfälscht oder dem anderen z. B. bei Poker in die Karten guckt" (vgl. Abb. 10).

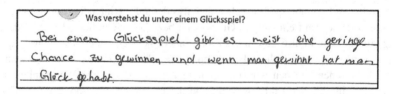

Abb. 9 Antwort zu 1) von Lukas im Präfragebogen

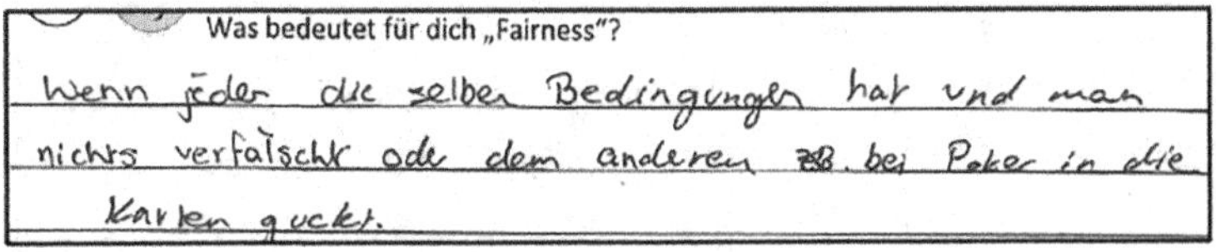

Abb. 10 Antwort zu 2) von Lukas im Präfragebogen

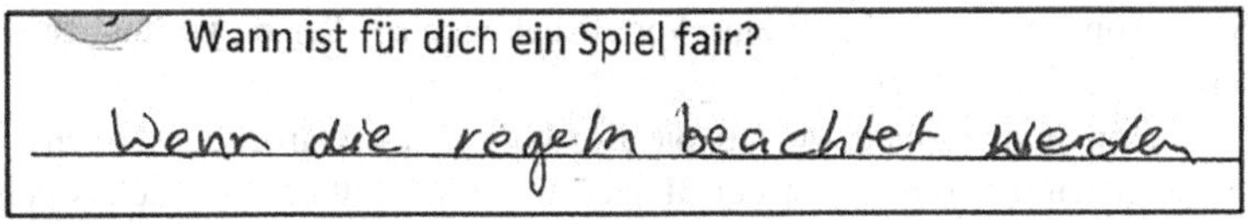

Abb. 11 Antwort zu 3) von Lukas im Präfragebogen

Lukas geht somit zum einen von den „selben Bedingungen" (vgl. Abb. 10) aus, die gelten sollen und zum anderen von Personen, die sich nach bestimmten Regeln verhalten („nicht verfälscht oder dem anderen z. B. bei Poker in die Karten guckt", vgl. Abb. 10). Anschließend soll der Schüler seinen Fairnessbegriff auf ein Spiel beziehen. Lukas wird im Präfragebogen gefragt: „Wann ist für dich ein Spiel fair?". Der Schüler antwortet darauf, „Wenn die regeln beachtet werden" (vgl. Abb. 11).

Lukas geht an dieser Stelle von den handelnden Personen, den Mitspielern aus. Er betrachtet nicht *das Spiel,* sondern das *Spielen* und eben die Handlungen der Personen, die die Regeln beim Spielen beachten sollen (vgl. Abb. 11). Ein faires Spiel entscheidet sich für den Schüler z. B. nicht an den Regeln, die im Vorhinein aufgestellt werden, sondern daran, ob diese beachtet werden. Das Verhalten von Lukas kann so beschrieben werden, dass er auf ein faires Spielen weist.[2]

Lukas wird weiterhin gefragt, „Ist Zufall fair? Begründe Deine Meinung". Hier gibt der Schüler an, dass Zufall fair ist „da man sich keinen Vorteil gegenüber den anderen verschaffen kann und das Ergebnis immer ein anderes sein kann" (vgl. Abb. 12).

Auch an dieser Antwort wird deutlich, dass der Schüler wohl fair mit den handelnden Personen in Verbindung bringt. Es kann beschrieben werden, dass

---

[2] Dies kann somit als ein Kontext beschrieben werden, in dem man sagt: Das Fußballspiel 1. FC Köln gegen Bayer Leverkusen war fair. Dann gab es wenige Fouls.

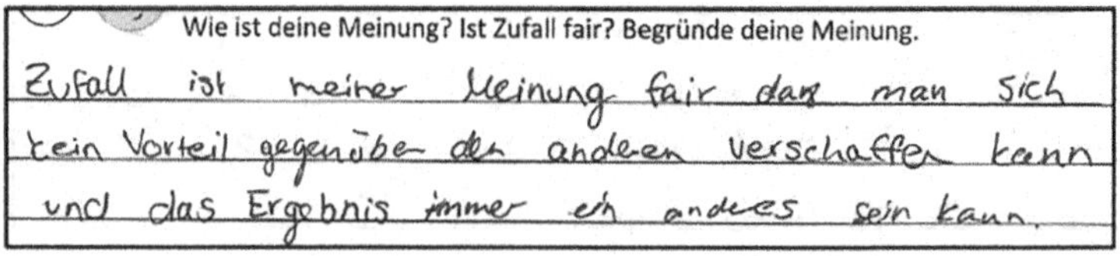

Wie ist deine Meinung? Ist Zufall fair? Begründe deine Meinung.

Zufall ist meiner Meinung fair das man sich
kein Vorteil gegenüber den anderen verschaffen kann
und das Ergebnis immer eh anderes sein kann.

Abb. 12 Antwort zu 4) von Lukas im Präfragebogen

im Sinne von Lukas der Zufall eine Vorteilsnahme einer Person gegenüber einer
weiteren Person verhindern kann.

An dieser Stelle wollen wir auf die Ergebnisse des Bearbeitungsbogens von
Lukas eingehen. In Abb. 13 ist der 3D-gedruckte Würfelturm von Lukas dargestellt. Da bei der Konstruktion die Tiefe zu gering gewählt wurde, musste mit
Klebeband gearbeitet werden, um den Würfelturm im Nachhinein zu stabilisie-
ren. Das empirische Objekt des Würfelturms enthält schiefe Ebenen im Inneren,
als auch ein Fach, in das der Würfel anschließend rollt.

Lukas beschreibt für das Objekt des Würfelturms verschiedene Kriterien: „Der
Würfel muss runterfallen", „der Würfel muss rauskommen/gepackt werden" und
„nicht beeinflussbar sein" (vgl. Abb. 14). Das empirische Objekt, das Lukas
beschreibt und mit welchem er argumentiert ist ein Würfel.

Auch die Kriterien des Würfelturms macht Lukas an dem Verhalten eines Wür-
fels fest. Die intendierte Anwendung, die hier beschrieben werden kann, ist das
Glücksspiel „Würfelspiel". Wichtig ist für den Schüler dabei auch, dass „Nicht-
Beinflussbar-Sein". An dieser Stelle geht Lukas von den handelnden Personen

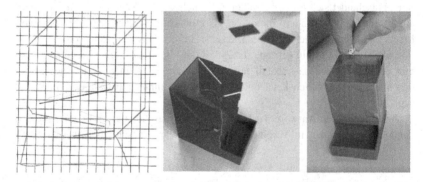

Abb. 13 3D-gedruckter Würfelturm und dazugehörige Skizze von Lukas

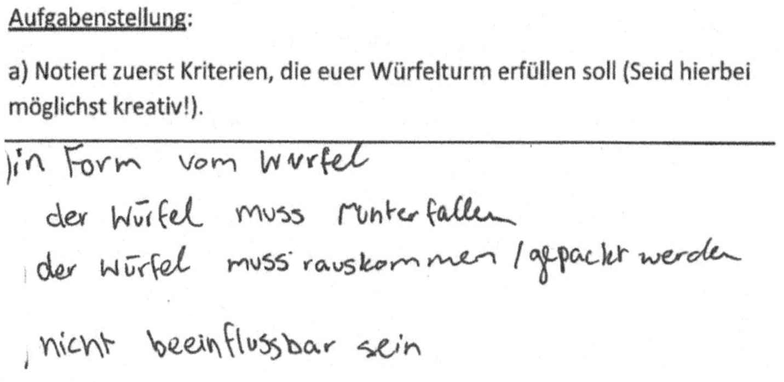

<u>Aufgabenstellung:</u>

a) Notiert zuerst Kriterien, die euer Würfelturm erfüllen soll (Seid hierbei möglichst kreativ!).

)in Form vom Würfel

der Würfel muss runterfallen

der Würfel muss rauskommen / gepackt werden

, nicht beeinflussbar sein

Abb. 14 Ergebnis Aufgabe a) des Bearbeitungsbogens von Lukas

aus. Der Schüler beschreibt, dass es beim Spielen nicht möglich sein soll Einfluss auf das empirische Objekt des Würfels zu nehmen.

An dieser Stelle möchten wir auch auf Lukas stummes Schreibgespräch eingehen. Der Schüler soll noch einmal zusammenfassen, was für ihn Fairness ist. Zunächst hält Lukas fest, „Wenn jeder die selben Voraussetzungen hat um ein Spiel zu gewinnen" (vgl. Abb. 15). An dieser Stelle hat es den Anschein, als würde der Schüler von einer Spielsituation ausgehen, wo „jeder die selben Voraussetzungen" (vgl. Abb. 15) und Regeln hat. Z. B. auch, wenn der Schüler festhält, „der Würfel sollte die Zahlen 1–6 haben" (vgl. Abb. 15). Weiterhin beschreibt Lukas einen „Einfluss eines Spielers" (vgl. Abb. 15) auf eine Spielsituation. Dabei beschreibt der Schüler, wie gespielt wird. Z. B. kann ein Mitspieler mit einem empirischen Objekt des Würfelturms „keine bestimmte Wurftechnik oder einen gezinkten Würfel verwenden" (vgl. Abb. 15), um sich einen Vorteil zu verschaffen. Lukas hält in dem stummen Schreibgespräch weiterhin fest, dass „der Würfel [durch] die Ebenen mehrmals die Position ändert und es so nicht möglich ist von außen einen Einfluss zu wirken" (vgl. Abb. 15).

Für Lukas können wir beschreiben, dass er von der intendierten Anwendung „Würfelspiel" ausgeht und seinem Fairnessbegriff an dem empirischen Objekt des Würfels eine Bedeutung zuweist. Der 3D-gedruckte Würfelturm ist dabei ein empirisches Objekt, welches in die Spielsituation integriert werden kann, um *fair zu spielen*. Für Lukas können wir an dieser Stelle darstellen, dass er von einem *fairen Spielen* ausgeht, mit der intendierten Anwendung „Würfelspiel" in Bezug auf seine Theorie der Gerechtigkeit von Glücksspielen. Gleichzeitig scheint Lukas mit den Antworten „Wenn jeder die selben Voraussetzungen hat um ein Spiel zu

Fairness   Name: Lukas (Name geändert)

• Ergänze den folgenden Satzanfang. Erkläre Deine Aussage ausführlich.
  Verwende dazu ein Beispiel.

• Fairness ist für mich

_Wenn___ jeder___ die___ selben___ Voraussetzungen___ hat___ um___ ein___
_Spiel___ zu gewinnen. Das___ durch___ Einfluss___ eines___ Spielers___ das_____
_Ergebnis___ nicht___ nach___ seinem___ Belieben___ ausgeht___ und___ alle_____
_eine___ Chance___ haben___ zu___ gewinnen___ zB. ein___ Würfelturm___ da man_
_keine___ bestimmte Wurftechnik___ oder___ einen___ gezinkten___ Würfel___ verwenden_
_kann___ und___ durch die___ Ebenen (der___ Würfel) mehrmals___ die___ Position_
_ändert und___ es___ so___ nicht___ möglich___ ist___ von___ außen___ einen___ Einfluss_
_zu___ wirken. Außerdem___ sollte___ der___ Würfel die___ Zahlen___ 1-6___ haben_____

Abb. 15 Stummes Schreibgespräch „Fairnessbegriff" von Lukas

gewinnen" und „Außerdem sollte der Würfel die Zahlen 1–6 haben" auch gewisse
Regeln festzulegen. Diese Regeln können sowohl für ein faires Spiel als auch
für ein faires Spielen festgehalten werden. An dieser Stelle könnte Lukas somit
sowohl an ein *faires Spiel* als auch an ein *faires Spielen* gedacht haben.
   Im nachfolgenden Abschn. 4.2 wollen wir die Beschreibung unseres Fallbeispiels noch einmal zusammenfassend diskutieren.

4.2   Zusammenfassende Diskussion

In diesem Abschnitt wollen wir die Beschreibung unseres Fallbeispiels entlang
der betrachteten Schlüsselszenen und in Bezug zu unseren beiden Forschungsfragen (im Sinne unserer multiple-instrumental Case Study, Stake, 1995) noch
einmal diskutieren.

1. *Welche Auffassung entwickeln Schüler*innen unseres Fallbeispiels zum Fairnessbegriff?*
   Wir können für Ardelin (Abschn. 4.1.1 faires Spiel) beschreiben, dass sie sich
   so verhält, als entwickelte sie in der Lerneinheit eine empirische Auffassung,

eine empirische Theorie über die Gerechtigkeit von Glücksspielen (weiter). Dabei nutzt die Schülerin immer wieder Worte wie „Chance" und „gleiche Chance" (vgl. Abb. 3 und 7), womit eine Verbindung zur Wahrscheinlichkeitsrechnung vermutet werden kann. Das wäre nicht verwunderlich, denn bis „heute [nicht von Anfang an!] ist die Wahrscheinlichkeitstheorie aber die zur Beurteilung der Fairneß [sic.] von Glücksspielen maßgebliche Theorie geblieben" (Burscheid & Struve, 2020a, S. 22). Im Bezug zu einem fairen Spiel lassen sich für die Schülerin – in Bezug auf ihre Theorie zur Gerechtigkeit von Glücksspielen – die intendierten Anwendungen „Würfelspiel" und „Glücksspiel: Gerade – ungerade" beschreiben. Die „gleichen Regeln und Voraussetzungen" (vgl. Abb. 7) („Er [der Würfel] muss immer mit der 1 von oben [in den Würfelturm] fallen gelassen werden", es muss „mehr von diesen Stufen geben", die „in gleichmäßigen Abständen" angebracht werden sollen und letztlich gilt, „es sollte nichts an den Seiten rausfallen", vgl. Abb. 7), die im Sinne der Schülerin für ein faires Spiel gelten, macht Ardelin an empirischen Objekten wie dem 3D-gedruckten Würfelturm oder einem Spielwürfel fest. Für ein faires Spiel betont Ardelin dabei, dass „jeder Mitspieler den selben Würfel" (vgl. Abb. 7) haben soll. Die Schülerin orientiert sich in ihrer Bedeutungsaushandlung zum Fairnessbegriff am Spielkontext und sie gibt ihrem Fairnessbegriff dabei in diesem anwendungsbezogenen Spielkontext eine Bedeutung. Ob ein Spiel fair ist, entscheidend sich für die Schülerin an diesem Spielkontext, mit den zugehörigen Regeln und „Voraussetzung" (vgl. Abb. 7), wie bspw., dass „jeder Mitspieler den selben Würfel" (vgl. Abb. 7) hat.

Für Lukas (4.1.2 faires Spielen) können wir beschreiben, dass er sich so verhält, als habe er eine empirische Auffassung, eine empirische Theorie über die Gerechtigkeit von Glücksspielen entwickelt. Für Lukas könnten zudem zwei verschiedene empirische Theorien unterschieden werden. Zum einen können wir für Lukas beschreiben, dass er im obigen Sinne eine Theorie über die Gerechtigkeit von Glücksspielen (ein Glücksspiel ist fair, wenn für alle Spieler der Erwartungswert ihres Gewinns gleich ihrem Einsatz ist) entwickelt hat und zum anderen wohl eine Theorie über faires Verhalten von Personen bei Glücksspielen. Das sind verschiedene Theorien; denn für Lukas verhalten sich Spieler fair, wenn sich an die Spielregeln halten – auch wenn diese unfair sind (bspw. „Wenn die regeln beachtet werden", vgl. Abb. 10; „keine bestimmte Wurftechnik oder einen gezinkten Würfel verwenden", vgl. Abb. 14).

In Bezug zu einem *fairen Spielen* lässt sich für den Schüler dabei die intendierte Anwendung „Würfelspiel" beschreiben. Für ein *faires Spielen* betont

Lukas dabei, wie gespielt wird, z. B., dass ein Mitspieler mit einem empirischen Objekt des Würfelturms „keine bestimmte Wurftechnik oder einen gezinkten Würfel verwenden" (vgl. Abb. 14) kann, um sich einen Vorteil beim Spielen zu verschaffen. Seinem Fairnessbegriff weist Lukas dabei an dem Objekt des Würfels eine Bedeutung zu. Gleichzeitig wird der 3D-gedruckte Würfelturm als ein empirisches Objekt in seine Schülertheorie integriert, welche in die Spielsituation passen kann, um *fair zu spielen*. Interessant wäre es im Weiteren zu untersuchen, ob und wie die beiden Theorien (Gerechtigkeit von Glücksspielen und faires Verhalten von Personen bei Glücksspielen) zusammenhängen.

Der Begriff von Fairness wird in Verbindung mit dem Erwartungswert gesehen, wie bspw. bei Christian Huygens, der den Begriff Erwartung im Sinne von Fairness als „Gleiche Erwartung herrscht in einem fairen Spiel" (zitiert nach Gigerenzer & Krüger, 1999, S. 23) definiert. Auch Burscheid und Struve (2020a) machen mit historischem Bezug deutlich, dass sich der für die Wahrscheinlichkeitstheorie grundlegende Begriff des Erwartungswerts „nicht innerhalb einer formalen Theorie entwickelt [hat,] sondern innerhalb eines anwendungsbezogenen Kontextes: eben der Frage nach der Fairneß von Glücksspielen" (Burscheid & Struve, 2020a, S. 22).[3] Der Erwartungswert kann dabei als ein theoretischer Begriff identifiziert und beschrieben werden. Ardelin entscheidet, ob ein Spiel fair ist, entlang der Gewinnchance (und der Gewinnerwartung) der Mitspieler in der Spielsituation. Dabei erhält der Fairnessbegriff für sie in diesem Kontext eine Bedeutung. In der Theorie der Gerechtigkeit von Glücksspielen wird der Fairnessbegriff in Verbindung zum Erwartungswert (fairer Erwartungswert) als ein theoretischer Begriff beschrieben (Burscheid & Struve, 2020b), auch in Bezug zu der beschriebenen empirischen Schülertheorie über die Fairness von Glücksspielen kann dieser als theoretisch angesehen werden.

Für unsere zweite Forschungsfragen ist auch die Diskussion unserer 1. Forschungsfrage relevant.

---

[3] Mit Burscheid und Struve (2020b) können wir festhalten, dass sowohl *fairer Einsatz,* als auch *fairer Erwartungswert* theoretische Begriffe sind. Dies können wir auch in den Untersuchungsergebnissen unseres Fallbeispiels wiederfinden. Weiterhin erscheint dies gleichzeitig auch intuitiv verständlich, denn *Fairness* – bzw. *faire Einsätze, faire Erwartungswerte* für Gewinne – ist ein normativer Begriff, den man nicht irgendwo vorfindet. Ein entsprechender Begriff ist z. B. auch *gerechte Gesellschaftsordnung.* Was eine *gerechte Gesellschaftsordnung* ist, darüber kann man sich streiten. Damit ist anzumerken, dass die Theorie der Gerechtigkeit in diesem Sinne eigentlich keine empirische Theorie, sondern eine normative Theorie ist (Burscheid & Struve, 2020b).

2. *Inwiefern können (Schüler*innen-)Theorien zum Fairnessbegriff im Umgang mit dem 3D-gedruckten Würfelturm (weiter-)entwickelt werden?*
Ardelin scheint den Würfelturm als eine (weitere) Möglichkeit des Würfelwurfs in ihre Schülertheorie über die Gerechtigkeit von Glücksspielen hinzuzunehmen. Der 3D-gedruckte Würfelturm ist dabei für die Schülerin nicht ausschlaggebend um in einer Glücksspielsituation (wie bspw. dem „Würfelspiel") zu entscheiden, ob ein faires Spiel vorherrscht. Der 3D-gedruckte Würfelturm in der vertiefenden Lerneinheit zur Bedeutungsaushandlung des Fairnessbegriffs wird von der betrachteten Schülerin als eine weitere Würfelwurfmöglichkeit in ihre empirische Theorie integriert und damit ihr Wissen über Würfelwurfmöglichkeiten erweitert.
Lukas hingegen integriert den 3D-gedruckten Würfelturm als empirisches Objekt in seine Schülertheorie. In Bezug zu seiner Bedeutungsaushandlung zum Fairnessbegriff im Spielkontext – faires Spielen – kann der 3D-gedruckte Würfelturm eine Möglichkeit sein, Mitspieler an unfairem Spielen zu hindern. Denn es kann verhindert werden, „von außen einen Einfluss zu wirken" (vgl. Abb. 14). Ein faires Spielen wird somit durch das empirische Objekt des Würfelturms weiterentwickelt. Lukas integriert den Würfelturm als Objekt in seine empirische Schülertheorie und erweitert diese damit durch ein weiteres empirisches Objekt. Lukas vertieft dabei seine Vorstellung über faires Spielen.

5   Fazit

Der Fairnessbegriff kann in der Wahrscheinlichkeitstheorie und in Verbindung zum Erwartungswert (in Bezug zu unserem Fallbeispiel) als epistemologische Hürde (Sierpinska, 1992) ausgemacht werden. Hier lassen sich im Sinne der Ausführungen von Burscheid und Struve (2020b) auch auf erkenntnistheoretischer Ebene Parallelen zur historischen Entwicklung der Wahrscheinlichkeitsrechnung ausmachen.
Mit einer Bedeutungsentwicklung des Fairnessbegriffs, als theoretischer Begriff in Bezug auf eine (schulische) Wahrscheinlichkeitstheorie, sind im Mathematikunterricht daher besondere Herausforderungen verbunden. In der praktischen Anwendung (schulischer Wahrscheinlichkeitsrechnung) sollte nicht nur Zeit für die Bedeutungsentwicklung des Fairnessbegriffs gegeben werden, sondern dieser in Spielsituation z. B. im Sinne eines *fairen Spiels* und eines *fairen Spielens* thematisiert werden. Diesem Impuls soll auch in weitergehenden Untersuchungen nachgegangen werden und überlegt werden, ob und wie

beide Theorien zur Gerechtigkeit von Glücksspielen und zu fairem Verhalten von Personen bei Glücksspielen zusammenhängen.

Danksagung Ein besonderer Dank gilt Prof. Dr. Ingo Witzke und Emeritus Prof. Dr. Horst Struve für die wertvollen Hinweise und Begleitung des Prozesses.

Literatur

Balzer, W. (1982). *Empirische Theorien: Modelle – Strukturen – Beispiele. Die Grundzüge der modernen Wissenschaftstheorie.* Vieweg.

Balzer, W., & Moulines, C. U. (1996). *Structuralist theory of science – focal issues, new results.* De Gruyter.

Balzer, W., Sneed, J. D., & Moulines, C. U. (2000). *Structuralist Knowledge Representation. Paradigmatic Examples. Poznań Studies in the Philosophy of the Sciences and the Humanities.* Rodopi.

Bauersfeld, H. (1983). Subjektive Erfahrungsbereiche als Grundlage einer Interaktionstheorie des Mathematiklernens und -lehrens. In H. Bauersfeld (Hrsg.), *Untersuchungen zum Mathematikunterricht: Bd. 6. Lernen und Lehren von Mathematik* (S. 1–56). Aulis Verlag Deubner & CO KG.

Burscheid, H. J., & Struve, H. (2020a). *Mathematikdidaktik in Rekonstruktionen. Bd. 1: Grundlegung von Unterrichtsinhalten.* Springer. https://doi.org/10.1007/978-3-658-294 52-6

Burscheid, H. J., & Struve, H. (2020b). *Mathematikdidaktik in Rekonstruktionen Bd. 2: Didaktische Konzeptionen und mathematikhistorische Theorien.* Springer

Cobbett, R. (2008). A dice tower from richborough. *Britannia, 39,* 219–235. https://doi.org/10.3815/00681308785917169

Coles, A. (2015). On enactivism and language: Towards a methodology for studying talk in mathematics classrooms. *ZDM Mathematics Education, 47,* 235–246. https://doi.org/10.1007/s11858-014-0630-y

DAMALS.de (2011, 18. August). *Geschichte(n) ausgestellt (Serie, Teil 3). Römer und Kelten im Museum.* https://www.wissenschaft.de/magazin/weitere-themen/roemer-und-kel ten-im-museum/

Dänzer S. (2016) Fairness. In Goppel A., Mieth C., Neuhäuser C. (eds) Handbuch Gerechtigkeit. J.B. Metzler. https://doi.org/10.1007/978-3-476-05345-9_27

Dilling F., Marx B., Pielsticker F., Vogler A. & Witzke I. (2021). *Praxishandbuch 3D-Druck im Mathematikunterricht. Einführung und Unterrichtsentwürfe für die Sekundarstufen I und II.* Waxmann.

Duden online (2021) *Fairness,* die. https://www.duden.de/rechtschreibung/Fairness

Feller, W. (1968). *An introduction to probability theory and its applications.* Wiley.

Gigerenzer, G., & Krüger, C. (1999). *Das Reich des Zufalls.* Spektrum Akademischer Verlag.

Gopnik, A. (2003). *The theory theory as an alternative to the innateness hypothesis.* In L.M. Antony, & N. Hornstein (Hrsg.), *Chomsky and His Critics* (S. 238–254). Blackwell. https://doi.org/10.1002/9780470690024.ch10

Hefendehl-Hebeker, L. (2016). Mathematische Wissensbildung in Schule und Hochschule. In A. Hoppenbrock, R. Biehler, R. Hochmuth & H.-G. Rück (Hrsg.), *Lehren und Lernen von Mathematik in der Studieneingangsphase: Herausforderungen und Lösungsansätze* (S. 15–32). Springer Spektrum. https://doi.org/10.1007/978-3-658-10261-6

Krummheuer, G. (1984). Zur unterrichtsmethodischen Dimension von Rahmungsprozessen. *Journal für Mathematik-Didaktik, 84*(4), 285–306. https://doi.org/10.1007/BF03339250

Krüger, K., Sill, H.-D., & Sikora, C. (2015). *Didaktik der Stochastik in der Sekundarstufe I.* Springer. https://doi.org/10.1007/978-3-662-43355-3

Möbius, K. (2018, 13. November). *Ist Gerechtigkeit angeboren oder anerzogen?* https://www.mdr.de/wissen/mensch-alltag/gerechtigkeit-ist-angeboren-und-anerzogen-100.html

Pielsticker, F. (2020). *Mathematische Wissensentwicklungsprozesse von Schülerinnen und Schülern: Fallstudien zu empirisch-orientiertem Mathematikunterricht mit 3D-Druck.* Springer Spektrum. https://doi.org/10.1007/978-3-658-29949-1

Pielsticker, F., & Witzke, I. (2022, online first). Erkenntnisse zur Beschreibung des aktivierten mathematischen Wissens in empirischen Kontexten an einem Beispiel aus der Wahrscheinlichkeitstheorie. *mathematica didactica, 45*(1). http://www.mathematica-didactica.com/Pub/md_2021/md2021_Pielsticker_Witzke_Modellierung.pdf

Schiffer, K. (2019). *Probleme beim Übergang von Arithmetik zu Algebra.* Springer. https://doi.org/10.1007/978-3-658-27777-2

Schlicht, S. (2016). *Zur Entwicklung des Mengen- und Zahlbegriffs.* Springer. https://doi.org/10.1007/978-3-658-15397-7

Schoenfeld, A. (1985). *Mathematical problem solving.* Academic.

Stake, R. E. (1995). *The art of case study research.* Sage.

Stegmüller, W. (1985). *Probleme und Resultate der Wissenschaftstheorie und Analytischen Philosophie, Bd. II (Theorie und Erfahrung).* Springer.

Steinbring, H. (2015). Mathematical interaction shaped by communication, epistemological constraints and enactivism. *ZDM Mathematics Education, 47,* 281–293. https://doi.org/10.1007/s11858-014-0629-4

Sierpinska, A. (1992). On understanding the notion of function. In G. Harel, & E. Dubinsky (Hrsg.), *The Concept of Function: Aspects of Epitemology and Pedagogy* (S. 25–28). Mathematical Association of America (MAA).

Stoffels, G. (2020). *(Re-)konstruktion von Erfahrungsbereichen bei Übergängen von empirisch-gegenständlichen zu formal-abstrakten Auffassungen theoretisch grundlegen, historisch reflektieren und beim Übergang Schule -Hochschule anwenden.* universi.

Struve, H. (1990). *Grundlagen einer Geometriedidaktik.* BI-Wissenschaftsverlag.

Voigt, J. (1984). *Interaktionsmuster und Routinen im Mathematikunterricht.* Beltz.

Witzke, I. (2009). *Die Entwicklung des Leibnizschen Calculus. Eine Fallstudie zur Theorieentwicklung in der Mathematik.* Franzbecker.

Witzke, I., & Hoffart, E. (2018). 3D-Drucker: Eine Idee für den Mathematikunterricht? Mathematikdidaktische Perspektiven auf ein neues Medium für den Unterricht. *Beiträge zum Mathematikunterricht, 2018,* 2015–2018.

Witzke, I. (2019). Epistemological beliefs about mathematics – challenges and chances for mathematical learning: back to the future. *ESU-8 Proceedings*, 195–205. https://skriftser ien.oslomet.no/index.php/skriftserien/article/view/664/179

Witzke, I., & Heitzer, J. (2019). 3D-Druck: Chance für den Mathematikunterricht? *Mathematik lehren, 217*, 2–9.

Schulbuch

Jörgens, T., Jürgensen-Engl, T., Riemer, W., Sonntag, R., Spielmans, H., & Surrey, I., (2010). *Lambacher Schweizer. Oberstufe Einführungsphase*. Klett.

Mathematische Vorstellungen handlungsorientiert und digital fördern – Konzeptionelles zum Design mathematikdidaktischer Apps

Daniela Götze, Anne Rahn und Julia Stark

Viele mathematikdidaktische Apps sind nachweislich wenig verstehensorientiert angelegt und prüfen eher prozedurales Faktenwissen ab. Damit geht einher, dass bei der Konzeption solcher Apps nicht alle am Lehr-Lern-Prozess beteiligten „Akteure" in angemessener Weise Berücksichtigung finden. Das didaktische Tetraeder (nach Roth, 2019*) als Analyseinstrument hilft das Zusammenspiel aller Akteure angemessen zu berücksichtigen. In enger Anlehnung an dieses Tetraeder wird in diesem Beitrag das Design von zwei Apps vorgestellt, die auf eine besondere Weise mathematische Vorstellungen handlungsorientiert und digital fördern.*

1 Einleitung: Mathematische Vorstellung und digitale Medien

Im Jahr 1981 hat Hans Freudenthal die elf größten Probleme der Mathematikdidaktik – man könnte auch von Herausforderungen sprechen – formuliert (Freudenthal, 1981). 40 Jahre später ist beeindruckend festzustellen, dass die

D. Götze (✉)
Universität Münster, Institut für grundlegende und inklusive mathematische Bildung, Münster, Deutschland
E-Mail: daniela.goetze@uni-muenster.de

A. Rahn · J. Stark
Universität Siegen, Fak. IV/Didaktik der Mathematik, Siegen, Deutschland
E-Mail: anne.rahn@uni-siegen.de

J. Stark
E-Mail: julia.stark@uni-siegen.de

© Der/die Autor(en), exklusiv lizenziert durch Springer Fachmedien Wiesbaden GmbH, ein Teil von Springer Nature 2022
F. Dilling et al. (Hrsg.), *Neue Perspektiven auf mathematische Lehr-Lernprozesse mit digitalen Medien*, MINTUS – Beiträge zur mathematisch-naturwissenschaftlichen Bildung, https://doi.org/10.1007/978-3-658-36764-0_8

Freudenthalschen Herausforderungen nach wie vor nicht an Aktualität verloren haben und somit immer noch Herausforderungen der mathematikdidaktischen Forschung darstellen. Der Titel unseres Beitrags tangiert vor allem zwei von Freudenthals Herausforderungen: Die immerwährende Förderung mathematischer Vorstellungen (Herausforderung 4) und die große Frage inwiefern digitale Medien[1] diese Förderung unterstützen können (Herausforderung 10). Vor allem bezüglich der Verknüpfung beider Herausforderungen kann Handlungsbedarf konstatiert werden. Nach einer Studie von Goodwin und Highfield (2013) sind fast 75 % der von den Autorinnen analysierten mathematikspezifischen Apps für den vorschulischen und den Grundschulbereich (n = 360) reine Trainingsapps, die wenig auf konzeptionelle Vorstellungsförderung ausgelegt sind. Obwohl seit dieser Studie zahlreiche neue Apps entwickelt und verbreitet worden sind, ist mit einem Blick auf die Top 100 der unter der Kategorie „Bildung" eingestellten Apps im App-Store zu vermuten, dass sich diese Zahl kaum verändert haben dürfte. Das Problem solcher rein instruierenden Apps ist, dass sie nur wenig zur Förderung mathematischer Vorstellungen beitragen (Goodwin, 2009), da sie das zentrale Zusammenspiel von dem jeweiligen mathematischen Inhalt, den Schülerinnen und Schülern, der Lehrperson sowie dem (digitalen) Werkzeug nicht umfassend bzw. ausgewogen in den Blick nehmen. Roth (2019) sieht gerade in der sorgsamen Analyse dieses Zusammenspiels aller vier Akteure eine zentrale Bedingung zur Gestaltung von Apps, die zur Entwicklung von mathematischen Vorstellungen beitragen sollen. Im Folgenden wird daher dieses Zusammenspiel zunächst theoretisch betrachtet. Anschließend wird erläutert, wie die Analyse des Zusammenspiels bei der Entwicklung von zwei auf die Förderung mathematischer Vorstellungen ausgelegten Apps hilfreich gewesen ist.

2   Potenziale digitaler Werkzeuge ergründen: Das didaktische Tetraeder

Das didaktische Tetraeder (Roth, 2019; Tall, 1986; Trgalová et al., 2018; vgl. Abb. 1) hilft das Zusammenspiel der vier Akteure (mathematischer Inhalt, Kinder, Lehrperson und digitales Werkzeug) fokussiert in den Blick nehmen zu können.

Die Förderung mathematischer Vorstellungen mit Hilfe digitaler Medien benötigt in der Regel ein ständiges Wechselspiel aller vier Eckpunkte des Tetraeders (Roth, 2019). Insbesondere für die Entwicklung eines digitalen Werkzeugs, das mathematisches Verständnis fördern soll, kann es aber sinnvoll sein, auf

---

[1] Freudenthal spricht diesbezüglich noch von Taschenrechnern und Computern.

Abb. 1 Didaktisches Tetraeder in Anlehnung an Roth (2019, S. 236), ähnlich zu finden bei Schmidt-Thieme und Weigand (2015)

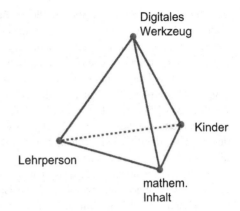

Digitales Werkzeug

Kinder

Lehrperson

mathem. Inhalt

spezifische Beziehungen und Prozesse zu fokussieren. Die Betrachtung des Wechselspiels von zwei Eckpunkten anhand der Kanten des Tetraeders ist in der Regel zu eng angelegt und damit wenig gewinnbringend (z. B. ‚Lehrperson und math. Inhalt' oder ‚Kinder und digitales Werkzeug'), die Betrachtung der Flächen als ein Wechselspiel von drei Eckpunkte allerdings schon, wie die folgenden Erläuterungen in Anlehnung an Roth (2019) verdeutlichen.

Die *Grundfläche des Tetraeders* (vgl. Abb. 1) wird aus den Eckpunkten „Lehrperson – math. Inhalt – Kinder" gebildet und fokussiert vor allem die Gestaltung von Lern- und Verstehensprozessen im Mathematikunterricht. Dazu zählen das Wissen um zentrale Lernziele aufseiten der Lehrperson, aber auch das Wissen über spezifische Verstehenshürden bei den Schülerinnen und Schülern und der Möglichkeit, diese in einem auf mathematische Vorstellung ausgelegten Unterricht zu überwinden. Das digitale Werkzeug spielt bei dieser Ebene (noch) keine Rolle.

Die *rechte Fläche des Tetraeders* bezieht sich auf die individuellen Lernprozesse von Schülerinnen und Schülern, die durch ein digitales Werkzeug und in Bezug auf einen bestimmten mathematischen Inhalt erzeugt werden können. Es geht insofern hier noch nicht um eine unterrichtliche Einbettung des digitalen Werkzeugs in das Gesamtkonzept einer Lernumgebung, sondern um die individuellen Lernprozesse der Kinder, die durch ein digitales Werkzeug bzgl. des spezifischen Lerninhalts ausgelöst werden können.

Die *linke Fläche des Tetraeders* adressiert – mit Blick auf Mathematikunterricht – die Vorüberlegungen einer Lehrperson, wie ein mathematischer Inhalt digital angereichert vermittelt bzw. wie ein digitales Werkzeug in den Unterricht

eingebunden werden kann, um auf dieser Basis eine auf Entwicklung mathematischer Vorstellung ausgelegte Lernumgebung unter Einbezug des (digitalen)
Werkzeugs zu konzipieren. Es geht somit eher um die (theoretische) Planung von
digitalen und mathematischen Lernprozessen.

Die *hintere Fläche* fokussiert das Zusammenspiel von dem digitalen Werkzeug, der Lehrperson und den Kindern ohne einen speziellen mathematischen
Inhalt in den Blick zu nehmen. Insofern zählen vor allem fachunabhängige digitale Bearbeitungshilfen (z. B. Markier- oder Sortierfunktionen) und Hilfe bei
der Organisation des (allgemeinen) Lernprozesses zu diesem Gefüge (Stichwort:
allgemeine Medienkompetenz).

Auch wenn deutlich wird, dass sich alle vier Eckpunkte oftmals zeitgleich
gegenseitig bedingen und beeinflussen, so ist insbesondere bei der Konzeption
neuer digitaler Werkzeuge wie z. B. einer App die fokussierte Betrachtung einzelner Flächen hilfreich (Roth, 2019). Schließlich gewährleistet die Betrachtung
der Flächen, wie aus den obigen Ausführungen deutlich wird, eine systematische
Analyse allgemein mathematikdidaktischer, Schülerzentrierter, unterrichtsorganisatorischer und mediendidaktischer Aspekte, die bei einer zeitgleichen Betrachtung aller vier Eckpunkte zu sehr vermischen würden. Nachfolgend soll dies
beispielhaft an der Gestaltung von zwei Apps verdeutlicht werden: Der App
Partibo zur Förderung der Anteilvorstellung von Brüchen sowie der App *1·1 tool –
Einmaleins verstehen* zur Förderung multiplikativer Vorstellungen. Beide Apps
werden im weiteren Verlauf dieses Beitrags in ihren grundlegenden Designprinzipien anhand der vier Flächen des Tetraeders analysiert. Aus diesen Analysen
soll die Bedeutung der tiefenanalytischen Betrachtung aller vier Flächen für die
Konzeption eines digitalen Werkzeugs verdeutlicht werden.

3 Entwicklung von digitalen Werkzeugen vor dem Hintergrund des didaktischen Tetraeders

Die im Folgenden vorgestellten Apps basieren auf einer digitalen Technik, die
eine unmittelbare Verknüpfung von haptisch-enaktiven Handlungen und der virtuellen Verarbeitung dieser durch das Tablet ermöglicht. Diese Technik hat die
Firma *Tangible Play* mit ihrer Marke *Osmo* (https://www.playosmo.com/) vordergründig für den Spielemarkt nutzbar gemacht. Allen *Osmo*-Apps liegt eine
ähnliche Idee zugrunde: Das Tablet wird durch eine Halterung in eine nahezu
senkrechte Position gebracht. Oberhalb der Kamera des Tablets wird ein Spiegel
fixiert. Über diesen werden die vor dem Tablet abgelegten (didaktischen) Materialien (z. *B.* geometrische Figuren oder Ziffernkarten) durch die Tabletkamera

aufgenommen und digital in der App verarbeitet. Die App gibt ein Feedback über die Korrektheit des Gelegten in Form einer simplen Rückmeldung ("richtig" oder "falsch"). Die Firma *Tangible Play* hat unter Ausnutzung dieser Technik vermeintliche Lernapps entwickelt, darunter auch zwei mathematische Apps (*Tangram* und *Numbers*). Die App *Numbers* thematisiert das symbolische Legen von Zahlzerlegungen, ohne eine materialgestützte Darstellung. Bei der App *Tangram* geht es um das Lösen von klassischen Tangrampuzzles. Die Firma *Tangible Play* legt bei den Apps somit einen Fokus auf vermeintlich spielerisches, aber vordergründig prozedurales Lernen und weniger auf Verstehensorientierung.

Gleichwohl ist in dem Grundgedanken einer Verknüpfung von Handlungsorientierung und digitalen Verarbeitung der Handlung ein durchaus großes mathematikdidaktisches Potenzial zu sehen. Schließlich können dadurch die beiden oben benannten Freudenthalschen Herausforderungen unmittelbar miteinander verknüpft werden und in einer digitalen Vorstellungsförderung münden, wie die folgenden Analysen zeigen.

3.1 *Partibo* – Designprinzipien einer App zur Förderung der Anteilvorstellung

Die App *Partibo* (lateinisch für "Ich werde teilen.") wurde vor dem Hintergrund der oben beschriebenen Technik entwickelt. Sie soll auf fachlicher Ebene eine Anteilvorstellung von Brüchen am Ende der Grundschulzeit oder in der unteren Sekundarstufe fördern. Unter einer Anteilvorstellung ist die zentrale Einsicht zu verstehen, dass sich Brüche auf ein Referenzobjekt, nämlich das Ganze, beziehen, von dem ein bestimmter Teil gefärbt wird (Schink & Meyer, 2013). Der Anteil drückt in diesem Verständnis das Beziehungsgefüge von Teil und Ganzem aus. ¾ bedeutet somit, dass ein Ganzes in vier gleich große Teile geteilt wird und drei davon genommen werden.

Studien zeigen, dass sich viele Schülerinnen und Schüler der Beziehung zwischen Anteil, Teil und Ganzem oft nicht bewusst sind (Schink, 2013; Wessel, 2015) und Grundvorstellungsdefizite festgestellt werden können (Götze & Stark, 2021; Wartha, 2007). Diesen Schwierigkeiten soll die App *Partibo* unmittelbar begegnen, wie die folgenden Analysen in enger Anlehnung an das didaktische Tetraeder zeigen.

3.1.1 Konzeptuelle Schwierigkeiten und lernförderliche Aspekte zur Entwicklung der Anteilvorstellung von Brüchen – Betrachtung der Grundfläche

Das enaktiv-konkrete Arbeiten mit kontinuierlichen Ganzen wie z. B. Bruchstreifen oder auch Kreisdarstellungen als erster Zugang zur Anteilvorstellung hat sich in bisherigen Studien als sehr lernförderlich erwiesen (Reinhold, 2019; Wessel, 2015). Die Schülerinnen und Schüler arbeiten mit verschiedenen Ganzen, färben Teile des Ganzen ein und bestimmten den Anteil als Verhältnis von Teil zum Ganzem. In der Studie von Wessel (2015) konnte darüber hinaus gezeigt werden, dass sich eine auf Verständnis ausgelegte Versprachlichung der Handlung als sehr lernförderlich erweist. Damit sind sogenannte bedeutungsbezogene Versprachlichungen gemeint, die die Bedeutung von Fachausdrücken wie Anteil inhaltlich erklären: Der Anteil ¾ bedeutet, dass drei von vier gleich großen Teilen vom Ganzen gefärbt worden sind. Es wird dadurch explizit sprachlich verdeutlicht, dass der Anteil stets das Verhältnis von Teil zum Ganzem ausdrückt und damit immer von der Beschaffenheit des Ganzen abhängig ist (Prediger & Wessel, 2013; Wessel, 2015). So ist es nicht der Teil, der den Anteil ¾ festmacht, sondern immer das Verhältnis vom Teil zu dem jeweiligen konkreten Ganzen (Schink & Meyer, 2013). Das Gefüge von Anteil, Teil und Ganzem ist allerdings durchaus komplex und das Zusammenspiel der Trias bleibt für viele Kinder oft zu implizit. Die Konsequenz ist, dass sich häufig Fehlvorstellungen bei der Interpretation von Anteilen entwickeln, wie die folgende Auflistung zeigt (Götze & Stark, 2021; Schink, 2013; Wartha, 2007):

- *(F1) Differenzierungsprobleme von Teil und Rest vom Ganzen:* Bei bereits gefärbten Darstellungen gibt es eine Verwechslung von Teil und Rest. Die Kinder sind unsicher, worauf sie fokussieren müssen und welcher Bereich im Bild den Teil repräsentiert. Sie geben dann den Anteil des nicht gefärbten Teils an (statt ¾ wird ¼ – also der Rest – genannt).
- *(F2) Ungleiche Einteilung des Ganzen:* Das Ganze wird nicht in gleich große Stücke zerlegt, bzw. es wird nicht auf eine gleich große Unterteilung geachtet.
- *(F3) Formtreue des Ganzen:* Das Ganze muss zum vorgegebenen Teil oder auch zum Ganzen einer realen Situation eine ähnliche Form haben. Anteile von Schokoladen lassen sich nur mit Bruchstreifen darstellen, von Pizzen nur mit Kreisen.
- *(F4) Der Teil entspricht dem Anteil:* Anteile wie ein Achtel oder ein Viertel werden am Legematerial festgemacht, nicht an dem Verhältnis zum Ganzen. Das konkrete gelbe Teil des Legematerials repräsentiert den Anteil.

- *(F5) Festgelegte Position des Teils im Ganzen:* Der Teil darf nicht beliebig im Ganzen positioniert werden. So muss beispielsweise der Teil immer links vom Bruchstreifen angelegt und beim Kreis immer von oben im Uhrzeigersinn gefärbt werden.

- *(F6) Der Teil darf analog zum gegebenen Anteil nur aus gleich großen Stücken bestehen:* Ist der Anteil ¾ gegeben, akzeptieren die Kinder nur Darstellungen von drei Viertelstücken. Eine Darstellung in Form von ½ und ¼ oder $^6/_8$ wird nicht als ¾ akzeptiert.

- *(F7) Der Teil muss ein zusammenhängendes Gefüge sein:* Der Teil muss stets ein zusammenhängender Teil sein und darf nicht in mehrere, nicht zusammenhängende Stücke unterteilt werden.

Wessel (2015) hat bezüglich der Förderung einer Anteilvorstellung bei mathematisch und sprachlich schwachen Schülerinnen und Schülern der Sekundarstufe zeigen können, dass eine auf Darstellungsvernetzung ausgelegte Erarbeitung der Vorstellung zu konzeptionellen Einsichten bei den geförderten Schülerinnen und Schülern führt. Typische Vernetzungsaktivitäten stellten im Rahmen dieser Förderung der Wechsel zwischen verschiedenen Darstellungen, die Zuordnung von Darstellungen oder auch das Ermitteln mathematischer Beziehungen durch Darstellungswechsel dar, die wiederum sprachlich begleitet wurden (Prediger & Wessel, 2013; Wessel, 2015). Als bedeutsam hat sich diesbezüglich herausgestellt, inwiefern die Schülerinnen und Schüler ein Feedback zu ihrer gemachten Handlung und Versprachlichung erhalten haben (Wessel, 2015).

Die aktuelle Forschungslage verdeutlicht daher, dass sich ein enaktives Handeln mit kontinuierlichen Ganzen als lernförderlich für die Entwicklung einer Anteilvorstellung erweist. Gleichwohl ist es von Vorteil, wenn die gemachten Handlungen sprachlich begleitet werden und bei Fehlern und Problemen ein unmittelbares Feedback durch die Lehrkraft erfolgen kann, sodass anfängliche Fehlvorstellungen möglicherweise erst gar nicht entstehen (Wessel, 2015).

3.1.2 Digitale Förderung einer Anteilvorstellung – Betrachtung der rechten Fläche des Tetraeders

Die App *Partibo* unterstützt durch die unmittelbare Verknüpfung einer Handlungsorientierung bei zeitgleicher Darstellungsvernetzung mit einem verstehensorientierten digitalen Feedback der Handlung die individuellen Lernprozesse der Schülerinnen und Schüler.

Dazu stehen den Lernenden verschiedene Legematerialien (Bruchstreifen, Kreisscheiben und Ziffernkarten) zur Verfügung. Mit diesen können Anteile sowohl haptisch-enaktiv gelegt als auch symbolisch mit Ziffernkarten dargestellt werden. Bekommt das Kind beispielsweise die Anweisung, den Bruch ¼ zu legen, nimmt es das (blaue) Ganze, legt es in den Spielbereich und überdeckt mit den (gelben) Teilen ein Viertel des Ganzen (vgl. Abb. 2). Die Kamera erkennt über den Spiegel das Gelegte und bildet dieses als ikonische Darstellung in der App ab. In einem weiteren Schritt wird kontrolliert, ob der Bruch korrekt gelegt wurde. Diesbezüglich wird stets ein individuell an die Aufgabe angepasstes Feedback gegeben, welches immer bedeutungsbezogen angelegt ist (Wessel, 2015) und damit zur Ausbildung inhaltlicher Vorstellungen beitragen kann. So wird bei einer falschen Lösung zu der obigen Aufgabe folgendes schriftliches Feedback gegeben: „Ein Viertel bedeutet, dass du nur den 4. Teil vom Ganzen möchtest." Aber auch im Falle einer korrekten Lösung gibt die App ein Feedback: „Du hast ein Viertel vom blauen Ganzen gelb gefärbt." Dadurch bietet die App stets sprachliche Vorbilder an, die verdeutlichen, wie über Anteile gesprochen und gedacht werden kann.

Zudem beinhaltet die App auch Aufgabenstellungen, die kein haptisch-enaktives Lösen erfordern, sondern vor allem den Zusammenhang von ikonischen und symbolischen Darstellungen fokussieren. Diese Aufgabenstellungen werden durch Antippen gelöst. Durch ein die Arbeit in der App begleitendes Forscherheft werden darüber hinaus noch weitere Darstellungsebenen angesprochen und eine Vernetzung aller Darstellungsformen ermöglicht.

Inwiefern die insgesamt zehn verschiedenen aufeinander aufbauenden Aufgabentypen zu dieser Darstellungsvernetzung auffordern und einer Entwicklung

Abb. 2 Die App Partibo erfasst die vor dem Tablet gelegten Anteile

der oben beschriebenen Fehlvorstellungen vorbeugen, soll im Folgenden anhand ausgewählter Aufgabentypen vorgestellt werden.

Besonders statische Bilder verleiten zu Differenzierungsproblemen *(F1)* von Teil und Rest, bei denen die Lernenden unsicher sind, ob der gelbe oder der blaue Bereich in der Darstellung den Teil beschreibt. Um einer möglichen Fehlinterpretation vorzubeugen weisen die Aufgabenstellungen (z. B. „Welcher Anteil vom Ganzen ist gelb gefärbt?") und das Feedback auf die korrekte Interpretation hin (z. B. „Sehr gut! Die Hälfte des Bruchstreifens ist gelb gefärbt."). Eigene Färbeprozesse im Forscherheft und den Erklärvideos, welche das Färben verdeutlichen, unterstützen zudem.

Aufgabentyp 2 (vgl. Abb. 3 links) knüpft an das Alltagswissen der Kinder an, indem diese zu Verteilsituationen von Kuchen und Pizza einen Anteil enaktiv mit dem Material legen sollen. Auf die Aufgabe aufbauend wird im Forscherheft das gerechte Verteilen thematisiert *(F2)*. Im Alltagskontext ist dieses meist implizit vorhanden, im Forscherheft wird es auf das didaktische Material in Form des Bruchstreifens übertragen, indem die Schülerinnen und Schüler Stellung zu zwei verschiedenen Darstellungen des Anteils drei Viertel nehmen. In einer der beiden Darstellung ist der Bruchstreifen in vier gleich große Teile unterteilt, in der anderen in unterschiedlich große Teile. Jeweils drei Teile sind gelb gefärbt. Damit wird bereits zu Beginn der App die Unterteilung des Ganzen in gleich große Teile gefördert.

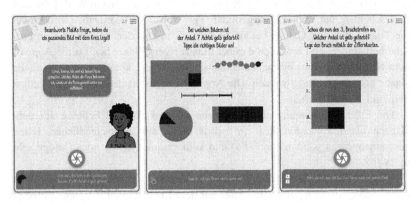

Abb. 3 Exemplarische Aufgaben (v. l. n. r. Aufgabentyp 2, 6 und 8)

Obwohl bei der gerade beschriebenen Aufgabe die Formtreue des Ganzen genutzt wird, um an das Alltagswissen der Schülerinnen und Schüler anzuknüpfen, sollte im weiteren Verlauf deutlich werden, dass das Ganze nicht zum vorgegebenen Teil oder auch zum Ganzen einer realen Situation eine ähnliche Form haben muss *(F3)*. In Aufgabentyp 7 wird daher einer möglichen Entwicklung dieser Fehlvorstellung entgegengewirkt. Der Aufgabentyp besteht aus zwei aufeinander aufbauenden Aufgabenteilen. Die Lernenden sollen zunächst den Anteil zu einer vorgegeben ikonischen Darstellung (z. B. Bruchstreifen) in der App mit Hilfe der Ziffernkarten legen. Im zweiten Teil der Aufgabe sollen sie den gleichen Anteil mit dem entsprechend anderen Material selbst legen (z. B. mit der Kreisscheibe). Dadurch wird deutlich, dass ein Anteil unterschiedlich dargestellt werden kann. Auch Aufgabentyp 6 (vgl. Abb. 3 Mitte) regt diese Vorstellung an, indem aus fünf verschiedenen ikonischen Darstellungen zu einem Bruch mindestens zwei passende durch Antippen ausgewählt werden. Dabei muss die Beziehung zwischen Teil und Ganzem berücksichtigt werden. Die weiterführende Aufgabe im Forscherheft thematisiert die Gleichwertigkeit von Brüchen erneut, indem die Lernenden Stellung zu der Aussage nehmen, dass ein Anteil unterschiedlich in Form und Größe sein kann.

Eine weitere Fehlvorstellung wird durch das Legematerial selbst hervorgerufen. Da es einen blauen Bruchstreifen für das Ganze gibt und entsprechende gelbe $1/_8$-, ¼- und ½-Teile, verleitet das Material dazu den Anteil an ebendiesen festzumachen *(F4)*. Aufgabentyp 8 soll dieser Fehlvorstellung entgegenwirken. Dazu werden mehrere Bruchstreifen, welche sich lediglich in der Größe des Ganzen unterscheiden, untereinander abgebildet (vgl. Abb. 3 rechts). Dabei wird erneut die Trias Anteil-Teil-Ganzes betont. In der sich anschließenden Aufgabe im Forscherheft stellen die Lernenden darüber hinaus eigene Ganze her. Da die App vor dem Hintergrund einer Flächenberechnung funktioniert, können unterschiedliche Ganze und Teile genutzt werden. Die App berechnet stets den Anteil vom gelben Teil zum blauen Ganzen.

Die Flächenberechnung ermöglicht zudem, dass der Teil beliebig auf dem Ganzen platziert werden darf *(F5)*, dass dieser aus unterschiedlichen Teilen zusammengesetzt werden kann *(F6)* und kein zusammenhängendes Gefüge sein muss *(F7)*.

In den bisherigen Erhebungen konnte beobachtet werden, dass Schülerinnen und Schüler stets den gelben Teil links auf dem Bruchstreifen anlegten (Götze & Stark, 2021). Den Lernenden schien nicht bewusst gewesen zu sein, dass lediglich das Verhältnis von Teil und Ganzem für den Anteil von Bedeutung ist. Um diese Positionsflexibilität *(F5)* zu fördern eignen sich insbesondere die Aufgabentypen 4, 7 und 10, in denen der Anteil mit Hilfe des Materials enaktiv gelegt werden soll. Auch die ikonischen Darstellungen in den Aufgabentypen 3 und 6 deuten diese Flexibilität an. In verschiedenen Fördersituationen ermöglichte dies eine Kommunikation zwischen den Lernenden. Dabei wird die App als Kontrollwerkzeug hinzugezogen. Von Vorteil ist zudem, dass dieser stets unterstellt wird, dass sie richtig arbeitet. Auch, wenn die Schülerinnen und Schüler zunächst unsicher sind, durch die Bestätigung der App wird die Positionsflexibilität schließlich akzeptiert (Götze & Stark, 2021).

Die Möglichkeit, die Teile auf dem Ganzen an unterschiedlichen Stellen positionieren zu können, fördert darüber hinaus die Kommunikation über multiple Interpretationen des Teils *(F6)*, denn schließlich kann der Teil ganz unterschiedlich zerlegt und dementsprechend interpretiert werden. Dies stellt nach Schink (2013) eine zentrale Einsicht in einen gewissen flexiblen Umgang mit Brüchen dar.

Im Zuge der Positionsflexibilität und der multiplen Interpretation des Teils kann zusätzlich der Fehlvorstellung, dass der Teil ein zusammenhängendes Gefüge sein muss *(F7)*, entgegenwirkt werden. Hatten die Schüler bereits akzeptiert, dass der gelbe Teil beliebig auf dem Ganzen platziert werden konnte, zerlegten Sie den gelben Teil auch beliebig (Götze & Stark, 2021).

3.1.3 Hilfestellungen zur unterrichtlichen Einbettung der App *Partibo* – Betrachtung der linken Fläche des Tetraeders

Erste Erprobungen der App (Götze & Stark, 2021) haben verdeutlicht, dass die Einbindung in ein Gesamtkonzept einer Lernumgebung für die Entwicklung einer Anteilvorstellung wichtig ist. Darüber hinaus wurde erneut die Relevanz eines begleitenden Forscherheftes betont. Hinweise auf das Forscherheft, in dem das Zerlegen des Ganzen in gleich große Teile und das anschließende Färben des Teils angeregt werden, wurden als Konsequenz der Analysen direkt in die App eingebunden.

Somit regt die App an einigen Stellen im Feedback zur Weiterarbeit im Forscherheft an. Die Arbeit in der App kann dann pausieren, es folgt die Bearbeitung im Forscherheft und anschließend die Weiterarbeit in der App. Die Lernenden zeichnen unter anderem die zuvor gelegten Lösungen und übertragen damit die eigene Handlung mit dem Material vor dem Tablet in eine ikonische Darstellung.

Zusätzlich regen im Forscherheft verschiedene Aussagen der abgebildeten Beispielkinder zum Nachdenken und der Reflexion zu wichtigen Aspekten der Anteilsvorstellung an (z. B. das Ganze gerecht teilen). In weiteren Aufgaben werden die Schülerinnen und Schüler dazu aufgefordert, Erkenntnisse aus der Arbeit mit der App nochmals in eigenen Worten zu erklären. Das schriftliche Fixieren wirkt damit der Flüchtigkeit der App entgegen. Während der Arbeit im

Forscherheft können die Lernenden die App immer wieder nutzen, um Ideen auf ihre Korrektheit zu überprüfen.

Das Forscherheft ist ein Teil des Gesamtkonzepts der Lernumgebung und erleichtert eine unterrichtliche Einbettung der App. Im Zuge dessen können inhaltliche gemeinschaftliche Diskussionen im Klassenverband durch das digitale Werkzeug bzw. die Aktivität mit dem digitalen Werkzeug im Sinne einer „Communication of technology" (Ball & Barzel, 2018, S. 233) unmittelbar eingeplant werden.

Nührenbörger und Schwarzkopf (2019) sprechen aus einer argumentationstheoretischen Perspektive an dieser Stelle von „produktiven Irritationen" (S. 27), die „letztlich nichts anderes als die klärungsbedürftige Abweichung von einer eingenommenen Erwartung" (S. 27) darstellen und dadurch eine verstehensorientierte Kommunikationen über den betreffenden mathematischen Inhalt begünstigen. Die App *Partibo* erzeugt unteranderem durch die beliebige Position des Teils im Ganzen oder auch durch die Möglichkeit den Teil in mehrere, unterschiedlich große und nicht zusammenhängende Stücke zu unterteilen solche produktiven Irritationen (Götze & Stark, 2021). Diese können von der Lehrkraft unmittelbar bei der Gestaltung von Lernumgebungen eingebunden und damit als Anlass genutzt werden, um verstehensorientierte Lernprozesse mit der App anzuregen.

3.1.4 Weitere Designprinzipien der App *Partibo* – Betrachtung der hinteren Fläche des Tetraeders

Bei der Entwicklung der App wurden darüber hinaus technische Designprinzipien berücksichtigt, die ein Zusammenspiel von Lehrperson, digitalem Werkzeug und Kindern fokussieren. Das Legen mit dem Material und die Kameraerkennung werden zu Beginn auf zwei Erklärseiten thematisiert. Anschließend können die Schülerinnen und Schüler die Aufgaben der Reihe nach durchlaufen oder alternativ direkt zu einem Aufgabentyp springen. Aufgabentyp 1 dient durch das Nachlegen von ikonischen Darstellungen eines Bruches in der App als Einführung in das Legen mit dem Material und den Umgang mit der App. Da die Kinder in den Aufgaben unterschiedliches Legematerial nutzen, wird unten links das zu verwendende Material als Icon abgebildet. Damit ist auf den ersten Blick ersichtlich, ob der Bruchstreifen, die Kreisscheibe oder die Ziffernkarten genutzt werden müssen.

Die Kamera erkennt das Gelegte, indem sie ein Bild aufnimmt. Nachdem die Schülerinnen und Schüler den Kamerabutton betätigt haben, startet ein drei Sekunden langer Countdown. Diese Zeit kann genutzt werden, um unnötiges Material aus dem Spielbereich zu entfernen. Anschließend erscheint das

Feedback, welches bei einer korrekten Lösung die Darstellung nochmals versprachlicht und bei einer falschen Lösung einen bedeutungsbezogenen Hinweis gibt. Die Kinder haben dann die Chance das Gelegte entsprechend zu verändern und dies erneut von der App überprüfen zu lassen. Damit unterstützt die App die Arbeit der Lehrkraft, der es im gängigen Unterricht kaum möglich ist allen Kindern gleichzeitig eine individuelle Rückmeldung zu geben.

Im Feedback-Feld findet sich auch der Wiederholungsbutton und das Icon mit dem Verweis auf das Forscherheft. Buch-Icon weist auf die Weiterarbeit im Forscherheft hin. Es erscheint bei einer korrekten Lösung, aber auch, wenn die Aufgabe zweimal falsch bearbeitet wurde. Sowohl in der App als auch im Forscherheft sind alle Aufgaben durchnummeriert, sodass eine Zuordnung möglich ist. Einige Aufgabentypen bestehen aus mehreren aufeinander aufbauenden Aufgabenteilen, dies wird anhand einer Zahl links oben in der App ersichtlich. Anhand derer wird die Bedeutung der aktuellen Aufgabe für die kommende deutlich. Über drei Streifen rechts oben erreichen die Schülerinnen und Schüler das Seitenmenü. Von dort können Sie zur Aufgabenübersicht wechseln (Haus-Icon) oder auch zu den Erklärvideos gelangen (Fragezeichen-Icon). Die Erklärvideos visualisieren anschaulich beispielsweise das Teilen und Färben. Insgesamt sind alle Buttons und Icons in der App so angelegt, dass die Schülerinnen und Schüler diese intuitiv bedienen können.

3.2   *1·1tool* – Designprinzipien einer App zur Förderung der Multiplikationsvorstellung

Multiplikation zu verstehen bzw. multiplikative Vorstellungen auszubilden sind oftmals schillernde Formulierungen dafür, was multiplikatives Denken umfasst bzw. welche Einsichten erworben werden müssen, um von multiplikativem Denken sprechen zu können. Götze und Baiker (2021) haben auf der Grundlage einer breiten internationalen Literatursynopse zwei zentrale Verstehensgrundlagen für multiplikatives Denken insbesondere bei natürlichen Zahlen herausgearbeitet. Die erste Grundlage fußt auf dem Verständnis Einzelelemente zu gebündelten Einheiten zusammenzufassen und in diesen gebündelten Einheiten denken zu können, was Lamon (1992) als „unitizing" und Steffe (1992) als „thinking in composite units" bezeichnen. Dies umfasst zudem die Einsicht, dass Multiplikator und Multiplikand unterschiedliche Bedeutungen im multiplikativen Term einnehmen (Baiker & Götze, 2021; Götze & Baiker, 2021): Der Multiplikator zeigt die Anzahl der gleich großen Bündel an, der Multiplikand die Größe der Bündel. Die zweite Verstehensgrundlage impliziert die Fähigkeit, flexibel in gebündelten

Einheiten denken zu können und dabei kommutative und distributive Zusammenhänge nutzen zu können. Dieses Denken ist beispielsweise notwendig, um sogenannte Ableitungsstrategien zu entwickeln. Wenn ein Kind das Ergebnis von 8 · 7 nicht kennt, so kann es die Aufgabe in die einfachen Aufgaben 7 · 7 und 1 · 7 zerlegen oder auch mit Hilfe der kommutativen Tauschaufgabe und den einfachen Aufgaben 5 · 8 und 2 · 8 lösen.

Allerdings entwickeln viele Kinder kein flexibles multiplikatives Denken, sie verbleiben bei rein additiven Vorstellungen zur Multiplikation. Sowohl das schrittweise Zählen als auch das Aufsagen von Einmaleinsreihen ist bis weit in die Sekundarstufe stark verbreitet (Moser Opitz, 2013) und insbesondere bei Aufgaben des großen Einmaleins sind rein additive Zählstrategien häufig zu beobachten (Downton & Sullivan, 2017; Sherin & Fuson, 2005). Gleichwohl sind additive Zählstrategien außerhalb der natürlichen Zahlen kaum noch tragfähig und führen zwangsläufig dazu, dass Kinder Schwierigkeiten bei der Multiplikation von Brüchen, von Dezimalzahlen, beim Verständnis der Prozentrechnung sowie der Algebra zeigen (Downton & Sullivan, 2017; Prediger, 2019; Siemon, 2019). So verwundert es nicht, dass die Multiplikationsvorstellung eine Prädiktorvariable für die Mathematikleistungen in den weiterführenden Schulen darstellt bzw. starke mathematische Leistungsunterschiede in den weiterführenden Schulen auf mangelnde Fähigkeiten im multiplikativen Denken zurückgeführt werden können (Siemon, 2019; Siemon et al., 2006). Die folgenden Analysen in enger Anlehnung an das didaktische Tetraeder sollen zeigen, wie die App *1·1tool – Einmaleins verstehen* diesen Schwierigkeiten begegnet.

3.2.1 Multiplikatives Denken bei Grundschulkindern fördern – Betrachtung der Grundfläche

Die Analyse der mathematikdidaktischen Ebene fokussiert zentrale Verstehenshürden bei der Entwicklung des multiplikativen Denkens. Wie oben bereits erwähnt, ist es von großer Bedeutung, dass die Kinder lernen, in gleich großen gebündelten Gruppen denken zu können. Dabei hat es sich als sehr lernförderlich erwiesen, wenn das multiplikative Denken darstellungsvernetzt erarbeitet und zudem die multiplikative Interpretation des Terms und der Darstellungen am Material sprachlich begleitet werden (Baiker & Götze, 2021; Götze, 2019a, b; Götze & Baiker, 2021). Die Verknüpfung von enaktiven Handlungen in Kombination mit bedeutungsbezogener Versprachlichung stellt dabei eine Herausforderung für die Kinder dar, die mit Hilfe von geeignetem Material unterstützt werden kann. Die sprachliche Begleitung sollte dabei vor allem die Vorstellungsebene fokussieren, denn Ausdrücke wie „3 mal 4" bleiben für viele Kinder inhaltsleer, da sie nicht verdeutlichen, dass es um ein Denken in gebündelten Einheiten geht.

Daher haben Götze und Baiker (2021) in ihrer Studie in Anlehnung an Erath et al. (2021) einen speziellen Fokus auf diskursive „meaning-making processes" gelegt. Dazu wurden Lehrkräfte von drei zweiten Klassen darin fortgebildet, die Bedeutung von formalen Termen wie 3 · 4 sprachlich durch Formulierungen wie „das sind drei Vierer" und durch typische Darstellungen von Multiplikationsaufgaben als Rechteckfelder mit den Kindern zu klären. Durch derartige Versprachlichungen und eine zeitgleiche Visualisierung der gleich großen Gruppen anhand von multiplikativen Rechteckfeldern, wird die unterschiedliche Bedeutung von Multiplikator und Multiplikand offensichtlich (Thompson & Saldanha, 2003). Diese bedeutungsbezogene Sprache wurde ebenso genutzt, um Ableitungsstrategien inhaltlich zu klären: „6 mal 4 ist ein Vierer mehr als 5 mal 4." In der Studie konnte gezeigt werden, dass die Kinder, die die Multiplikation auf diese Weise gelernt haben, signifikant bessere Multiplikationsleistungen zeigten, als Kinder, die die Multiplikation ohne den Fokus auf „meaning-making processes" erlernt haben (Götze, 2019a, b; Götze & Baiker, 2021).

Die direkte Versprachlichung des „unitizings" (Lamon, 1994), bei zeitgleicher Verknüpfung dieser Sprache mit anschaulichen multiplikativen Darstellungen wie die Rechteckfelder, hat sich somit als besonders lernförderlich erwiesen (Götze & Baiker, 2021). Diesen Förderansatz muss eine App zur Förderung des multiplikativen Denkens unmittelbar berücksichtigen.

Die Umsetzung der weiteren didaktischen Designprinzipien der App werden bei der Betrachtung der folgenden Seitenflächen beschrieben.

3.2.2 Digitale Förderung des multiplikativen Denkens durch die App *1·1tool* – Betrachtung der rechten Fläche des Tetraeders

Die verschiedenen Aufgabentypen des *1·1tools* basieren auf den Vorüberlegungen aus Abschn. 3.2.1 und fokussieren die vorstellungsbasierte und zeitgleich handlungsorientierte Einführung der Multiplikation als „unitizing". Das Denken und Arbeiten in gleich großen Gruppen und deren bedeutungsbezogene Versprachlichung sind somit zentrale Designprinzipien für die einzelnen Aufgabenstellungen der App. Da die App für die Einführung der Multiplikation im zweiten Schuljahr konzipiert wurde und die Kinder in dieser Altersstufe in der Regel noch nicht so gut lesen können, arbeitet die App mit einer aktiven Sprachausgabe, über die die Aufgabenstellungen vorgelesen und ein bedeutungsbezogenes Feedback gegeben werden kann (dazu mehr in Abschn. 3.2.4).

Folgende sieben Aufgabentypen sind Bestandteil der App: *Alltagsbilder, Alltagsvideos, Königsaufgaben, Tauschaufgaben, Nachbaraufgaben, Verdoppeln* und

Abb. 4 Das 1·1tool erfasst
vor dem Tablet gelegte
Rechtecke aus
Punktestreifen

Halbieren. Ein weiterer Aufgabentyp *Werkzeugmodus* beinhaltet keine Aufgabenstellungen und kann zur Differenzierung genutzt werden. Bei allen Aufgabentypen werden die Kinder aufgefordert Aufgaben mit Punktstreifen zu einem
Rechteck zu legen (vgl. Abb. 4), welches von der App erkannt und verarbeitet
wird.

Die Aufgaben *Alltagsbilder* und *Alltagsvideos* greifen im Bild- bzw. Video-
format reale Situationen auf, die von den Kindern multiplikativ gedeutet werden
müssen. Beide Aufgabentypen erfordern noch kein Ausrechnen. Stattdessen liegt
der Fokus auf der multiplikativen Deutung der Alltagssituationen (vgl. Abb. 5):
Die Kinder übersetzen die Situation in eine Darstellung aus Punktestreifen. Ist das
Gelegte richtig, gibt die App eine bedeutungsbezogene Erklärung zur Interpretation des Bildes: „Sechs Dreier, sechs mal die Drei." Das Umsetzen der Aufgabe
in Punktestreifen soll den Kindern verdeutlichen, dass im Alltagsbild gleich große
Gruppen gesucht werden sollen. Die Versprachlichung dient der Orientierung, wie
über Einmaleinsaufgaben gesprochen und gedacht werden kann.

Abb. 5 Alltagsbilder
müssen von den Kindern
multiplikativ gedeutet
werden

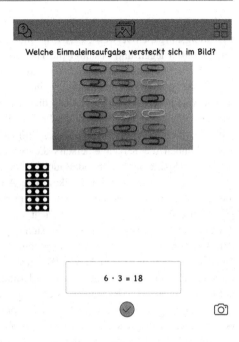

Welche Einmaleinsaufgabe versteckt sich im Bild?

6 · 3 = 18

Der Aufgabentyp *Königsaufgaben* thematisiert die sogenannten einfachen Multiplikationsaufgaben mit 1, mit 2, mit 5 und mit 10, die zunächst mit dem Material gelegt und im zweiten Schritt ausgerechnet werden müssen. Die sprachliche Begleitung der Aufgabe erfolgt dabei, wie bei den Alltagsbildern, über die bedeutungsbezogene Sprache des „unitizings" verknüpft mit einer formalen Aussprache der Aufgaben.

Die vier Aufgabentypen zu den Strategien *Tauschaufgaben, Nachbaraufgaben, Verdoppeln* und *Halbieren* setzen den Schwerpunkt auf das Ableiten von anspruchsvollen Einmaleinsaufgaben aus den einfacheren. Dabei werden Ableitungsstrategien zum einen durch die enaktiven Handlungen mit dem Punktestreifen-Material gestützt, mit einer ikonischen Darstellung in der App verknüpft und durch ein erklärendes Feedback sprachlich begleitet. Zum besseren Verständnis soll beispielhaft der Aufgabentyp *Nachbaraufgaben* im Folgenden näher erläutert werden.

Beim Aufgabentyp „Nachbaraufgabe" wird zunächst die Aufgabenstellung benannt und dann die erste Aufgabe in der formalen Versprachlichung „Du kennst sieben mal die Zehn" vorgelesen. Dies gilt gleichzeitig als Aufforderung diese

Aufgabe zu legen, wobei der Satzanfang „Du kennst" auf die schon bekannten Königsaufgaben verweist. Das Kind muss anschließend die Aufgabe mit den
Punktstreifen legen und bestätigt die Handlung mit dem Foto-Button. Wird die
Aufgabe nicht richtig nachgelegt, muss das Bild neu gelegt werden. Bei einem
korrekt gelegten Bild erscheint die zweite abzuleitende Aufgabe mit einer sprachlichen Anleitung: „Jetzt lege drei mal die *Neun*. Musst du etwas wegnehmen oder
dazulegen?" Durch die Offenheit der Fragestellung muss das Kind über einen Vergleich der beiden Aufgaben eine Legemöglichkeit für die zweite Aufgabe finden.
Dabei können die Kinder einerseits die Ausgangsaufgabe durch ein Abdecken
der letzten Spalte verändern, oder auch sieben Neuner neu legen. Gleich welcher
Weg gewählt wird, erscheint die ikonische Anzeige in der App unter Rückgriff
auf die erste Aufgabe. Das bedeutet, dass in der App die ikonischen Darstellungen beider Aufgaben übereinandergelegt werden. Wird wie in diesem Fall die
Anzahl der Punktestreifen von der ersten zur zweiten Aufgabe reduziert, werden die weggenommenen Punkte ausgegraut. Werden Streifen von der ersten zur
zweiten Aufgabe hinzugefügt, werden diese hinzugefügten Punkte in grün dargestellt. Anschließend erfolgt die Aufforderung zum Ausrechnen unter Rückgriff
auf beide Aufgaben – „Rechne *von* sieben mal die Zehn *zu* Sieben mal die Neun".

Insbesondere die bedeutungsbezogene sprachliche Begleitung der verschiedenen Aufgabenmodi soll die Kinder bei der Entwicklung des multiplikativen
Denkens als „unitizing" unterstützen. Zudem unterstützt sie das Verstehen von
Ableitungsstrategien. Damit bietet die App Lerngelegenheiten zur verstehensorientierten Erarbeitung des multiplikativen Denkens in Anlehnung an Götze und
Baiker (2021). Sie wirkt sich dadurch natürlich auch auf die Gestaltungen unterrichtsorganisatorischer Lehr-Lern-Prozesse aus, die unter der Betrachtung der
linken Seitenfläche des Tetraeders genauer in den Blick genommen wird.

3.2.3   Hilfestellungen zur unterrichtlichen Einbettung der App 1·1tool – Betrachtung der linken Fläche des Tetraeders

Die linke Seitenfläche beschreibt das Zusammenspiel von Lehrperson, dem
mathematischen Inhalt *Multiplikation* und dem digitalen Werkzeug *1·1tool,*
welches im Folgenden unter dem Schwerpunkt des Einflusses auf das Unter-
richtsgeschehen beschrieben wird.

Das Aushandeln von Rechenwegen ist ein wesentliches Element eines verstehensorientierten Mathematikunterrichts. Eine App, die die zu Beginn beschriebenen „meaning-making processes" (Erath et al., 2021) im Unterrichtsdiskurs
unterstützen möchte, muss diese in allen Phasen des Unterrichts aufgreifen und
konsequent fortführen. Schwierig wird dies immer dann, wenn Kinder in Arbeitsphasen ohne Begleitung arbeiten. Gerade neu eingeführte Verstehensgrundlagen

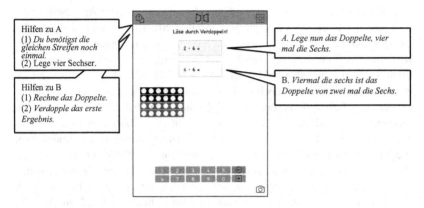

Abb. 6 Möglichkeit der unterrichtlichen Unterstützung der Kinder durch das Feedback der App

geraten schnell in den Hintergrund oder werden in kooperativen Arbeitsformen ungenau verwendet. Mit Hilfe des *1·1tools* kann diesem Effekt entgegengewirkt werden, da die bedeutungsbezogene Versprachlichung im Programm verankert ist: alle Einmaleinsaufgaben werden über die Audioausgabe zunächst in der bedeutungsbezogenen Gruppensprache im Sinne des „unitizings" versprachlicht. Im weiteren Verlauf der Aufgabenstellungen der App geht diese über in die Verwendung einer formalen Sprache, wobei die Ausgabe der bedeutungsbezogenen Variante immer über den Hilfebutton aufgerufen werden kann. Für den Lehrer stellt der Einsatz der App in der Arbeitsphase zum einen somit eine Unterstützung und zum anderen eine Vertiefung der bedeutungsbezogenen Sprache dar und diese Sprache des „unitizings" kann so vermehrt zur Unterrichtssprache werden.

Wird die Multiplikation im zweiten Schuljahr eingeführt, unterstützt das korrigierende Feedback der App die Lehrkraft dadurch, dass den Kindern immer unmittelbar zur gelegten Aufgabe ohne Zeitunterbrechung ein Feedback zur Materialhandlung gegeben wird.

Abb. 6 zeigt beispielhaft für den Aufgabenmodus Verdoppeln die Begleitung durch die Sprachausgabe mit aufgerufenen Hilfen über den Hilfebutton.

3.2.4 Weitere Designprinzipien der App *1·1tool* – Betrachtung der hinteren Fläche des Tetraeders

Abschließend zeigt die Analyse der hinteren Seitenfläche (Lehrperson – digitales Werkzeug – Kinder) die Umsetzbarkeit des digitalen Werkzeugs im Unterricht ohne auf den fachlichen Hintergrund der Multiplikation in der App einzugehen. Im Sinne der Cognitive Load Theory (Sweller, 2011) ist es wichtig die extrinsische kognitive Belastung so gering zu halten, dass ein Lernen möglich bleibt. Kinder im Alter des Erlernens des Einmaleins verfügen vielfach schon über erste Erfahrungen mit digitalen Medien und deren Software, benötigen jedoch gerade im differenzierten Einsatz noch Unterstützung. So liegt ein weiteres Designprinzip der App *1·1tool* darin, über eine einheitliche Darstellung der verschiedenen Aufgabentypen und wenige Basisfunktionen auf dem Touchscreen einen einfachen und auch kurzfristigen Einsatz in der Schuleingangsphase zu ermöglichen. Die verwendeten Funktions-Icons greifen auf gängige Bilder (z. B. Fragezeichen, Fotoapparat, Eingabe) zurück und die Symbole der Aufgabenmodi gelten sinnbildlich für den jeweiligen zu bearbeitenden Inhalt (vgl. Abb. 7). Auch die gängige Farbintention von rot und grün für richtig und falsch machen die App schnell verständlich. Zusätzlich ist die Sprachausgabe ein wesentliches entlastendes Designprinzip aus mediendidaktischer Sicht, sodass auch Kinder mit geringeren Lesekompetenzen mit dieser App arbeiten können. Alle Aufgabenstellungen werden in einfacher Sprache angezeigt und vorgelesen, eine Wiederholung

Abb. 7 Die Startoberfläche der App 1·1tool

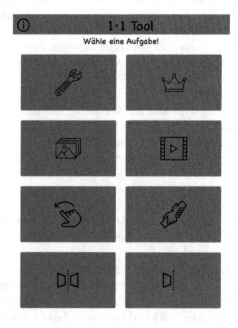

ist über das Aufgabenicon möglich und auch alle weiteren Anweisungen, Hilfen und Rückmeldungen erfolgen über die Audioausgabe. Diese Gestaltung der App ermöglicht es der Lehrperson mit kurzer Einweisung die App im Unterricht einzusetzen oder aber auch einzelne Kinder im individuellen Lernprozess zu unterstützen.

4   Zusammenfassung und Fazit

Die bisherigen Analysen haben gezeigt, dass es aus mathematikdidaktischer, Schülerzentrierter, unterrichtsorganisatorischer und mediendidaktischer Sicht sinnvoll ist, die Entwicklung einer App aus verschiedenen Perspektiven heraus anzulegen. Dabei hat sich das didaktische Tetraeder (Roth, 2019; Tall, 1986; Trgalová et al., 2018) als sehr hilfreich erwiesen, denn jede Seitenfläche des Tetraeders fokussiert eine dieser vier Sichtweisen.

Aus den Analysen wird deutlich, dass sich beide in diesem Beitrag vorgestellte Apps in ihrem Grundsatz ähneln. Beiden Apps liegt die Idee zugrunde, haptisch-enaktives Handeln mit der digitalen Verarbeitung dieser Handlung unmittelbar zu verknüpfen. Allerdings führt das spezifische Wissen über Verstehenshürden aufseiten der Schülerinnen und Schülern zum jeweiligen Inhalt, aber auch das spezifische Wissen über die Kompetenz des eigenständigen Lernens der betreffenden Zielgruppe zu leicht anderen Ausrichtungen der Apps.

Da die Zielgruppe des *1·1tools* noch über weniger ausgereifte Lesekompetenzen verfügt, wurde die aktive Sprachausgabe als zentrales Designelement implementiert. Darüber hinaus wurde das enaktive Arbeiten auf das Legen von Aufgaben mit einem Material beschränkt. Dies kommt nachweislich der noch recht jungen Zielgruppe entgegen.

Im Fokus der für die Sekundarstufe entwickelten App *Partibo* steht die ständige und unmittelbare Verknüpfung von (mindestens zwei) Darstellungsebenen. Diese Vernetzung wird zum einen durch die verschiedenen Legematerialien und zum anderen durch das ergänzende Forscherheft ermöglicht. Das Forscherheft vertieft die in der App gemachten enaktiven Lernerfahrungen insbesondere auf der ikonischen und sprachlichen Darstellungsebene.

Die obigen Ausführungen zeigen, dass die Berücksichtigung aller Seitenflächen des didaktischen Tetraeders dabei unterstützen kann, Apps unter Einbezug des Wissens über spezifische Lernhürden sowie über Möglichkeiten einer verstehensorientierten Erarbeitung eines spezifischen mathematischen Inhalts zu entwickeln. Das Ergebnis solcher Analysen sind Apps, die nicht vordergründig auf die Erarbeitung von prozeduralem Wissen ausgelegt sind. Werden mathematikdidaktische, Schülerzentrierte, unterrichtsorganisatorische und medi-endidaktische Designelemente hingegen gezielt abgewogen und implementiert, entstehen schließlich Apps, die mathematische Vorstellungen digital fördern können. Letztendlich müssen empirische Erprobungen belegen, inwiefern die dargelegten theoretischen Designprinzipien ihre Wirksamkeit zeigen.

Literatur

Baiker A, & Götze, D. (2021, accepted paper). *Language responsive support of meaning-making processes for understanding multiplicative decomposition strategies.* Accepted Paper for long oral communication at ICME 14 in Shanghai, 2021.

Ball, L., & Barzel, B. (2018). Communication when learning and teaching mathematics with technology. In L. Ball, P. Drijvers, S. Ladel, H.-S. Siller, M. Tabach, & C. Vale (Hrsg.), *Uses of technology in primary and secondary mathematics education: tools, topics and trends* (S. 227–244). Springer.

Barzel, B. & Roth, J. (2018). Bedienen, Lösen, Reflektieren – Strategien beim Arbeiten mit digitalen Werkzeugen. *mathematik lehren,* (211), 16–19.

Downton, A., & Sullivan, P. (2017). Posing complex problems requiring multiplicative thinking prompts students to use sophisticated strategies and build mathematical connections. *Educational Studies in Mathematics, 95*(3), 303–328.

Erath, K., Ingram, J., Moschkovich, J., & Prediger, S. (2021). Designing and enacting instruction that enhances language for mathematics learning—A review of the state of development and research. *ZDM, 53*(2), 245–262. https://doi.org/10.1007/s11858-020-01213-2

Freudenthal, H. (1981). Major problems of mathematics education. *Educational Studies in Mathematics, 12*(2), 133–150.

Goodwin, K. (2009). *Impact and affordances of interactive multimedia, Doctoral dissertation.* University.

Goodwin, K., & Highfield, K. (2013). A Framework for examining technologies and early mathematics learning. In L. D. English & J. T. Mulligan (Hrsg.), *Reconceptualizing early mathematics learning* (S. 205–226). Springer, Springer Nature. https://doi.org/10.1007/978-94-007-6440-8_11

Götze, D. (2019a). Language-sensitive support of multiplication concepts among at-risk children: a qualitative didactical design research case study. *Learning Disabilities—A Contemporary Journal, 17*(2), 165–182.

Götze, D. (2019b). The importance of a meaning-related language for understanding multiplication. In U. T. Jankvist, M. Van den Heuvel-Panhuizen, & M. Veldhuis (Hrsg.), Proceedings of the eleventh congress of the European Society for Research in Mathematics Education (S. 1688–1695). Freudenthal Group and Freudenthal Institute, Utrecht University and ERME.

Götze, D., & Baiker, A. (2021). Language-responsive support for multiplicative thinking as unitizing: results of an intervention study in the second grade. *ZDM, 53*(2), 263–275. https://doi.org/10.1007/s11858-020-01206-1

Götze, D., & Stark, J. (2021, akzeptiert). Kommunikationspotenziale einer haptisch-enaktiven und digitalen Förderung der Anteilvorstellung bei Grundschulkindern. In Ch. Schreiber & R. Klose (Hrsg), *Lernen, Lehren und Forschen mit digitalen Medien* (Bd 7).

Lamon, S. J. (1992). Ratio and proportion: Children's cognitive and metacognitive processes. In T.P. Carpenter, E. Fennema, & T.A. Romberg (eds.), *Rational numbers: An integration of research* (pp. 131–156). Hillsdale, NJ: Erlbaum.

Lamon, S. (1994). Ratio and proportion: Cognitive foundations in unitizing and norming. In G. Harel & J. Confrey (Hrsg.), *The development of multiplicative reasoning in the learning of mathematics* (S. 89–122). State University of New York Press.

Moser Opitz, E. (2013). *Rechenschwäche/Dyskalkulie. Theoretische Klärungen und empirische Studien an betroffenen Schülerinnen und Schülern.* Haupt.

Nührenbörger, M., & Schwarzkopf, R. (2019). Argumentierendes Rechnen: Algebraische Lernchancen im Arithmetikunterricht der Grundschule. In B. Brandt & K. Tiedemann (Hrsg.), *Interpretative Unterrichtsforschung* (S. 15–35). Waxmann.

Prediger, S. (2019). Mathematische und sprachliche Lernschwierigkeiten – Empirische Befunde und Förderansätze am Beispiel des Multiplikationskonzepts. *Lernen und Lernstörungen, 8*(4), 247–260. https://doi.org/10.1024/2235-0977/a000268

Prediger, S., & Wessel, L. (2013). Fostering German language learners' constructions of meanings for fractions – design and effects of a language- and mathematics integrated intervention. *Mathematics Education Research Journal, 25*(3), 435–456.

Reinhold, F. (2019). *Wirksamkeit von Tablet-PCs bei der Entwicklung des Bruchzahlbegriffs aus mathematikdidaktischer und psychologischer Perspektive: Eine empirische Studie in Jahrgangsstufe 6.* Springer.

Roth, J. (2019). Digitale Werkzeuge im Mathematikunterricht – Konzepte, empirische Ergebnisse und Desiderate. In A. Büchter, M. Glade, R. Herold-Blasius, M. Klinger, F. Schacht, & P. Scherer (Hrsg.), *Vielfältige Zugänge zum Mathematikunterricht.* Springer Spektrum. https://doi.org/10.1007/978-3-658-24292-3_17

Sherin, B., & Fuson, K. (2005). Multiplication strategies and the appropriation of computational resources. Journal for Research in Mathematics Education, *36*(4), 347–395.

Schink, A. (2013). *Flexibler Umgang mit Brüchen. Empirische Erhebung individueller Strukturierungen zu Teil, Anteil und Ganzem.* Springer Spektrum.

Schink, A., & Meyer, M. (2013). Teile vom Ganzen. Brüche beziehungsreich verstehen. *Praxis der Mathematik in der Schule, 55*(52), 2–8.

Schmidt-Thieme, B., & Weigand, H. G. (2015). Medien. In *Handbuch der Mathematikdidaktik* (S. 461–490). Springer Spektrum.

Siemon, D. (2019). Knowing and building on what students know: The case of multiplicative thinking. In D. Siemon, T. Barkatsas, & R. Seah (Eds.), *Researching and using progressions (trajectories) in mathematics education* (S. 6–31). Brill Sense.

Siemon, D., Breed, M., Dole, S., Izard, J., & Virgona, J. (2006). *Scaffolding numeracy in the middle years. Project findings, materials and resources.* Final report. https://www.educat ion.vic.gov.au/school/teachers/teachingresources/discipline/maths/assessment/Pages/sca ffoldnum.aspx

Sweller, J. (2011). Cognitive load theory. In J. P. Mestre & B. H. Ross (Eds.), *The psychology of learning and motivation: cognition in education* (S. 37–76). Elsevier Academic Press. https://doi.org/10.1016/B978-0-12-387691-1.00002-8

Steffe, L. P. (1992). Schemes of action and operation involving composite units. *Learning and Individual Differences, 4*(3), 259–309. https://doi.org/10.1016/1041-6080(92)900 05-Y

Tall, D. (1986). Using the computer as an environment for building and testing mathematical concepts: a tribute to Richard Skemp. In *Papers in Honour of Richard Skemp* (S. 21–36). Mathematics Education Research Centre, University of Warwick. http://homepages.war wick.ac.uk/staff/David.Tall/pdfs/dot1986h-computer-skemp.pdf

Thompson, P., & Saldanha, L. (2003). Fractions and multiplicative reasoning. In J. Kilpatrick, G. Martin, & D. Schifter (Hrsg.), *A research companion to principles and standards for school mathematics* (S. 95–113). National Council of Teachers of Mathematics.

Trgalová, J., Clark-Wilson, A., & Weigand, H.-G. (2018). Technology and resources in mathematics education. In T. Dreyfus, M. Artigue, D. Potari, S. Prediger & K. Ruthven (Eds.), *Developing research in mathematics education – twenty years of communication, cooperation and collaboration in Europe* (S. 142–161). Routledge.

Wartha, S. (2007). *Längsschnittliche Untersuchungen zur Entwicklung des Bruchzahlbegriffs.* Franzbecker.

Wessel, L. (2015). *Fach- und sprachintegrierte Förderung durch Darstellungsvernetzung und Scaffolding. Ein Entwicklungsforschungsprojekt zum Anteilbegriff.* Springer Spektrum.

Diagnose und Förderung via Online-Meeting-Tools: Konstruktive und rekonstruktive Betrachtungen anhand von Fallbeispielen

Paul Gudladt und Simeon Schwob

Nicht nur aufgrund der Corona-Pandemie bilden digitale Lehr-Lern-Arrangements einen wichtigen Baustein des Mathematikunterrichts des 21. Jahrhunderts. Auch im Unterricht via Online-Meeting-Tools müssen Mathematiklehrende fortwährend implizite und explizite Diagnosen und Förderungen erstellen und durchführen. An der Carl von Ossietzky Universität Oldenburg führen Studierende im Rahmen der LernWerkstatt-Seminare Diagnosen und Förderungen an Partnerschulen durch. In den vergangenen Durchläufen des Seminarkonzepts konnten diese Erhebungen via Nutzung eines Online-Meeting-Tools durchgeführt werden. Im Fokus des vorliegenden Artikels steht die Analyse dieser digitalen Settings. Es werden Potenziale digitaler Settings ausgemacht und Implikationen für Design-Prinzipien zukünftiger Diagnose- und Fördersettings abgeleitet.

P. Gudladt (✉)
Institut für grundlegende und inklusive mathematische Bildung, Westfälische
Wilhelms-Universität Münster, Münster, Deutschland
E-Mail: paul.gudladt1@uol.de

S. Schwob
Institut für Mathematik/Didaktik der Mathematik, Carl von Ossietzky Universität
Oldenburg, Oldenburg, Deutschland
E-Mail: simeon.schwob@wwu.de

F. Dilling et al. (Hrsg.), *Neue Perspektiven auf mathematische Lehr-Lernprozesse mit
digitalen Medien,* MINTUS – Beiträge zur mathematisch-naturwissenschaftlichen Bildung,
https://doi.org/10.1007/978-3-658-36764-0_9

1   Einleitung

Im Rahmen der LernWerkstatt Elementarmathematik an der Carl von Ossietzky Universität Oldenburg werden regelmäßig Seminare zur Diagnose und Förderung im Mathematikunterricht angeboten, in denen die Studierenden die Möglichkeit erhalten selbst diagnostisch und fördernd tätig zu werden. In Kooperationen mit Partnerschulen bekommen Studierendengruppen Lernende zugeteilt die sie diagnostisch und fördernd über den Zeitraum von einem Semester unter der Beratung von Hochschuldozierenden und der Klassenleitung bzw. Fachlehrkraft begleiten dürfen. Bedingt durch die Besonderheiten der Corona-Pandemie wurden im Wintersemester 2020 einige Diagnosen und Förderungen ohne (physischen) Kontakt der Personen digital mit Hilfe des Online-Meeting-Tools BigBlueButton (BBB; https://bigbluebutton.org) der Universität Oldenburg durchgeführt. Die Diagnose- und Fördersitzungen konnten aufgenommen und somit eine forschende Begleitung ermöglicht werden. Im Rahmen des Artikels werden Ausschnitte aus zwei Diagnosesitzungen vorgestellt und analysiert. Dabei schließt sich diese Arbeit der Tradition der Interpretativen (Unterrichts-)Forschung an. Im Kontext der Mathematikdidaktik zeichnet sich diese durch eine „auf Verstehen gerichtete und auf Theorieentwicklung zielende Rekonstruktion alltäglicher Unterrichtsprozesse zum Forschungsgegenstand" aus (Krummheuer, 2004, S. 112).

In verschiedenen interpretativen Arbeiten wurden bewusst Interaktionsmöglichkeiten zwischen den Interaktanden eingeschränkt, um die Beeinflussung der Aushandlungsprozesse zwischen den Beteiligten besser ausarbeiten zu können. Zum Beispiel hat Schreiber (2006) zur Fokussierung der sprachlichen Aushandlungsprozesse zwischen den Interaktanden bewusst die lautsprachliche Ebene über den Kunstgriff der reinen Verständigungsmöglichkeit über ein Chatprogramm ausgeblendet. In Schreiber (2020) ist dagegen die rein lautsprachliche Beschreibung via Audio-Podcast in den Blick genommen worden, während alle anderen Ebenen der Verständigung, wie Zeigebewegungen und andere Gesten, durch das verwendete Medium ausgeblendet worden sind.

Eine Einschränkung von Interaktionsmöglichkeiten lässt sich auch in den in dieser Arbeit fokussierten Diagnose- und Fördersitzungen, die über ein Online-Meeting-Tool stattgefunden haben, beobachten. Während Schreiber (2006) die Einschränkung bewusst vorgenommen hat, um die interaktionistische Bedeutung von Inskriptionen herauszuarbeiten, ist die Einschränkung in der vorliegenden Forschungsarbeit strukturell bedingt, da sie durch die Corona-Situation vorgegeben und somit keine andere Form der Diagnose und Förderung möglich war. Dennoch lassen sich – ggf. auch bedingt durch die Einschränkung – Potenziale der

Situationen ausmachen, die für zukünftige Diagnosen und Förderungen – online wie offline – nutzbar gemacht werden sollen.

Nach der Vorstellung der Theorie zur Analyse der digitalen Diagnose- und Fördersitzungen wird die Interpretative Methode vorgestellt und auf zwei Fallbeispiele angewendet, bevor die Ergebnisse diskutiert werden. In der Analyse und Diskussion sind dabei zwei Forschungsfragen leitend:

(1) *Inwiefern stellen die Interaktanden in den Online-Meetings eine produktive Kommunikation über Mathematik her?*

(2) *Welche Design-Prinzipien lassen sich aus den Beobachtungen zu (1) ableiten?*
  a. *Für digitale Lehr-Lern-Settings allgemein*
  b. *Für digitale Diagnose-Umgebung speziell*

2 Theoretische Einordnung

Nachfolgend werden die theoretischen Werkzeuge zur Analyse der empirischen Daten beschrieben. Ziel der Arbeit ist die Identifikation von Potenzialen in den durchgeführten Online-Diagnose-Meetings. Hierzu müssen die konzipierten Diagnose-Umgebungen analysiert werden und die Besonderheiten im Einsatz digitaler Medien als Kommunikations-Werkzeug zur Aushandlung von mathematischen Bedeutungen berücksichtigt werden. Für Diagnose- und Förder-Umgebungen gibt es etablierte mathematikdidaktische Konzepte, die in Kap. 2.1 skizziert werden. Für die Analyse der Kommunikation unter Einsatz des digitalen Mediums BigBlueButton (BBB) nutzen wir eine Kombination aus der Anwendung des SAMR-Modells nach Puentedura (2006) sowie der Einsortierung in die Sozialformen unter Nutzung digitaler Hilfsmittel nach Trenholm und Peschke (2020) und beleuchten die Ergebnisse gemäß des dem vorliegenden Artikel zu Grunde liegenden interpretativen Paradigmas.

2.1 Diagnose und Förderungen im Mathematikunterricht

Diagnosen und Förderungen sind ein Baustein, um Teilhabe am inklusiven Mathematikunterricht zu ermöglichen. So können bspw. im Anschluss an eine erfolgte Diagnose gute im Sinne von auf die Lernenden angepassten Aufgaben entwickelt und eingesetzt werden (Häsel-Weide, 2017; Meyer & Schlicht, 2019). Die Diagnosefähigkeit der Lehrenden stellt hierbei eine elementare Schlüsselkompetenz dar, die zum Gelingen eines guten Mathematikunterrichts beiträgt (Anders et al., 2010).

Während für sonderpädagogische Diagnosen und Förderungen im schulischen Kontext wie bspw. AO-SF-Verfahren standardisierte Tests genutzt werden (Bundschuh & Winkler, 2019), sind im schulischen Alltag von Mathematiklehrenden halbstandardisierte und implizite Formen der Diagnose und Förderung relevanter:

> Die Diagnose von Lernfortschritten und die anschließende Förderung sind genuine Teile der Lehrertätigkeit und finden im Unterricht fortlaufend und selbstverständlich statt. Diese impliziten Formen von Diagnose und Förderung sind für die Lernfortschritte der Kinder um vieles effektiver als von außen kommende explizite Tests und Diagnosebögen (Wittmann, 2010, S. 77).

Zu diesen implizierten Formen von Diagnosen gehören bspw. selbst konzipierte diagnostische Interviews, Fehleranalysen sowie mündliche und schriftliche Standortbestimmungen zur Lernstandserfassung. Auch standardisierte Diagnoseinstrumente können gewinnbringend zur Begleitung von Lernenden eingesetzt werden (Moser Opitz & Nührenbörger, 2015).

Für die konkrete Umsetzung von Diagnosen im Mathematikunterricht fordert Moser Opitz (2009, S. 296), dass in diagnostischen Settings nur Darstellungsmittel genutzt werden sollen, die den Befragten bereits bekannt sind. Diese Beschränkung wird mit der Gefahr begründet, dass andernfalls nur die Kenntnis des Arbeitsmittels getestet wird und der mathematische Kern der Aufgabe nicht mehr im Fokus steht. Prediger et al. (2007) betonen, dass beim Design von Diagnoseumgebungen die Fokussierung auf bestimmte Kompetenzaspekte, die hinreichende Öffnung von Aufgaben und die Anregung zur Eigenproduktion beachtet werden sollten. So sollten bspw. bei einer Diagnose von Argumentationsfähigkeiten die inhaltsbezogenen Anforderungen entsprechend niedrigschwellig sein. Weiterhin sollte die reine Fokussierung auf Korrektheit einer Lösung vermieden werden, vielmehr sollte die Bearbeitung der Aufgaben durch die Befragten auf verschiedenen Niveaustufen möglich sein. Die Aufgabenstellungen sollten dabei so konzipiert sein, dass eine Dokumentation des Lösungswegs durch die Befragten erfolgt.

2.2   Kommunikation und digitale Medien im Mathematikunterricht

Die mathematikdidaktischen Forschungsbemühungen umfassen konstruktive wie rekonstruktive Aspekte zum Einsatz digitaler Medien. In der konstruktiven

Dimension sind generelle mathematikdidaktische Prinzipien zur Gestaltung von Lernumgebungen mit digitalen Medien entwickelt worden (Krauthausen, 2012). Beispiele für konstruktive Vorhaben sind unter anderem die Erstellung von selbst programmierten Applets (Platz, 2019) oder die produktive Nutzung von 3D-Druck-Technologie als eine Verbindung digitaler und analoger Zugangsweisen zu mathematischen Inhalten (Dilling, 2019; Pielsticker, 2020). Die rekonstruktive Dimension analysiert die Lehr-Lern-Prozesse unter Einsatz digitaler Medien im Mathematikunterricht bspw. von Nutzungsweisen bei der Verwendung von Applets (Walter, 2018).

Für eine Beurteilung des Einsatzes digitaler Medien in Lernumgebungen hat Puentedura (2006) das SAMR-Modell entwickelt. Die Nutzung der digitalen Medien im Mathematikunterricht kann die Spannbreite zwischen reiner Ersetzung analoger Arbeitsmittel (Substitution) über Erweiterung des Einsatzes analoger Arbeitsmittel mit funktionaler Verbesserung (Augmentation) sowie Änderung analoger Arbeitsmittel unter Neugestaltung von Aufgaben (Modification) bis hin zur Neubelegung, d. h. die Generierung neuartiger Aufgaben, die nur mit Hilfe der Technik realisiert werden können (Redefinition), umfassen (Hamilton et al., 2016).

Im vorliegenden Beitrag werden digitale Lehr-Lern-Arrangements hinsichtlich produktiver Kommunikation zwischen den Interaktanden analysiert. Eine Kategorisierung von Kommunikation mit digitalen Medien unter Berücksichtigung der gewählten Sozialform bieten Trenholm und Peschke (2020). Die Autoren differenzieren zwischen Face-to-Face- (F2F) und Fully-Online- (FO) Kommunikation mit digitalen Medien. Die Face-to-Face-Kommunikation mit digitalen Medien findet im regulären Klassensetting statt. Die Lernenden nutzen hier digitale Medien wie bspw. Tablets, SmartBoards oder digital angebotene Formate wie Lernvideos. Die Fully-Online-Kommunikation findet zumeist über ein Learning-Management-System (LMS) wie Moodle (https://moodle.org) statt. Die Realisierung von Lehre über Massive Open Online Courses (MOOCs) ist hierfür ein paradigmatisches Beispiel. Flipped-Classroom-Szenarien, in denen Lernende Inhalte via LMS eigenständig erarbeiten bevor sie diese in Präsenz vertiefen, ist nach Trenholm und Peschke (2020) als Mixed-Kommunikation zu kategorisieren.

Die im Rahmen des Beitrags betrachteten digitalen Diagnose- und Fördersitzungen lassen sich nicht in diese klassischen Szenarien einordnen. Solche digitalen Treffen über Zoom oder BBB lassen sich als digital-Face-to-Face-Kommunikation (dF2F) rekonstruieren. (Schwob & Gudladt, 2021).

F2F-Situationen zeichnen sich durch eine synchrone Interaktion im selben Raum aus. FO-Situationen sind dem gegenüber asynchron geprägt und der

Austausch der Lernenden findet via einer Lernplattform räumlich und zeitlich getrennt statt. In dF2F-Situationen sind die Lernenden räumlich getrennt, allerdings synchron über die Nutzung eines Online-Meeting-Tools im Austausch.

2.3 Interaktion und Kommunikation im Mathematikunterricht

Sowohl in Diagnose- und Förder-Umgebungen als auch bei der Verwendung von digitalen Medien für den Mathematikunterricht bilden Interaktions- und Kommunikationsprozesse zentrale Bausteine für das Mathematiklernen der Beteiligten als auch für die Rekonstruktion dieser Lehr-Lern-Prozesse, da „die an der Interaktion beteiligten Personen die mathematischen Objekte und Beziehungen erst in der Interaktion herstellen und dadurch erst die Bedeutungen innerhalb der [konzipierten, die Verf.] Lernumgebungen konstituieren." (Nührenbörger & Schwarzkopf, 2019, S. 19).

Die Interaktion wird nicht nur durch die öffentlichen, verbalen Äußerungen beeinflusst. Neben diesen sind non-verbale Elemente wie Zeigebewegungen oder Manipulation von Objekten Teil der Interaktion und beeinflussen diese maßgeblich (Fetzer, 2019).

Die Interaktanden müssen die verbalen Äußerungen sowie die nonverbalen Elemente deuten, um erfolgreich an der Interaktion teilzunehmen. Für diese Ad-hoc-Interpretationen bieten Rahmungen „ein für ein Individuum grundlegendes Deutungs- oder Interpretationsschema" (Krummheuer, 1984, S. 287). Diese werden vom Individuum nicht weiter hinterfragt (Krummheuer, 1984). Durch Rahmungen gelingt es dem Individuum Situationen, die als ähnlich wahrgenommen werden, in einen gemeinsamen Deutungshorizont zu überführen (Schwarzkopf, 2000). Eine Differenz der Rahmungen von Interaktanden kann ein Missverständnis in der Interaktion erklären. Ziel der Interpretierenden ist es daher die Rahmungen zu rekonstruieren. Gelingt die Beseitigung der Rahmungsdifferenzen und werden die Deutungen der Situation der jeweils anderen Interaktionspartei erschlossen, so kann die Interaktion als produktiv angesehen werden. Bestenfalls erweitern die Teilnehmenden ihre grundlegenden Deutungs- und Interpretationsschema.

Diese Beobachtungen zu Interaktionsprozessen wurden in F2F-Situationen getroffen. Eine Realisierung dieser verbalen und non-verbalen Kommunikationsanteile sowie eine Rekonstruktion von Rahmungen in dF2F-Situationen ist prinzipiell möglich.

Ziel des vorliegenden Beitrags ist eben diese Rekonstruktion der Interaktion in dF2F-Situationen. Ein Fokus wird hierbei auf die digitale Realisierung der zentralen non-verbalen Komponenten gelegt. Durch die interpretative Analyse sollen Potenziale der dF2F-Situationen identifiziert und Nutzungsmöglichkeiten bzw. Abwandlungen für F2F-Sitationen abgeleitet werden. Ein vermutetes Potenzial liegt in der Ausschöpfung der Möglichkeiten eines Meeting-Tools zur expliziten Darstellung der non-verbalen Komponenten. So können beispielsweise die im analogen Fall flüchtigen Zeigebewegungen im digitalen Fall unter Nutzung der entsprechenden Hilfsmittel sichtbarer für die Interaktanden (und rekonstruierbarer für den Forschenden) gemacht werden.

3   Methodik

Um die eingangs formulierten Forschungsfragen zu bearbeiten, werden online durchgeführte Diagnose- und Fördersitzungen analysiert. Im Folgenden wird das Studiendesign skizziert und das interpretative Vorgehen dargelegt.

3.1   Studiendesign

Die zu analysierenden Diagnose- und Fördersitzungen wurden im Wintersemester 2020 durch Studierende im Rahmen eines LernWerkstatt-Seminars durchgeführt. Die hier betrachteten Lernenden von Partnerschulen haben sich für ein reines Online-Format angemeldet. Insgesamt wurden fünf dieser Online-Diagnosen mit anschließenden Online-Förderungen durchgeführt. Sämtliche durchgeführten Diagnosen wurden als halb-standardisierte Interview-Settings konzipiert und durchgeführt. Der Ablauf der Diagnose- und Fördersettings richtete sich hierbei nach den Phasen von Bundschuh und Winkler (2019): Nach einer Vorabinformation über die Lernenden wurde von den Studierenden eine Diagnoseumgebung konzipiert und auf Basis der Analysen eine Förderumgebung entwickelt.

Für die Online-Formate wurde das universitäre Meeting-Tool BigBlueButton (https://bigbluebutton.org) genutzt. Das Programm bietet verschiedene Nutzungsfunktionen: Neben den rudimentären Funktionen des Teilens von Audio und Kamerabild sowie Chatfunktion und Spiegeln des eigenen Bildschirms können PDF-Dokumente als Hintergrund hochgeladen werden. Den Nutzern kann hierbei gestattet werden die PDFs mittels Freihandzeichnungen und Textfeldern zu kommentieren. Wird diese Funktion freigeschaltet, sieht man die Position der

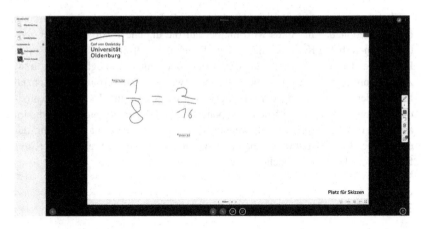

Abb. 1 BBB-Meeting-Raum

jeweiligen Mauszeiger bzw. im Fall einer Tablet-Nutzung die Position der letzten Berührung der Oberfläche (vgl. Abb. 1).

Die BBB-Meetings wurden über die Aufzeichnen-Funktion videographiert. Insgesamt stehen ca. 20 Videos zur Verfügung.

3.2 Datenauswertung

Zur Datenauswertung nutzen wir den Zugang der Interpretativen Forschung (Brandt & Tiedemann, 2019). Übergeordnetes Ziel der Interpretativen Forschung ist stets die Verbesserung des Mathematikunterrichts, allerdings wird vor einem „Verändern-wollen" das „Verstehen-wollen" (Krummheuer, 2004, S. 113) fokussiert. Ursprünge hat die Interpretative Forschung in den Arbeiten der Bielefelder Arbeitsgruppe von Heinrich Bauersfeld (Bauersfeld, 1978). Ausgehend von Rekonstruktionen der Eigengesetzlichkeiten des Mathematikunterrichts wie Interaktionsmustern und Routinen (Voigt, 1984), Rahmungen im und Rahmungsdifferenzen zwischen den Interaktanden im Mathematikunterricht (Krummheuer, 1992) und individueller Bedeutungskonstruktionen (Bauersfeld, 1983) wurden verstärkt auch außerunterrichtliche Situationen wie Mutter-Kind-Interaktionen (Tiedemann, 2012) oder Einzel- (Schlicht, 2016) bzw. Partnerinterviews (Gudladt, 2021) in den Blick genommen.

Das der Interpretativen Forschung zu Grunde liegende Anliegen der Rekonstruktion von Eigengesetzlichkeiten (Bauersfeld, 1978; Krummheuer, 2004) wird auch im vorliegenden Artikel verfolgt: In den Diagnose- und Fördersitzungen via Online-Meeting-Tools interagieren die Beteiligten miteinander. Da sich die Interaktanden in der Interaktion gegenseitig ihre Deutungen anzeigen, sind diese auch den Forschenden im Transkript zugänglich und eine Analyse wird möglich.

Die Auswahl der analysierten Szenen erfolgte auf Basis der Auswahlkriterien nach Krummheuer (1992): *Offensichtliche Relevanz zur Fragestellung und Krisenhaftigkeit der Episode.* Ersteres liegt in unserem Falle vor, wenn in der Interaktion im BBB-Meeting Rückschlüsse auf Potenziale einer Online-Diagnose bspw. durch Nutzung von BBB-spezifischen Tools möglich sind. Das zweite Kriterium liegt vor, wenn die Akteure sich wechselseitig anzeigen, wie das Gespräch normalerweise verlaufen müsste. Krisenhaftigkeit wird also insbesondere dann sichtbar, wenn ein Akteur interveniert, indem er bspw. zur Nutzung eines Tools wie bspw. der Chatfunktion o. Ä. explizit auffordert.

Die gemäß diesen Kriterien ausgewählten Szenen werden mithilfe des zentralen Auswertungsschritts der Interpretativen Forschung – der Interaktionsanalyse – ausgewertet: Zunächst erfolgt eine Gliederung und erste Beschreibung der Szene. Insbesondere werden im vorliegenden Artikel die zugrunde liegenden Diagnoseumgebungen nach den in Kap. 2 aufgeführten mathematikdidaktischen Gütekriterien analysiert, da die Güte der genutzten Aufgaben Einfluss auf die Interaktion haben kann. Darauf erfolgt die Turn-by-Turn Analyse, in der die Äußerungen in der Reihe ihres Vorkommens analysiert werden. Gefundene Interpretationen müssen sich im Verlauf des Transkripts bestätigen. Um die Rezeption des Analyseprozesses zu erleichtern, werden in der Regel nur bestätigte Interpretationen, d. h. die Deutungshypothesen, und die zugehörigen Turns dargestellt (Krummheuer & Brandt, 2001; Voigt, 1984). Die Deutungshypothesen werden mit Hilfe abduktiver Schlüsse generiert, d. h. das beobachtete Phänomen wird mit Hilfe eines generierten Gesetzes begründet. Die beobachteten Phänomene sind im vorliegenden Fall die Äußerungen und erstellten Skizzen der Lernenden während des BBB-Meetings an denen die Interpretierenden versuchen Gesetzmäßigkeiten zu rekonstruieren. Das abduktiv generierte Gesetz, d. h. die Deutungshypothese, kann immer nur als ein mögliches unter mehreren verstanden werden (Meyer, 2009).

4   Empirische Daten

Im Folgenden werden zwei ausgewählte Szenen (Abschn. 4.1 Andrea und 4.2 Jessica) in einem Zweischritt analysiert. Zunächst wird die Aufgabenkonstruktion mit Blick auf das digitale und diagnostische Potenzial analysiert. Hierzu werden die theoretisch vorbereiteten Modelle genutzt. Für die Identifizierung des digitalen Potenzials wird das SAMR-Modell (Puentedura, 2006) genutzt. Das diagnostische Potenzial wird mit Hilfe der Kombination der design-theoretischen Überlegungen von Moser Opitz (2009) sowie Prediger et al. (2007) sichtbar gemacht. In einem zweiten Schritt werden die Transkripte mit Hilfe des beschriebenen interpretativen Vorgehens hinsichtlich der eingangs formulierten Forschungsfragen analysiert. Für die Transkription wurden die Regeln von Voigt (1984) genutzt.

4.1   Andrea

Andrea besucht zum Zeitpunkt der Diagnosesitzung die sechste Klasse eines Gymnasiums in ländlicher Region. Die Mathematikleistungen werden von der Lehrperson als förderbedürftig beschrieben. Die Aufgaben des kleinen und großen Einmaleins sind weder automatisiert noch kann die Nutzung von hilfreichen Strategien für das Berechnen von Aufgaben beobachtet werden.

4.1.1   Aufgabenanalyse und Kurzbeschreibung der Szene

In der Diagnosesitzung mit Andrea werden die Aufgaben auf dem interaktiven Whiteboard geteilt. Andrea und die Interviewerin können Markierungen auf dem Whiteboard erzeugen. Der Interviewten stehen hierfür ein Tablet inkl. Eingabestift zur Verfügung. In der vorliegenden Szene bekommt Andrea die Aufgabe $12 \cdot 14$ und ein 400-er Feld vorgelegt (s. Abb. 2).

Die Aufgabe könnte analog genauso mit Hilfe eines ausgedruckten Arbeitsblatts gestellt werden, daher kann das Vorliegen der ersten Stufe im SAMR-Modell nach Puentedura (2006) attestiert werden. Die mit Hilfe des interaktiven Whiteboards gestellte Aufgabe ist augenscheinlich eine reine Ersetzung des analogen Pendants.

Die Diagnoseumgebung fokussiert Kompetenzen im Bereich Darstellen und Kommunizieren sowie Argumentieren, die inhaltsbezogene Anforderung ist entsprechend der Forderungen von Prediger et al. (2007) angemessen gering gehalten. Die Aufgabe ist ausreichend geöffnet und kann auf verschiedenen Niveaustufen bearbeitet werden. Die Möglichkeit mit Hilfe des Eingabestifts Markierungen am 400er-Feld und im angebotenen Textfeld vorzunehmen, regen wie

Abb. 2 Screenshot des interaktiven Whiteboards aus der Diagnosesitzung mit Andrea

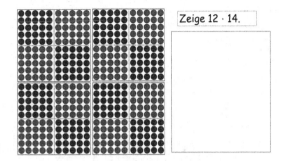

Zeige 12 · 14.

von den Autoren gefordert zur Eigenproduktion durch die Lernende an. Der Einsatz des 400er-Feldes in der analogen Variante ist der Lernenden bekannt, sodass die Forderung von Moser Opitz (2009) erfüllt ist.

Zu Beginn der Szene bekommt Andrea die Aufgabe gestellt, 12 · 14 am 400-Punkte-Feld zu zeigen. Andrea rechnet daraufhin die Aufgabe schriftlich auf dem interaktiven Whiteboard und verrechnet sich hierbei (vgl. Abb. 3).

Anschließend soll sie die Aufgabe auf eine andere Weise darstellen und entscheidet sich für ein halbschriftliches Vorgehen bei der sie das korrekte Ergebnis erhält (vgl. Abb. 4).

Auf den Hinweis der Interviewerin, dass Andrea zu zwei unterschiedlichen Ergebnissen gekommen ist, findet sie ihren Fehler im schriftlichen Lösungsversuch und korrigiert ihn (vgl. Abb. 5).

Abb. 3 Screenshot des schriftlichen Lösungsversuchs von Andrea

$$
\begin{array}{r}
12 \cdot 14 \\
\hline
12 \\
18 \\
\hline
138
\end{array}
$$

Abb. 4 Screenshot des halbschriftlichen Lösungsversuchs von Andrea

$$
\begin{aligned}
10 \cdot 10 &= 100 \\
2 \cdot 10 &= 20 \\
10 \cdot 4 &= 40 \\
2 \cdot 4 &= 8 \\
\hline
&= 168
\end{aligned}
$$

Abb. 5 Screenshot des
korrigierten schriftlichen
Lösungsversuchs von
Andrea

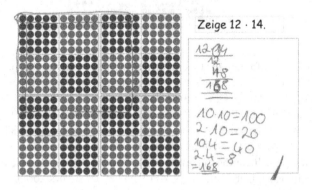

Zeige 12 · 14.

Abb. 6 Screenshot des markierten 400er-Felds von Andrea

Hierauf fordert die Interviewerin Andrea dazu auf, die Aufgabe am Punktefeld zu zeigen. Daraufhin kreist Andrea zunächst 12 Punkte vertikal ein, bevor sie im nächsten Schritt 14 Punkte horizontal im 400er-Feld markiert und anschließend ein 12 × 14-Rechteck einzeichnet (vgl. Abb. 6).

4.1.2 Interaktionsanalyse

Im Folgenden wird die Szene gemäß der in Kap. 3 dargelegten Interpretativen Methode analysiert. Zu Beginn der Szene wird die Aufgabenstellung von der Interviewerin auf das Interaktive Whiteboard gestellt (vgl. Abb. 2). Hierauf startet die transkribierte Szene.

1	I	Du hast es fast geschafft. und zwar möchte ich dass du mir einmal zwölf mal vierzehn *zeigst* an diesem vierhunderter Punktefeld, also du darfst das als ein Feld sehen
2	A	(Beginnt eine Rechnung zu schreiben s. Abb. 3) Da habe ich jetzt halt untereinander gerechnet

Zu Beginn der Szene lässt sich eine Rahmungsdifferenz zwischen Interviewerin und Andrea rekonstruieren: Während die Interviewerin die Darstellung am 400er-Feld explizit einfordert, berechnet Andrea die Aufgabe mit Hilfe des schriftlichen Multiplikationsalgorithmus. Andrea unterteilt die Aufgabe zunächst konform zum Standardvorgehen und gibt das Ergebnis der Teilaufgabe $12 \cdot 10$ in der verkürzten Schreibweise an. Hierauf notiert sie das Ergebnis der zweiten Teilaufgabe korrekt an Zehner- und Einerstelle. Allerdings notiert sie nicht das Ergebnis der Aufgabe $12 \cdot 4$. Andrea kann ein Rechenfehler unterstellt werden, vermutlich hat sie korrekt die Einerstellen mit $2 \cdot 4 = 8$ multipliziert, jedoch anstelle des korrekten Vorgehens die Zehnerstellen der ursprünglichen Aufgabe miteinander multipliziert und das Ergebnis $1 \cdot 1 = 1$ an der Zehnerstelle des Ergebnisses notiert.

3	I	Okay doki. kannst du es auch noch anders rechnen als untereinander
4	A	Also ich könnte jetzt *noch* ähm zehn mal zehn rechnen das sind ja hundert und dann sind das
5	I	Mhm du darfst das auch gerne aufschreiben
6	A	(Beginnt zu schreiben s. Abb. 4) Und dann hat man halt hundertachtundsechzig

Die Interviewerin lässt sich in Turn 3 auf Andreas Deutung der Aufgabenstellung ein und fordert Andrea dazu auf, die Aufgabe „anders [zu] rechnen". Man kann der Interviewerin unterstellen, dass sie Andrea die Möglichkeit einräumen will das falsche Ergebnis aus ihrer schriftlichen Multiplikation selbst zu korrigieren. Auffällig ist dabei, dass sie in Abgrenzung zu Turn 1 das Wort „rechnen" benutzt. In Turn 1 erfolgte noch die Aufforderung zu zeigen. Andrea beschreibt in Turn 4 ein halbschriftliches Vorgehen, welches sie in Turn 6 ausführt. Die Ergebnisse der Teilrechnungen werden abschließend addiert und Andrea erhält das korrekte Ergebnis.

7	I	Okay doki oben hast du was anderes raus magst du da noch einmal gucken oder mir noch einmal erklären wie du da gerechnet hast
8	A	Da habe ich ähm halt. jetzt die eins hier (kreist die 1 der 14 in der schriftlichen Rechnung ein, s. Abb. 5) und einmal zwei sind halt zwei und dann einmal eins sind eins das habe ich dann nochmal gezeichnet dann habe ich vier mal zwei sind acht habe ich dann da runter geschrieben und vier mal eins das sind dann öhm vier. ah da war der Fehler
9	I	Okay schreib einfach drüber wenn du was drüber schreiben musst
10	A	(Schreibt 4 anstelle von 1 und 6 anstelle von 3, s. Abb. 5) Dann habe ich hier auch. dann passt das

In Turn 7 merkt die Interviewerin die unterschiedlichen Ergebnisse vom schriftlichen und halbschriftlichen Vorgehen an und bittet Andrea um eine Erklärung ihres Rechenweges. Darauf formuliert Andrea in Turn 8 retrospektiv ihren Rechenweg bei der schriftlichen Multiplikation. Andrea formuliert vier Teilaufgaben. Sie betrachtet jeweils im Gegensatz zum Standardvorgehen Zehner und Einer von Multiplikator und Multiplikand getrennt. Die ersten drei Teilaufgaben $1 \cdot 2 = 2$, $1 \cdot 1 = 1$ und $4 \cdot 2 = 8$ löst sie korrekt, wenngleich sie bei der Formulierung ihres Vorgehens Multiplikand und Multiplikator miteinander vertauscht und hiermit bewusst oder unbewusst das Kommutativgesetzt ausnutzt. Während der Formulierung der vierten Teilaufgabe $4 \cdot 1 = 4$ fällt Andrea ihr Rechenfehler in der ursprünglichen Rechnung selber auf und sie korrigiert diesen anschließend (Turn 10).

11	I	Kannst du mir die Aufgabe auch einmal am Punktefeld noch einmal zeigen
12	A	Ja. Wie die da aussehen würde wenn man jetzt hier (beginnt in der ersten Reihe vertikal 12 Punkte einzukreisen, s. Abb. 6)
13	I	mhm
14	A	(Beginnt horizontal die ersten 14 Punkte einzukreisen, s. Abb. 6) So das halt mal und dann ist halt hier (umkreist alle innliegenden Punkte (s. Abb. 6). das. Bild so
15	I	Okay perfekt. dann passt das so weit auch schon

Die Interviewerin greift in Turn 11 die eingangs entstandene Rahmungsdifferenz auf und fordert Andrea dazu auf, die Aufgabe am Punktefeld zu zeigen. Andrea führt dies durch, beschreibt ihr Vorgehen aber nicht verbal. Zunächst markiert sie für den Multiplikator 12 die entsprechende Anzahl an Punkten vertikal und anschließend für den Multiplikanden 14 die entsprechende Anzahl an Punkten horizontal, um daraufhin das aufgespannte Rechteck einzuzeichnen. Andrea lässt sich hier eine korrekte, räumlich-simultane Multiplikationsvorstellung zusprechen (Turns 12, 14). Die Interviewerin bestätigt Andreas Vorgehen in Turn 15.

4.2   Jessica

Jessica besucht zum Zeitpunkt der Diagnosesitzung die sechste Klasse eines Gymnasiums in ländlicher Region. Die Mathematikleistungen werden von der Lehrperson als förderbedürftig beschrieben. Das Kürzen und Erweitern sowie Umwandeln von gemischten und unechten Brüchen fällt Jessica schwer.

4.2.1 Aufgabenanalyse und Kurzbeschreibung der Szene

Die Rahmenbedingungen für die Diagnosesitzung mit Jessica sind dieselben wie bei der Diagnosesitzung mit Andrea. Die Aufgaben sind auf dem interaktiven Whiteboard geteilt und beide Interaktanden können Markierungen auf dem Whiteboard erzeugen, indem sie ein Tablet mit Eingabestift nutzen. In der vorliegenden Szene bekommt Jessica die Aufgabe Brüche anhand geläufiger ikonischer Repräsentationen darzustellen (s. Abb. 3).

Auch die an Jessica gestellte Aufgabe könnte analog genauso mit Hilfe eines ausgedruckten Arbeitsblatts gestellt werden, daher kann das Vorliegen der ersten Stufe im SAMR-Modell nach Puentedura (2006) attestiert werden.

Die entwickelte Diagnoseumgebung fokussiert Kompetenzen im Bereich Darstellen und Kommunizieren sowie Argumentieren, die inhaltsbezogene Anforderung ist entsprechend der Forderungen von Prediger et al. (2007) angemessen gering gehalten. Die Aufgabe ist ausreichend geöffnet und kann auf verschiedenen Niveaustufen bearbeitet werden. Für Brüche wie bspw. $\frac{1}{3}$ gibt es passende ikonische Repräsentationen, bei denen sich der Nenner in der entsprechenden Unterteilung der Teilflächen bspw. bei den Kreissektoren wiederfinden lässt. Für andere Brüche wie bspw. $\frac{1}{4}$ sind keine passenden Unterteilungen vorgegeben. In diesen Fällen ist für eine erfolgreiche Bearbeitung der gestellten Aufgabe eine eigenständige Neuunterteilung der angebotenen ikonischen Repräsentationen notwendig.

Die Möglichkeit mit Hilfe des Eingabestifts Markierungen an den ikonischen Repräsentationen vorzunehmen, regen wie von den Autoren gefordert zur Eigenproduktion durch die Lernende an. Der Einsatz verschiedener ikonischer Repräsentationen in der analogen Variante ist der Lernenden bekannt, sodass die entsprechende Forderung von Moser Opitz (2009) erfüllt ist.

Jessica bekommt zu Beginn der Szene die Aufgabe gestellt die vorgegebenen Brüche in die gegebenen, unterteilten aber nicht markierten, ikonischen Darstellungen einzuzeichnen. Sie wählt zunächst die Brüche aus, für die sie den Nenner in den vorgegebenen Darstellungen klar identifizieren kann und löst diese Aufgaben korrekt. Hierbei nutzt sie die Markieren-Funktion und zählt mitunter markierte Teilflächen laut ab. Für die Darstellung von Brüchen, deren Nenner Jessica nicht sofort in den vorgegebenen ikonischen Darstellungen identifiziert, wählt sie eine vorgegebene Fläche aus und unterteilt diese neu (Turn 23). Eine entsprechende Neuunterteilung an den angebotenen Zahlenstrahlen (vgl. Abb. 7) gelingt Jessica nicht.

- Kennzeichne folgende Brüche an geeigneten Kreisen, Rechtecken und Zahlenstrahlen:

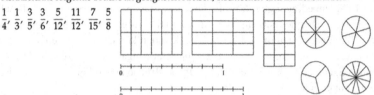

$$\frac{1}{4}, \frac{1}{3}, \frac{3}{5}, \frac{3}{6}, \frac{5}{12}, \frac{11}{12}, \frac{7}{15}, \frac{5}{8}$$

Abb. 7 Screenshot des interaktiven Whiteboards aus der Diagnosesitzung mit Jessica

4.2.2 Interaktionsanalyse

Vor Beginn der hier diskutierten Szene hat Jessica Bruchzahlen ikonischen Repräsentationen zugeordnet. Die Teilflächen in den Darstellungen waren bereits markiert und die Aufgabe bestand darin einen passenden Bruch zu benennen. Zu Beginn der hier diskutierten Szene bekommt Jessica das Arbeitsblatt (vgl. Abb. 7) auf dem interaktiven Whiteboard angezeigt. Daraufhin startet folgender Dialog:

| 1 | I | Bei der nächsten Aufgabe sollst du selbst halt die Anteile anzeichnen von Brüchen kannst du überlegen wo das am passendsten die einzuzeichnen und dann die Brüche einfach einzeichnen | |
| 2 | J | (Markiert Fläche eines Kreisdiagramms und schreibt Bruch $\frac{1}{3}$ darunter) Ich streich die dann weg damit ich ähm also wenn das okay ist | |

In Turn 1 stellt die Interviewerin an Jessica die Aufgabe, gegebene Brüche in ikonischen Darstellungen zu markieren (vgl. Abb. 7). An Darstellungen werden Kreissektoren, Rechtecke und Zahlenstrahle angeboten. Diese sind in Teilflächen unterteilt. Jessica wählt in Turn 2 zunächst eine passende Darstellung zum Bruch $\frac{1}{3}$ aus. Die Anzahl der Kreissektoren der gewählten Figur (Turn 2) entspricht dabei dem Nenner des gewählten Bruchs. Sie markiert eine Teilfläche. Diese entspricht der Zahl im Zähler des gewählten Bruchs.

3	I	Ja ist in Ordnung das kannst du ruhig machen	
4	J	(Markiert eine weitere Fläche im Kreisdiagramm und schreibt $\frac{3}{6}$ daneben; markiert jede einzelne Fläche eines weiteren Kreisdiagramms, löscht diese anschließend und markiert 5 Flächen daraufhin notiert sie den Bruch $\frac{5}{8}$) Ja also damit die fünf Achtel dazugehören dieser kleine Bogen da unten	

Im Anschluss daran markiert Jessica ohne verbale Äußerung analog $\frac{3}{6}$ in dem angebotenen Kreissektor mit 6 Teilflächen, bevor sie sich dem Kreissektor mit 8 Teilflächen zuwendet (Turn 4). Hier scheint sie die Teilflächen zunächst abzuzählen. Sie nutzt zu diesem Zweck eine Abwandlung einer gängigen, analogen Zählstrategie, indem sie bereits von ihr gezählte Teilflächen auf dem Whiteboard markiert. Nach der erfolgreichen Bestimmung der Gesamtanzahl löscht sie die vorgenommenen Markierungen und wählt den passenden Bruch $\frac{5}{8}$ aus und markiert die entsprechende Anzahl an Teilflächen für den Zähler korrekt. Jessica sucht demnach Brüche mit passendem Nenner für die vorgegebenen Darstellungen aus der Aufgabenstellung heraus und streicht bereits zugewiesene Brüche (Turn 2).

5	I	Mhm	
6	J	(Markiert wieder jede einzelne Fläche eines weiteren Kreisdiagramms und löscht diese anschließend) Also hier gibt es jetzt meh mehr Zwölftel soll ich mir da eins überlegen also es gibt hier ja zwei Zwölftel soll ich mir eins überlegen oder wie sollte ich das machen	
7	I	Naja du hast ja noch (3 s.) insgesamt fünf leere Sachen wo du was einzeichnen kannst, vielleicht findest du ja passende wo du die unterbringen könntest	
8	J	Okay	
9	I	Äh fünf über sind fünf Brüche sind die du einzeichnen sollst und auch fünf Darstellungen vielleicht passt das ja woanders noch rein	

10	J	(Schreibt unter die Rechtecksdarstellung $\frac{7}{15}$ und markiert anschließend sieben Flächen) Also das hier (zeigt auf ein Rechteck, welches in 12 Teile unterteilt ist) und das hier (zeigt auf ein Kreisdiagramm welches in 12 Teile unterteilt ist) lasse ich erst einmal aus weil bei beiden habe ich *Zwölftel* ähm vielleicht kann man das anders einteilen (4 s.) muss kurz überlegen	
11	I	Ja mach das	
12	J	(Zeichnet zwei Striche in eine Rechtecksfläche, die mehrere Teilflächen überschreiten und löscht diese anschließend wieder, anschließend löscht sie die Markierungen aus dem Rechteck, welches sie $\frac{7}{15}$ zugeordnet hat und markiert die drei untersten Teilflächen) Ähm ja ich glaube hier sind einfach sieben Fünfzehntel doch die richtige (nimmt die ursprüngliche Markierung wieder vor)	

In Turn 6 nutzt Jessica abermals ihre Abzählstrategie, um die 12 Kreissektoren im nächsten Kreisdiagramm abzuzählen. Nachfolgend sucht sie analog zum vorherigen Vorgehen einen passenden Bruch mit dem entsprechenden Nenner. Hier formuliert sie explizit ein Problem: Es sind zwei Brüche mit dem Nenner 12 vorhanden und sie weiß nun nicht, welchen sie für die ikonische Darstellung nutzen soll. Die Interviewerin betont daraufhin, dass noch fünf Brüche und fünf Darstellungen übrig sind. Jessica wendet sich von dieser Aufgabe jedoch ab um zunächst einer mit ihrem bisherigen Vorgehen verträglichen, eindeutigen Darstellung von $\frac{7}{15}$ auszuwählen, die sie ohne verbale Äußerung markiert (Turn 10). Daraufhin wendet sie sich wieder den beiden Darstellungen mit 12 Segmenten – dem Rechteck und dem Kreis – zu und äußert explizit, dass sie diese lieber auslässt „weil bei beiden habe ich Zwölftel" (Turn 10). Dies wäre zwar eine Auflösung für ihr Anfangsproblem: Einer der Brüche könnte in das Kreissegment eingetragen werden, der andere in das Rechteck. Jedoch wählt Jessica nicht dieses Vorgehen, sondern überlegt, ob man das Rechteck anders einteilen könnte (Turn 10). Diese Neueinteilung probiert sie daraufhin sowohl für das Rechteck mit 12 Segmenten als auch für das Rechteck mit 15 Segmenten aus (Turn 12). Hierbei nutzt Jessica die Möglichkeit Markierungen hinzuzufügen und über die Undo-Funktion wieder zu löschen, sofern die Überlegungen aus ihrer Sicht nicht zielführend waren.

18	I	Mach dir da kein Stress wir haben Zeit versuch sonst einfach mal einzuteilen wie du denkst dann siehst du ja ob es geklappt hat oder nicht und dann kannst du es ja sonst wegradieren und noch einmal wegradieren und noch einmal wegradieren	
19	J	(Unterteilt in der Zwischenzeit ein Rechteck in vier gleichgroße Teile) Also das *da* ist ein Viertel	
20	I	Mhm	
21	J	Mhm (schreibt ein Pfeil an das Rechteck und fügt den Bruch $\frac{1}{4}$ hinzu) gibt es vielleicht ein Radiergummi damit ich das nicht immer wegmachen muss so	
22	I	Das Radiergummi'	
23	J	Ja weil dann muss ich immer gleich das. ist das schlimm wenn das Kreuz da bei ein Viertel (beginnt eine Fläche großflächiger auszumalen) hier' also da ein bisschen rüber ist'	
24	I	Nein das ist überhaupt nicht schlimm. wir sehen ja was du machen möchtest	

Die Interviewerin bestärkt Jessicas Vorgehen – das Nutzen der Markieren-Funktion sowie des Entfernens von unerwünschten bzw. nicht-zielführenden Markierungen über die Undo-Funktion – in Turn 18. Jessica wendet sich daraufhin erneut dem Rechteck mit 12 Segmenten zu und unterteilt dieses in vier gleichgroße Teile (Turn 19), anschließend ordnet sie dieser Darstellung den Bruch $\frac{1}{4}$ zu (Turns 21, 23).

Die Lernende kann hier ihr bisheriges Vorgehen erweitern. In den Turns 1 bis 11 wurde die Markierungsfunktion zum Abzählen entsprechender Segmente zur Identifikation des Nenners und zur Ergebnissicherung in Form des Einzeichnens der entsprechenden Anzahl an Segmenten zur Repräsentation des Zählers genutzt. Ab Turn 12 nutzt Jessica – auch bestärkt durch die Interviewerin in Turn 18 – das Markieren auch zum Ausprobieren. In Turn 12 markiert Jessica mit Hilfe zweier Striche je drei Balken aus dem vorgegebenen Rechteck– wahrscheinlich probiert sie hier eine mögliche Zusammenfassung der Balken aus. In Turn 19 zeichnet Jessica eine Neununterteilung des Rechtecks ein. In Abgrenzung zur vorherigen

Unterteilung nimmt sie Markierungen an den schon vorhandenen Unterteilungen des Rechtecks vor, indem Jessica ausgewählte Linien – unpräzise – nachzeichnet. Die daraus resultierenden neuen Rechtecksflächen kann Jessica so dem Bruch $\frac{1}{4}$ zuordnen. Jessica kann das Ausnutzen der Grundvorstellung des Vergröberns (Padberg & Wartha, 2017, S. 191) unterstellt werden. In der hier erhaltenen Unterteilung sind dieselben Balken in den Segmenten zusammengefasst wie bei Jessicas Markierung in Turn 12.

Jessica kann sich demnach von der vorgegebenen Unterteilung in 12 Segmente lösen und diese vergröbern. Durch die Vergröberung in vier Segmente kann sie den vorgegebenen Bruch $\frac{1}{4}$ in der ikonischen Darstellung visualisieren.

Während des Einzeichnens dieser Vergröberung fragt Jessica die Interviewerin nach einer wahrscheinlich für sie komfortableren Funktion des Löschens von Teilelementen der Zeichnung (Turn 21). Prinzipiell ist eine solche „Radiergummi"-Funktion in BBB vorhanden, allerdings geht die Interviewerin hier nicht näher auf die andere Möglichkeit Änderungen an den eingezeichneten Markierungen vornehmen zu können ein.

Im weiteren Verlauf der Szene kann Jessica ihr neues Vorgehen der Vergröberung von vorgegebenen Segmenten auch auf alte Aufgaben zurück beziehen:

57	I	Macht auch gar nichts bei dem Bruch oben mit dem acht Vierundzwanzigstel du hast ja vorhin davon gesprochen dass man Brüche auch anders einteilen kann kannst du noch einen anderen Begriff also eine andere Zahl finden die auch zu dem passt also ne andere Zahl finden die auch zu dem Bruch passt also wenn du den anders einteilst den Bruch. also die erste Darstellung	
58	J	Meinen *Sie* hier (malt einen Strich neben das Rechteck aus der ersten Aufgabe bei dem 8 von 24 Kästchen markiert wurden)	
59	I	Genau, ob du da vielleicht auch ne andere Einteilung vornehmen könntest und damit zu nem anderen Bruch kommen würdest	

| 60 | J | Huch (4 s.) ähm (zieht jeweils einen grünen Strich vor und nach den markierten Feldern) ähm vielleicht das wären dann noch ein *Drittel* (schreibt den Bruch $\frac{1}{3}$ auf) weil jetzt habe ich ja eins zwei drei' (markiert jeweils einen der drei Blöcke durch einen Strich) | 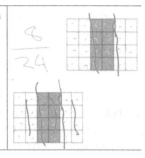 |

Auf Aufforderung der Interviewerin in Turn 57 wendet sich Jessica einer zuvor gelösten Aufgabe zu (Turn 60). In einer vorherigen Szene hatte Jessica einer ikonischen Darstellung einen Bruch zugeordnet. Hierbei nutzte sie das rekonstruierte Vorgehen des Abzählens von einzelnen Segmenten mit Hilfe der Markieren-Funktion, um sowohl die Gesamtanzahl (Nenner) als auch die Anzahl der hervorgehobenen Segmente (Zähler) zu bestimmen. Jessica wendet in Turn 60 ihr Vorgehen aus Turn 19 an und unterteilt das gegebene Rechteck in drei gleich große Teilsegmente. Diese zählt Jessica ab, indem sie die in den Segmenten enthaltenen Blöcke mit einem Strich markiert ähnlich der Bündelungen, die sie in Turn 12 vorgenommen hat. Insgesamt kann Jessica so den Bruch $\frac{1}{3}$ zusätzlich zum Bruch $\frac{8}{24}$ der Darstellung zuordnen.

Die Rahmungsdifferenz in Form der zunächst nicht möglichen Vergröberung von zwölf vorgegebenen Unterteilungen kann unter Nutzung der Markieren-Funktion aufgelöst werden und Jessica kann eine Erweiterung des ihr eingangs aufgezeigten Interpretationsschema unterstellt werden.

5 Diskussion

Im Folgenden werden die Ergebnisse der Interpretativen Analyse aus Kap. 4 mit Blick auf die Forschungsfragen diskutiert. In den diskutierten Fallbeispielen wurden von den Interaktanden die aufgezeigten Rahmungsdifferenzen mit Hilfe der Nutzung der ihnen zur Verfügung stehenden digitalen Tools beseitigt. Prinzipiell ist daher eine produktive Kommunikation in der Diagnoseumgebung entstanden, die im Hinblick auf Potenziale detailliert untersucht werden soll. Dabei werden verschiedene Aspekte fokussiert betrachtet:

- *Vergleich der digitalen Aufgabenstellung sowie der digitalen Interaktion mit möglichen analogen Pendants*
- *Einordnung entsprechend der digitalen Sozialformen nach* Trenholm und Peschke (2020)
- *Identifikation von möglichen Potenzialen*

Die über das interaktive Whiteboard bereitgestellten Aufgabensettings lassen sich in ähnlicher Weise analog realisieren: Beispielsweise müssten die als Hintergrund eingestellten PDF-Dateien ausgedruckt und laminiert werden. Auf diese Weise könnten die Lernenden die in den Szenen vorgenommenen Markierungen ebenso im analogen Setting einzeichnen und wieder schnell entfernen, so wie es mit der Undo-Redo-Funktion im digitalen Setting möglich ist. In der digitalen Interaktion konnten Unterschiede rekonstruiert werden: Während im Fallbeispiel Andrea keine Nutzung der zur Verfügung stehenden Werkzeuge wie der Undo-Redo-Funktion festgestellt werden konnte, lässt sich im Fallbeispiel Jessica durch die Nutzung dieser Option ein mögliches Potenzial beobachten: Vor Turn 12 stellen für Jessica die vorgegebenen Segmente Invarianten dar, im Sinne eines Nenners, der nicht gekürzt oder erweitert werden darf. Durch die Nutzung der Undo-Redo-Funktion wird dieses Handlungsmuster erweitert und Jessica kann in den zuvor vorgegebenen, markierten ikonischen Darstellungen auch gekürzte Brüche identifizieren.

Die im Theorieteil vorgenommene Ausdifferenzierung der Sozialformen von Trenholm und Peschke (2020) bezüglich einer dF2F-Form zur Charakterisierung der Online-Meetings wird durch die Interaktionsanalyse bestätigt: Die Aushandlungsprozesse zwischen den Lernenden und den Interviewenden sind ähnlich zu analogen Pendants. Bezüglich der Zeigebewegungen lassen sich alternative Formen rekonstruieren. Im analogen Fall wären die Abzählvorgänge bei Jessica wahrscheinlich durch Antippen und (stummer) simultaner Zahlwortproduktion begleitet worden. Im vorliegenden digitalen Fall werden diese Tippbewegungen durch zeichnerische Markierungen auf dem interaktiven Whiteboard ersetzt und dadurch zumindest zeitweise permanent sichtbar.

Als mögliches Potenzial lässt sich die Nutzung der Undo-Redo-Funktion im Fallbeispiel Jessica ausmachen. Die Entfernung vorgenommener Markierungen ist im Digitalen durch die im Online-Meeting zur Verfügung gestellte Funktion einfach möglich. Diese könnte im Analogen prinzipiell mit Hilfe eines Radierers vorgenommen werden. Im Fallbeispiel Jessica ist das rückstandslose Entfernen der vorgenommenen Markierungen für Jessica selbst entlastend: Sie kann so einfach Ausprobieren, da ein Umfeld geschaffen wird, in welchem etwaigen Fehler gerade nicht persistent auf dem bearbeiteten Aufgabenblatt sichtbar bleiben und daher aus Jessicas Sicht passieren dürfen. Dieses rückstandslose Entfernen ist in einer analogen Realisierung nicht möglich. Ein weiteres Potenzial lässt sich in beiden Fallbeispielen bezüglich der Persistenz der Tippbewegungen beobachten. Im Fallbeispiel Andrea stellt die Interviewte in Turn 8 geteilte Aufmerksamkeit über Markierungen auf dem interaktiven Whiteboard her, wenn sie ihre Rechnung erläutert. Dies ist bedingt durch die technische Ausstattung mit Tablet und Stift die einzige Möglichkeit den Fokus zu lenken, da mit jedem Tipper auf dem Whiteboard eine Markierung erzeugt wird und kein Mauszeiger zur Verfügung steht. Ob die Korrektur des eigenen Fehlers auch ohne persistente Markierungen vorgenommen wäre, lässt sich nur vermuten. Dennoch sind diese sicherlich nicht hinderlich und ermöglichen Interviewenden und Interpretierenden einen tieferen Einblick in Andreas Vorgehen. Auch im Fallbeispiel Jessica lässt sich die Persistenz der Zeigebewegungen beobachten: Beispielsweise sind in Turn 60 die zuvor getätigten Abzählbewegungen in Form von Markierungen persistent gesichert und werden in der Interaktion wieder aufgegriffen.

Zusammenfassend lässt sich festhalten, dass eine digitale Realisierung von Diagnose und Förderung möglich ist und Potenziale in der Persistenz von Zeigebewegungen und der Undo-Redo-Funktion ausgemacht werden konnten. Die Potenziale lassen sich für zukünftige, nicht zwangsweise über Online-Meeting stattfindende Diagnose- und Fördersitzungen übertragen, indem man beispielsweise auf die Darbietung der Aufgaben in der Form Tablet und Stift zurückgreift.

Die Persistenz der Zeigebewegungen sowie die Möglichkeit der Nutzung der Undo-Redo-Funktion hat maßgeblichen Einfluss auf den Verlauf der Interaktion in den diskutierten Fallbeispielen. In Folge dieser Einsicht kann der hier vorliegenden Settings im SAMR-Modell unter Berücksichtigung der interaktiven Wendung der dargebotenen Aufgaben das Erreichen einer höheren Stufe unterstellt werden. In der Kombination aus der dargebotenen Aufgabenstellung, der Nutzung der Funktionen des interaktiven Whiteboards und der daraus entspringenden produktiven Interaktion lässt sich eine Erweiterung des Einsatzes analoger Arbeitsmittel mit funktionaler Verbesserung unterstellen. Eine reine Analyse der Aufgabenstellung auf Basis des SAMR-Modells greift demnach zu kurz. Vielmehr lässt sich das Potenzial eines Aufgabensettings erst unter der Berücksichtigung der Interaktion bewerten.

Bezüglich der ersten Forschungsfrage konnte durch die Analysen festgestellt werden, dass Online-Meeting-spezifische Faktoren die Interaktion produktiv beeinflusst haben: Obwohl die Aufgabenstellungen analog genauso übertragbar sind, kann ein produktives Potenzial in der Interaktion durch die Durchführung im Online-Meeting rekonstruiert werden: Im Fallbeispiel Andrea ist dies die Persistenz der Zeigebewegungen, im Fallbeispiel Jessica die Nutzung der Undo-Funktion. Diese Funktionen sind durch die jeweiligen Werkzeuge im Online-Meeting-Tool ermöglicht worden.

Prinzipiell sind diese Potenziale in einer dF2F-Situation für sämtlichen Diagnosen und Förderungen abrufbar, da die genutzten Werkzeuge durch das Online-Meeting-Tool zur Verfügung gestellt werden und damit allen Teilnehmenden vorliegen. Die Lehrerenden bzw. Interviewenden müssen sich des Potenzials der Nutzung der zur Verfügung stehenden Funktionen bzw. Werkzeuge bewusst sein und dieses explizit abrufen. Dies kann durch eine Einführung der Werkzeuge im Interviewleitfaden oder Stundenverlauf mittels entsprechender Aufgabenstellungen geschehen, sodass die teilnehmenden Lernenden für die Nutzung der Werkzeuge orientiert sind und sich somit die aufgezeigten interaktiven Potenziale wie die Unterstützung bei der Aufgabenbearbeitung durch die Persistenz der Zeigebewegungen im Fallbeispiel Andrea bzw. die Entlastung beim Entwickeln von Lösungen im Fallbeispiel Jessica durch das Nutzen der Undo-Redo-Funktion entfalten können.

In den hier betrachteten Diagnosesettings wird die Forderung, Aufgabenstellungen so zu konzipieren, dass eine Dokumentation des Lösungswegs durch die Befragten erfolgt (Prediger et al., 2007), quasi beiläufig umgesetzt: Die Lernenden dokumentieren ihren Weg durch Nutzung des interaktiven Whiteboards. Die Rezeption des Lösungsweges ist durch die Nutzung des interaktiven Whiteboards sowohl in der Situation selbst für Lernende und Interviewende als auch im Nachhinein für Interviewende und Forschende möglich.

In F2F-Situationen stehen die o. g. Werkzeuge nicht per se zur Verfügung, allerdings können ähnliche Werkzeuge beispielsweise durch die Nutzung eines Tablets inkl. Eingabestift angeboten werden.

Die hier ausgemachten Potenziale für dF2F-Situationen lassen sich so ggf. in einer F2F-Situation abbilden. Ob diese Werkzeuge dann das gleiche interaktive Potenzial entfalten können, wie die hier rekonstruierten Nutzungsweisen der im BBB-Meeting zur Verfügung gestellten Funktionen (Vornehmen von Markierungen, Undo-Redo-Funktion) muss erforscht werden. Den Interaktanden stehen in F2F-Situationen neben den digitalen Werkzeugen die gewohnten nonverbalen Kommunikationsmittel zur Verfügung, die nicht zwangsweise über ein digitales Medium übertragen bzw. durchgeführt werden müssen.

Neben den rekonstruierten interaktiven und diagnostischen Potenzialen von dF2F-Situationen lässt sich auch ein organisatorisches Potenzial ausmachen: Der Kreis der Lernenden, denen eine Teilnahme an den LernWerkstatt-Seminaren zur Diagnose und Förderung ermöglicht werden kann, lässt sich insofern vergrößern, als dass Lernende aus dem gesamten Einzugsgebiet im Nordwesten Niedersachsens ohne Hürden von Entfernung und Anfahrt erreicht werden können. Gerade bezogen auf die infrastrukturelle Anbindung besteht so die Chance das Konzept in der Breite an verschiedenen Partnerschulen im Oldenburger Raum anbieten zu können.

Literatur

Anders, Y., Kunter, M., Brunner, M., Krauss, S., & Baumert, J. (2010). Diagnostische Fähigkeiten von Mathematiklehrkräften und ihre Auswirkungen auf die Leistungen ihrer Schülerinnen und Schüler. *Psychologie in Erziehung und Unterricht, 57*, 157–193. https://doi.org/10.2378/peu2010.art13d

Bauersfeld, H. (1978). Kommunikationsmuster im Mathematikunterricht: Eine Analyse am Beispiel der Handlungsverengung durch Antworterwartung. In H. Bauersfeld (Hrsg.), *Fallstudien und Analysen zum Mathematikunterricht* (S. 158–170). Schroedel.

Bauersfeld, H. (1983). Subjektive Erfahrungsbereiche als Grundlage einer Interaktionstheorie des Mathematiklernens und -lehrens. In H. Bauersfeld (Hrsg.), *Lernen und Lehren von Mathematik* (S. 1–56). Aulis Verlag Deubner.

Brandt, B. & Tiedemann, K. (2019). *Mathematiklernen aus interpretativer Perspektive I: Aktuelle Themen, Arbeiten und Fragen.* Waxmann.

Bundschuh, K. & Winkler, C. (2019). *Einführung in die sonderpädagogische Diagnostik* (9. Aufl.). Reinhardt.

Dilling, F. (2019). Der Einsatz der 3D-Druck-Technologie im Mathematikunterricht: Theoretische Grundlagen und exemplarische Anwendungen für die Analysis. *Springer Spektrum.* https://doi.org/10.1007/978-3-658-24986-1

Fetzer, M. (2019). Gemeinsam mit Objekten lernen. Zur Rolle von Objekten im Rahmen kollektiver Lernsituationen. In B. Brandt, & K. Tiedemann (Hrsg.), *Mathematiklernen aus interpretativer Perspektive I. Aktuelle Themen, Arbeiten und Fragen* (S. 127–164). Waxmann.

Gudladt, P. (2021). *Inhaltliche Zugänge zu Anteilsvergleichen im Kontext des Prozentbegriffs: Theoretische Grundlagen und eine Fallstudie.* Springer Spektrum. https://doi.org/10.1007/978-3-658-32447-6

Hamilton et al., 2016. Hamilton, E.R., Rosenberg, J.M. & Akcaoglu, M. (2016). The substitution augmentation modification redefinition (SAMR) model: a critical review and suggestions for its use. *TechTrends, 60*, 433–441. https://doi.org/10.1007/s11528-016-0091-y

Häsel-Weide, U. (2017). Inklusiven Mathematikunterricht gestalten. In J. Leuders, T. Leuders, S. Prediger, & S. Ruwisch (Hrsg.), *Mit Heterogenität im Mathematikunterricht umgehen lernen* (S. 17–28). Springer Spektrum. https://doi.org/10.1007/978-3-658-16903-9_2

Krauthausen, G. (2012). *Digitale Medien im Mathematikunterricht der Grundschule.* Springer Spektrum.

Krummheuer, G. (1984). Zur unterrichtsmethodischen Dimension von Rahmungsprozessen. *Journal für Mathematikdidaktik, 5*(4), 285–306. https://doi.org/10.1007/978-3-8274-2277-4

Krummheuer, G. (1992). *Lernen mit »Format«: Elemente einer interaktionistischen Lerntheorie diskutiert an Beispielen mathematischen Unterrichts.* Deutscher Studien.

Krummheuer, G. (2004). Zur unterrichtsmethodischen Dimension von Rahmungsprozessen. *Journal für Mathematik-Didaktik, 5*(4), 285–306. https://doi.org/10.1007/BF03339250

Krummheuer, G., & Brandt, B. (2001). *Paraphrase und Traduktion: Partizipationstheoretische Elemente einer Interaktionstheorie des Mathematiklernens in der Grundschule.* Beltz.

Meyer, M. (2009). Abduktion, Induktion – Konfusion: Bemerkung zur Logik der interpretativen Schulforschung. *Zeitschrift für Erziehungswissenschaft, 12*, 302–320. https://doi.org/10.1007/s11618-009-0067-1

Meyer, M., & Schlicht, S. (2019). Lernchancen im inklusiven Mathematikunterricht. In B. Brandt & K. Tiedemann (Hrsg.), *Mathematiklernen aus interpretativer Perspektive I* (S. 77–101). Waxmann.

Ministerium für Schule und Weiterbildung des Landes Nordrhein-Westfalen (2008). *Richtlinien und Lehrpläne für die Grundschule in Nordrhein-Westfalen.* Ritterbach Verlag.

Moser Opitz, E. (2009). Rechenschwäche diagnostizieren: Umsetzung einer entwicklungs- und theoriegeleiteten Diagnostik. In A. Fritz, G. Ricken, & S. Schmidt (Hrsg.), *Rechenschwäche: Lernwege, Schwierigkeiten und Hilfen bei Dyskalkulie* (2. Aufl., S. 286–307). Beltz.

Moser Opitz, E. & Nührenbörger, M. (2015). Diagnostik und Leistungsbeurteilung. In R. Bruder, L. Hefendehl-Hebeker, B. Schmiedt-Thieme, & H.-G. Weigand (Hrsg.), *Handbuch der Mathematikdidaktik* (S. 491–512). Springer. https://doi.org/10.1007/978-3-642-35119-8_18

Niedersächsisches Kultusministerium (2013). *Kerncurriculum für die Oberschule Schuljahrgänge 5–6: Mathematik.* Unidruck.

Nührenbörger, M. & Schwarzkopf, R. (2019). Argumentierendes Rechnen: Algebraische Lernchancen im Arithmetikunterricht der Grundschule. In B. Brandt & K. Tiedemann, *Mathematiklernen aus Interpretativer Perspektive I* (S. 15–36). Waxmann.

Padberg, F., & Wartha, S. (2017). Didaktik der Bruchrechnung. *Springer Spektrum.* https://doi.org/10.1007/978-3-662-52969-0

Pielsticker, F. (2020). Mathematische Wissensentwicklungsprozesse von Schülerinnen und Schülern: Fallstudien zu empirisch-orientiertem Mathematikunterricht mit 3D-Druck. *Springer Spektrum.* https://doi.org/10.1007/978-3-658-29949-1

Platz, M. (2019). Das Wendeplättchen-Applet: Potenziale und Grenzen eines Einsatzes in Lernumgebungen für den Primarstufenbereich. In G. Pinkernell & F. Schacht (Hrsg.), *Digitalisierung fachbezogen gestalten* (S. 121–132). Franzbecker.

Prediger, S., Hußmann, S., & Leuders, T. (2007). Schülerleistungen verstehen – Diagnose. *Praxis der Mathematik in der Schule, 49*(15), 3–12.

Puentedura, R. (2006). *Transformation, technology, and education* [Blog post]. Retrieved from http://hippasus.com/resources/tte/.

Schlicht, S. (2016). Zur Entwicklung des Mengen- und Zahlbegriffs. *Springer Spektrum.* https://doi.org/10.1007/978-3-658-15397-7

Schreiber, C. (2006). Die Peirce'sche Zeichentriade zur Analyse mathematischer Chat-Kommunikation. *Journal für Mathematikdidaktik, 27*(3/4), 240–264.

Schreiber, C. (2020). Audio-Podcasts für Lehre und Forschung. Mathematik mündlich darstellen als Herausforderung. In A. Vogler, M. Huth, M. Fetzer, & M. Beck (Hrsg.), *Festschrift für Rose Vogel* (S. 217–227). Waxmann.

Schwarzkopf, R. (2000). *Argumentationsprozesse im Mathematikunterricht: Theoretische Grundlagen und Fallstudien.* Franzbecker.

Schwob, S. & Gudladt, P. (2021). Mathematical Communication in Remote Learning. In M. Inprasitha, N. Changsri & N. Boonsena (Eds.), *Proceedings of the 44th conference of the international group for the psychology of mathematics education* (Vol. 1, S. 225). PME.

Tiedemann, K. (2012). *Mathematik in der Familie: Zur familialen Unterstützung früher mathematischer Lernprozesse in Vorlese- und Spielsituationen.* Waxmann.

Trenholm, S. & Peschke, J. (2020). Teaching undergraduate mathematics fully online: a review from the perspective of communities of practice. *International Journal of Educational Technology in Higher Education, 17* (37). https://doi.org/10.1186/s41239-020-00215-0

Voigt, J. (1984). *Interaktionsmuster und Routinen im Mathematikunterricht: Theoretische Grundlagen und mikroethnographische Falluntersuchungen.* Beltz.

Walter, D. (2018). *Nutzungsweisen bei der Verwendung von Tablet-Apps: Eine Untersuchung bei zählend rechnenden Lernenden zu Beginn des zweiten Schuljahrs. Springer Spektrum.* https://doi.org/10.1007/978-3-658-19067-5

Wittmann, 2010.Wittmann, E. Ch. (2010). Natürliche Differenzierung im Mathematikunterricht der Grundschule – vom Fach aus. In P. Hanke, G. Möwes-Butschko, A. K. Hein, D. Berntzen, & A. Thieltges (Hrsg.), *Anspruchsvolles Fördern in der Grundschule* (S. 63–78). Waxmann.

Informelle Diagnostik mittels digitalem Eye Tracking – Fallanalyse am Beispiel der Division

Daniela Götze und Nicole Seidel

Individuelle Denkweisen von Kindern aufgrund von mündlichem Erklären und Gesten eindeutig zu interpretieren ist oftmals herausfordernd. Das Eye Tracking bietet diesbezüglich neuartige Möglichkeiten. Gleichwohl bedarf es einer behutsamen Interpretation der Eye-Tracking-Daten, da sie nicht eindeutig das Wahrgenommene widerspiegeln. Dies wird in diesem Beitrag im Rahmen einer Einzelfallanalyse am Beispiel der Interpretation von Divisionsdarstellungen näher erläutert.

1 Förderorientierte Diagnostik – Zur Rolle der mathematik-didaktischen Forschung

Die Themen „Diagnose und individuelle Förderung" haben in den letzten Jahren sowohl in der mathematikdidaktischen Forschung als auch im schulischen Kontext zunehmend an Bedeutung gewonnen (Moser Opitz, 2010; Selter, 2017). Nach Selter (2017) wird diese Debatte durch die Ergebnisse internationaler Vergleichsstudien getragen, die belegen, dass in Deutschland sowohl die leistungsschwachen als auch die leistungsstarken Schülerinnen und Schüler keine ausreichende Förderung im Mathematikunterricht erfahren (siehe z. B. Sälzer et al., 2013; Selter

D. Götze (✉) · N. Seidel
Universität Münster, Institut für grundlegende und inklusive mathematische Bildung, Münster, Deutschland
E-Mail: daniela.goetze@uni-muenster.de

N. Seidel
E-Mail: nicole.seidel@uni-muenster.de

© Der/die Autor(en), exklusiv lizenziert durch Springer Fachmedien Wiesbaden GmbH, ein Teil von Springer Nature 2022
F. Dilling et al. (Hrsg.), *Neue Perspektiven auf mathematische Lehr-Lernprozesse mit digitalen Medien,* MINTUS – Beiträge zur mathematisch-naturwissenschaftlichen Bildung, https://doi.org/10.1007/978-3-658-36764-0_10

et al., 2012). Daher wird vermutet, dass gut ausgebildete Diagnose- und För-
derkompetenzen von Lehrkräften fundamental sind, um entstehende Lernhürden
von Kindern rechtzeitig zu erkennen und die Kinder vor dem Hintergrund des
Wissens über diese Lernhürden möglichst passgenau zu fördern (Helmke, 2009;
Moser Opitz, 2010). Jede Form der Förderung setzt also bei den individuellen
Lernbedürfnissen und zeitgleich auch bei den individuellen Verstehenshürden der
Lernenden an (Prediger & Selter, 2008).

> Mit anderen Worten: Weder eine diagnoselose Förderung noch eine förderlose Dia-
> gnose sind zielführend. Stattdessen sollte Diagnose förderorientiert ausgerichtet sein,
> und Förderung diagnosegeleitet erfolgen (...). (Selter, 2017, S. 377)

Allerdings zeigt sich, dass die individuelle Diagnose mathematischer Kompetenzen und Hürden eine nicht zu unterschätzende Herausforderung darstellt, da die
individuellen Denkweisen der Kinder nicht immer nachvollziehbar sind (Selter &
Spiegel, 1997 und Beispiele unter kira.dzlm.de). Dies hängt oft mit dem Problem zusammen, dass Kinder sich ihren individuellen Denkweisen nicht bewusst
sind oder diese nur schwer in Worte fassen können, sodass Aussagen der Kinder
häufig mehrdeutig und Diagnosen allenfalls vage sind (Schindler & Lilienthal,
2018).

Ein mathematischer Inhalt der Grundschule, der besondere Herausforderungen
an die diagnostischen Kompetenzen der Lehrkräfte stellt, ist die Grundrechenart
der Division (Downton, 2009; Götze, 2018). Schließlich zeigen viele Kinder Probleme beim inhaltlichen Verständnis dieser Grundrechenart (Nunes et al., 2009).
Gleichwohl ist das Divisionsverständnis am Ende der Grundschulzeit eine Prädiktorvariable für die Mathematikleistungen in der achten Klasse (Moser Opitz,
2013). Das Wissen über spezifische Verstehenshürden ist noch recht vage (Downton, 2009) und somit bedarf es einer intensiveren Beforschung dieser Hürden
bei der Entwicklung einer konzeptionellen Vorstellung zur Division und möglicherweise unter Einsatz eines digitalen diagnostischen Werkzeugs, welches *neue*
Einsichten bezüglich der Verstehenshürden bei der Division liefern kann.

Digitale diagnostische Werkzeuge wie beispielsweise Eye Tracker, die die
Blickbewegungen der Kinder beim Lösen von mathematischen Aufgaben erfassen, haben sich diesbezüglich als sehr hilfreich für die Diagnose mathematischer
Kompetenzen gezeigt (Strohmaier et al., 2020). Deren Einsatz stellt somit eine
vielversprechende Möglichkeit zur Erfassung von typischen Hürden bei der Interpretation von Divisionsaufgaben und -darstellungen dar. Gleichwohl muss deren
Einsatz in der mathematikdidaktischen Forschung gut reflektiert und die Interpretation von Eye-Tracking-Daten unter Einbezug weiterer Daten vorgenommen
werden. Dies soll im Folgenden näher erläutert werden.

2   Eye Tracking als Diagnosewerkzeug in der mathematik-didaktischen Forschung

Wie der Namen schon sagt, erfassen Eye Tracker die Augenbewegungen von Probanden. Dabei können sie von Probanden getragen (mobile Eye-Tracking-Brillen) oder vor ihnen platziert werden (stationäre Tracker). Im Gegensatz zu stationären Trackern ermöglichen Eye-Tracking-Brillen dem Probanden eine freie Bewegung im Raum und Interaktion mit Personen oder Gegenständen. Stationäre Eye Tracker sind meist monitorbasiert und somit an einem Bildschirm befestigt oder vor einem Bildschirm platziert. Blickpunkte außerhalb des Bildschirms sowie Zeigegesten werden dabei allerdings nicht aufgenommen. Aus diesem Grund bieten sich mobile Eye-Tracking-Brillen vor allem für Erhebungen an, in denen Probanden sich selbst oder Gegenstände wie z. B. didaktisches Material im Raum bewegen. In der Brillenfassung sind Kameras installiert, die die Augen des Probanden filmen. Zudem befindet sich eine Szenenkamera an der Brille, welche das Blickfeld des Probanden aufnimmt. Je nach Hersteller und Brille wird die Augenbewegung unterschiedlich ermittelt. Bei der in diesem Beitrag beschriebenen Studie verwendeten Brille von Tobii Pro (www.tobii.com) wird Infrarotlicht verwendet, welches Lichtpunkte auf die Augen des Probanden projiziert. Diese so erzeugten Lichtmuster werden von den Kameras innerhalb der Brille aufgenommen. Die Eye-Tracking-Brille ist mit einer Aufnahmeeinheit verbunden, welche die erhobenen Blickdaten verarbeitet und speichert. Mithilfe eines Computers und einer darauf installierten Software kann das Video der Szenenkamera mit den Blickpunkten des Probanden schon während der Erhebung angeschaut werden. Dies ist hilfreich, um beispielsweise direkt auf das Gesagte und die Blickbewegungen des Probanden eingehen zu können. Wie die gewonnenen Daten dargestellt und ausgewertet werden können, wird im Folgenden erläutert.

2.1   Datengewinnung mittels Eye Trackern

Jede Form von Eye Tracking setzt bei einem Stimulus an. Damit wird der Reiz bezeichnet, der einem Probanden in einer Eye-Tracking-Studie präsentiert wird (Strohmaier, 2014). Stimuli sind im mathematikdidaktischen Kontext in der Regel (formale) Aufgabenstellungen, Textaufgaben und jegliche Formen von Visualisierungen (für einen umfassenden Überblick siehe Strohmaier et al., 2020). Die von den Trackern erfassten relevanten Augenbewegungen bezüglich des Stimulus sind die Fixationen und Sakkaden. Fixationen zeichnen sich dadurch aus, dass in der Zeit einer Fixation das Auge relativ stillsteht. Eine Fixation kann in der Dauer zwischen 150 und 600 Millisekunden variieren (Duchowski, 2017). Der Wechsel von einer Fixation zur nächsten wird als Sakkade bezeichnet und umfasst eine schnelle Augenbewegung mit einer Dauer von 10 bis 100 Millisekunden. Aufgrund der Schnelligkeit dieser Augenbewegung wird davon ausgegangen, dass während dieser Zeit keine weiteren Reize vom Auge aufgenommen werden und das Auge somit nur die jeweiligen Fixationspunkte wahrnimmt (Duchowski, 2017). Sämtliche vom Eye Tracker erfassten Fixationen und Sakkaden werden als Scan-Path bezeichnet und gängiger Weise mit Hilfe von Gaze-Plots oder Heat-Maps übersichtlich dargestellt bzw. visualisiert (Strohmaier, 2014). Als Gaze werden mehrere, zeitlich aufeinanderfolgende Fixationen, die sich innerhalb eines bestimmten besonders interessanten Bereichs des Stimulus, der sogenannten AOI (area of interest) befinden, bezeichnet. Fixationen werden in Gaze-Plots durch nummerierte Kreise dargestellt, deren Flächeninhaltsgrößen proportional zur Fixationsdauer sind. Sakkaden werden als Verbindungslinien zwischen den Kreisen dargestellt (vgl. Abb. 1). Es ist möglich, die Gaze-Plots von verschiedenen Probanden übereinander zu legen. Die Gaze-Plots differieren dann in der Farbe, um die Fixationen den Probanden zuordnen zu können (vgl. Abb. 1). Die Fixationsreihenfolge kann mit Hilfe der nummerierten Kreise und den Verbindungslinien nachvollzogen werden.

Mithilfe von Heat-Maps wird im Gegensatz zu Gaze-Plots nicht die Reihenfolge der Fixationen, sondern ihre Lage in Bezug auf die Fixationsanzahl oder -dauer auf dem Stimulus dargestellt. Die Farbgebung erfolgt analog zu einem klassischen Thermobild mit der Einschränkung, dass die Farben nicht als Temperaturen, sondern als Fixationsanzahl/-dauer interpretiert werden müssen: bezogen

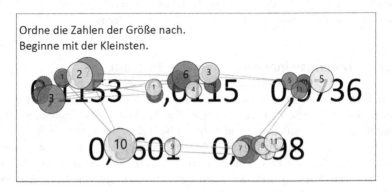

Abb. 1 Beispiel Gaze-Plot mit Scan-Paths von drei Probanden. (aus Seidel, 2019)

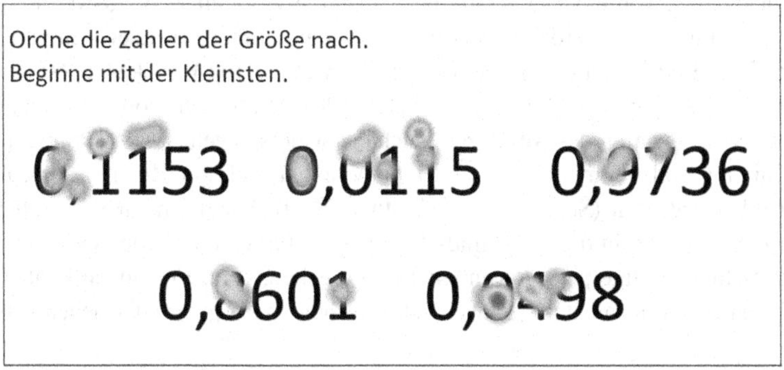

Ordne die Zahlen der Größe nach.
Beginne mit der Kleinsten.

0,1153   0,0115   0,9736

0,8601   0,0498

Abb. 2 Beispiel Heat-Map basierend auf der Fixationsanzahl von drei Probanden. (aus Seidel, 2019)

auf die Fixationsanzahl zeigen warme Farben eine höhere Betrachtungshäufigkeit an als kalte Farben (Romano Bergstrom & Schall, 2014, vgl. Abb. 2). Eine Visualisierung der Fixationen mehrerer Probanden innerhalb einer Heat-Map ist möglich. Im Gegensatz zu übereinanderliegenden Gaze-Plots können in solchen Heat-Maps die Fixationen den einzelnen Probanden allerdings nicht mehr zugeordnet werden.

2.2 Möglichkeiten der Interpretation und Auswertung von Eye-Tracking-Daten

Eye-Tracking-Daten erlauben die Generierung quantitativer wie auch qualitativer Daten. In der Literatursynopse von Strohmaier et al. (2020) haben 66 % der 161 analysierten mathematikdidaktischen Studien eine quantitative Datenanalyse betrieben, 22 % eine qualitative und 11 % eine Kombination aus beiden. Heat-Maps und Gaze-Plots können, da sie die Anzahl und Dauer der Fixationen messen bzw. grafisch widerspiegeln, für eine quantitative Auswertung genutzt werden. Zudem kann die Zeit bis zu der ersten Fixation als quantitatives Maß herangezogen werden. Darüber hinaus lassen sich aus den Heat-Maps und Gaze-Plots qualitative Muster von Augenbewegungen festmachen, die zur Rekonstruktion individueller Bearbeitungsstrategien genutzt werden können (Strohmaier et al., 2020).

Unabhängig von einer qualitativ oder quantitativ orientierten Auswertung der Eye-Tracking-Daten werden diese oftmals vor dem Hintergrund der weit verbreiteten Eye-Mind-Hypothese nach Just und Carpenter (1980) gedeutet (60 % der Studien im Artikel von Strohmaier et al., 2020). Diese geht von der Annahme aus, dass die Fixation des Auges zeitgleich das widerspiegelt, was das Individuum wahrnimmt und verarbeitet. Diese Hypothese hat sich für die Leseforschung als haltbar erwiesen (Schindler & Lilienthal, 2019). Für die mathematikdidaktische Forschung kann die Eye-Mind-Hypothese maximal eine grobe Orientierung für verschiedene Interpretationsmöglichkeiten geben, denn Fixationen können in mathematischen Kontexten nachweislich verschiedene kognitive Ursachen haben:

> Fixations may, for example, indicate difficulties to extract information (Jacob & Karn, 2003), heightened cognitive attention (Andrá et al., 2015), mental calculation (Hartmann et al., 2015), or bored staring. (Schindler & Lilienthal, 2019, S. 124)

Zudem kann die Verschiebung der kognitiven Aufmerksamkeit auch ohne Augenbewegung vorgenommen werden, was nach Carrasco (2011) als verdeckte Aufmerksamkeit bezeichnet wird (z. B. bei der simultanen Anzahlerfassung). Ergänzend haben Schindler und Lilienthal (2019) zeigen können, dass die Augenbewegungen nicht immer in einem klaren Zusammenhang mit den Selbstberichten der Probanden stehen. Dies führt dazu, dass die Eye-Tracking-Daten insbesondere in der mathematikdidaktischen Forschung der letzten Jahre zunehmend mit weiteren Daten wie Zeigegesten und vor allem mündlichen Selbsterklärungen durch die Probanden kombiniert und abgeglichen werden (für einen Überblick siehe Strohmaier et al., 2020). Von Vorteil ist, dass viele Eye-Tracking-Brillen die Möglichkeit der zeitgleichen Video- und Audioaufnahme sowie der Synchronisation dieser Daten mit den Blickbewegungen bieten und damit ein umfassendes Datenmaterial liefern (siehe Abschn. 2.1).

Im Kontext des mathematischen Lernens in der Grundschule wurde dieses Datenmaterial in einigen wenigen Studien genutzt, um zu ergründen, wie Kinder mathematisches Verständnis in der Auseinandersetzung mit mathematischen Visualisierungen erwerben (z. B. Bolden et al., 2015; Schindler & Lilienthal, 2018; Schindler et al., 2019). Mit einem diagnostischen Fokus geht es um Einsichten darin, wie typische mathematische Visualisierungen von den Kindern wahrgenommen werden, wohlwissend dass diese einen mathematischen Inhalt nicht direkt abbilden, sondern Kinder diese in die Visualisierung *hineinsehen* müssen (Bolden et al., 2015). Im Zuge des Prozesses der kognitiven Durchdringung einer Visualisierung kommt es schließlich nicht selten zu Miss- und Fehlinterpretationen (Cobb et al., 1992). Die vernetzende Analyse von Eye-Tracking-Daten, mündlichen Erklärungen sowie Zeigegesten geben einen

Einblick in die individuellen Deutungsweisen von Visualisierungen durch die Kinder.

So haben Bolden et al. (2015) am Beispiel multiplikativer Darstellungen zeigen können, dass die befragten Kinder deutlich mehr Schwierigkeiten mit der multiplikativen Deutung von Darstellungen am Zahlenstrahl hatten. Die Ursache hierfür konnte durch das Eye Tracking ein Stück weit offengelegt werden, denn insbesondere bei Darstellungen am Zahlenstrahl fokussierten die Kinder vor allem die notierten Zahlen am Zahlenstrahl, beachteten aber nicht deren Zusammenhänge zu den gleich großen multiplikativen Sprüngen (Bolden et al., 2015).

Bezüglich der Anzahlerfassung am Rechenrahmen bei Schülerinnen und Schülern mit Lernschwierigkeiten in Mathematik konnten Schindler und Lilienthal (2018) zeigen, dass die Eye-Tracking-Daten detailliertere Informationen über spezifische Deutungsweisen der Schülerinnen und Schüler lieferten, als Daten, die nur über das laute Denken erhoben wurden. Die Ursache hierfür wurde in den mangelnden sprachlichen Kompetenzen der Schülerinnen und Schüler gesehen, die eine Diagnostik erschwerten. Gleichwohl lieferte das Eye Tracking in weiteren Studien nicht immer eindeutige Daten und nachweislich konnte die Eye-Mind-Hypothese im Rahmen von mathematischen Aufgabenlösungen nicht immer bestätigt werden (Schindler & Lilienthal, 2019). In der Studie von Schindler und Lilienthal (2019) hat sich beispielsweise gezeigt, dass die kognitive Aufmerksamkeit nicht zwangsläufig den fixierten Punkt betrifft (z. B. Fixation eines Punktes außerhalb der Aufgabe während der Durchführung von Kopfrechnungen). Die Autoren sehen daher eine Notwendigkeit in der Triangulation von Eye-Tracking-Daten, der Analyse des lauten Denkens und der Zeigegesten der Kinder (Schindler & Lilienthal, 2018, 2019). Aber eben diese Triangulation der Datensätze wird in der mathematikdidaktischen Forschung eher selten vorgenommen (Strohmaier et al., 2020). Eine Möglichkeit, diese Daten zu triangulieren soll im Folgenden am Beispiel der Interpretation von Darstellungen zur Division verdeutlicht werden.

2.3   Verständnis für Divisionsdarstellungen mit Hilfe von Eye Tracking ergründen

Der Erwerb eines Divisionsverständnisses gehört zu den zentralen Hürden der Grundschulmathematik und stellt zudem, wie oben bereits erwähnt, eine Prädiktorvariable für die Mathematikleistung in der Klasse 8 dar (Moser Opitz, 2013).

Die spezifischen Verstehenshürden werden oftmals durch eine Vermischung aufteilender und verteilender Grundvorstellungen der Division bedingt (Downton,
2009; Götze & Seidel, 2021). So kann die formale Aufgabe 20 : 4 aufteilend
als „Wie viele Vierer passen in 20?" aber auch verteilend „Welches ist der vierte
Teil von 20?" interpretiert werden. Vor allem verteilende Handlungen kennen die
Kinder aus ihrem Alltag (Downton, 2009), denn die verteilende Grundvorstellung entspricht dem alltäglichen Verteilen von beispielsweise Karten an Kinder
oder von Kindern in eine vorgegebene Anzahl von Gruppen. Verteilende Divisionsstrategien sind daher häufig als dominante Strategien vor der Einführung der
Division im Mathematikunterricht zu diagnostizieren (Fischbein et al., 1985).

Bei der Einführung der Division in der Grundschule werden in der Regel
rechteckige Punktebilder genutzt, die die Kinder bereits aus der Multiplikation
kennen. Sie werden allerdings dividierend gedeutet. Dabei wird der Dividend
durch die Gesamtanzahl der Plättchen repräsentiert. Der Divisor kann aber ganz
unterschiedlich in einem Punktebild gesehen und je nach aktivierter Grundvorstellung unterschiedlich interpretiert werden (siehe Abb. 3 und 4, aus Götze &
Seidel, 2021).

So kann in einem 4 · 5 Rechteck sowohl die Divisionsaufgabe 20 : 4 als
auch 20 : 5 gesehen werden. Zudem kann jede der beiden Divisionsaufgaben
mit Hilfe aufteilender oder verteilender Grundvorstellungen in dem Punktebild
wiedergefunden werden. 20 : 4 kann in dem Punktebild gesehen werden, als
vierter Teil von 20 (verteilend, linker Teil von Abb. 3) oder als Ausmessen mit
Vierern (aufteilend, rechter Teil von Abb. 3). Analoge Interpretationen können
für die Divisionsaufgabe 20 : 5 vorgenommen werden (siehe Abb. 4).

Abb. 3 Interpretation des
4·5 Rechtecks als 20:4,
links verteilende, rechts
aufteilende
Grundvorstellung

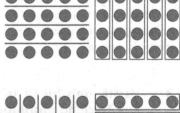

Abb. 4 Interpretation des
4·5 Rechtecks als 20:5,
links verteilende, rechts
aufteilende
Grundvorstellung

Aufgrund der verschiedenen Interpretationsmöglichkeiten sind Divisionsdarstellungen am Punktebild für viele Kinder nicht einfach zu verstehen und nachweislich zeigen viele Kinder Schwierigkeiten darin Divisionsaufgaben mit Material zu legen (Moser Opitz, 2013). Darüber hinaus sind die individuellen Deutungen sowie die individuellen Divisionsstrategien von Kindern oftmals schwer interpretierbar (Götze, 2018). Die Versprachlichung der Divisionsvorstellung stellt dabei eine besondere Herausforderung dar, da beispielsweise einzelne Präpositionen oftmals bedeutungstragende Unterschiede in der Interpretation der Punktebilder ausmachen (Anghileri, 1995). Formalere Formulierungen wie „teilen in vier" führen zur verteilenden Vorstellung, wohingegen „teilen mit vier" zu einer aufteilenden Vorstellung gehören. Werden solche formalen Formulierungen bei der Einführung der Division unbewusst oder auch unreflektiert genutzt, konkurrieren diese Vorstellungen womöglich miteinander und verhindern eine Ausbildung von Divisionsvorstellungen (Anghileri, 1995). Da die Diagnostik der spezifischen Schwierigkeiten bei der Interpretation typischer Darstellungen zur Division aus den bisher genannten Gründen oftmals vage und ungenau bleibt, mag das Eye Tracking helfen, den individuellen Erklärungen und Zeigegesten der Kinder mehr Aufschluss zu geben.

3 Design der Studie

Die Erhebung wurde im Oktober und November 2020 mit insgesamt 16 Kindern aus zwei dritten Klassen einer Grundschule in NRW durchgeführt. Dabei wurden mathematisch leistungsstarke als auch -schwache Kinder von den Mathematiklehrkräften für die Erhebung in Einzelinterviews ausgewählt. Die Kinder hatten die Grundrechenart der Division bereits am Ende des zweiten Schuljahres kennen gelernt und zu Beginn des dritten Schuljahres wurde diese Grundrechenart vertieft. Als Visualisierung wurden rechteckige Punktebilder genutzt.

Die Interviews wurden in einem separaten Raum mit einer Durchschnittsdauer von 45 min durchgeführt. Die Einzelinterviews begannen zunächst mit der Bearbeitung eines Divisionstests, einem paper pencil Test, als Standortbestimmung. Die Durchführung im Einzelinterview sollte verhindern, dass die Kinder voneinander abschreiben können. Zudem bot die Einzelerhebung die Möglichkeit bei Unklarheiten Nachfragen stellen zu können.

Im Test sollten zunächst acht formal-symbolische Divisionsaufgaben gerechnet werden. In der zweiten Aufgabe musste ein Bild zu einem vorgegebenen Divisionsterm gezeichnet werden. Der Schwerpunkt der dritten Aufgabe lag auf der Interpretation von Alltagsbildern und didaktischen Darstellungen in Form von rechteckigen Punktebildern. Ihnen mussten passende Divisionsterme zugeordnet werden. Zudem wurden die Kinder dazu aufgefordert, Markierungen in den Bildern vorzunehmen um zu zeigen, wie sie die Terme in den Darstellungen gesehen haben.

Anschließend folgte die Eye-Tracking-Erhebung, in welcher den Kindern verschiedene Darstellungen von Divisionsaufgaben auf Din A3 Blättern präsentiert wurden. Die Kinder sollten einen zur Veranschaulichung passenden Divisionsterm nennen. Zudem wurden sie darum gebeten, verbal oder mit Gesten ihre Interpretation zu erklären. Unter den Darstellungen waren Alltagsbilder mit unsortierten Elementen, wie Bällen und Bäume sowie unsortierte und auch sortierte Punktebilder.

Während der Erhebung haben die Kinder die Eye-Tracking-Brille Tobii Pro Glasses 2 mit 50 Hz (www.tobii.com) getragen. Da mithilfe dieser Brille die Blickbewegungen als auch die Gesten und verbalen Äußerungen aufgenommen werden können, musste keine separate Kamera verwendet werden.

Im Folgenden wird im Rahmen einer Einzelfallanalyse gezeigt, inwiefern das Eye Tracking in Kombination mit dem lauten Denken helfen kann, das Divisionsverständnis von Grundschulkindern valider zu erfassen, als es das laute Denken allein ermöglicht hätte. Dabei wird folgender Forschungsfrage nachgegangen: *Inwiefern kann eine Triangulation aus Eye-Tracking-Daten, Selbsterklärungen und Zeigegesten helfen, individuelle Hürden bei der Interpretation von Divisionsdarstellungen zu diagnostizieren?*

4   Emres individuelle Deutung von Divisionsdarstellungen

Emre wurde von seiner Klassenlehrerin als leistungsstarker Schüler für die Erhebung ausgewählt, da er im Unterricht eine Sicherheit im Rechnen von Divisionsaufgaben zeigte. Für die Bearbeitung der ersten Aufgabe des Divisionstests (Fokus Ausrechnen) benötigte er nur 22 s und löste alle Aufgaben korrekt. Die Vermutung lag nahe, dass er diese Aufgaben bereits automatisiert hatte. In der darauffolgenden Aufgabe, in welcher ein Bild zu der Aufgabe $8 : 2 = 4$ gezeichnet werden soll, hatte er jedoch Schwierigkeiten und konnte kein passendes Bild malen. Stattdessen zeigte er eine additive Zerlegung der Acht in zwei Teile und somit zwei Summanden (vgl. Abb. 5). Die Summanden stellte er dabei mithilfe von Strichen dar, demnach ikonisch, das Ergebnis jedoch als Symbol. Anstelle eines Bildes, welches zu der Divisionsaufgabe passt, zeigte er eine Kombination

Abb. 5 Emres Bild zur
Aufgabe 8 : 2 = 4

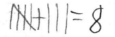

$$\otimes \quad 3 : 9 = \underline{3}$$
$$\bowtie \quad 9 : 3 = \underline{3}$$
$$\otimes \quad 12 : 3 = \underline{4}$$
$$\bigcirc \quad 12 : 9 = \underline{}$$

Abb. 6 Emres ausgewählte Aufgaben zum Bild

aus Bild und symbolischer Darstellung der Additionsaufgabe $5 + 3 = 8$. Hier zeigte sich zum einen der Ansatz einer Teilung des.

Dividenden in zwei Teile bei zeitgleich additiver Interpretation, und zum anderen eine Mischung aus symbolischer und ikonischer Darstellung.

Die Bearbeitungen der weiteren Aufgaben des Tests waren nicht immer nachvollziehbar und auch teilweise widersprüchlich. Teilweise konnte Emre eine passende Divisionsaufgabe aus einer vorgegebenen Auswahl an Aufgaben finden und durch Einkreisen erklären, warum diese Aufgabe passt. Allerdings kreuzte er auch weitere nicht passende Aufgaben an (vgl. Abb. 6).

Um weitere Einsichten in Emres Divisionsdarstellungen zu erhalten, wurde anschließend mit der Eye-Tracking-Erhebung begonnen. Im Folgenden werden ausgewählte Szenen dieser Erhebung analysiert.

In der folgenden Szene wurde Emre ein rechteckiges $4 \cdot 5$ Punktebild vorgelegt und gefragt, ob er zu diesem Bild eine passende Divisionsaufgabe nennen könne. Es kam zu folgendem Dialog zwischen Emre (E.) und der Interviewerin (I.):

| 1 | E: | *[schaut auf die unteren Punkte der Spalten von rechts nach links]* Das sind 20, ok. *[schaut auf die ersten beiden Vierer/die letzten beiden Spalten]* Ok. Meine Aufgabe würde/also meine Geteiltaufgabe würde so aussehen, also wenn ich das gesagt wurde/würde/meine Aufgabe würde so gesagt wurden, ehm, *[schaut auf den dritten, vierten und fünften Vierer/die ersten drei Spalten]* ehm, 12 geteilt durch acht, also/also/also 20 geteilt durch 12 gleich acht, weil acht plus 12 ist ja 20, also zwei plus acht sind ja 10 und danach wird's ja 20 also meine Aufgabe würde so aussehen. Wie ich das gekreist hätte, wäre so immer jetzt/ich hätte so Vierer gekreist, //ganze Zeit,// *[macht kreisende Handbewegungen unten rechts und oben rechts]* |
| 2 | I: | //Mhm// |

3	E:	Danach hier auch, so eine lange Strecke *[zeigt auf die erste Spalte]* und dann hätte ich es/hmm, und die Geteiltaufgabe oder ich könnte auch so machen, ganze Zeit so lange Strecken *[zeigt auf die Spalten von oben nach unten]*
4	I:	Mhm
5	E:	Das könnte auch gehen. Ehm, meine Aufgabe heißt 20 geteilt durch 12 gleich acht
6	I:	Ok

Die Erklärungen von Emre ließen viele Fragen offen. So blieb unklar, wie er herausgefunden hatte, dass das Feld 20 Punkte hat (Zeile 1). Auch wenn sein Divisionsterm auf eine (erneute) additive Aufteilung der Punkte in 12 und acht Punkte hindeutet (Zeile 1), so wurde aus seinen mündlichen Erklärungen und Zeigegesten nicht deutlich, wie er das Punktebild additiv zerlegt und an welchen Stellen er die 12 und acht Punkte gesehen hatte. Fragwürdig blieb, wie er ausgehend von der additiven Interpretation Vierer im Punktebild wahrgenommen hatte (Zeile 1) und schlussendlich aber weiterhin an seinem Divisionsterm $20 : 12 = 8$ festhielt (Zeile 5). Das laute Denken führte insofern zu vielen vagen Interpretationen der individuellen Deutungsweisen von Emre. Die zusätzliche Betrachtung der Eye-Tracking-Daten half – wie es in vorherigen Studien bereits nachgewiesen werden konnte (Schindler & Lilienthal, 2018) – die Aussagen und die Deutungsweisen von Emre besser nachvollziehen zu können.

Bei der Frage, wie Emre die 20 Punkte im Punktebild erfasst hatte, lieferte das Eye Tracking noch keine klärenden Daten (vgl. Abb. 7).

Emres Augenbewegungen fokussierten vor allem die Plättchen in der unteren Zeile und teilweise in der linken Spalte. Die meisten Fixationen waren allerdings in der unteren Zeile festzumachen. Das deutete möglicherweise darauf hin, dass Emre die Vierer in den Spalten simultan erfasst und im Kopf in Vierern gezählt

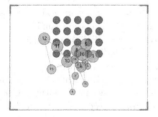 

Abb. 7 Gaze-Plot und Heat-Map der Augenbewegung zur Anzahlbestimmung

hatte. Somit waren keine bzw. kaum Augenbewegungen innerhalb der Spalten notwendig. Aus diagnostischer Sicht gab das Eye Tracking dieser Szene aber Hinweise dafür, dass Emre vor allem die Spalten nicht aber die Zeilen im Punktebild fokussierte. An dieser Stelle halfen die Eye-Tracking-Daten nicht, die Frage nach der Anzahlbestimmung von Emre eindeutig zu klären. Die Eye-Mind-Hypothese zeigte sich hier als nicht haltbar.

Zur Beantwortung der Frage, wie Emre auf den Divisionsterm $20 : 12 = 8$ kam, waren die Eye-Tracking-Daten aufschlussreich (vgl. Abb. 8).

Bei seiner ersten intuitiven Betrachtung (vgl. Abb. 8) fokussierte Emre mit den Augen die beiden rechten Spalten. Der Gaze-Plot lieferte Anzeichen dafür, dass er diese beiden Spalten von unten nach oben betrachtete und schlussendlich vor allem den Zwischenraum zwischen der dritten und vierten Spalte fokussierte (Heat-Map der Intuitiven Betrachtung 1 in Abb. 8). Er spaltete somit zwei Vierer bzw. einen Achter an der rechten Seite ab (siehe Zusammenfassung beider Betrachtungen). Anschließend betrachtete er den linken Teil des Punktebildes und fokussierte dort erneut die Viererspalten von unten nach oben. Der Term $20 : 12 = 8$ kam somit dadurch zustande, dass Emre die Darstellung versuchte vertikal in

Intuitive Betrachtung 1

Intuitive Betrachtung 2

Zusammenfassung
beider Betrachtungen

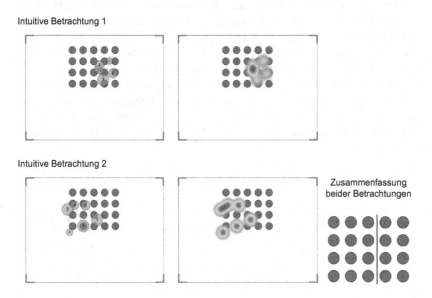

Abb. 8 Emres Augenbewegungen, die zum Divisionsterm $20 : 12 = 8$ führten

zwei Teile zu teilen. Damit aktivierte er eine verteilende Vorstellung (20 halbieren). Weil er allerdings einen recht starken Fokus auf die Spalten einnahm, konnte er die Darstellung nicht in zwei gleich große Hälften teilen und teilte sie somit in *fast* gleich große Hälften. Die Eye-Tracking-Daten lieferten somit Einsichten in Emres verteilende Blickweise auf die Darstellung und in seine fehlerhafte Halbierungsstrategie.

Diese verteilende Halbierungsstrategie ließ sich allerdings nicht mit seiner weiteren Beschreibung „Ich hätte so Vierer gekreist." (Zeile 1) vereinbaren. Erneut lieferten die Eye-Tracking-Daten hilfreiche Informationen zur Analyse von Emres Aussage (vgl. Abb. 9).

In diesem Fall zeigten die Eye-Tracking-Daten, dass Emre begann an der rechten unteren Ecke des Punktebildes Vierer mit den Augen zu fokussieren. Seine Zeigegesten bestätigten dies (Zeile 1). So aktivierte er unmittelbar nach seiner verteilenden Betrachtung eine aufteilende, indem er versuchte das Feld mit Vierern auszumessen. Da er ganz links im Punktebild keinen Vierer in Form einer Würfelvier mehr abgespalten konnte, betrachtete er zum Schluss die linke Spalte und damit als weiteren Vierer. Möglicherweise hatte Emre ähnliche Ausdrücke (Messen mit Vierern) im Mathematikunterricht gehört und konnte diese aber nicht eindeutig auf das Punktebild beziehen. Zumindest änderte er seinen Term nicht.

Die Aussagen in Zeile 3 „Ich könnte auch so machen, ganze Zeit so lange Strecken." und seine Zeigegesten verdeutlichen, dass Emre seine Betrachtungsweise wechselte und einen spaltenweisen Blick auf das Punktebild einnahm. Die Eye-Tracking-Daten bestätigten diese vage Interpretation (vgl. Abb. 10).

Da Emre nun schon mehrfach die Vierer in den Spalten gezählt hatte (vgl. Abb. 7 und 8), musste er nur noch die einzelnen Spalten fokussieren, was sich auch im Gaze-Plot und der Heat-Map widerspiegelte. Somit aktivierte Emre erneut eine aufteilende Vorstellung (Messen mit Vierern), die er allerdings

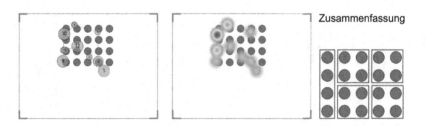

Zusammenfassung

Abb. 9 Emres Augenbewegungen, die zur Aussage „Ich hätte so Vierer gekreist." gehörten

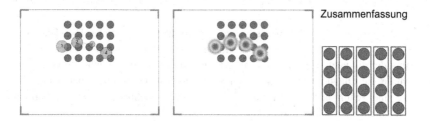

Abb. 10 Emres Augenbewegungen, die zur Aussage „Ich könnte auch so machen, ganze Zeit so lange Strecken." gehörten

schlussendlich nicht in einen passenden symbolischen Divisionsterm überführen konnte.

5 Zusammenfassende Diskussion

Das Beispiel von Emre zeigt, dass Erklärungen von Kindern auch unter Einbezug von Zeigegesten nicht immer eindeutig zu interpretieren sind. Vor allem lassen die abbrechenden Sätze, unklaren Formulierungen und vagen Äußerungen viele Fragen offen. Dies erschwert die Diagnose für den Mathematikunterricht immens. Das Eye Tracking kann helfen, vertiefte Einsichtigen in die individuellen Deutungsweisen von Kindern zu bekommen, sofern sie mit den Aussagen der Kinder und den Zeigegesten abgeglichen werden. Denn das Beispiel von Emre zeigt in Übereinstimmung mit vorherigen wissenschaftlichen Erkenntnissen, dass der Eye-Mind-Hypothese nicht blind gefolgt werden kann (Schindler & Lilienthal, 2019). Dennoch liefern die Daten zentrale und vor allem neue diagnostische Hinweise darauf, wie Aussagen und Zeigegesten im Unterrichtsalltag gedeutet werden können, sodass aus einer wissenschaftlichen Perspektive heraus, zentrale diagnostische und praxisnahe Hintergrundinformationen generiert werden können. Diese können wiederum für Lehrkräfte hilfreich sein, sodass sie an ggf. typischen Aussagen und Zeigegesten der Kinder bezüglich der Interpretation von Divisionsdarstellungen Vermischungen von verteilenden und aufteilenden Grundvorstellungen rechtzeitig erkennen. Außerdem zeigen die Eye-Tracking-Daten, dass Kinder wie Emre maximal eine vage Vorstellung davon haben, was Dividieren bedeutet, obwohl sie viele Divisionsaufgabe bereits automatisiert haben.

Das Wissen hierüber kann für die Gestaltung von Verstehensprozessen nutzbar gemacht werden.

Aktuell ist es nicht möglich, dass Lehrkräfte eine solche Eye-Tracking-Diagnose selbst durchführen. Perspektivisch könnte die rasante Weiterentwicklung der digitalen Medien hoffen lassen, dass dies einmal möglich sein wird. Das würde die Diagnose mathematischer Kompetenzen insbesondere bei Schülerinnen und Schülern, die ihre Denkweisen kaum versprachlichen können, erheblich erleichtern (Schindler et al., 2019).

Literatur

Andrá, C., Lindström, P., Arzarello, F., Holmqvist, K., Robutti, O., & Sabena, C. (2015). Reading mathematics representations: An eye tracking study. *International Journal of Science and Mathematics Education, 13,* 237–259. https://doi.org/10.1007/s10763-013-9484-y.

Anghileri, J. (1995). Language, arithmetic, and the negotiation of meaning. *For the Learning of Mathematics, 15*(3), 10–14.

Bolden, D., Barmby, P., Raine, S., & Gardner, M. (2015). How young children view mathematical representations: A study using eye-tracking technology. *Educational Research, 57*(1), 59–79.

Carrasco, M. (2011). Visual attention: The past 25 years. *Vision Research, 51,* 1484–1525. https://doi.org/10.1016/j.visres.2011.04.012.

Cobb, P., Yackel, E., & Wood, T. (1992). A constructivist alternative to the representational view of mind in mathematics education. *Journal for Research in Mathematics Education, 23*(1), 2–33.

Downton, A. (2009). It seems to matter not whether it is partitive or quotitive division when solving one step division problems. In R. Hunter, B. Bicknell, & T. Burgess (Hrsg.), *Crossing divides* (S. 161–168). MERGA.

Duchowski, A. (2017). *Eye tracking methodology. Theory and practice.* Springer.

Fischbein, E., Deri, M., Nello, M. S., & Marino, M. S. (1985). The role of implicit models in solving verbal problems in multiplication and division. *Journal for Research in Mathematics Education, 16*(1), 3–17.

Götze, D., & Seidel, N. (2021). *Children's ambiguous interpretation of visualizations: Eye tracking as a diagnostic tool for division concepts.* Accepted paper for long oral communication at ICME 14 in Shanghai 2021.

Götze, D. (2018). Fostering a conceptual understanding of division: Results of a language and mathematics integrated project in primary school. In N. Planas & M. Schuette (Hrsg.), *Proceedings of the fourth ERME topic conference 'classroom-based research on mathematics and language'* (S. 73–80). Technical University of Dresden/ERME.

Hartmann, M., Mast, F. W., & Fischer, M. H. (2015). Spatial biases during mental arithmetic: Evidence from eye movements on a blank screen. *Frontiers in Psychology, 6.* https://doi.org/10.3389/fpsyg.2015.00012.

Helmke, A. (2009). *Unterrichtsqualität und Lehrerprofessionalität. Diagnose, Evaluation und Verbesserung.* Klett.

Jacob, R. J. K., & Karn, K. S. (2003). Eye tracking in human-computer interaction and usability research: Ready to deliver the promises. In R. Radach, J. Hyona, & H. Deubel (Hrsg.), *The mind's eye: Cognitive and applied aspects of eye movement research* (S. 573–605). Elsevier.

Just, M. A., & Carpenter, P. A. (1980). A theory of reading: From eye fixations to comprehension. *Psychological Review, 87,* 329–354. https://doi.org/10.1037/0033-295X.87.4.329

Moser Opitz, E. (2013). *Rechenschwäche/Dyskalkulie. Theoretische Klärungen und empirische Studien an betroffenen Schülerinnen und Schülern.* Haupt.

Moser Opitz, E. (2010). Diagnose und Förderung: Aufgaben und Herausforderungen für die Mathematikdidaktik und die mathematikdidaktische Forschung. In A. Lindmeier & St. Ufer (Hrsg.), *Beiträge zum Mathematikunterricht* (S. 11–18). WTM-Verlag.

Nunes, T., Bryant, P., & Watson, A. (2009). *Key understandings in mathematics learning: A report to the Nuffield Foundation.* Nuffield Foundation.

Prediger, S., & Selter, Ch. (2008). Diagnose als Grundlage für individuelle Förderung im Unterricht. *Schule NRW, 60*(3), 113–116.

Romano Bergstrom, J., & Schall, A. J. (2014). *Eye tracking in user experience design.* Elsevier.

Sälzer, Ch., Reiss, K., Schiepe-Tiska, A., Prenzel, M., & Heinze, A. (2013). Zwischen grundlagenwissen und Anwendungsbezug: Mathematische Kompetenz im internationalen Vergleich. In M. Prenzel, Ch. Sälzer, E. Klieme & O. Köller, O. (Hrsg.), *PISA 2012. Fortschritte und Herausforderungen in Deutschland* (S. 47–97). Waxmann.

Schindler, M., & Lilienthal, A. J. (2018). Eye-tracking for studying mathematical difficulties—also in inclusive settings. In E. Bergqvist, M. Österholm, C. Granberg, & L. Sumpter (Hrsg.), *Proceedings of the 42nd Conference of the International Group for the Psychology of Mathematics Education* (Bd. 4, S. 115–122). PME.

Schindler, M., Bader, E., Lilienthal, A. J., Schindler, F., & Schabmann, A. (2019). Quantity recognition in structured whole number representations of students with mathematical difficulties: An eye-tracking study. *Learning Disabilities: A Contemporary Journal, 17*(1), 5–28.

Schindler, M., & Lilienthal, A. J. (2019). Domain-specific interpretation of eye tracking data: Towards a refined use of the eye-mind hypothesis for the field of geometry. *Educational Studies in Mathematics, 101,* 1–17. https://doi.org/10.1007/s10649-019-9878-z

Seidel, N. (2019). *Empirische Studie zum Ordnen von Dezimalzahlen am Anfang der Sekundarstufe I unter dem Fokus mathematischer Begabungspotentiale* (unveröffentlichte Masterarbeit). TU Dortmund.

Selter, Ch., & Spiegel, H. (1997). *Wie Kinder rechnen.* Klett.

Selter, Ch., Walther, G., Wessel, J., & Wendt, H. (2012). Mathematische Kompetenzen im internationalen Vergleich: Testkonzeption und Ergebnisse. In W. Bos, H. Wendt, O. Köller, & Ch. Selter (Hrsg.), *Mathematische und naturwissenschaftliche Kompetenzen von Grundschulkindern in Deutschland im internationalen Vergleich* (S. 69–122). Waxmann.

Selter, C. (2017). Förderorientierte Diagnose und diagnosegeleitete Förderung. In A. Fritz-Stratmann, S. Schmidt, & G. Ricken (Hrsg.), *Handbuch Rechenschwäche* (S. 375–395). Beltz.

Strohmaier, A. R., MacKay, K. J., Obersteiner, A., & Reiss, K. (2020). Eye-tracking metho-
dology in mathematics education research: A systematic literature review. *Educational Studies in Mathematics, 104,* 147–200.

Strohmaier, S. (2014). *Visuelle Analyse von Eyetracking-Experimenten mit einer Vielzahl von Areas of Interest.* Universitätsbibliothek der Universität Stuttgart. ftp://ftp.informatik.uni-stuttgart.de/pub/library/medoc.ustuttgart_fi/DIP-3573/DIP-3573.pdf

Mathematik Lernen in Virtuellen Realitäten – Eine Fallstudie zu Orthogonalprojektionen von Vektoren

Frederik Dilling

Bei Virtual Reality handelt es sich um eine Technologie zur computergestützten Erzeugung einer künstlichen Realität, mit der Nutzer möglichst intuitiv agieren können. Damit bieten sich vielfältige Chancen für den Bildungsbereich und speziell den Mathematikunterricht. In diesem Beitrag werden mit einem Fallstudienansatz am Beispiel von Orthogonalprojektionen von Vektoren Charakteristika mathematischer VR-Lernprozesse empirisch untersucht. Als Theoriegrundlage dient das CSC-Modell, welches den wissenschaftstheoretischen Strukturalismus und den lerntheoretischen Konstruktivismus zusammenführt, um mathematische Wissensentwicklungsprozesse mit sogenannten empirischen Settings zu beschreiben.

1 Einleitung

Der Begriff der virtuellen Realität (kurz: VR) bezeichnet eine durch spezielle Hard- und Software erzeugte künstliche Realität, in welcher ein Benutzer vergleichsweise natürlich mit den digitalen Objekten interagieren kann. Während die VR-Technologie bereits seit mehreren Jahrzenten entwickelt und beforscht wird, ist die Hard- und Software erst seit wenigen Jahren für den persönlichen Gebrauch verfügbar. In den letzten Jahren wurden verschiedene VR-Anwendungen für den Bildungsbereich entwickelt, die unter anderem auch mathematische Themen in den Blick nehmen. Empirische Untersuchungen zum

F. Dilling (✉)
Fak. IV/Didaktik der Mathematik, Universität Siegen, Siegen, Deutschland
E-Mail: dilling@mathematik.uni-siegen.de

227

F. Dilling et al. (Hrsg.), *Neue Perspektiven auf mathematische Lehr-Lernprozesse mit digitalen Medien,* MINTUS – Beiträge zur mathematisch-naturwissenschaftlichen Bildung,
https://doi.org/10.1007/978-3-658-36764-0_11

Einfluss der Virtual-Reality-Technologie auf das Mathematiklernen von Schülerinnen und Schülern gibt es aber bisher nicht.

In diesem Beitrag sollen durch einen Fallstudienansatz erste Erkenntnisse zu den Charakteristika von mathematischen Wissensentwicklungsprozessen in VR-Umgebungen gewonnen werden. Hierzu wird zunächst das CSC-Modell eingeführt, welches zur Untersuchung von mathematischen Lehr-Lern-Prozessen in empirischen Kontexten entwickelt wurde. Anschließend folgt eine kurze Übersicht über die Virtual Reality Technologie und die Darstellung der Fallgeschichte. Abschließend wird ein Fazit gezogen und ein Ausblick gegeben. Dieser Artikel basiert wesentlich auf Teilen der Dissertationsschrift des Autors (siehe Dilling, 2022).

2   Das CSC-Modell

2.1   Empirische Theorien im Mathematikunterricht

Der Mathematikunterricht der Schule ist stark von Anschauung geprägt. So werden beispielsweise in Schulbüchern zur Analysis wesentliche Aussagen auf der Grundlage von im Buch abgedruckten Funktionsgraphen entwickelt und begründet (vgl. Witzke, 2014). Hefendehl-Hebeker (2016) erklärt in Bezug auf die Schulmathematik:

> „Im Sinne dieser Sprechweise haben die Begriffe und Inhalte der Schulmathematik ihre phänomenologischen Ursprünge überwiegend in der uns umgebenden Realität." (S. 16)

Das in einem anschauungsorientierten Mathematikunterricht entwickelte Wissen der Lernenden lässt sich mit dem Konzept der empirischen Theorien beschreiben (vgl. Burscheid & Struve, 2009). Demnach entwickeln Schülerinnen und Schüler im Mathematikunterricht eine empirische Auffassung von Mathematik, ähnlich einer Naturwissenschaft (vgl. Struve, 1990). Das Wissen ist empirisch-gegenständlicher Art und bezieht sich auf spezifische Bereiche ihrer Erfahrung. Es lässt sich als empirische Theorien über die im Unterricht kennengelernten Phänomene rekonstruieren.

Eine empirische Theorie baut entsprechend dem wissenschaftstheoretischen Strukturalismus auf sogenannten empirischen und theoretischen Begriffen auf. Theoretische Begriffe erlangen ihre Bedeutung erst innerhalb einer Theorie. Für diese Begriffe existieren weder Referenzobjekte noch wurden sie in einer anderen (Vor-)Theorie definiert. Nichttheoretische Begriffe sind dagegen solche, die eindeutige Referenzobjekte besitzen (in diesem Fall sollen sie an dieser Stelle als empirische Begriffe bezeichnet werden), oder in einer bereits existierenden Theorie definiert werden können (vgl. Sneed, 1971). Ob ein Begriff empirisch oder theoretisch ist, hängt somit von der zugrunde liegenden Theorie ab – im Falle der Beschreibung von Schülertheorien somit vom einzelnen Lernenden.

2.2   Die Theorie der Subjektiven Erfahrungsbereiche

Im Sinne der konstruktivistischen Lerntheorie entwickeln Lernende ihr Wissen auf der Grundlage ihrer Erfahrungen. Lernen von Mathematik findet nicht isoliert im Sinne einer reinen kognitiven Aktivität statt, sondern wird stets von sozialen, kulturellen, kontextuellen und physischen Faktoren beeinflusst (u. a. Cobb, 1994; Lave, 1988; Núñez et al., 1999). Diese durch die Lernsituation bestimmten Faktoren bestimmen wesentlich das von den Lernenden entwickelte Wissen.

Die Theorie der Subjektiven Erfahrungsbereiche nach Bauersfeld (1983) kann zu einer entsprechenden Beschreibung von Wissensentwicklungsprozessen herangezogen werden. Demnach wird jede menschliche Erfahrung in einem bestimmten Kontext gemacht und ist auf diese Weise an die Situation gebunden. Die Erfahrungen werden in voneinander getrennten sogenannten subjektiven Erfahrungsbereichen (kurz: SEB) gespeichert. Ein solcher SEB beinhaltet sowohl die kognitive Dimension der Erfahrung (hier rekonstruiert als empirische Theorien) als auch Faktoren wie Motorik, Emotionen, Wertungen oder die Ich-Identität.

Die Gesamtheit der SEB bilden die sogenannte „society of mind". In diesem System sind die SEB nicht hierarchisch geordnet und konkurrieren um Aktivierung. Wird eine ähnliche Situation mehrfach wiederholt, führt dies zu einer Festigung eines SEB und damit auch zu einer effektiveren Aktivierung in weiteren Situationen. Außerdem können Erfahrungen, die mit positiven Emotionen besetzt sind, in späteren Situationen präziser wiedergegeben werden. Eine Störung der Identitätsbalance oder negative Emotionen können dagegen zur Regression, also dem Rückfall in einen früheren SEB führen. Durch häufige Aktivierung können SEB verändert und umgeformt werden. Nicht mehr aktivierte SEB verblassen zunehmend, werden aber nicht entfernt.

In Wissensentwicklungsprozessen im Mathematikunterricht ist die Anwendung von in einem Kontext erworbenem Wissen auf weitere Kontexte von besonderer Bedeutung. Dies geschieht nach Bauersfeld (1983) durch den aktiven Versuch, unter der Bildung eines vergleichenden SEB, Perspektiven verschiedener SEB zu vernetzen. Dieser Vergleich kann nur aus der Perspektive des neuen SEB geschehen, dessen Bildung einer aktiven Sinnkonstruktion des Lernenden bedarf. Der Prozess der Sinnstiftung kann zwar von außen unterstützt werden, muss aber vom Lernenden selbst vorgenommen werden. Es ist zu beachten, dass nach Bauersfeld kein Begriff allgemein, d. h. bereichsunabhängig aktivierbar ist, da dieser nur im Zusammenhang mit anderen Begriffen Sinn erhält.

2.3   Empirische Settings

Lernende mit einer empirischen Auffassung von Mathematik entwickeln und begründen mathematische Aussagen auf der Grundlage von empirischen (Referenz-)Objekten. Zur Initiierung von Wissensentwicklungsprozessen in einem anschauungsorientierten Mathematikunterricht werden den Schülerinnen und Schülern daher im Unterricht häufig empirische Objekte zur Verfügung gestellt, mit denen sich nach Ansicht der Lehrperson bestimmte intendierte mathematische Aussagen entwickeln oder begründen lassen. Eine Lernumgebung, in der empirische Objekte eine tragende Rolle spielen, soll im Folgenden als *empirisches Setting* bezeichnet werden (vgl. Dilling, 2020, 2022).

Der Begriff des empirischen Settings ist damit sehr breit angelegt und geht von Zeichenblattfiguren bis hin zu naturwissenschaftlichen und lebensweltlichen Phänomenen. Die Objekte können direkt vorliegen (Bsp. geometrische Konstruktion) oder auch in Textform (verbal, algebraisch, numerisch etc.) beschrieben und damit der Vorstellungskraft überlassen sein (Bsp. in einem Gedankenexperiment), oder durch den Lernenden selbst gebildet werden (Bsp. Konstruktionsbeschreibung). Die Darstellungsform ist somit nicht entscheidend, sondern der Bezug eines empirischen Settings auf empirische Objekte bzw. als empirische Objekte beschreibbare Entitäten.

Empirische Settings sind im Sinne der konstruktivistischen Lerntheorie keineswegs als selbstevident zu betrachten. Als Teil der Erfahrungswelt eines Individuums können sie auf ganz unterschiedliche Weise interpretiert werden. Es ist kein mathematisches Wissen in einem empirischen Setting verankert, welches die Schülerinnen und Schüler lediglich herauslesen müssen. Stattdessen konstruieren die Lernenden aktiv Bedeutungen der empirischen Objekte, die sich von der intendierten Interpretation auf der Grundlage der Theorie des Lehrenden teilweise deutlich unterscheiden können. Die Interpretation eines empirischen Settings auf die intendierte Weise kann dann als ein Ergebnis von unterrichtlichen Aushandlungsprozessen verstanden werden. Dies kann zur Entwicklung von Interpretationsmustern führen, welche die möglichen Bedeutungen eines empirischen Settings einschränken und dauerhaft zu ähnlichen Bedeutungszuweisungen verschiedener Personen führen können. Die Mehrdeutigkeit der Objekte eines empirischen Settings bleibt aber prinzipiell bestehen und kann zu systematisch unterschiedlichen Interpretationen zwischen Schülerinnen und Schülern und der Lehrperson führen:

> „Die Mehrdeutigkeit der Objekte ist nicht nur eine Besonderheit einzelner Episoden oder einzelner Aufgaben. Die Mehrdeutigkeit der Objekte kann eine grundsätzliche und lang andauernde Eigenschaft des Unterrichtsgesprächs sein, wenn Lehrer und Schüler die Objekte in systematisch unterschiedlicher Weise interpretieren." (Voigt, 1994, S. 86)

Der Grund für unterschiedliche Bedeutungszuweisungen ist in den zugrunde liegenden Schüler- und Lehrertheorien zu sehen. Damit Wissensentwicklung mit einem empirischen Setting möglich wird, muss die betreffende Person dieses in die eigene Theorie einbinden. Dies geschieht, indem die Begriffe der eigenen Theorie mit den empirischen Objekten in Beziehung gesetzt werden. Im Sinne des Konzeptes der Subjektive Erfahrungsbereiche nach Bauersfeld (1983) wird beim Deutungsprozess des empirischen Settings entweder ein bereits existierender SEB aktiviert oder ein neuer SEB gebildet.

Die Identifikation von Eigenschaften des empirischen Settings und die Beschreibung mithilfe einer Theorie erfolgt durch die mit dem Setting arbeitende und dieses damit interpretierende Person. Welche Eigenschaften in dem Setting wahrgenommen werden und mit welchen Theorieelementen diese in Beziehung gesetzt werden, hängt von der einzelnen Person ab. Ein Physiker nimmt beispielsweise bei der Beschreibung eines Pendels nicht auf dessen Farbe Bezug. Für Schülerinnen und Schüler, die mit einem (neuen) empirischen Setting arbeiten, ist allerdings anfangs nicht unbedingt klar, welche Eigenschaften des Pendels in der Theorie eine Rolle spielen. Bei der Entwicklung theoretischer Begriffe (Burscheid & Struve, 2009) sind den Wissensentwicklungsprozessen zudem gewisse Grenzen gesetzt – ein empirisches Setting kann in diesem Fall zwar im Rahmen gewisser Kontexte und mit Blick auf gewisse Aspekte ein heuristisches Hilfsmittel darstellen, ein theoretischer Begriff lässt sich hieraus aber nicht ableiten.

Die einem Subjekt zugeschriebene Auffassung von Mathematik bestimmt wesentlich, für welche Zwecke das empirische Setting genutzt wird. Bei einer empirischen Auffassung von Mathematik bilden die Objekte des empirischen Settings die Referenzobjekte der empirischen Theorie – entsprechend kann dieses zur Weiterentwicklung und Begründung verwendet werden. Welche im empirischen Setting interpretierten Eigenschaften auf die eigene mathematische Theorie übertragen werden und welche nicht betrachtet werden, wird dabei durch die das Setting nutzende Person bestimmt.

Die bisherigen Ausführungen können zu einem Konzept zur Beschreibung von Wissensentwicklungsprozessen mit empirischen Settings im Mathematikunterricht zusammengeführt werden. Dieses soll als *CSC-Modell* (Dilling, 2020, 2022) bezeichnet werden und bezieht sich auf die englischsprachigen Begriffe *Concept, Setting* und *Conception.*

Entsprechend des CSC-Modells werden empirische Settings für den Mathematikunterricht gezielt ausgewählt oder entwickelt, um eine bestimmte mathematische Theorie zu vermitteln. Der Prozess der Entwicklung bzw. Auswahl eines als adäquat geltenden empirischen Settings wird auf verschiedener Ebene unter anderem durch Wissenschaftlerinnen und Wissenschaftler der Mathematikdidaktik, Schulbuchautorinnen und -autoren, sowie Lehrerinnen und Lehrer vollzogen und geschieht auf der Basis des von den (einzelnen) beteiligten Personen akzeptierten mathematischen Wissens – wir sprechen in diesem Zusammenhang im Weiteren von dem Begriff des *Concepts.* Dieses Vorgehen ist vornehmlich als stoffdidaktisch zu bezeichnen und es lassen sich unter anderem Konzepte wie das der Grundvorstellungen (vom Hofe, 1992) anführen. Das mathematische Wissen der einzelnen Personen kann als kognitiver Anteil der subjektiven Erfahrungsbereiche beschrieben werden und basiert auf dem im Hochschulstudium und in weiteren Kontexten kennengelernten und von den einzelnen Personen akzeptierten mathematischen Wissen.

Schülerinnen und Schüler entwickeln im Unterricht nach dem in diesem Beitrag vertretenen Ansatz eine empirische Auffassung von Mathematik. Ein Lernender, der im Mathematikunterricht mit einem empirischen Setting umgeht, interpretiert dieses, indem er die Objekte und Beziehungen mithilfe der nichttheoretischen Begriffe einer empirischen (mathematischen) Theorie beschreibt. Die empirische Theorie kann dabei als kognitiver Anteil von subjektiven Erfahrungsbereichen beschrieben werden und muss nicht dem oben beschriebenen, von den Entwickelnden oder Auswählenden des Settings akzeptierten mathematischen Wissen entsprechen. Die Aktivierung eines subjektiven Erfahrungsbereiches bestimmt wesentlich die vom Lernenden zur Beschreibung herangezogene empirische Theorie und damit auch die Interpretation der empirischen Objekte mithilfe der Begriffe der Theorie. Daher hat der Kontext, in dem ein empirisches Setting eingesetzt wird, einen wesentlichen Einfluss auf die Wissensentwicklungsprozesse der Schülerinnen und Schüler.

Im Umgang mit einem empirischen Setting entwickelt der Lernende eine zur Beschreibung herangezogene empirische mathematische Theorie weiter oder bildet (wohl meist mit umfassenden äußeren Impulsen) eine neue Theorie *(Conception).*

CSC-Modell

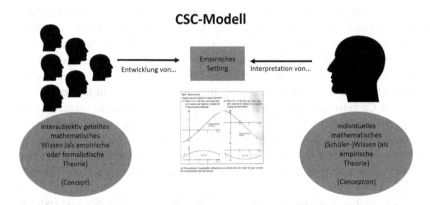

Abb. 1 CSC-Modell zur Beschreibung von Wissensentwicklungsprozessen mit empirischen Settings. (© Frederik Dilling)

Der Begriff *Concept* steht somit im Verhältnis zu dem von den ein Setting entwickelnden oder auswählenden Personen (z. *B.* eine konkrete Lehrperson im Unterricht oder die Autorinnen und Autoren des verwendeten Schulbuches) akzeptierten mathematischen Wissen, während *Conception* die individuelle Theorie einer Person, z. B. einer Schülerin oder eines Schülers, beschreibt. Die Begriffe Concept und Conception werden in dieser Arbeit somit in einem engeren Sinne verwendet als beispielsweise bei Sfard (1991), die mit „conception" das gesamte mit einem „concept" (i. S. v. Begriff) verbundene Wissen einer Person beschreibt:

Eine schematische Darstellung des CSC-Modells ist in Abb. 1 zu sehen.

3   Die Virtual Reality Technologie

Bei der Virtual-Reality-Technologie (kurz: VR) handelt es sich in ihrer aktuellen Form um Computergrafik, die eine dreidimensionale virtuelle Umgebung erzeugt, in der ein Nutzer nach bestimmten Regeln interagieren kann:

> „Virtual reality, also called virtual environments, is a new interface paradigm that uses computers and human-computer interfaces to create the effect of a three-dimensional world in which the user interacts directly with virtual objects." (Bryson, 1996, S. 62)

Im Vergleich zur traditionellen 3D-Computergrafik handelt es sich bei VR-Systemen nicht um eine rein visuelle Präsentation, sondern es wird eine multisensorische Wahrnehmung (visuell, akustisch, haptisch) in Echtzeit angestrebt. Zur visuellen Vermittlung der 3D-Inhalte kommen spezielle dreidimensionale Displays zum Einsatz, die meist stereoskopische Verfahren nutzen, die dem linken und rechten Auge ein unterschiedliches Bild präsentieren. Damit handelt es sich bei VR-Umgebungen um eine betrachterabhängige Präsentation (egozentrische Perspektive), bei der der Nutzer im Mittelpunkt steht. Innerhalb der Computersimulation kann der Nutzer in Echtzeit mit virtuellen Objekten interagieren. Hierzu stehen ihm 3D-Eingabegeräte zur Verfügung, die beispielsweise Körperbewegungen oder Gestik erkennen und in Interaktionen umsetzen (vgl. Dörner et al., 2019).

Das zentrale Unterscheidungsmerkmal zwischen Virtual Reality und anderen Mensch-Maschine-Schnittstellen bildet sich durch die sogenannte Immersion. In einem technischen Sinne lässt sich hierunter die Forderung verstehen, dass die Sinneseindrücke eines VR-Nutzers durch die Ausgabegeräte möglichst umfassend angesprochen werden (vgl. Dörner et al., 2019). Dies kann dadurch erreicht werden, dass der Nutzer möglichst vom realen Umfeld isoliert wird, möglichst viele seiner Sinne durch die virtuelle Realität angesprochen werden, das Ausgabegerät den Nutzer möglichst vollständig umgibt und nicht nur ein kleines Sichtfeld bietet und eine lebendige Darstellung geboten wird (vgl. Slater & Wilbur, 1997).

Im Vergleich zu traditionellen Mensch-Maschine-Schnittstellen ergibt sich mit VR ein besonders natürliches und intuitives Interagieren mit der virtuellen 3D-Umgebung. Diese Realitätsnähe führt dazu, dass VR-Systeme den Nutzern die Möglichkeit geben, Erfahrungen in einer virtuellen Welt zu machen. Zur Beschreibung dieser mentalen Erfahrungen wird der Begriff der Präsenz (manchmal auch Immersion) verwendet:

> „[…] ein wesentliches Potential von VR [liegt] in der Möglichkeit im Nutzer die Illusion der Anwesenheit in einer Virtuellen Welt zu erzeugen. Die Nutzer sollen beispielsweise das Gefühl vollständigen Eintauchens in die Virtuelle Welt erhalten. Der Begriff Präsenz […] bezeichnet das damit verbundene subjektive Gefühl, dass man sich selbst in der Virtuellen Umgebung befindet und dass diese Umgebung sozusagen real für den Betrachter wird. Reize aus der realen Umgebung werden dabei ausgeblendet." (Dörner & Steinicke, 2019, S. 56)

Ein tieferer Einblick in die Funktionsweise und Geschichte von Virtual Reality sowie die Verbindung zu verwandten Technologien wird im Beitrag von Julian Sommer, Frederik Dilling und Ingo Witzke in diesem Sammelband gegeben (siehe Sommer et al., 2022).

Die Verwendung von Virtual-Reality-Technologie zu Bildungszwecken hat bereits eine lange Tradition. Bereits in den 1960er Jahren begann die United States Airforce mit der Entwicklung der ersten VR-Flugsimulatoren zur Nutzung in der Pilotenausbildung (vgl. Kavanagh et al., 2017). Besonders im Bereich der beruflichen Bildung sind VR-Systeme verbreitet, beispielsweise zur Simulation großer technischer Systeme wie Flugzeuge und Züge oder industrieller Anlagen (vgl. Köhler et al., 2013).

Die VR-Technologie bietet aber auch ein großes Potential für die Bildung an Regelschulen. Lernumgebungen innerhalb einer virtuellen Realität können über die Grenzen des im Realen Möglichen hinausgehen und auf diese Weise innovative Lernhilfen darstellen:

> „VR offers teachers and students unique experiences that are consistent with success-ful instructional strategies: hands-on learning, group projects and discussions, field trips, simulations, and concept visualization. Within the limits of system functionality, we can create anything imaginable and then become part of it. The VR learning environment is experiential and intuitive [...]." (Bricken, 1991, S. 178)

Damit sind VR-Lernumgebungen besonders gut für Konzepte des Lernens auf der Grundlage von Erfahrungen im Sinne des Konstruktivismus geeignet (vgl. Hellriegel & Cubela, 2018). Es sind aber auch verschiedene Herausforderung mit AR- und VR-Technologie im Unterricht verbunden. Hierzu gehören die teilweise hohen finanziellen Kosten, eine mangelnde Realitätsnähe sowie das Auftreten gesundheitlicher Beeinträchtigungen (z. B. Cybersickness) (Cristou, 2010).

Bereits vergleichsweise früh hat auch die Entwicklung von VR-Anwendungen im Bereich der Mathematik begonnen. Beispiele sind die Anwendung „Construct 3D" (Kaufmann et al., 2000), mit der sich virtuell erzeugte raumgeometrische Konstruktionen mit mehreren Personen gemeinsam erstellen lassen oder die Anwendung „Spatial-Algebra" (vgl. Winn & Bricken, 1992), die eine VR-Umgebung zum Umgang mit Algebra-Blöcken darstellt. Diese waren allerdings insbesondere aufgrund zu dieser Zeit wenig verbreiteter Hardware nicht für den Massenmarkt bestimmt und dienten insbesondere Forschungszwecken.

Inzwischen gibt es einige VR-Anwendungen, die speziell für den Mathematik-unterricht oder das Lernen von Mathematik an der Hochschule konzipiert wurden und durch die inzwischen deutlich günstigere Hardware auch verwendet wer-den können. Für die Schule beziehen sich die Anwendungen besonders auf die Themenbereiche Geometrie (z. B. VR Math) und analytische Geometrie (z. B. edVR, Baur, 2019). Im Bereich der Hochschulmathematik wird insbesondere der

Bereich der mehrdimensionalen Analysis in den Blick genommen (z. B. Calcflow). Forschungsergebnisse zum Einsatz von Virtual-Reality-Technologie im
Regelunterricht gibt es bislang kaum (Weber, 2020).

4   Fallstudie: Orthogonalprojektionen von Vektoren in VR

4.1   Rahmenbedingungen

In dieser Fallstudie sollen erste Erkenntnisse zu den Charakteristika von
mathematischen Wissensentwicklungsprozessen in VR-Umgebungen gewonnen
werden. Im Fokus steht die Verwendung eines empirischen Settings zum
Thema Orthogonalprojektionen von Vektoren in der VR-App Calcflow (siehe
Abschn. 4.2).

Es wurden leitfadengestützte klinische Einzelinterviews (vgl. Ginsberg, 1981)
mit fünf Schülerinnen und Schülern geführt. Diese haben einen Mathematik-
Leistungskurs an einer Gesamtschule besucht und wenige Wochen vor den Interviews ihre Abiturprüfungen geschrieben. Im Unterricht haben sie Erfahrungen mit
der analytischen Geometrie sammeln können, das Thema Orthogonalprojektion
wurde aber nicht behandelt.

Ausschnitte eines Interviews mit dem Schüler Felix werden im Folgenden
auf der Grundlage des CSC-Modells analysiert. Die Analyse erfolgt mit Hilfe
eines interpretativen Forschungsansatzes (Maier & Voigt, 1991) auf der Basis
von Transkripten. Die in diesem Beitrag abgedruckte Interviewszene und die
Analyse stammt aus Dilling (2022), wo sich unter anderem auch die Analyse
und ausführliche Diskussion zweier weiterer Interviews zu der VR-Anwendung
findet.

4.2   Die VR-App Calcflow

Die in der Fallstudie eingesetzte Virtual-Reality-Anwendung Calcflow wurde von
der Firma Nanome Inc. für die VR-Brillen der Hersteller Oculus, HTC und
Valve entwickelt. Die Anwendung basiert auf einem virtuellen dreidimensionalen Koordinatensystem, das mit Controllern, welche die Bewegung der Hände
erfassen, gedreht und herangezoomt werden kann. Im Koordinatensystem können mathematische Objekte wie mehrdimensionale Funktionsgraphen, Kurven
oder Vektorpfeile durch eine algebraische Beschreibung erzeugt und dargestellt

werden. Die Objekte können dann durch Handbewegungen mit den Controllern weiter verändert werden. Der Entwickler Nanome Inc. schreibt über die Anwendung:

> Manipulate vectors with your hands, explore vector addition and cross product. See and feel a double integral of a sinusoidal graph in 3D, a mobius strip and it's normal, and spherical coordinates! Create your own parametrized function and vector field! (https://store.steampowered.com/app/547280/Calcflow/, Stand: 18.01.2021)

In der App Calcflow lassen sich insgesamt 15 verschiedene Szenarien aufrufen, in denen sich keine konkreten Aufgaben befinden, sondern die vielmehr als allgemeines Werkzeug zu verwenden und auf ein besseres Verständnis grundlegender mathematischer Konzepte ausgelegt sind. Die Anwendung wurde eigentlich für den Bereich der Hochschulmathematik zur Unterstützung des Lernens von Vektoranalysis in Kooperation mit der UC San Diego entwickelt. Einzelne Szenarien, wie das zur Vektoraddition und zum Kreuzprodukt, können aber auch thematisch in der Schule eingesetzt werden.

Die Grundlage für die in diesem Kapitel beschriebene Fallstudie bildet das Szenario zu Orthogonalprojektionen von Vektoren. Elemente dieses Szenarios sind ein dreidimensionales Koordinatensystem, dargestellt durch einen transparenten Würfel mit einem kartesischen Koordinatenkreuz, sowie ein Eingabefeld für numerische Parameter bzw. algebraische Ausdrücke (siehe Abb. 2). In dem

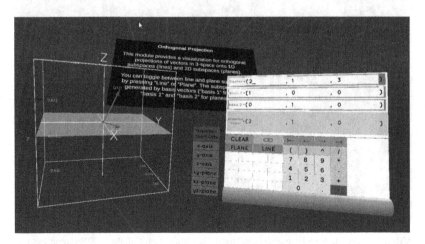

Abb. 2 Eingabefeld und Koordinatenwürfel im Szenario „Orthogonalprojektion" in der App Calcflow. (©Nanome Inc.)

Szenario können sowohl Orthogonalprojektionen von Vektoren in eine Ebene als auch in eine Gerade untersucht werden. Dazu kann im Eingabefeld zwischen „Plane" und „Line" unterschieden werden. Entsprechend können die Koordinaten von ein bzw. zwei Basisvektoren eingeben werden, die die Gerade bzw. Ebene aufspannen. Die Geraden und Ebenen gehen jeweils durch den Koordinatenursprung. Außerdem kann der Vektor eingegeben werden, der auf die Gerade oder Ebene projiziert werden soll. Dieser wird dann als Pfeil ausgehend vom Koordinatenursprung dargestellt. Unter dem Reiter „Projection Short Cuts" können die Koordinatenachsen und Koordinatenebenen auch direkt ausgewählt werden. Im Eingabefeld werden dann die Koordinaten des projizierten Vektors angezeigt.

Die eingegebenen Vektoren, Geraden und Ebenen werden in dem Koordinatenwürfel grafisch ausgegeben. Die Projektionsgerade bzw. -ebene wird hellblau angezeigt, der Ausgangsvektor als grüner Pfeil und der projizierte Vektor als lilafarbener Pfeil. Wird mit dem Controller im virtuellen Raum durch gedrückt Halten des Mittelfingers und Bewegen des Kontrollers die Spitze des grünen Pfeiles bewegt, so passen sich die Darstellung im Koordinatenwürfel sowie die Koordinaten der Vektoren im Eingabefeld automatisch an (siehe Abb. 3). Zusätzlich werden die Koordinaten der Vektoren an den Pfeilspitzen im Koordinatenwürfel angezeigt.

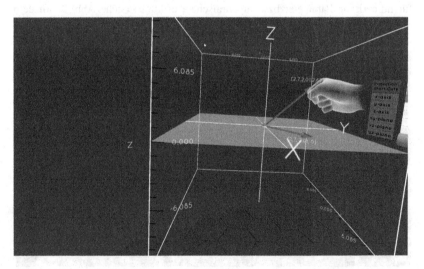

Abb. 3 Ziehen an der Spitze eines „Vektorpfeils" in der App Calcflow. (©Nanome Inc.)

Verschiedene weitere Einstellungen können bezogen auf die Ansicht vorgenommen werden. Sowohl das Eingabefeld als auch der Koordinatenwürfel können an eine andere Stelle des virtuellen Raumes gezogen oder gedreht werden. Außerdem können beide Elemente vergrößert bzw. verkleinert werden.

4.3   Fallstudie: Der Schüler Felix

Zu Beginn des Interviews beschreibt Felix, was er in dem Setting erkennt:

F   Also rechts das sieht nach 'nem Taschenrechner aus und links das is' 'n Ausschnitt aus 'nem, wie heißt das noch, kartesischen Koordinatensystem.

I   Ja ok, ein Koordinatensystem, genau. Ähm, was is' da noch zu sehen? (3 sec.) Das waren jetzt sozusagen die beiden großen Elemente. Was is' vielleicht in diesem Koordinatensystem noch zu sehen?

F   Diese blaue Fläche, diese Ebene in der/

I   Mhm (bejahend) und noch mehr?

F   Zwei Pfeile. Einmal in lila und in grün. Jeweils nach oben bzw. etwas quer dazu.

Den Koordinatenwürfel beschreibt der Schüler als kartesisches Koordinatensystem, das Eingabefeld nennt er Taschenrechner, vermutlich, da auf diesem Symbole und Zahlen abgebildet sind. In dem Koordinatensystem seien eine blaue Fläche, die er als Ebene bezeichnet, sowie ein lilafarbener und ein grüner Pfeil zu sehen. Die Begriffe Ebene, Koordinatensystem und Pfeil sind damit empirische Begriffe der mathematischen Theorie. Interessant ist, dass Schüler F erst deutlich später im Interview den Begriff des Vektors verwendet. Dies könnte darauf hindeuten, dass er die konkreten Pfeile im Blick hat und erst später mit dem Begriff des Vektors in Verbindung setzt.

Im Anschluss an die erste Begriffszuschreibung untersucht der Schüler, wie die Pfeile zueinander liegen. Hierzu dreht er mehrfach den Koordinatenwürfel und betrachtet die Pfeile aus verschiedenen Positionen. Er kommt schließlich zu dem folgenden Urteil:

F   Ja, ähm, der grüne bewegt sich auf der, ähm, auf der y-Achse nach links. Aber der lilane scheint zumindest mal, ähm, parallel dazu zu sein.

I   Mhm (bejahend). Parallel wozu?

F   Zu, ähm, das is' die x-Achse. (5sec.) Ach, nee, quatsch, z-Achse mein' ich.

Der Schüler erklärt, dass der lilafarbene Pfeil parallel zur z-Achse verlaufe, sich der grüne aber in Richtung der negativen y-Achse bewege. Dies kann darauf zurückgeführt werden, dass er zu dem Zeitpunkt seiner Aussage parallel zur Ebene auf den Koordinatenwürfel schaut. Entsprechend wird der lilafarbene Pfeil verkürzt dargestellt und erscheint so, als würde er die Richtung der y-Achse anzeigen.

Auf Anweisung des Interviewers packt Schüler F in den Koordinatenwürfel und bewegt die Spitze des grünen Pfeils hin und her:

F   Ok. (bewegt die grüne Pfeilspitze)
I   So, was passiert denn da? Können Sie das erkennen? Also Sie bewegen den.
F   Mhm (bejahend).
I   Was passiert denn mit dem lilanen Pfeil?
F   (bewegt die grüne Pfeilspitze) Der kommt quasi mit.
I   Mhm (bejahend). Wo kommt der mit? Was heißt das?
F   (bewegt die grüne Pfeilspitze) Der bewegt sich praktisch um dieselbe Achse wie der grüne Pfeil.
I   Mhm (bejahend). Und kann man den irgendwie beschreiben? Also wenn ich jetzt den grünen Pfeil hab', kann ich dann den lilanen exakt festlegen und beschreiben, so wie er da jetzt gerade is'?
F   (bewegt die grüne Pfeilspitze) Er hat auf jeden Fall dieselbe Länge.
I   Er hat dieselbe Länge?
F   Mhm (bejahend).
I   Wie erkennt man das?
F   Ich hab' die gerade mal so praktisch nebeneinander laufen lassen. (bewegt die grüne Pfeilspitze innerhalb der Ebene)

Der Schüler erkennt beim Bewegen des grünen Pfeils eine Abhängigkeit des lilafarbenen, die er mit den Worten „der kommt quasi mit" beschreibt. Er erläutert weiter, dass sich der lilafarbene Pfeil „praktisch um dieselbe Achse wie der grüne Pfeil" bewege. Dies kann damit erklärt werden, dass der Schüler den Pfeil um die y-Achse bewegt und erkennt, dass der lilafarbene Pfeil dann ebenso eine Bewegung um diese Achse beschreibt.

Zudem sagt der Schüler, dass die Pfeile dieselbe Länge haben. Dies begründet er damit, dass diese, wenn man sie „nebeneinander laufen" lasse, also den grünen Pfeil innerhalb oder in der Nähe der Ebene bewegt, gleich lang aussehen. Er ist somit der Auffassung, dass die Länge des Pfeils bzw. der Pfeile bei der Bewegung nicht verändert wird. Dies zeigt, dass der Schüler die Situation als zwei Pfeile auffasst, die unter Beibehaltung gewisser Eigenschaften wie der Länge verändert werden.

Nachdem der Schüler in einer folgenden Interviewsituation weitere Positionen des grünen Pfeils überprüft verwirft er seine Hypothese zu den Längen der Vektoren aber wieder und erkennt, dass die Länge nur übereinstimmt, wenn die Pfeile „deckungsgleich" (Zitat des Schülers) sind, sich also der grüne Pfeil in der Ebene befindet. Sonst sei der lilafarbene Pfeil kleiner und verschwinde, wenn sich der grüne Pfeil auf der y-Achse befindet.

Der Interviewer lenkt die Aufmerksamkeit des Schülers Felix anschließend auf die angegebenen Koordinaten der Pfeile:

I   Mhm (bejahend) ok. Ähm, jetzt gucken Sie sich doch mal die Koordinaten an, mit denen die beschrieben werden.

    [...]

F   [...] Mhm, der erste und der dritte scheint gleich zu sein.

I   Mhm (bejahend). Warum denn?

F   (bewegt die grüne Pfeilspitze) Wenn ich das wüsste (lachend). Also letztendlich sind das doch wahrscheinlich zwei Vektoren. Heißt, (5 sec.) es könnten doch dann, sind das dann nich' quasi die Spannvektoren von, ähm, der Ebene?

I   Können das die Spannvektoren von der Ebene sein? Was haben denn die Spannvektoren von der Ebene, also wie sind die denn festgelegt im Vergleich zur Ebene?

F   Also, wenn quasi die erste und die dritte Koordinate gleich sind, beziehungsweise/Nee, das passt nich'.

I   Die können bestimmt 'ne Ebene aufspannen. Die Frage ist, ist das die Ebene?

F   Ja, genau. ja das wär' doch quasi 'ne Ebene, die zwar auf x- und z-Achse starr ist mehr oder weniger, beziehungsweise parallel dazu ist, aber, ähm, auf der x2-Achse wird die halt verschoben.

I   Können das denn die Spannvektoren von der Ebene sein, denn wir haben ja die/

F   Von der gezeigten blauen Ebene?

I   Ja, von der gezeigten.

F   Eher weniger, das nich'.

Der Schüler erkennt, dass die erste und dritte Koordinate der beiden Pfeile übereinstimmen, kann dies aber zunächst nicht erklären. An dieser Stelle des Interviews bringt er das erste Mal den Begriff des Vektors in das Gespräch ein. Die zwei Pfeile seien zwei Vektoren und er stellt die Hypothese auf, dass es sich um die Spannvektoren der Ebene handeln könnte. Nach einer kritischen Nachfrage des Interviewers verwirft Felix dies aber wieder. Nach einer weiteren Frage des Interviewers erklärt er, dass das Spannvektoren einer anderen, nicht aber der im Koordinatenwürfel blau markierten Ebene seien. Der Begriff des Vektors dient somit in der Theorie von Felix der Beschreibung konkreter Pfeile.

Der Interviewer fragt den Schüler anschließend, warum die Anwendung „Orthogonalprojektion" heißt:

I   Ok. Jetzt stand da ja, das Programm hieß ja „Orthogonalprojektion". Was heißt das denn? Könnte das was helfen?

F   Orthogonal heißt ja quasi im 90° Winkel zu etwas.

I   Mhm (bejahend) genau. Und Projektion? Was is' das hier? (3 sec.) Wieso könnte das Orthogonalprojektion heißen?

F   Vermutlich, weil die beiden Vektoren immer orthogonal zur Ebene zeigen.

I   Sind die orthogonal dazu?

F   Nich' immer.

I   Zu welcher Achse?

F   Die sind quasi orthogonal zur, ja wozu denn? Der lilane Pfeil is' jederzeit orthogonal zur quasi yz-Achse. Ja, Moment, genau, nee, auch wieder gerade. Das is' rotierend hierzu, also/ (dreht grüne Pfeilspitze um y-Achse herum).

I   Wenn Sie mal nur die zwei Vektoren angucken, können Sie da vielleicht 'nen rechten Winkel erkennen? Gibt's da irgendwo 'nen rechten Winkel? Nur die beiden Vektoren.

F   (setzt die grüne Pfeilspitze so, dass der Vektor senkrecht zur Ebene steht) So, quasi der rechte Winkel, wenn der eintritt, dann verschwindet der lilane Pfeil.

I   Ok, der rechte Winkel zur/Sie meinen ja jetzt den rechten Winkel von der grünen zur blauen Ebene. Jetzt die Pfeile untereinander, gucken Sie sich die mal an. Ziehen Sie den mal nochmal 'n bisschen weg.

F   Den grünen? (bewegt die Pfeilspitze auf der y-Achse von der Ebene weg)

I   Ja, nochmal 'n bisschen weg von der Achse, auf der Sie gerade sind. Mal weiter zu Ihnen sozusagen.

F   (bewegt die Pfeilspitze von der y-Achse weg)

I   So, dann taucht ja wieder der lilane Pfeil auf.

F   Genau.

I   Wo könnte denn da 'n rechter Winkel sein? (3 sec.) Zwischen den Pfeilen.

F   Zwischen welchem Pfeil?

I   Zwischen den Pfeilen, zwischen dem lilanen und dem grünen Pfeil, gibt's da 'nen rechten Winkel?

F   (setzt die grüne Pfeilspitze erneut so, dass der Vektor senkrecht zur Ebene steht) Ja, aber dann is' ja quasi der lilane Pfeil aufgehoben.

I   Ok. Dann formulier' ich das mal anders. Gucken Sie mal von der Pfeilspitze, von der Pfeilspitze von dem grünen Pfeil senkrecht auf die Ebene.

F   Ja.

I   Was passiert denn dann, wenn Sie 'ne Linie zeichnen senkrecht auf die Ebene?

F   Mhm (bejahend).

I   Verändern Sie nochmal den grünen Pfeil noch 'n bisschen, ziehen Sie den zu sich. Näher.

F   (bewegt die Pfeilspitze von der y-Achse weg)

I   So und jetzt mal von der Pfeilspitze aus senkrecht auf die grüne Ebene, ähm, senkrecht auf die blaue Ebene von der grünen Pfeilspitze. Wo kommen Sie raus?

F   (setzt die grüne Pfeilspitze erneut so, dass der Vektor senkrecht zur Ebene steht) Auf der y-Achse.

I   Nein, Sie ziehen den nochmal zu sich.

F   (bewegt die Pfeilspitze von der y-Achse weg)

I   Und jetzt gehen Sie nich' entlang des Pfeils, sondern jetzt gehen Sie mal, lassen Sie den mal los.

F   Mhm (bejahend).

I   Jetzt loslassen. Und jetzt gucken Sie mal. Wenn Sie senkrecht von der Pfeilspitze vom grünen Pfeil auf die Ebene gehen, wo kommen Sie raus?

F   (betrachtet die grüne Pfeilspitze mit Blickrichtung entlang des grünen Schafts) Im Ursprung.

I   Is' das senkrecht auf die Ebene?

F   Nee.

I   Wie guck' ich denn senkrecht, also wie geht's denn senkrecht auf die Ebene?

F   Senkrecht auf die Ebene geht's nur von den Achsen, von der y-Achse. Quasi so. (versucht die Pfeilspitze zurück auf die y-Achse zu ziehen)

Den Begriff der Orthogonalität versteht Schüler F als „im 90° Winkel zu etwas". Er vermutet zunächst, dass die Vektoren immer orthogonal zur Ebene stehen könnten, erklärt aber auf Nachfrage des Interviewers, dass dies nicht immer der Fall sei. Der Schüler sucht daher nach rechten Winkel zwischen den Objekten. Der Interviewer macht ihn daher darauf aufmerksam, die beiden Pfeile zu betrachten und dort nach rechten Winkeln zu suchen. Daraufhin stellt sich ein länger andauerndes Missverständnis zwischen dem Interviewer und dem Schüler ein.

Der Interviewer versucht den Schüler dazu zu bringen, einen rechten Winkel zwischen dem lilafarbenen Pfeil und der Verbindungslinie der beiden Pfeilspitzen zu erkennen. Der Schüler versteht den Interviewer allerdings falsch und versucht den grünen Pfeil so zu positionieren, dass sich ein rechter Winkel zwischen beiden Pfeilen einstellt, was zum Verschwinden des lilafarbenen Pfeils führt.

In dem von Felix aktivierten subjektiven Erfahrungsbereich scheint das Wissen über Winkel zwischen Vektoren bzw. Pfeilen oder auch Ebenen abgespeichert zu sein. Ein Winkel zwischen einem Pfeil und einer imaginären Linie scheint für den Schüler dagegen nicht infrage zu kommen. Zudem wirkt sich seine bereits zuvor im Interview angedeutete Vorstellung aus, nach welcher es sich auch nach Verschieben der Position der Pfeilspitze um den gleichen Pfeil handelt, der auch übereinstimmende Eigenschaften mit dem Pfeil an der ursprünglichen Position hat. Der Vektor, welcher zur Beschreibung des Pfeils herangezogen werden kann, unterscheidet sich allerdings in den zwei Situationen.

Um das Missverständnis aufzulösen, bittet der Interviewer den Schüler, die Ansicht so zu drehen, dass dieser senkrecht auf die Ebene schaut:

F   (dreht das Koordinatensystem, sodass er senkrecht auf die Ebene schauen kann)
I   So, die Seite, wo der Pfeil ist, und jetzt senkrecht auf die Ebene gucken. Also sozusagen jetzt/
F   Ja.
I   Sie sehen jetzt so ziemlich genau senkrecht auf die Ebene. Was is' jetzt passiert?
F   Mhm (bejahend).
I   Sehen Sie da den grünen Pfeil?
F   Den sehe ich.
I   Und wo is' der lilane Pfeil?
F   Der is' genau dahinter.
I   Warum könnte der denn genau dahinter sein? (4 sec.) Jetzt bewegen Sie mal den grünen Pfeil. Schnappen Sie sich mal hier den grünen Pfeil.
F   (bewegt die grüne Pfeilspitze)
I   Bleibt der immer dahinter?
F   (bewegt die grüne Pfeilspitze)
I   Nich' so ganz, ne?
F   (5 sec.) Kommt der da? Nee, der bleibt auf der anderen Seite scheinbar.
I   Is' der immer auf 'ner Seite, oder is' der auf 'nem/
F   Nee, der is' dann praktisch, wahrscheinlich in der Ebene drin.
I   Genau, der is' in der Ebene drin.

F   Ja. Das heißt (3 s.) der zweite Wert von dem lilanen Pfeil kann scheinbar nicht über 0 gehen.

Der Schüler beschreibt, dass sich bei der aktuellen Ansicht der lilafarbene Pfeil genau hinter dem grünen Pfeil befände. Als er den grünen Pfeil bewegt erkennt er, dass sich der lilafarbene Pfeil „wahrscheinlich" in der Ebene befindet und deshalb die zweite Koordinate gleich 0 sei.

Auf Anweisung des Interviewers stellt Schüler F am Eingabefeld die xy-Ebene als Projektionsebene ein und beschreibt die neue Situation:

F   Jetzt haben wir, jetzt haben wir die xy-Ebene.
I   Mhm (bejahend). Und die Pfeile?
F   Die haben sich etwas verändert.
I   Warum? Der grüne Pfeil is' irgendwie gleich geblieben, aber der lilane is' jetzt 'n anderer.
F   Genau.
I   Wo liegt der?
F   Der liegt wieder in der Ebene.
I   Ok. Und kann man da auch an den Symbolen was erkennen, an den Koordinaten?
F   Ja, hier sind die ersten beiden gleich und die dritte ist anders.
I   Warum?
F   (3 sec.) Ach, ja, wir haben die xy-Koordinate, wir haben die xy-, ähm, Ebene?
I   Mhm (bejahend).
F   Sprich, dementsprechend bleibt ja dann die dritte Koordinate bei dem lilanen Pfeil, da sie ja auf der Ebene liegt immer entsprechend Null.
I   Mhm (bejahend). Ok, genau.
F   Ach, eben das war ja, genau, das war dann die xz-Achse, sprich die y-Koordinate war dann quasi da/
I   Ok. Und jetzt wählen Sie mal noch die letzte Möglichkeit aus. Wie wird das da passieren? Haben Sie schon 'ne Idee?
F   Die yz?
I   Mhm (bejahend).
F   Da dürfte ja dann die x-, ähm, dürfte ja dann die x-Koordinate leer bleiben für/ (5 sec.)

Der Schüler kann die neue Situation analog zu dem in der vorherigen Situation gültigen Zusammenhang erklären. Die z-Koordinate sei gleich Null, da sich der lilafarbene Pfeil in der xy-Ebene befinde. Auch auf den Fall der yz-Ebene kann der Schüler den Zusammenhang übertragen. In einer hierauf folgenden Interviewsituation wendet der Schüler die zuvor identifizierten Zusammenhänge zudem ohne Probleme auf ein Beispiel an. Daher bittet der Interviewer ihn, die x-Achse als Projektionsachse auszuwählen:

F Ähm, hier is' es nur praktisch die Gerade durch die x-Achse, da is' dann die y- und z-Koordinate gleich 0.

I Warum?

F Weil der lilane Pfeil ja quasi die Gerade verlassen würde, wenn die Koordinate noch wär'. Der Pfeil ja dann/.

I Ok. Und wo is' da jetzt wieder was rechtwinklig? Senkrecht?

F (10 sec.) Die Pfeilspitzen zueinander vielleicht.

I Wo is' denn da 'ne, wo, wo wär' der Winkel?

F Also quasi von hier/ (zeigt auf die grüne Pfeilspitze) Sehen Sie eigentlich, was ich/

I Ja, ich seh' das.

F Quasi von der Spitze nach da drüben (zeigt von der grünen zur lilafarbenen Pfeilspitze), mhm ja, könnte der Winkel sein.

Er erkennt die neue Situation, dass sich der lilafarbene Pfeil nun auf der x-Achse befindet und entsprechend die y- und z-Koordinate gleich Null sein müssen. Andernfalls würde der Pfeil „die Gerade verlassen". Das Nullsetzen der Koordinaten dient nach Auffassung des Schülers somit der Positionierung auf der x-Achse. Die Pfeilspitzen zueinander seien senkrecht, womit er vermutlich meint, dass die Verbindungslinie der Pfeilspitzen senkrecht zur x-Achse bzw. zum lilafarbenen Vektor steht.

Der Schüler soll den Zusammenhang zusätzlich mit den Koordinaten begründen:

I Ok. Kann man das auch mit den Koordinaten begründen? Also, weil die irgendwie sozusagen da 0 sind und da 0 sind bei der yz, können wir deswegen auch sagen, dass da vielleicht 'n rechter Winkel is', oder hilft uns das nichts?

F Wir haben ja auf der x-Achse genau die gleichen Koordinaten. So, unabhängig davon, welche Höhe ich jetzt habe mit der Spitze des grünen Pfeils, wär' das ja dann auch im 90° Winkel dann zur Spitze des grünen Pfeils.

I Mhm (bejahend). Warum kann ich eigentlich/

F   Quasi rotierend. (deutet eine rotierende Bewegung der grünen Pfeilspitze um die x-Achse an)

Der Schüler erklärt, dass die Verbindungslinie der Pfeilspitzen senkrecht auf der x-Achse stehen müsse, da die x-Koordinate beider Pfeile übereinstimme. Mit „quasi rotierend" meint der Schüler vermutlich, dass die Verbindungslinie der Pfeilspitzen von verschiedenen Positionen aus rund um die Achse senkrecht auf diese fällt.

Der Interviewer fordert den Schüler anschließend auf, den lilafarbenen Pfeil direkt zu bewegen:

I   Versuchen Sie mal, an dem lilanen Pfeil zu ziehen.
F   (versucht die lilafarbene Pfeilspitze zu packen)
I   Mhm, funktioniert nich'?
F   Nee.
I   Warum funktioniert das nich'? Haben Sie 'ne Idee? Warum kann ich denn nich' den lilanen Pfeil bewegen? Den grünen kann ich ja bewegen.
F   Achso, ja, vermutlich weil, ähm, dann nich' genau gesteuert werden kann, wo der grüne Pfeil is', weil wenn ich ja praktisch an die lilane Spitze den Befehl gebe, irgendwo hinzuwandern, dann, ähm, gebe ich damit nich' gleichzeitig 'nen Befehl aus, dass die, ähm, y- und z-Koordinate von dem grünen Pfeil nich' verändert wird.

Der Schüler erkennt, dass der lilafarbene Pfeil nicht direkt bewegt werden kann. Er begründet dies damit, dass der grüne Pfeil auf diese Weise „nich' genau gesteuert werden kann", da die y- und z-Koordinate nicht festgelegt sind. Er erkennt somit die einseitige Abhängigkeit entstehend durch die nicht injektive Abbildung, die dafür sorgt, dass diese Funktion im Programm nicht sinnvoll umgesetzt werden kann.

Der Schüler wählt anschließend noch die y-Achse als Projektionsachse aus und beschreibt die Veränderungen auch in diesem Fall korrekt. Zudem kann er Beispielkoordinaten richtig umwandeln für die Orthogonalprojektion auf die y-Achse und die z-Achse. Letztere stellt er dafür im Programm nicht gesondert ein, sondern beantwortet die Frage im Setting mit der y-Achse als Projektionsachse.

Am Ende des Interviews soll Schüler F die VR-Brille absetzen und erläutern, was er zuvor in dem Programm gemacht hat. Dieser beschreibt zunächst allgemein, dass er Pfeile in einem Koordinatensystem betrachtet hat und erklärt zudem, dass die Verbindung der Pfeilspitzen senkrecht auf eine Ebene gezeigt

hätten. Der Interviewer nennt dann Beispielkoordinaten, zu denen der Schüler
die Koordinaten des projizierten Vektors angeben soll:

I   Ja, Sie haben ja zum Beispiel einfach gesagt, aus dem Vektor, wir hatten
      ja das Beispiel $(3, 2, 1)$, wenn ich die xy-Ebene auswähle, was passiert da?
      Was wird da für 'n Vektor draus?
F   Ähm, xy und das wird dann, ähm, praktisch 0, 0 und 1. Oder nee? Doch,
      doch ja.
I   In der Ebene sozusagen? In der xy-Ebene wär' das dann der/
F   Wie bei der Ebene.
I   Ok. Und wenn ich jetzt die yz-Ebene auswähle und den Vektor $(3, 2, 1)$?
F   Für die, ähm, (unv.)?
I   Ja, genau. (5 sec.) yz-Ebene.
F   yz? Schwierig, um ehrlich zu sein.
I   Is' schwierig?
F   Ja, jetzt muss ich mir das wieder im Kopf so vorstellen. Vektoren hab' ich
      immer gehasst. Ähm, (3 s.) auf der yz-Achse, da wäre ja quasi die x-Achse
      gleich 0. Also wär das dann $(0, 2, 1)$?

Zunächst hat der Schüler Schwierigkeiten, das Problem zu bearbeiten. Die Orthogonalprojektion des Vektors mit den Koordinaten $(3, 2, 1)$ auf die xy-Ebene
hat die Koordinaten $(3, 2, 0)$. Er gibt stattdessen die Antwort $(0, 0, 1)$, was der
Projektion auf die z-Achse entspricht. Nach einer kritischen Nachfrage des Interviewers korrigiert Schüler F seine Antwort. Auch bei der Projektion auf die
yz-Ebene kann er zunächst keine Antwort geben und erklärt, dies sei „schwierig, um ehrlich zu sein" und er müsse sich das „wieder im Kopf so vorstellen".
Schließlich gibt er aber die richtige Antwort.

   Auch wenn der Schüler die Beispielaufgaben letztendlich richtig löst, scheint
er anfänglich Probleme zu haben, sein Wissen zu aktivieren. Während er mit der
VR-Brille ähnliche Aufgaben noch sehr sicher und schnell beantwortet, sogar
wenn diese Situationen betreffen, die in diesem Moment nicht im Koordinatenwürfel abgebildet sind, braucht er für die Antworten ohne die Brille deutlich
länger und macht auch zunächst einen Fehler. Die Schwierigkeiten könnten auf
die bereichsspezifische Speicherung des mathematischen Wissens zurückgeführt
werden. Er kann anfänglich den zur Bearbeitung notwendigen subjektiven Erfahrungsbereich nicht aktivieren, da er das Wissen in der virtuellen Welt erworben
hat, nun aber in der Realität ohne die VR-Brille abrufen soll. Dies scheint ihm
Probleme zu bereiten. Schließlich scheint ihm die Aktivierung aber zu gelingen,

sodass er im Weiteren keine Probleme mehr zeigt und unter anderem die Zusammenhänge der Projektion auf eine Achse wiedergeben, mit dem Fall der Ebene in Beziehung setzen und korrekt auf Beispielkoordinaten anwenden kann.

4.4   Ergebnisdiskussion

Felix verwendet in dem Interview viele mathematische Begriffe zur Beschreibung der Objekte in der Anwendung zur Orthogonalprojektion. Der in jeder Dimension begrenzte Koordinatenwürfel wird als Koordinatensystem bezeichnet, die begrenzte quadratische blaue Fläche nennt der Schüler Ebene und die zwei abgebildeten Pfeile werden von ihm als Pfeil, später auch als Vektoren beschrieben. Damit handelt es sich bei diesen Begriffen der Schülertheorie um empirische Begriffe mit konkreten Referenzobjekten. Es geht nicht um die Beschreibung idealisierter Objekte wie beispielsweise einer Ebene als ein zweidimensionales Objekt mit unendlicher Ausdehnung, sondern um tatsächliche empirische Objekte, in diesem Fall in der VR-Anwendung.

Deutlich wird in den Aussagen von Felix auch, dass er den Begriff des Vektors mit konkreten Pfeilen in einem Koordinatensystem identifiziert. Vektoren werden nicht entsprechend des Pfeilklassenzugangs zum Vektorbegriff als Klassen von gleich gerichteten und orientierten Pfeilen gleicher Länge aufgefasst, sondern als konkrete im Koordinatensystem verortete Pfeile, vergleichbar mit Strecken im Raum, die eine Orientierung aufweisen. Felix verwendet zudem zunächst ausgiebig den Begriff Pfeil und ersetzt diesen später im Interview durch den Begriff des Vektors. Bei seinen Ausführungen wird zudem deutlich, dass er beim Verschieben der Pfeilspitzen davon ausgeht, dass es sich anschließend um den gleichen Pfeil handelt und entsprechend Eigenschaften wie die Länge erhalten bleiben. So überprüft er das Längenverhältnis der beiden Pfeile, indem er den grünen Pfeil direkt neben den lilafarbenen bewegt und folgert daraufhin, die Pfeile hätten in jeder Position die gleiche Länge. Ebenso versucht der Schüler den grünen Pfeil orthogonal zum lilafarbenen zu positionieren, um die Lage der Pfeile zueinander zu untersuchen, anstatt in anderen Positionen senkrechte Linien zu identifizieren. Beim Verschieben der Pfeile verändern sich allerdings die Koordinaten und damit eigentlich auch der Vektor, mit dem sich der Pfeil beschreiben lässt. Die Identifikation von Vektoren mit konkreten Pfeilen, kann zum Teil auf die Verwendung des Hilfsbegriffs Ortsvektor im schulischen Mathematikunterricht zurückgeführt werden, der keinen Vektor im eigentlichen Sinne, sondern einen Punkt im Raum beschreibt. Außerdem suggeriert das in der Fallstudie verwendete empirische Setting eine entsprechende Interpretation.

Felix beschreibt die zwei Vektoren zudem als Spannvektoren der Ebene. Diese Assoziation hat er vermutlich, da zur Definition einer Ebene ein Punkt (bzw. ein Ortsvektor) sowie zwei als Spannvektoren bezeichnete Vektoren benötigt werden. Diese Konstellation wird meist durch zwei von einem Punkt ausgehende Pfeile dargestellt, wie sie auch in der VR-Anwendung auftreten.

Die zentralen Untersuchungsobjekte des empirischen Settings zur Orthogonalprojektion sind der grüne und der lilafarbene Pfeil. Um den Zusammenhang der zwei Pfeile zu untersuchen, variiert Felix gezielt die Position der grünen Pfeilspitze und beobachten die Veränderungen des lilafarbenen Pfeils. Er arbeitet explorativ mit den empirischen Objekten zur Entwicklung von Hypothesen über die Abhängigkeiten. Schließlich erkennt Felix, dass sich der lilafarbene Pfeil in der Projektionsebene bzw. auf der Projektionsachse befindet und dass die Verbindungslinie der Pfeilspitzen senkrecht auf der Ebene bzw. der Achse liegt. Hierbei handelt es sich um die zentralen Eigenschaften einer Orthogonalprojektion. Beide Eigenschaften setzt der Schüler mit den einzelnen Koordinaten der Pfeile in Beziehung, was (zumindest teilweise) unabhängig voneinander möglich ist, da lediglich Koordinatenachsen und -ebenen betrachtet werden. Die Positionierung des lilafarbenen Pfeils in der Ebene bzw. auf der Achse erklärt er damit, dass entsprechend eine oder zwei Koordinaten gleich Null gesetzt werden. Senkrecht stehe die Verbindungslinie der Pfeilspitzen auf der Ebene bzw. Achse, da die übrigen Koordinaten bzw. die übrige Koordinate beider Pfeile gleiche Werte aufweisen. Die Koordinaten dienen in der empirischen Theorie von Felix somit der Verortung von Pfeilen in einem Koordinatensystem und können zur Beschreibung der Lagebeziehungen herangezogen werden. Die jeweils beispielgebunden gewonnenen Einsichten überträgt der Schüler innerhalb der VR-Umgebung problemlos auf andere Koordinatenebenen und -achsen und wendet das neue Wissen auf Beispielkoordinaten an.

Neben der Verschiebung des grünen Pfeiles bittet der Interviewer den Schüler auch, zu versuchen, den lilafarbenen Pfeil direkt zu verschieben. Felix bemerkt, dass dies nicht funktioniert und erklärt es damit, dass es sich um eine einseitige Abhängigkeit handelt und sich die Position des grünen Pfeils nicht eindeutig bestimmen ließe, wenn man den lilafarbenen bewegen würde. Er erkennt somit, dass das eigenständige Bewegen des lilafarbenen Pfeils programmtechnisch nicht sinnvoll umsetzbar ist. Diese Unterscheidung basiert auf der Dynamik der VR-Anwendung und ist in einer mathematischen Theorie außerhalb dieser nicht relevant, was Felix zu erkennen scheint.

Nach dem Absetzen der VR-Brille hat Felix zunächst Probleme, sein Wissen zu aktivieren. Er erklärt falsche Zusammenhänge zwischen den Koordinaten und der Lage der Objekte, die er zuvor noch ohne Probleme wiedergegeben und angewendet hat und sagt zudem, dass ihm die Anwendung schwerfalle. Die Schwierigkeiten können auf die bereichsspezifische Speicherung (vgl. Bauersfeld, 1983) des mathematischen Wissens zurückgeführt werden. Er kann anfänglich den zur Bearbeitung notwendigen subjektiven Erfahrungsbereich nicht aktivieren. Das in der virtuellen Welt entwickelte Wissen kann nicht ohne Weiteres in neuen Kontexten außerhalb der virtuellen Welt abgerufen werden. Daher stellt sich die Frage, ob in virtuellen Welten entwickeltes Wissen, gerade wenn dies über einen längeren Zeitraum geschieht und nicht nur in einem kurzen Interview stattfindet, aufgrund der immersiven Erfahrung zu besonders isolierten subjektiven Erfahrungsbereichen führen könnte.

5   Fazit

In diesem Beitrag sollten mithilfe eines Fallstudienansatzes Charakteristika mathematischer Lehr-Lern-Prozesse im Kontext der Virtual Reality Technologie identifiziert werden. Die VR-Technologie hat sich in den theoretischen Ausführungen als ein innovatives digitales Medium herausgestellt, das viel Potential, aber auch einige Herausforderungen für den Einsatz im Mathematikunterricht bietet. Die Forschung zu VR-Lernen aber auch die Entwicklung entsprechender Software ist bisher allerdings nur wenig ausgebaut.

Als Theoriehintergrund wurde im Beitrag das CSC-Modell eingeführt, welches die Erkenntnisse aus dem wissenschaftstheoretischen Strukturalismus und dem lerntheoretischen Konstruktivismus (insbesondere die Theorie der Subjektiven Erfahrungsbereiche) verbindet. Auf dieser Basis soll das Lernen mit sogenannten empirischen Settings, also Lernumgebungen, in denen empirische Objekte eine besondere Rolle spielen, beschrieben werden. Bestimmte VR-Anwendungen können in diesem Sinne als empirische Settings beschrieben werden, sodass das CSC-Modell nutzbar wird.

In der Fallstudie wurde ein empirisches Setting zu Orthogonalprojektionen von Vektoren in Virtual Reality eingesetzt. Das Vorgehen und die Beschreibungen von Felix bei seiner Arbeit mit dem Setting deuten auf eine empirische mathematische Theorie hin, die Felix verwendet und dabei weiterentwickelt. Er nutzt die im Setting zu findenden empirischen Objekte für ein exploratives Arbeiten und begründet seine Hypothesen auch auf deren Grundlage. Eine bedeutende Rolle scheint auch die Bereichsspezifität seines mathematischen Wissens (vgl. Bauersfeld, 1983) sowohl bei der Arbeit mit dem Setting als auch bei der erneuten Aktivierung im Anschluss zu spielen.

Insgesamt lässt sich bei VR-Anwendungen wie Calcflow ein Trend hin zu anschaulicheren Zugängen zur Mathematik erkennen, bei dem die Schülerinnen und Schüler diese auf der Grundlage (virtueller) empirischer Objekte lernen. Die Anwendungen bilden in diesem Sinne empirische Settings, anhand derer die Schülerinnen und Schüler ihre empirischen mathematischen Theorien weiterentwickeln und begründen können. Dieser Ansatz soll in weiteren Forschungszusammenhängen zu Augmented (AR) und Virtual Reality (VR) fortgeführt werden. Dabei soll die Forschung zu Charakteristika mathematischer Lehr-Lern-Prozesse mit AR und VR, die hier bereits angeklungen ist, vertieft werden. Zudem sollen die Chancen und Herausforderungen von AR/VR im mathematischen Unterricht theoretisch erörtert und empirisch erprobt werden. Hinzu kommt fachdidaktische Entwicklungsforschung, in der qualitativ hochwertige und empirisch erprobte AR/VR-Apps und -Lernszenarien ausgearbeitet werden (erste Ansätze hierzu finden Sie im Beitrag von Julian Sommer, Frederik Dilling und Ingo Witzke in diesem Band).

Literatur

Bauersfeld, H. (1983). Subjektive Erfahrungsbereiche als Grundlage einer Interaktionstheorie des Mathematiklernens und -lehrens. In H. Bauersfeld, H. Bussmann, G. Krummheuer, J. H. Lorenz, & J. Voigt (Hrsg.), *Lernen und Lehren von Mathematik. Analysen zum Unterrichtshandeln II* (S. 1–56). Aulis.

Baur, J. (2019). Entwicklung einer Virtual Reality Lernumgebung und Gestaltung zweier Anwendungen für den gymnasialen Mathematikunterricht. URL: https://www.impuls mittelschule.ch/download/pictures/56/twtm2ywb221wohdb04jovo7puwe491/0_baur_jer emias-1553809263.pdf. Zugegriffen: 05. Sept. 2020.

Bricken, M. (1991). Virtual reality learning environments: Potentials and challenges. *Computer Graphics, 25*(3), 178–184.

Bryson, S. (1996). Virtual reality in scientific visualization. *Communications of the ACM, 39*(5), 62–71.

Burscheid, H. J., & Struve, H. (2009). *Mathematikdidaktik in Rekonstruktionen. Ein Beitrag zu ihrer Grundlegung.* Franzbecker.

Cobb, P. (1994). Where is the mind? constructivist and sociocultural perspectives on mathematical development. *Educational Researcher, 23*(7), 13–20.

Cristou, S. (2010). Virtual reality in education. In A. Tzanavari & N. Tsapatsoulis (Hrsg.), *Affective, interactive and cognitive methods for e-learning desgin: creating an optimal education experience* (S. 228–243). IGI Global.

Dilling, F. (2020). Zur Rolle empirischer Settings in mathematischen Wissensentwicklungsprozessen – eine exemplarische Untersuchung der digitalen Funktionenlupe. *Mathematica Didactica.*

Dilling, F. (2022, im Druck). *Begründungsprozesse im Kontext von (digitalen) Medien im Mathematikunterricht. Wissensentwicklung auf der Grundlage empirischer Settings.* Springer Spektrum.

Dörner, R., Broll, W., Jung, B., Grimm, P., & Göbel, M. (2019). Einführung in Virtual und Augmented Reality. In R. Dörner, W. Broll, P. Grimm, & B. Jung (Hrsg.), *Virtual und Augmented Reality (VR/AR). Grundlagen und Methoden der Virtuellen und Augmentierten Realität* (S. 1–42). Springer Vieweg.

Dörner, R., & Steinicke, F. (2019). Wahrnehmungsaspekte von VR. In R. Dörner, W. Broll, P. Grimm, & B. Jung (Hrsg.), *Virtual und Augmented Reality (VR/AR). Grundlagen und Methoden der Virtuellen und Augmentierten Realität* (S. 3–78). Springer Vieweg.

Ginsburg, H. (1981). The clinical interview in psychological research on mathematical thinking: Aims, rationales, techniques. *For the Learning of Mathematics, 1*(3), 4–11

Hefendehl-Hebeker, L., et al. (2016). Mathematische Wissensbildung in Schule und Hochschule. In A. Hoppenbrock (Hrsg.), *Lehren und Lernen von Mathematik in der Studieneingangsphase* (S. 15–24). Springer.

Hellriegel, J., & Cubela, D. (2018). Das Potenzial von Virtual Reality für den schulischen Unterricht. Eine konstruktivistische Sicht. *MedienPädagogik, 10/2018*, 58–80.

Hofe, R. v. (1992). Grundvorstellungen mathematischer Inhalte als didaktisches Modell. Journal für Mathematik-Didaktik, *13*(4), 345–364.

Kaufmann, H., Schmalstieg, D., & Wagner, M. (2000). Construct3D: A virtual reality application for mathematics and geometry education. *Education and Information Technologies, 5*(4), 263–276.

Kavanagh, S., Luxton-Reilly, A., Wuensch, B., & Plimmer, B. (2017). A systematic review of virtual reality in education. *Themes in Science & Technology Education, 10*(2), 85–119.

Köhler, T., Münster, S. & Schlenker, L. (2013). Didaktik virtueller Realität: Ansätze für eine zielgruppengerechte Gestaltung im Kontext akademischer Bildung. In G. Reinmann, M. Ebner & S. Schön (Hrsg.), *Hochschuldidaktik im Zeichen von Heterogenität und Vielfalt. Doppelfestschrift für Peter Baumgartner und Rolf Schulmeister.* Books on Demand.

Lave, J. (1988). *Cognition in practice. Mind, mathematics and culture in everyday live.* Cambridge University Press.

Maier, H. & Voigt, J. (1991) (Hrsg.). *Interpretative Unterrichtsforschung.* Aulis.

Núñez, R. E., Edwards, L. D., & Filipe Matos, J. (1999). Embodied cognition as grounding for situatedness and context in mathematics education. *Educational Studies in Mathematics, 39*(1–3), 45–65.

Sfard, A. (1991). On the dual nature of the mathematical objects. *Educational Studies in Mathematics, 22*(1), 1–36.

Slater, M., & Wilbur, S. (1997). A framework for immersive virtual environments (FIVE): speculations on the role of presence in virtual environments. *Presence: Teleoperators and Virtual Environments, 6*(6), 603–616.

Sneed, J. D. (1971). *The logical structure of mathematical physics.* Reidel.

Sommer, J., Dilling, F. & Witzke, I. (2022). *Die App „Dreitafelprojektion-VR" – Potentiale der Virtual-Reality-Technologie für den Mathematikunterricht.* Beitrag in diesem Sammelwerk.

Struve, H. (1990). *Grundlagen einer Geometriedidaktik.* Bibliographisches Institut.

Voigt, J. (1994). Entwicklung mathematischer Themen und Normen im Unterricht. In H. Maier & J. Voigt (Hrsg.), *Verstehen und Verständigung: Arbeiten zur interpretativen Unterrichtsforschung* (S. 77–111). Aulis.

Weber, S. (2020). Exploring the potential of virtual reality for learning – a systematic literature review. In J. Radtke, M. Klesel, & B. Niehaves (Hrsg.), *New perspectives on digitalization: local issues and global impact. Proceedings on digitalization at the institute for advanced study of the university of siegen.* University of Siegen.

Winn, W., & Bricken, W. (1992). Designing virtual worlds for use in mathematics education: the example of experiential algebra. *Educational Technology, 32*(12), 12–19.

Witzke, I. (2014). Zur Problematik der empirischgegenständlichen Analysis des Mathematikunterrichtes. *Der Mathematikunterricht, 60*(2), 19–32.

Die App „Dreitafelprojektion VR" – Potentiale der Virtual Reality-Technologie für den Mathematikunterricht

Julian Sommer, Frederik Dilling und Ingo Witzke

In diesem Beitrag werden Perspektiven aus lerntheoretisch orientierter Forschung sowie aus beruflichen Kontexten auf den Einsatz von Virtual Reality-Technologie in der Aus- und Weiterbildung erörtert. Zudem wird das Beispiel einer durch die Autoren entwickelten VR-App für den Mathematikunterricht der Primarstufe und Sekundarstufe I vorgestellt, beschrieben und eingeordnet.

1   Einleitung

Virtual Reality und Mathematikunterricht – wie passt das zusammen? Und welche Vorteile gegenüber herkömmlichen Medien ergeben sich bei der Nutzung von Virtual-Reality-Apps für den Mathematikunterricht, die über motivationale Vorteile für Lernende durch die schiere Begeisterung für Technik hinausgehen? In diesem Beitrag wird sowohl theoretisch als auch am Beispiel der von den Autoren entwickelten App „Dreitafelprojektion VR" beschrieben, inwiefern Virtual Reality (im Folgenden als VR abgekürzt) den Mathematikunterricht bereichern kann.

J. Sommer · F. Dilling (✉) · I. Witzke
Fak. IV/Didaktik der Mathematik, Universität Siegen, Siegen, Deutschland
E-Mail: dilling@mathematik.uni-siegen.de

J. Sommer
E-Mail: sommer@mathematik.uni-siegen.de

I. Witzke
E-Mail: witzke@mathematik.uni-siegen.de

© Der/die Autor(en), exklusiv lizenziert durch Springer Fachmedien   255
Wiesbaden GmbH, ein Teil von Springer Nature 2022
F. Dilling et al. (Hrsg.), *Neue Perspektiven auf mathematische Lehr-Lernprozesse mit digitalen Medien*, MINTUS – Beiträge zur mathematisch-naturwissenschaftlichen Bildung,
https://doi.org/10.1007/978-3-658-36764-0_12

Hierzu werden im ersten Teil zunächst die Eigenschaften der VR-Technologie genauer erläutert und von ähnlichen Technologien abgegrenzt. Dazu wird thematisiert, inwiefern VR in Schule und Berufsausbildung bereits eingesetzt wird und warum sie großen Anklang in der Industrie findet. Außerdem wird der aktuelle Stand der Forschung in Bezug auf das Lernen in VR mit einbezogen und Grenzen von VR-Lernen angedeutet.

Anschließend erfolgt die Beschreibung der App „Dreitafelprojektion VR" mit Blick auf ihre vielfältigen Potenziale sowie Hürden. Dabei wird im Detail der Lehrplan Mathematik für Grundschulen in Nordrhein-Westfalen zugrunde gelegt und daran die inhaltliche Legitimation der App für den Mathematikunterricht diskutiert.

Abschließend werden in einem Fazit die Ergebnisse der Arbeit zusammengefasst und eine Einschätzung für weitere Anwendungsmöglichkeiten von VR im Mathematikunterricht formuliert.

2   Virtual Reality – VR

Was ist VR, wie grenzt sich VR von AR (Augmented Reality) ab und inwiefern spielt die VR eine Rolle für die Lehre in der Gegenwart? Um ein besseres Verständnis für „Virtual Reality" (VR) aus einer wissenschaftlichen Perspektive zu erhalten, wird in diesem Kapitel VR näher betrachtet, ein Überblick über die Technologie aus Nutzersicht gegeben und der Versuch einer Definition angelegt. Dabei wird VR von im Grunde ähnlichen Technologien wie Augmented Reality (AR) abgegrenzt. Abschließend wird beschrieben, welchen Nutzen VR in der Lehre haben kann und inwieweit sie zu diesem Zweck heute bereits eingesetzt wird.

2.1   Was ist VR?

VR ist ein vergleichsweise junger Gegenstand wissenschaftlicher Forschung, weshalb noch keine einheitliche Definition für Virtual Reality hervorgebracht wurde (vgl. Dörner et al., 2019). Bei näherer Beschäftigung mit dem Thema lassen sich jedoch zentrale Merkmale von Virtual Reality beschreiben, die in wissenschaftlichen Beiträgen zu dem Thema wiederholt genannt werden. So stellen Dörner et al. (2019, S. 13) heraus, dass sich dem Thema Virtual Reality in der Literatur aus drei verschiedenen Blickwinkeln heraus genähert wird: zum einen den

mentalen Aspekten von VR, bei denen es vor allem um das Konzept des sich-anwesend-Fühlens innerhalb der VR geht. Je nach Quelle wird dieses *Präsenz* oder *Immersion* genannt, wobei bezüglich dieser Begrifflichkeiten *Immersion* eher als die Wirkung von VR-Designs und-Konzepten verstanden wird, die zu dem mentalen Aspekt der *Präsenz* führt. Wichtig hierfür seien die Ortsillusion, dass sich der Nutzer lokal anwesend fühlt, sowie die Plausibilitätsillusion, dass die Ereignisse in der VR in sich stimmig sind. Des Weiteren sei die Involviertheit, also der Wunsch des Nutzers nach Beschäftigung mit dem Inhalt der VR, von großer Wichtigkeit.

Ein zweiter Ansatz der Annäherung an den Begriff Virtual Reality ist die Charakterisierung dieser als **innovative Mensch-Maschine-Interaktion.** Dabei wird vor allem die Abkehr vom WIMP-Paradigma (Windows, Images, Menus, Pointing), das sich in den letzten Jahrzenten behauptet hat, betont. Dieses wird durch Interaktionsformen aus der natürlichen Alltagswelt, wie z. B. das Mani-pulieren von Objekten durch Greifen und Bewegungen im Raum, ersetzt. Ein weiteres zentrales Merkmal der Interaktion ist die Abschirmung von der Realität. Sinneseindrücke sollen demnach möglichst ausschließlich computergeneriert sein. Anstatt eine virtuelle Welt wie bei herkömmlichen PCs wie durch ein Fenster zu betrachten, soll der Benutzer *als Teil* der virtuellen Welt mit dieser interagieren.

Der dritte Ansatz, über welchen nach Dörner et al. Virtual Reality in der Lite-ratur charakterisiert wird, beschreibt die **technologieorientierte Perspektive,** die VR vor allem durch die verwendeten Geräte und die angewandte Technik charak-terisiert und auch die für sie wichtige Immersion daran misst. Als problematisch daran wird beschrieben, dass mit fortschreitender Technologie solche Definitionen veralten.

Basierend auf diesen von Dörner et al. herausgestellten Merkmalen von VR in der Literatur wollen wir für diesen Beitrag VR wir folgt definieren und damit alle genannten Aspekte einbeziehen:

Virtual Reality ist eine digitale Simulation, die Konzepte aus der Realität auf-greift und bei welcher einem Nutzer mit technologischen Hilfsmitteln möglichst authentische Sinneseindrücke vermittelt werden, sodass der Nutzer in der Lage ist, auf möglichst natürliche Weise mit der Simulation zu interagieren und (teilweise) den Eindruck gewinnt, dass die Simulation Realität sein könnte.

2.2 AR und MR

Eine der VR sehr ähnliche und ebenfalls populäre Technologie wird als Aug-mented Reality, kurz AR, bezeichnet. Im Gegensatz zu VR erzeugt AR nicht

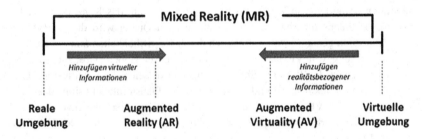

Abb. 1 Das Reality-Virtuality-Kontinuum. (nach Milgram, 1995, S. 283)

eine rein virtuelle Welt, sondern ergänzt die reale Welt um virtuelle Informationen (siehe hierzu auch den Beitrag von Dilling, Jasche, Ludwig und Witzke in diesem Buch). Dafür kann der Nutzer z. B. eine spezielle Brille tragen, die ein Längenmaß an einer in der Realität betrachteten Kante eines Körpers einblendet. Aber auch ein Handydisplay, das während der Autofahrt eine Navigationskarte auf die Windschutzscheibe projiziert, ist eine Form von AR. Insbesondere zeichnet sich der Unterschied zu VR dadurch aus, dass der Nutzer in weiten Teilen die reale Umgebung wahrnimmt und sich nicht in einer virtuellen Welt anwesend fühlt.

Eine virtuelle Welt hingegen, die mit Informationen aus der realen Welt angereichert ist (z. B. scannt eine Kamera ein Sofa und platziert es in der virtuellen Welt, sodass man sich durch Bewegungen in der Realität in der VR daraufsetzen kann), nennt man Augmented Virtuality (kurz: AV). Diese Technologie ist zum gegenwärtigen Zeitpunkt jedoch kaum entwickelt.

Der Begriff „Mixed Reality", kurz MR, beschreibt das gesamte Kontinuum zwischen Realität und virtueller Welt (in ihrer Reinform), in welchem also virtuelle und reale Reize vermischt werden. Microsoft nutzte jedoch die Bezeichnung MR zur Vermarktung ihrer Produkte, um eben solche zu beschreiben, die eigentlich lediglich AR-Technologie verwenden. Dadurch wird der Begriff „MR" häufig äquivalent zu „AR" verwendet. Als vereinfachte Übersicht der Begrifflichkeiten kann die folgende Abbildung betrachtet werden (Abb. 1).

3   Forschung zu VR-Lernprozessen

Neue Technologien bieten manchmal nicht bloß Möglichkeiten, unseren Alltag zu erleichtern oder Prozesse effektiver zu gestalten, sondern auch neue Zugänge zu Lerninhalten zu finden. Digitale Medien sind trotz ihrer – verglichen mit dem wissenschaftlichen Diskurs über das Lernen im Allgemeinen – relativ kurzen Existenz aus der Bildung nicht mehr wegzudenken. VR scheint in diesem Bereich ein großes Potenzial zu bieten. Doch wie kann die Virtuelle Realität in Lehr-Lern-Szenarien genutzt werden? Und welche möglichen Vor- und Nachteile bietet sie gegenüber herkömmlichen Medien und Lernformen? Um den Antworten auf diese Fragen näher zu kommen, wird im Folgenden ein Blick in die Forschung geworfen, bevor im anschließenden Abschnitt bereits erfolgreich realisierte VR- und AR-Anwendungen für die Berufsausbildung in der Industrie unter den herausgestellten Gesichtspunkten betrachtet werden.

Durch den noch sehr jungen Werdegang von Virtual Reality, die erst seit 2016 einen großen Durchbruch verzeichnete, gibt es in Bezug auf das Lernen mit VR noch breit gefächerten und grundlegenden Forschungsbedarf. Eine Auswahl an Theorien und Forschungsergebnissen wurde von Weber (2020) systematisch analysiert. Er stellt als größte Vorteile von VR für die Lehre die Möglichkeit der Wahrnehmungsillusion sowie die Möglichkeit, auf natürliche Art und Weise mit der virtuellen Umgebung interagieren zu können, heraus. Außerdem sei es besonders wertvoll, dass eine gut designte VR kein Ablenkungspotenzial für die Lernenden bietet und Prozesse sichtbar gemacht werden können, die in der Realität nicht sichtbar sind. Dennoch sind seinem Review nach die bisherigen Forschungsergebnisse unterschiedlich und teilweise widersprüchlich (2020, S. 60). So stellen auf der einen Seite Butavicius, Vozzo, Braithwaite & Galanis (2012), Dubovi et al. (2017), Markowitz et al. (2018) und Lee und Wong (2014) Virtual Reality als für das Lernen in besonderem Maße geeignetes und überlegenes Medienformat heraus, während Leder et al. (2019), Makransky, Terkildsen & Mayer (2019a) sowie Parong und Mayer (2018) diese Ergebnisse nicht bestätigen (Weber, 2020, S. 61).

Weber (2020) teilt die untersuchten Forschungsergebnisse in solche auf, die anhand von medienunabhängigen Lerntheorien verschiedene Medien vergleichen und solche, die spezielle Lernformen oder Designaspekte in VR untersuchen. Im Folgenden werden die Kernpunkte der verschiedenen Lerntheorien, die in den von Weber reviewten Veröffentlichungen als Basis genommen worden sind, herausgestellt und die zugehörigen Untersuchungsergebnisse skizziert.

Die *Cognitive Theory of Multimedia Learning* (CTML) (Mayer, 2005) baut auf der *Cognitive Load Theory* auf. Die *Cognitive Load Theory* (CLT) (Sweller, 1994) postuliert, dass die *memory ressources,* also Ressourcen, die dem Erinnerungsvermögen bzw. dem Gedächtnis zur Informationsverarbeitung zur Verfügung stehen, bei der Wissensvermittlung für einen Lerneffekt nicht überschritten werden dürfen. Die *cognitive loads,* also kognitiven Belastungen, welche die *memory ressources* ausreizen, sind in intrinsische, *(intrinsic cognitive load),* lernbezogene *(germane cognitive load)* und extrinsische kognitive Belastung *(extraneous cognitive load)* unterteilt. Dabei steht die zu verarbeitende Information im Vordergrund. Deshalb sind die *intrinsischen kognitiven Belastungen* in diesem Fall als die Anforderungen zu verstehen, die durch die Schwierigkeit des Lernmaterials selbst entstehen und nur bedingt durch die Gestaltung der Arbeitsanweisung verändert werden können. Die *äußeren kognitiven Belastungen* werden durch das Lernmaterial oder die Präsentation dessen erzeugt, während *die lernbezogenen kognitiven Belastungen* abhängig von der Konzentration des Lernenden und seiner Fähigkeit zur Schemaaneignung sind. Letztere hängt wiederum mit der Organisation und der Art des Lernmaterials zusammen und ist demnach also – wie auch die *extrinsischen kognitiven Anforderungen* – durch die Gestaltung der Arbeitsanweisungen veränderbar.

Auf der CLT basierend verortet die CTML die Informationsverarbeitung bei Menschen in verschiedene Kanäle, so z. B. einen auditiven bzw. verbalen Kanal für Klänge oder Erzählungen oder einen visuellen bzw. bildhaften Kanal für Bilder oder Videos. Jeder dieser Kanäle sei in der Menge an Information, die er gleichzeitig verarbeiten kann, beschränkt. Für erfolgreiches Lernen sei aktives kognitives Verarbeiten nötig. Darauf basierend leitet die CTML zwölf Prinzipien ab, nach denen Arbeitsanweisungen für ein besonders effektives Lernen gestaltet sein sollen. Auf Grundlage der CTML argumentieren Makransky et al. (2019b) in ihrer Studie (Parong & Mayer, 2018, S. 27), dass immersives VR-Lernen große *extrinsische kognitive Belastung* mit sich bringe und deshalb die Konzentration auf essenzielle Details reduziert werde. Dieses Argument zielt auf das *Kohärenzprinzip* der CTML ab, welches besagt, dass Lernende größere Erfolge erzielen, wenn nicht zum Lerninhalt gehöriges Material entfernt wird. In ihren Untersuchungen wird Vergleichsgruppen Lernmaterial entweder zweidimensional auf Vorlesungsfolien oder auf sehr ähnliche Weise dreidimensional in VR präsentiert und anschließend der Lernerfolg der Probanden gemessen. Die Daten ihrer durchgeführten Studien lassen sich so interpretieren, dass immersive VR-Anwendungen höhere *extrinsische kognitive Belastung* mit sich bringen und insbesondere in Bezug auf das Lernen weniger erfolgreich sind als das Lernen mit Präsentationsfolien oder das Lernen an einem gewöhnlichen PC-Bildschirm. Dieser Effekt kann jedoch durch das *Segmentierungsprinzip* der CTML aufgehoben werden, das eine bessere Informationsverarbeitung sicherstellt, indem der/die Lernende das Tempo der Lernabschnitte selbst bestimmt, anstatt einem vorgegebenen Fluss zu folgen, um so die Auslastung der verschiedenen Wahrnehmungs- und Verarbeitungskanäle zu verringern (Parong & Mayer, 2018, S. 3). Individuell betrachtet kann VR jedoch durchaus auch zu geringerer kognitiver Belastung führen. So zeigten Lee und Wong (2014), dass für Lernende mit gering ausgeprägtem räumlichem Vorstellungsvermögen das Lernen in VR effektiver funktioniert als das Lernen mit Präsentationsfolien. Sie erklären diesen Effekt mit der *extrinsischen kognitiven Anforderung,* die 2D-Inhalte der Präsentationsfolien gedanklich in 3D-Inhalte umzuwandeln.

Parong und Mayer (2018) betonen, dass der richtige Umgang mit VR, der in ihrer Studie generative Prozesse des Lernens erforderte, für den Lernerfolg elementar sei. Sie untersuchten auf Basis der *Interest Theory* (Dewey, 1913), ob immersive VR den Lernerfolg erhöht. Die Interest Theory besagt, dass durch Wertschätzung und Bedeutung des Lerninhalts für die eigene Person der Lernerfolg durch eine tiefere Verarbeitung von Informationen nachhaltiger erreicht wird. Anhand dessen sollte überprüft werden, ob – wie andere Forschungsergebnisse (Harackiewicz et al., 2016, S. 222) vermuten lassen – das situative Interesse, das durch eine immersive VR-Umgebung erzeugt wird, in ein individuelles Interesse für den Lerninhalt transformiert wird. Sie stellten fest, dass eine immersive VR-Umgebung Motivation, Engagement und Freude der Teilnehmenden beim Lernen erhöhen konnten, jedoch nicht den Lernerfolg.

Die Theoriensammlung zur Embodied Cognition (Überblick: Wilson, 2002) schreibt der Bewegung des Körpers eine zuträgliche Rolle bei der Verarbeitung von Informationen zu: *„aspects of the agent's body beyond the brain play a significant causal or physically constitutive role in cognitive processing" (Wilson & Foglia,* 2002; *nach Weber,* 2020). Markowitz et al. (2018) konnten feststellen, dass die Verkörperung und Bewegung in der virtuellen Welt, einer Unterwasserumgebung zum Thema „Versauerung der Meere", bei der Durchführung ihrer Studien der Theorie der Embodied Cognition entsprechend für eine stärkere soziale und psychologische Verbundenheit sorgten und den Lernerfolg begünstigten.

Dem *Interactive Information Processing Model* (Tremayne & Dunwoody, 2001) zufolge haben Interaktion mit Medien, ausführliche kognitive Verarbeitung und Erinnerungsvermögen positive Effekte aufeinander. Dem Modell entsprechend stellen Markowitz et al. (2018) fest, dass Teilnehmer, die eine stärkere Interaktion mit der virtuellen Umgebung aufweisen, bessere Lernerfolge erzielen.

Das *Reward-Based Learning* bzw. *Reinforcement Learning* folgt dem psychologischen Prinzip der Konditionierung durch positive bzw. negative Verstärkung nach Skinner: ein erwünschtes Verhalten wird erlernt, indem auf das richtige Verhalten hin ein positiver Reiz hinzugefügt bzw. ein negativer Reiz entfernt wird. Den Ergebnissen von Bourgeois et al. (2018) und Marsh et al. (2010) zufolge beeinflussen virtuelle Belohnungen den Lernerfolg positiv. Bei Bourgeois et al.

wurden die Augenbewegungen während des Durchquerens eines virtuellen Waldes beobachtet. Dabei konnte die Erkenntnis gewonnen werden, dass auf der (virtuellen) linken Seite des Lernenden platzierte Belohnungen zu einem besseren Lernerfolg, nämlich dem deutlich überwiegenden Blick zu dieser Seite, führen konnten als auf der rechten (virtuellen) Seite platzierte.

Die *Matching-Hypothesis* (Makransky et al., 2019b) besagt, dass Lernen in VR besonders gut gelingt, wenn simulierte Eigenschaften eines virtuellen pädagogischen Assistenten, der das Lernen unterstützt, den Eigenschaften des Lernenden entsprechen. Hierzu wurde in einer Umgebung zum Thema „Arbeitssicherheit in einem Labor" für die Eigenschaft „Gender" ein positiver Lerneffekt herausgestellt.

Unter Betrachtung der beschriebenen Aspekte von Lernen mit VR lässt sich klar erkennen, dass sich die Stimmen aus der Forschung uneins über den Nutzen von VR für die Lehre sind und teils zu sehr unterschiedlichen Ergebnissen, von positiven bis zu negativen Effekten für das Lernen, gekommen wird. Wie kommt es dazu? Ein Problem dabei ist sicherlich, dass Virtual-Reality-Anwendungen sehr designabhängig und komplexer als herkömmliche Medien sind. Zum Beispiel kann ein Lernvideo vergleichsweise einfach anhand seiner Struktur, Inhalte und Darstellungen bewertet werden. Es kann klar erkannt werden, ob technische Fehler wie Ruckler in dem Video vorhanden sind. Anhand der zuvor erwähnten durchgeführten Studien, von denen die meisten ein immersives VR-Erlebnis für sich beanspruchen, ist jedoch nicht ersichtlich, ob die genutzten VR-Anwendungen tatsächlich ein immersives VR-Erlebnis bieten, oder ob eventuell Eingabeverzögerungen oder unpassendes und unerwartetes Verhalten der Umgebung, wie z. B. dass ein Bunsenbrenner in einem Labor nicht in die Hand genommen werden kann, die Immersion brechen könnten. Es besteht dringender Forschungsbedarf darüber, was in VR gut umsetzbar ist und was nicht. Außerdem ist VR ein höchst individuelles Erlebnis, weshalb die Kontextgebundenheit des erworbenen Wissens (Bauersfeld, 1983) eine besondere Rolle spielen könnte (vgl. Dilling, im Druck). Bereits dadurch, dass z. B. über den Ansatz der *Theory of Interest* versucht wird, über das situative Interesse des Lernenden das individuelle Interesse des Lernenden zu wecken, spielt offensichtlich ein sehr individueller Faktor der Versuchsperson eine Rolle: das Interesse des Lernenden. Wer des Weiteren die virtuelle Welt emotional nicht als gefühlte Realität akzeptieren kann, wird keine Immersion erleben und Ansätze, die die Wirkung von Immersion als Voraussetzung sehen, können zu keinen sinnvollen Ergebnissen kommen. Wir haben das Wort „aufwändig" durch „aufwendig" im gesamten Kapitel ersetzt. Bitte überprüfen. wie könnte man solche Probleme in Zukunft vermeiden? Die

Forschung hat noch keine Theorie darüber entwickelt, welche konkreten Faktoren bei der Gestaltung einer VR-Anwendung einen besonders starken Einfluss auf den Lernerfolg haben. Es wäre wünschenswert, wenn im wissenschaftlichen Diskurs zunächst auf theoretischer Basis Qualitätskriterien für VR-Apps beschrieben werden, um qualitativ hochwertige VR-Anwendungen entwickeln zu können. Nur so kann ein eventuell vorhandener didaktischer Mehrwert von VR-Anwendungen tatsächlich generiert und erfasst werden. Dies geschieht teilweise, indem man VR-Anwendungen in ausschließlich einzelnen Aspekten modifiziert und den Lernerfolg mit den unterschiedlichen Versionen vergleicht, wie es bei Bourgeois et al. (2018) umgesetzt wird. So könnte z. B., die im Rahmen dieser Arbeit implementierte App einmal in einer abstrakt gehaltenen Umgebung und einmal in einer realistisch anmutenden Klassenzimmerumgebung kompiliert und der Lernerfolg mit den verschiedenen Versionen gemessen werden. Die Ergebnisse könnten zeigen, ob die höhere Immersion durch die Schulumgebung ein größeres Gewicht hat als die gegebenenfalls entsprechend der *Cognitive Load Theory* geringere *extrinsische kognitive Belastung* der abstrakt gehaltenen Umgebung. Wenn man bei der Entwicklung von VR-Lernanwendungen hingegen einen Überblick gewinnen möchte, welche Lösungen bereits existieren und in Projekten verfolgt werden, gibt der COPLAR-Leitfaden (Goertz et al., 2020) zum Lernen mit AR und VR zu verschiedenen Einsatzszenarien eine Übersicht. Ein weiterer interessanter Ansatz (vgl. Weber, 2020) wäre es, in der didaktischen Forschung zu VR eye-tracking zu integrieren, um potenzielle Störfaktoren in einer VR-Umgebung zu identifizieren. Dazu könnte sich zu Analysezwecken mit Learning Management Systemen wie dem „VRLearn" arbeiten lassen. Außerdem wäre es sicherlich interessant, bestehende Konzepte wie die *Matching Hypothesis* auf andere Aspekte wie Alter oder Ethnizität zu überprüfen. Zu guter Letzt würde es sich mit Sicherheit auch lohnen, einen Blick in kommerzielle VR-Anwendungen aus der Berufsaus- und Weiterbildung in der Industrie zu werfen, die mit einer größeren Bandbreite an VR-Lösungen aufwarten kann als die öffentliche Bildung.

3.1 Aus- und Weiterbildung mit VR in der Industrie

In der Schule findet VR bisher kaum praktischen Einsatz. Dieser wäre jedoch mit immer weiter sinkenden Anschaffungskosten nicht bloß vom finanziellen Aspekt her vielerorts möglich; es existieren auch bereits VR-Learning-Management-Systeme (LMS), die eine Infrastruktur für VR-Lernanwendungen bieten können. Leider sind diese nur in kommerziellen Versionen mit auf Firmen angepassten

Anwendungsszenarien verfügbar, aber ein Großteil davon ließe sich auf den schulischen Kontext übertragen, schließlich liegen die Anforderungen der schulischen und industriellen Aus- und Weiterbildung in vielen Bereichen nah beieinander. Hier wäre es an den Erstellern von Systemen wie z. B. VRLearn, Entwicklungsanstrengungen über den privatwirtschaftlichen Bereich hinaus zu unternehmen. Im Gegensatz zum schulischen Einsatz macht die Industrie bereits auf kreative Weise vielfältigen Gebrauch von VR- und AR-Lösungen.

Ein besonders eindrucksvolles Beispiel bildet das Projekt EVE der Deutsche Bahn AG. Traditionell hat die DB AG ihr technisches Personal mit Handbüchern, gespickt mit Zeichnungen und Texten, weitergebildet, da sie mit einer Herausforderung zu kämpfen hat: Ihre Investitionsgüter, vor allem Züge, sind außerordentlich wertvoll. Diese können nicht zu Trainingszwecken genutzt werden; zum einen, weil die Gefahr zu groß ist, dass etwas beschädigt werden könnte, zum anderen, weil die Züge meist in Betrieb sind und es sich finanziell nicht lohnen würde, einen Zug nur zu Trainingszwecken zu kaufen. Um dieses Problem zu lösen, wurde die Tochterfirma DB Systel damit beauftragt, ein für die Ausbildung hilfreiches *serious game,* also ein Videospiel, dessen primärer Zweck nicht die Unterhaltung, sondern die Vermittlung von Information und Bildung ist, zu entwickeln. Dies geschah unter dem Projektnamen EVE. Thematisch sollte es um die Nutzung und Wartung eines ICE 4 gehen. Um dies zu ermöglichen, versah DB Systel den ICE 4, der bereits als dreidimensionales CAD-Modell vorlag, mit Texturen und Physikengine. Dies geschah in der 3D-Entwicklungsumgebung Unity, die auch im Rahmen der Entwicklung der später vorgestellten Anwendung „Dreitafelprojektion VR" genutzt wird. Nach der Fertigstellung wurde mit Hilfe der Unity-VR-Engine ein VR-Prototyp entwickelt, um zu testen, wie sich die Umgebung für den Nutzer im projektspezifischen Kontext anfühlt. Der wahrgenommene Unterschied war immens. Durch die VR fühlte sich für den Nutzer die virtuelle Bedienung des ICE 4 wie die Bedienung eines echten ICE 4 an, der Controller vibrierte beim Nutzen eines Akkuschraubers und jedes Greifen oder Öffnen einer Klappe war mit einer realen Bewegung verbunden – das Lernen fand plötzlich immersiv statt. Der erzielte Lernerfolg war beachtlich: Nachdem z. B. der Hublift in VR einige Male aufgebaut wurde, war beim ersten „realen" Aufbauen des Hublifts beim Bordpersonal das Gefühl vorhanden „das schon einmal gemacht zu haben", also eine Routine an einer sich lediglich in bestimmten Aspekten unterscheidenden Oberfläche auszuführen. Das enaktive Potenzial von VR hat für die Anforderung der DB AG eine passende Lösung geboten. Seither hat DB Systel viele weitere VR-Lösungen zu Betriebsabläufen der DB AG erstellt, da zu allen Werkzeugen und Investitionsgütern der DB AG dreidimensionale CAD-Modelle, welche sich besonders leicht in VR-Engines importieren lassen, existieren.

Die Gründe für den Einsatz von VR für die DB AG und andere Unternehmen wie General Mills, Bosch, Boeing oder Volkswagen sind vielfältig und nicht bloß auf teure Investitionsgüter zurückzuführen. So spielen auch logistische Gründe häufig eine Rolle: VR-Lernen ist unabhängig vom Raum und ermöglicht es Mitarbeiter*innen, am Ort der Ausbildung zu digitalen Kopien der Testobjekte zu gelangen und praktische Erfahrungen zu sammeln, ohne weite Strecken auf sich nehmen zu müssen. Der Einsatz ist also zeit- und kostensparend. Außerdem können in der Ausbildung Gefahrensituationen in der Realität nur schwer authentisch nachgestellt werden, jedoch ist dies in VR möglich. So kann eine angehende Ärztin einen Notfall während einer Operation im Ausbildungskontext enaktiv trainieren. Zeitsensitive Aufgaben können ebenfalls in Ruhe eingeübt werden. Beispielsweise kann ein DB-Techniker die verschiedenen Fälle einer Weichenstörung trainieren, ohne unter immensem Zeitdruck wie in der Realanforderung zu stehen. Dabei schließt sich zusätzlich die oft kritisierte Lücke zwischen Theorie und Praxis. Des Weiteren ist die VR nicht an die Gesetze der Physik gebunden. In VR ist es möglich, schwere Teile einer Maschine einfach auseinander zu bauen oder Gegenstände schwebend darzustellen und sie von allen Seiten zu betrachten. Andernfalls unsichtbare Prozesse können sichtbar gemacht werden: so kann z. B. Einblick in eine laufende Maschine gegeben werden, indem man sich ihr einfach mit dem Kopf nähert. Auch spielerische Belohnungseffekte sind einfach zu integrieren, wie z. B. ein Konfettiregen bei erfolgreichem Abschluss einer Aufgabe. Und die Bewertung einer absolvierten Aufgabe kann automatisiert mit anderen, die diese Aufgabe absolviert haben, oder auch den eigenen Versuchen verglichen werden. So testet z. B. Boeing die Flugperformance von Piloten mittels VR. Zuletzt wird auch die Methode der Ausbildung mit VR modernisiert und somit für die Lernenden attraktiver gemacht – im Bereich des Recruitings nutzen besonders viele Firmen die ausgeprägten inhärenten Motivationseigenschaften von VR, um, gemäß der *Theory of Interest,* das situative Interesse zu einem individuellen Interesse zu transformieren.

Aber nicht nur VR, sondern auch AR wird in Betrieben genutzt. So hatte Boeing schon 1990 ein Pilotprojekt mit einem AR-HMD, das Informationen zu Flugzeugkabeln in Echtzeit im Blickfeld des Ingenieurs eingeblendet hat – heute funktioniert das deutlich ergonomischer und effektiver mit Standalone-AR-Systemen. Die DB AG nutzt AR-Systeme, um ihren Techniker*innen bei einer Weichenstörung eine interaktive Anleitung der gestörten Weiche ins Sichtfeld projizieren zu können.

3.2   Herausforderungen von VR-Lernen

Trotz der langen Geschichte von VR, die bereits seit den 60er Jahren in ihren Grundzügen existiert, ist ein überzeugendes und immersives VR-Erlebnis erst seit wenigen Jahren durch die heute verfügbare Hardware möglich. Bezüglich der möglichen Inhalte sind der VR, zumindest theoretisch, keine Grenzen gesetzt. Ob soziales Lernen, Motoriktraining oder Erwerb von Fachkompetenzen: es findet sich immer ein denkbares Szenario, in dem der Lerngegenstand untergebracht werden kann. Doch neben der technischen Umsetzbarkeit spielt auch die Modellumsetzbarkeit eine wichtige ökonomische Rolle: Im Falle der DB AG waren benötigte Modelle schon im Vorhinein vorhanden, aber je nach Komplexität der gewünschten VR-Anwendung können die Kosten für Unternehmen den Rahmen des Profitablen sprengen. Es drängen sich Fragen auf: Wo hört der Nutzen von AR und VR eigentlich auf? Was kann nicht simuliert werden?

Ein naheliegender praxisrelevanter Fall besteht an dieser Stelle in neuen, plötzlich auftretenden Problemfällen. In der Realität können neue Herausforderungen entstehen. Jeder Problemfall, jede Störung einer Maschine, kann unterschiedlich von den bisher bekannten sein. In der VR bzw. AR bewegt man sich jedoch in einer abgeschlossenen Welt, die keine nicht vorhergesehenen programmierten Fälle kennt. Das klingt vorerst, als würde der Nutzen von VR/AR stark eingeschränkt werden, allerdings werden zum einen diese Erfahrungen durch die Lernenden in einer klassischen Ausbildungssituation auch nicht gemacht und zum anderen liegen einem großen Unternehmen in der Regel bereits große Mengen an Daten über potenzielle und übliche Fehlerquellen und Probleme vor, die dann in der VR/AR realisiert werden können. Und wenn ein Lernender diese in der VR/AR erlebt, dann werden sie, so die Hoffnung der Unternehmen, nachhaltiger gelernt, als wenn der Lernende in einem Handbuch lediglich über sie liest. Des Weiteren können neue Problemfälle aus der Realität, wenn sie mit dem Modell der Simulation umsetzbar sind, mit einem Update in die VR-App integriert werden. Dies ist allerdings wiederum mit zusätzlichen Entwicklungskosten verbunden.

Auch technische Aspekte können den Nutzen von VR limitieren. Die aktuellen Displays und die Rechenleistung der HMDs sind nicht für den Dauergebrauch geeignet. Insbesondere mit Blick auf AR liegt der Gedanke nahe, ein AR-HMD den ganzen Tag über am Arbeitsplatz zu tragen, um die Umgebung um individuell selektierte, relevante Informationen zu ergänzen. Doch obwohl die Displayauflösung der HMDs in den vergangenen Jahren konstant gestiegen ist und der sogenannte „Fliegengittereffekt[1]" in aktuellen VR-HMDs nicht mehr auftritt, sorgt der Umstand, dass das HMD nahezu das ganze Sichtfeld abdeckt, dafür, dass einzelne Pixel teilweise erkennbar bleiben. Auch minimale Bewegungsverzögerung in VR sorgt bei längerer Nutzung (mitunter schon ab wenigen Minuten) zur „Simulatorkrankheit", die mit Seekrankheit zu vergleichen ist und sich v. a. durch Übelkeit und Schwindelgefühl äußert. Für kurze Lernszenarien ist VR also aktuell geeignet, für den Dauereinsatz nicht. Außerdem empfehlen einige Hersteller die Systeme erst ab einem gewissen Alter. Es ist jedoch zu erwarten, dass diese Probleme in näherer Zukunft mit fortschreitender Technik minimiert oder sogar gelöst werden können.

Die Usability ist für so hoch technische Geräte ein kleineres Problem als erwartet. Da die VR für gewöhnlich so konzipiert ist, der Realität stark zu ähneln, wird sie relativ einfach von Nutzer*innen adaptiert, solange die Steuerung intelligent gelöst ist. In dieser liegt also eine wichtige Herausforderung für den*die Entwickler*in. Eine zu komplizierte Steuerung kann dafür sorgen, dass unerfahrene Nutzer*innen, wie zu Beginn der Pilotprojekte der DB AG, überfordert werden.

Kurz- und Weitsichtigkeit sind mit VR-HMDs in der Regel nur ein Problem, falls ein etwaiges Brillengestell so groß ist, dass es nicht unter das HMD passt. Während weitsichtige Menschen aus optischen Gründen oft komplett auf ihre Brille verzichten können, funktioniert das bei kurzsichtigen nicht (Korgel, 2018, S. 28).

Eine Eigenschaft, welche die VR bisher nicht und vermutlich in absehbarer Zeit nicht effizient bieten können wird, ist das Simulieren der Haptik. Wenn ein*e Lerner*in in der Berufsausbildung erfahren muss, wie es sich anfühlt, eine Schraube mit einer Kraft von 10 Newtonmeter anzuziehen, dann ließe sich das in der VR nur mit einem speziell für diesen Einzelfall angefertigten Zusatzgerät ermöglichen, dessen Entwicklung kostenintensiv ist. Dennoch werden insbesondere für berufliche Kontexte entsprechende Speziallösungen entwickelt.

Nach diesem kurzen Exkurs zu Virtual Reality im Bereich der beruflichen Bildung sollen im Folgenden die Mathematik-App „Dreitafelprojektion VR" sowie das Thema Dreitafelprojektion aus fachdidaktischer Sicht beleuchtet werden.

---

[1] Effekt, der bei genauer Betrachtung von LCD-Displays ein schwarzes Gitter im Bild anzeigt. Dieses entsteht durch Leiterbahnen zwischen den Bildpunkten, die kein Licht aussenden.

4   Die Dreitafelprojektion im Mathematikunterricht

Projektionen begleiten uns im Alltag überall. Ob Fotos, die ein zweidimensionales Abbild der Realität zeigen, der Schatten, den eine Person wirft oder eine 3D-Animation am PC, bei der mit Hilfe einer Projektion aus einem dreidimensionalen Modell ein zweidimensionales Bild abgeleitet wurde: durch eine Projektion wird stets aus einer Ausgangsinstanz ein reduziertes Abbild erzeugt. Doch damit uns dieses reduzierte Modell von Nutzen ist, müssen wir dazu in der Lage sein, aus dem reduzierten Modell Schlüsse über die Ausgangsinstanz zu ziehen. Um unter anderem die dazu notwendige Fähigkeit des räumlichen Vorstellungsvermögens zu fördern, ist die darstellende Geometrie im Mathematikunterricht verankert. Ihr Gegenstand ist es, dreidimensionale Objekte zeichnerisch so darzustellen, dass die Darstellung die räumliche Vorstellung unterstützt. Dabei werden u. a. Projektionen eingesetzt, um ebenfalls „Projektion" genannte zweidimensionale Darstellungen der dreidimensionalen Objekte zu erzeugen.

Die Dreitafelprojektion
Die Dreitafelprojektion stellt einen geometrischen Körper anhand von drei senkrechten Parallelprojektionen in zeichnerischer Form dar. Diese bilden so ab, dass der Körper einmal in die x_1, x_2-Ebene (Draufsicht), einmal in die x_1, x_3-Ebene (Vorderansicht) und einmal in die x_2, x_3-Ebene (Seitenansicht) projiziert wird. Anschaulich kann sie sich so vorgestellt werden, dass wie in Abb. 2 ein Objekt mittig in einer Raumecke schwebt und mit Hilfe einer Lichtquelle ein

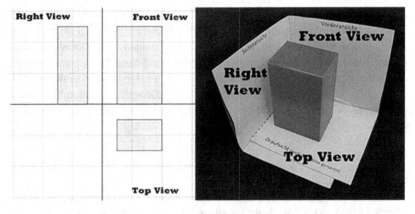

Abb. 2 Dreitafelprojektion. (© Dilling et al., 2021, von den Autoren verändert)

Schatten des Objektes jeweils an die Hinterwand, die Seitenwand und auf den Boden geworfen wird. Dabei sendet die Lichtquelle jedoch zueinander parallele Lichtstrahlen aus, sodass Kantenlängen von Kanten des Objekts, die Parallel zur jeweiligen Wand liegen, erhalten bleiben und Kanten, die senkrecht auf der jeweiligen Projektionsebene stehen, verschwinden. Eine gebräuchliche Darstellung der Dreitafelprojektion erhält man dann, wenn man gedanklich den Raum an der Kante zwischen Seitenansicht und Draufsicht aufschneidet und wie ein Körpernetz auf eine ebene Fläche klappt, sodass eine Darstellung wie in Abb. 2 entsteht.

Will man nun den Prozess umkehren und aus der Dreitafelprojektion den zugehörigen Körper rekonstruieren, so gestaltet sich dies als notwendiger kreativer Prozess, da die Lösung oftmals (ohne zusätzliche Informationen) nicht eindeutig ist. Um die Verknüpfung zwischen der zeichnerischen Darstellung der drei Projektionen und dem ursprünglichen Objekt herzustellen, ist das räumliche Vorstellungsvermögen notwendig, das beim Einsatz der Dreitafelprojektion in der Primarstufe sowie teilweise der Sekundarstufe I gefördert werden soll.

5   Die App „Dreitafelprojektion VR"

Die App „Dreitafelprojektion VR" ist als ein Lernspiel konzipiert. Mit dessen Hilfe soll es Lernenden ermöglicht werden, auf enaktive Weise Kompetenzen im Bereich der darstellenden Geometrie zu gewinnen. Dazu sollen sie, gemäß dem Prinzip der Dreitafelprojektion, in einer virtuellen Umgebung mit Hilfe von VR-Technologie nach Vorgabe von zweidimensionalen Projektionen ein zugehöriges dreidimensionales Objekt zusammensetzen. Hierzu stehen ihnen verschiedene geometrische Körper und ein automatisiertes Feedbacsystem zur Verfügung. Die App befindet sich aktuell im fortgeschrittenen Entwicklungszustand und wurde noch nicht veröffentlicht.

5.1   Anwenden der App

Wenn man die Anwendung startet, findet man sich selbst in VR repräsentiert auf einer Plattform wieder. Die App ist zur Nutzung im Sitzen entworfen worden. Ansonsten sind die Objekte, mit denen man im Spiel interagiert, sehr tief im Raum platziert und damit schlecht zu erreichen. Es ist möglich sich in der Realität zu bewegen und sich dadurch im Spiel zu bewegen, jedoch wird man in der Luft schweben und nicht von der Plattform fallen, wenn man diese verlässt.

Ausgehend von der Startposition sieht man zuerst die „eigenen" Hände, die man durch die Luft bewegen kann. Links neben einem selbst steht ein Abfalleimer und geradeaus präsentiert sich die in Abb. 3 links dargestellte Fläche mit Projektionen, die als Spielfeld fungiert. Rechts in der Luft schweben, wie in Abb. 4 rechts zu sehen ist, drei geometrische Körper; ein Zylinder, ein Würfel und ein Keil. Dies ist das „Spawn-System", über das neue Objekte in das Spiel kommen. Wenn man nun die geometrischen Körper betrachtet, lassen sich diese greifen. Dazu bewegt man die Hände mit Hilfe der Controller in oder an die geometrischen Körper und drückt den IndexTrigger des Oculus Touch-Controllers, auf dem der Zeigefinger liegt. Solange man diesen gedrückt hält, führt man das Objekt mit der Hand. Eine Kopie des Körpers, den man gerade gegriffen hat, erscheint sofort an der Stelle, an der das gegriffene Objekt eben noch war, sodass es so aussieht, als würde es in der Luft schweben bleiben, während man trotzdem den gleichen Körper in der Hand hält. Auf diese Weise ist es möglich, beliebig viele Körper zu erschaffen. Es ist auch möglich, die Hand, in der man einen Körper hält, zu wechseln, indem man die andere Hand an das gehaltene Objekt führt und den IndexTrigger dieser anderen Hand gedrückt hält. Die geometrischen Körper werden sich physikalisch wie erwartet verhalten: Wirft man sie in die Luft, so werden sie der Abwurfge-schwindigkeit entsprechend hochfliegen, von der Schwerkraft ausgebremst und anschließend herunterfallen. Sie können auch im Flug wieder aufgefangen wer-den. Wenn sie auf den Boden fallen, rollen sie entsprechend ihrer Form davon oder kommen auf einer flachen Seite zum Liegen. Sie können von der Plattform

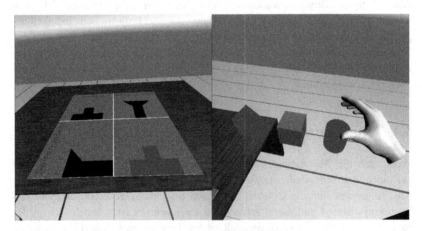

Abb. 3 Das Spielfeld (links) und das Spawn-System (rechts)

fallen und sind dann unerreichbar. Wenn man sie in den Abfalleimer wirft, dann verschwinden sie.

Betrachtet man das Spielfeld, das in Abb. 3 links gezeigt wird, so sieht man dort vier verschiedene Projektionsflächen. Vorne links befindet sich die (um 90° gedrehte) Seitenansicht des zu bauenden Objektes, hinten links die Aufsicht und hinten rechts die Vorderansicht. Ziel des Spiels ist es, aus den zur Verfügung stehenden geometrischen Körpern ein Objekt oberhalb der blau dargestellten Projektionsfläche zusammenzubauen, das zu den drei schwarzen Projektionen auf den anderen Projektionsflächen passt. Diese drei schwarz dargestellten Projektionen bilden also das zu erreichende Ziel. Die vierte Projektion unten rechts dient lediglich zur optischen Unterstützung und ist eine Kopie der Aufsicht, um dem Spieler anzuzeigen, welchen Bereich des Spielfelds er überbauen soll. Dieser vierte Bereich stellt den Spielbereich dar. Um das Bauen präzise zu ermöglichen, ist über die blau dargestellte Projektionsfläche ein unsichtbares Raster gelegt, das der Größe von $4 \times 4 x 4$ Würfeln im Spiel entspricht. Wenn man sich nun mit einem gegriffenen Objekt diesem Raster nähert, so leuchtet eine rotfarbige Vorschau auf, die anzeigt, wo das Objekt einschnappen wird, falls man es loslässt (siehe Abb. 4). Lässt man also den IndexTrigger los, so schnappt das Objekt an der entsprechenden Position ein und korrigiert dabei automatisch die Position und Rotation. Anschließend erscheint automatisiert ein Feedback auf den drei Projektionsflächen. Entsprechend dem Körper, der positioniert wurde, erscheinen diese zugehörigen Projektionen des Körpers entweder in grün oder rot. Naheliegenderweise zeigt eine grün eingefärbte Projektion an, dass der platzierte Körper zur Lösung für diese Teilprojektion passt, während eine rot eingefärbte Projektion

Abb. 4 Platzierungshilfe in rot

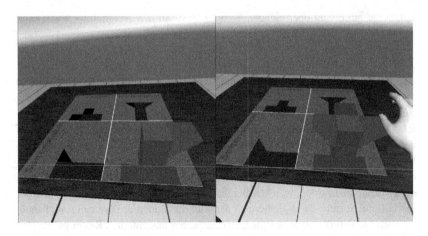

Abb. 5 Ein „angeklebter" Körper (links) und eine korrekte Lösung (rechts)

zeigt, dass dieser Körper eine Projektion bzw. den Teil einer Projektion abbildet, die nicht zur Lösung passt.

Während anfangs nur auf dem Boden gebaut werden kann, werden im 4 × 4x4-Raster immer alle Rasterwürfel freigeschaltet, die entweder auf dem Boden oder direkt angrenzend an einen bereits platzierten Körper sind. So ist es auch möglich, weiter nach oben zu bauen oder Körper seitlich „anzukleben" (siehe Abb. 5 links). Hat man schließlich alle geometrischen Körper passend platziert, so erscheinen alle Projektionen in grün (siehe Abb. 5 rechts) und man wird mit einem schön anzusehenden Feuerwerk belohnt. Wie mit Blick auf Abb. 5 bereits zu erahnen ist, kann es mehrere richtige Lösungen geben.

5.2 Konzeption der App

Die erste konzeptionelle Idee der App „Dreitafelprojektion VR" entstand Ende des Jahres 2019. Darin sollten Anwender*innen versuchen, aus Zylindern (h = 40 cm, r = 10 cm), Würfeln (a = 20 cm) und Keilen (h = 40 cm, b = t = 20 cm) einen Körper zusammenzusetzen, der zu drei angezeigten Projektionen gemäß der Dreitafelprojektion passt. Sollte der/die Anwender*in eine richtige Lösung erzeugen, sollte das System ein nicht näher spezifiziertes positives Feedback geben. Außerdem war vorgesehen, dass es eine Unterstützung beim Platzieren der Körper in VR gibt, da die Präzision von Bewegungen in VR – vor allem wegen der nicht authentischen Haptik – noch nicht exakt genug ist, um komplexere Gebilde zu errichten, ohne sie versehentlich in der Zwischenzeit umzustoßen. Die App sollte „Seated" sein, also im Sitzen genutzt werden. Dafür wurde sich entschieden, da sie vor allem für schulische Zwecke eingesetzt werden sollte und Verletzungsrisiken minimiert werden, wenn Lernende sie an ihrem Sitzplatz nutzen. Die Alternativen im Design wären das sogenannte „Standing"-Design, bei dem Anwendungen darauf ausgerichtet sind, in einem kleinen Bewegungsradius des Anwenders genutzt zu werden und das „Room Scale"-Design, bei dem sich in der VR meistens ausschließlich durch Bewegung innerhalb eines zuvor definierten Spielfelds in der Realität bewegt wird und dies auch notwendig ist. Da damit zu rechnen war, dass die App auch von Anwender*innen genutzt wird, die wenig bis keine Erfahrung mit 3D-Spielen und VR-Technologie haben, sollte das Anwendungsdesign so gestaltet werden, dass die Steuerung sehr einfach und intuitiv gehalten werden kann. Im Laufe der Entwicklung wurde das Konzept auf Grundlage der gemachten Erfahrungen und entdeckten Schwierigkeiten stetig angepasst.

Des Weiteren wurde beschlossen, die App für die Oculus Quest zu entwickeln, da diese eine im Sinne der gemachten Definition sehr gute VR-Erfahrung bietet. Sie ist außerdem ein autarkes Standalone-System, also ohne weitere Hardware nutzbar und kann dementsprechend einfach transportiert und kabellos genutzt werden. Die zwei mitgelieferten technisch ausgereiften „Oculus Touch"-Controller ermöglichen zudem eine natürlichere Mensch-Maschine-Interaktion.

5.3   Didaktische Legitimation der App „Dreitafelprojektion VR" für den Einsatz im Mathematikunterricht

Der Einsatz neuer Technologien für die Lehre bringt auch stets neue Herausforderungen mit sich und ist nicht immer automatisch gewinnbringend. Im Folgenden wird anhand des Lehrplans Mathematik für Grundschulen in NRW (MSW, 2008) beschrieben, warum die App „Dreitafelprojektion VR" förderlich im Schulunterricht eingesetzt werden kann.[2] Dabei soll erwähnt sein, dass sie sich prinzipiell in viele Richtungen erweitern lässt, um in ihrem Einsatz eine noch größere Bandbreite an Kompetenzbereichsentwicklungen abzudecken. In diesem Beitrag wird also ausdrücklich nur auf die Legitimation bezüglich des Ist-Zustands der App

---

[2] Wir möchten an dieser Stelle noch einmal betonen, dass einzelne Hersteller VR-Technologie erst ab einem bestimmten Alter empfehlen. Forschungsergebnisse hierzu stehen allerdings noch aus.

eingegangen. Anschließend wird betrachtet, inwieweit die durch alle Klassenstufen hinweg geltenden Leitideen des Mathematikunterrichts bei ihrem Einsatz
angesprochen werden. Schlussendlich wird geklärt, welche Chancen und Herausforderungen gegenüber herkömmlichen in der Lehre eingesetzten Medien
entstehen können.

5.3.1 Erwerb inhaltsbezogener Kompetenzen mit „Dreitafelprojektion VR"

Im Lehrplan für Mathematikunterricht (MU) an Grundschulen von 2008 werden
die im MU zu erzielenden Kompetenzen in *inhaltsbezogene* und *prozessbezogene*
Kompetenzen unterteilt. In Bezug auf die *inhaltsbezogenen* Kompetenzen findet
sich der Bereich „Raum und Form", in dem es darum geht, die Raumorientie-
rung und Raumvorstellung von Lernenden zu fördern. Dabei wird ausdrücklich
ein handelnder Umgang mit ebenen Figuren und Körpern und den Auswirkungen
geometrischer Operationen gefordert. Schwerpunktmäßig sollen unter anderem
ebene Figuren und Körper behandelt werden. Dies leistet die im Rahmen dieser
Arbeit implementierte App „Dreitafelprojektion VR", indem sie die Lernenden
mit geometrischen Körpern durch gestenhafte Steuerung, die dem natürlichen
Greifen und Fallenlassen nachempfunden ist, agieren lässt. Die Lernenden erfahren dabei die Auswirkungen von Verschiebung und Rotation auf die Körper selbst
in ihrer dreidimensionalen Darstellung sowie die Auswirkungen derselben auf
ebene Figuren, die durch ihre zweidimensionalen Projektionen dargestellt werden. Konkret benannt werden auch folgende Mindestziele, die erreicht werden
sollen und mit Hilfe von „Dreitafelprojektion VR" auch erreicht werden können:
Für die Klassenstufen 1 und 2:
Die Lernenden

…benennen sich überschneidende Figuren (Figur-Grund-Diskriminierung) und identifizieren Formen (Wahrnehmungskonstanz); beschreiben Wege und Lagebeziehungen zwischen konkreten oder bildlich dargestellten Gegenständen.
…stellen ebene Figuren her durch Legen, Nach- und Auslegen, Zerlegen und Zusammensetzen (z. B. Tangram), Fortsetzen, Vervollständigen, Umformen, Falten, Aus-
schneiden, Spannen auf dem Geobrett.
…stellen Körper (Vollmodelle) sowie einfache Würfelgebäude her.

Die Figur-Grund-Diskriminierung findet sich z. B. wie in Abb. 6 dargestellt in
„Dreitafelprojektion VR" wieder, wenn ein Zylinder seine kreisförmige Projektion auf einen Bereich wirft, wo eine quadratische Projektion entstehen soll.
Die daraufhin grün erscheinende Kreisprojektion des Zylinders überlagert teilweise die schwarze quadratische Projektion und unterstützt die Wahrnehmung der

Abb. 6 Figur-Grund-
Diskriminierung in
„Dreitafelprojektion VR"

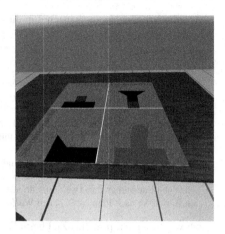

unterschiedlichen Figuren auf nicht-triviale Weise. In abstrakterer Weise kann die Figur-Grund-Diskriminierung von Lernenden geleistet werden, wenn Körper auf der in den Spielbereich projizierten Aufsicht platziert werden, wie es in Abb. 6 auch der Fall ist.

Die oben geforderte Beschreibung der Lage von geometrischen Körpern ist in der VR-App in kommunikativen Szenarien möglich. Eine besondere Chance ergibt sich, wenn in Partnerarbeit mit der App gearbeitet wird und nur eine der Personen die VR-Brille aufgesetzt hat. Damit die andere Person sich die Situation vorstellen kann, wird eine möglichst präzise Beschreibung durch den VR Nutzenden notwendig. Eine visuelle Demonstration ist nicht möglich. Diese Dysbalance führt zu spannenden Aushandlungsprozessen zwischen den Schülerinnen und Schülern.

Bezüglich des Herstellens von ebenen Figuren ist in „Dreitafelprojektion VR" eine deutlich ausgeprägtere kognitive Kompetenz gefragt, als der Mindeststandard sie fordert. Das Ziel, das die Lernenden verfolgen, ist schließlich das Herstellen von drei ebenen Figuren auf Basis des Wissens von Zusammenhängen zwischen Körpern und ihren Projektionen. Die Herstellung geschieht hier jedoch nicht direkt durch Handeln mit echten Materialien, wie es im Lehrplan gemeint ist, sondern indirekt als Produkt der Bewegung geometrischer Körper im virtuellen Raum. Die Kompetenz kann also auf Basis des erreichten Mindeststandards vertieft werden.

Würfelgebäude und geometrische Körper herzustellen geschieht in „Dreitafelprojektion VR" ebenfalls in vertiefender Weise, indem die geometrischen Körper entsprechend neben- und übereinander platziert werden.

Inhaltsbezogene Kompetenzen für die Klassenstufen 3 und 4 werden u. a. folgendermaßen konkretisiert:

Die Lernenden

...beschreiben räumliche Beziehungen anhand von bildhaften Darstellungen, Anordnungen, Plänen etc. und aus der Vorstellung; bewegen ebene Figuren und Körper in der Vorstellung und sagen das Ergebnis der Bewegung vorher [...].

...erkennen und benennen geometrische Körper (auch Pyramide, Zylinder), sortieren sie nach geometrischen Eigenschaften und verwenden Fachbegriffe wie „Fläche, Kante" zu ihrer Beschreibung.

...stellen Modelle von Körpern (Kanten- und Flächenmodelle) und komplexere Würfelgebäude her.

...ordnen Bauwerken ihre zwei- oder dreidimensionalen Darstellungen zu und erstellen Bauwerke nach Plan (z. B. bauen Würfelgebäude nach Bauplan).

Auch wenn es nicht primäres Ziel beim Einsatz von „Dreitafelprojektion VR" ist, räumliche Beziehungen zu beschreiben, so sind kommunikative Einsatzszenarien dieser Art doch denkbar. Das Vorstellen der Bewegung eines Körpers und die Vorstellung des weitreichenden Ergebnisses der Bewegung hingegen sollten bei zielgerichtetem Arbeiten nach einer Entdeckungsphase, in der den Lernenden der Umgang mit der App vertraut wird, jeder Platzierung und Drehung eines Körpers vorausgehen.

Das Erkennen, Benennen und Einordnen von Körpern entsprechend ihrer geometrischen Eigenschaften kann in „Dreitafelprojektion VR" realisiert werden. Die geometrischen Körper „Würfel", „Keil" und „Zylinder" können wiedererkannt werden und ihren geometrischen Eigenschaften entsprechend (kreisförmige, dreieckige oder quadratische Seitenflächen) verwendet werden.

Komplexe Würfelgebäude können zur Vertiefung hergestellt werden. Sie werden um den Einsatz von weiteren geometrischen Körpern ergänzt, welche aneinander „geklebt" werden können. Dabei wird durch die Repräsentation in VR vermieden, dass ggf. hochwertiges Material verschwendet wird. Das Erstellen dieser Bauwerke geschieht entsprechend der zwei- oder dreidimensionalen zugehörigen Darstellungen, die den Bauplan für sie bilden. Die Wichtigkeit dieser Komponente für den Inhaltsbereich „Raum und Form" findet seitens des Schulministerium NRWs besondere Bedeutung (Informationen zum Lehrplan Mathematik Grundschule NRW, 2008, S. 15).

Lee und Wong (2014, S. 2) stellen außerdem in ihren Untersuchungen heraus, dass für Lernende mit gering ausgeprägtem räumlichem Vorstellungsvermögen das Lernen in VR besser funktioniert als mit herkömmlichen zweidimensionalen Medien wie Präsentationsfolien. Dies spricht für einen positiven Effekt von VR-Lernen im Inhaltsbereich „Raum und Form".

5.3.2 Erwerb prozessbezogener Kompetenzen mit „Dreitafelprojektion VR"

Die vom Schulministerium vorgegebenen prozessbezogenen Kompetenzen finden beim Nutzen der App vor allem bezüglich der Kompetenz „Problemlösen/kreativ sein" anklang. In diesem Bereich sollen Schüler*innen Problemstellungen bearbeiten und dabei Zusammenhänge erschließen, Vermutungen anstellen, systematisch ausprobieren, reflektieren, prüfen, übertragen, variieren und erfinden. Dazu soll, wie explizit (2008, S. 6) erwähnt wird, den Lernenden Raum gegeben und nicht nur durch kleinschrittige Darbietungen und Einübung gelernt werden. Ausdifferenziert werden folgende Ziele:

Die Lernenden

...probieren zunehmend systematisch und zielorientiert und nutzen die Einsicht in Zusammenhänge zur Problemlösung (lösen).
...überprüfen Ergebnisse auf ihre Angemessenheit, finden und korrigieren Fehler, vergleichen und bewerten verschiedene Lösungswege (reflektieren und überprüfen).
...übertragen Vorgehensweisen auf ähnliche Sachverhalte (übertragen).

Ebenfalls potenziell gewinnbringend zeigt sich die Anwendung „Dreitafelprojektion VR" für die prozessbezogene Kompetenz „Darstellen und Kommunizieren":

...übertragen eine Darstellung in eine andere (zwischen Darstellungen wechseln).
...verwenden bei der Darstellung mathematischer Sachverhalte geeignete Fachbegriffe, mathematische Zeichen und Konventionen (Fachsprache verwenden).

Ein systematisches und zielorientiertes Vorgehen wird von der App unterstützt, indem ein „zufälliges" Lösen nahezu ausgeschlossen werden kann. Ein Würfel kann in einer, ein Keil in zwölf und ein Zylinder in drei verschiedenen Orientierungen platziert werden. Bei einer Aufgabe also, zu deren Lösung fünf Körper platziert werden, gibt es theoretisch bereits $16^5 = 1.048.576$ verschiedene mögliche Anordnungen – ohne die Positionen der Körper berücksichtigt zu haben. Die visuelle Darstellung der Projektionen, die unmittelbar auf das Platzieren eines geometrischen Körpers in VR erscheint, verbunden mit der Tiefendarstellung der Objekte, an denen die Projektion optisch nachvollzogen werden kann, können das Erkennen und anschließende Nutzen der Zusammenhänge zwischen den verschiedenen Darstellungen anregen. Das automatisierte unmittelbare Feedbacksystem regt zusätzlich das Überprüfen der Ergebnisse an und unterstützt die Fehlersuche, sodass die Lernenden in der Lage sind, gemachte Fehler zu identifizieren und anschließend zu korrigieren. Wenn die Lernenden Lösungen gefunden haben, können sie ihre Lösungsstrategien auf neue Aufgaben übertragen. Beim Bearbeiten der Aufgaben ist auch das Wechseln zwischen verschiedenen Darstellungsformen unvermeidbar, da diese in Form von (ebener) Projektion und zugehöriger vom Lernenden zusammengesetzter dreidimensionaler Repräsentation durch die App bereitgestellt werden. Dass die bauende Aktivität der Lernenden hilfreich ist, betont auch das Schulministerium NRW explizit (*„Hilfreiche Aktivitäten sind Bauen, Nachbauen, Umsetzen zweidimensionaler Darstellungen in konkrete „Bauwerke", Trainieren von Lagebeziehungen (über, unter, vor, hinter, links, rechts usw.)"*) (2008, S. 15). Die Förderung der Verwendung von Fachsprache ist hingegen von der Unterrichtsplanung abhängig und erfordert einen aktiven Austausch der Lernenden über die Erfahrungen in VR. Diesen unterstützt die App nur insofern, als dass die Lernenden ausschließlich ihre individuellen Bauwerke betrachten und ihnen zur Kommunikation, wenn nicht weitere Medien genutzt werden, in erster Linie die mündliche Sprache zur Verfügung steht.

5.3.3 Orientierung an den Leitideen für Mathematikunterricht „Dreitafelprojektion VR"

Der betrachtete Lehrplan für NRW definiert fünf Leitideen für den MU, deren Beachtung Lernenden ermöglichen soll, eine grundlegende mathematische Bildung zu erlangen. Im Folgenden wird der Reihe nach auf sie eingegangen.

1. Entdeckendes Lernen

   Nach der Leitidee des entdeckenden Lernens sollen Lernende Mathematik als konstruktiven, entdeckenden Prozess erleben, der Raum für Fehler bietet, welche Konstruktionsversuche auf Basis vernünftiger Überlegungen darstellen sollen. Dies unterstützt „Dreitafelprojektion VR", weil die Lernenden die Aufgaben ohne vernünftige (Vor-)Überlegungen nicht lösen können. Sie müssen das zu bauende Objekt geistig konstruieren und die geometrischen Körper passend einsetzen. Dann erhalten sie sofort Feedback und können etwaige Fehler erkennen und verbessern.

2. Beziehungsreiches Üben

   Die Leitidee des beziehungsreichen Übens befürwortet, dass Übungen operativ angelegt werden. Deshalb sollen Lernende *wirksame* Handlungen an geeignetem Material vornehmen, um dieses zu erforschen, Erkenntnisse darüber zu gewinnen und diese Erkenntnisse weiter anzuwenden. In „Dreitafelprojektion VR" wird diese Wirksamkeit erreicht, indem geometrische Körper durch Bewegung der Hände gegriffen, gedreht, fallen gelassen und platziert werden können, wobei entsprechend der Platzierung Projektionen erscheinen. Daraus können Schlüsse über die geometrischen Körper selbst und Zusammenhänge mit ihren Projektionen gezogen werden.

3. Ergiebige Aufgaben
   Dieser Leitidee nach sollten Aufgaben so angelegt sein, dass sowohl verschiedene Lösungswege als auch differenzierte Fragestellungen auf unterschiedlichem Niveau möglich sind. In „Dreitafelprojektion VR" können verschiedene zielführende Lösungswege bereits realisiert werden, differenzierte oder differenzierende Fragestellungen müssten jedoch noch implementiert werden.
4. Vernetzung verschiedener Darstellungsformen
   Für die Vernetzung verschiedener Darstellungsformen bei Lernenden sollen Handlungen mit Unterstützung durch Material, Bilder, Sprache und Symbole dargestellt werden. Dies ist der darstellenden Geometrie und insbesondere der Dreitafelprojektion in gewisser Weise inhärent, da sie dreidimensionale Körper zweidimensional repräsentiert. Des Weiteren kann die Darstellung in VR als weitere Darstellungsform neben anderen im Unterricht genutzt werden und die Beziehung zwischen dreidimensionaler Darstellung und projizierter zweidimensionaler Darstellung, die in der App besonders anschaulich ist, kann eine Verständnisgrundlage über den Zusammenhang dieser beiden schaffen. Eine sprachliche Darstellung kann sowohl in die App implementiert als auch durch die Unterrichtsplanung außerhalb von VR integriert werden.
5. Anwendungs- und Strukturorientierung
   Die Leitidee der Anwendungsorientierung fordert, dass mathematische Vorerfahrungen in lebensweltlichen Situationen aufgegriffen und weiterentwickelt werden. Dies könnte „Dreitafelprojektion VR" nur mit einem hohen zusätzlichen Implementierungsaufwand, in dem eine alltägliche Situation simuliert wird, leisten, wofür die App in der vorliegenden Version nicht ausgelegt ist. Die Strukturorientierungskomponente dieser Leitidee fordert das Finden, Beschreiben und Begründen von Mustern durch Lernende. Dieser Prozess wird bei Lernenden durch das Entdecken der Zusammenhänge zwischen den Formen der Körper und den Formen der Projektionen angeregt.

5.3.4 Vergleich von „Dreitafelprojektion VR" mit herkömmlichen Medien

Wenn man den Unterschied zwischen der Arbeit mit Dreitafelprojektionen auf Papier und in der App in VR betrachtet, fällt auf, dass sie sich in den Handlungen und Zielen durchaus unterscheiden. Während beim herkömmlichen Arbeiten geometrisch-technische Aspekte wie das Konstruieren, Messen oder Zeichnen im Vordergrund stehen, kann die App dies nicht ohne Weiteres leisten. In ihrer Anwendung stehen das wirksame Handeln mit den Körpern und das Erkennen der Zusammenhänge von dreidimensionalen Körpern und ihren zweidimensionalen

Repräsentationen im Vordergrund, was wiederum eine typische Schulbuchaufgabe nicht ohne zusätzliches Material leisten kann. Des Weiteren wird in herkömmlichen Aufgaben häufig gefordert, eine zweidimensionale Projektion eines dem Lernenden unbekannten dreidimensionalen Objekts zu schaffen, welches jedoch auf einer zweidimensionalen Buchseite repräsentiert ist. Dieses Szenario ist insofern realitätsfern, als dass z. B. für eine bautechnische Zeichnung der Zeichner das Objekt, das er darstellt (z. B. ein Werkstück oder ein Dachstuhl), selbst vermessen hat, bzw. es zumindest eingehend betrachtet oder sogar vorliegen hat. Dabei können viel detailliertere Eindrücke gewonnen werden als es bei einer zweidimensionalen Repräsentation im Schulbuch für den Lernenden der Fall ist. Außerdem kann ein dreidimensionales Objekt perspektivisch mit der Projektion abgeglichen werden.

An diesem Vergleich wird deutlich, dass der Einsatz des Schulbuches den Einsatz der App genauso wenig ersetzt wie umgekehrt. Vielmehr könnten sie ergänzend verwendet werden, wobei der Einsatz der Schulbuchaufgaben besonders zur Förderung der handwerklichen Fähigkeiten geeignet sein könnte, während der Einsatz der App die konzeptuellen Fähigkeiten stärken könnte. Der ergänzende Einsatz wäre auch ganz im Sinne des auf Bruner (1974) zurückgehenden EIS-Prinzips: Während die App enaktives Arbeiten ermöglicht, wird mit dem Schulbuch ikonisch gearbeitet. Für ein effektives Lernen sollten die Darstellungsebenen miteinander vernetzt werden (Lambert, 2012, S. 5).

Interessant gestaltet sich der Vergleich mit Medien, die mit den gleichen Aufgabenstellungen wie „Dreitafelprojektion VR" eingesetzt werden, nämlich ein Objekt aus geometrischen Körpern zu bauen, das zu entsprechenden Projektionen passt. Das in Abb. 7 gezeigte Schattenbauspiel erfüllt prinzipiell einen sehr ähnlichen Zweck wie „Dreitafelprojektion VR". Dies wird dadurch besonders deutlich, dass die Anordnung der Projektionen identisch wäre, wenn in der App die Seitenansicht und die Vorderansicht entlang der x_2- bzw. x_1-Achse nach oben geklappt würden. Im Schattenbauspiel muss durch Einnehmen der Perspektive ohne großen Abstraktionsaufwand die Lösung abgeglichen werden, während in der App durch ein automatisiertes Feedback sofort zurückgemeldet wird, ob der platzierte Körper mit der Lösung verträglich ist oder nicht. In Bezug auf neue Aufgaben müssen beim Schattenbauspiel die Karten ausgetauscht und die Würfel auf- bzw. abgebaut werden, während in „Dreitafelprojektion VR" eine Funktion implementiert ist, die dies auf Knopfdruck geschehen lassen kann. Hierfür müssen der App im Code zusätzliche Aufgaben (über vorhandene, unkomplizierte Schnittstellen) hinzugefügt werden, während die Anzahl der Aufgaben für das Schattenbauspiel auf das vorhandene Material begrenzt ist. Was sich ebenfalls mit vergleichsweise wenig Aufwand implementieren lässt, ist die Möglichkeit

Abb. 7 Schattenbau-Spiel
der Firma Dusyma

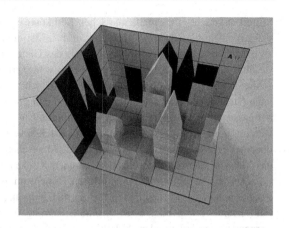

zum Erstellen eigener Aufgaben. Hier könnten Lernende kreativ tätig werden, ihre Lieblingsgebilde als Aufgabe abspeichern und anschließend anderen Lernenden zum Lösen präsentieren. Um das Schattenbauspiel zu erweitern, müsste von Lernenden selbst Material gebastelt werden, das perspektivisch korrekt präzise bemalt und bezeichnet werden würde. Für unerfahrenere Lerner ließe sich auch die Anforderung der Aufgabe in der App mit sehr wenig Aufwand reduzieren, indem ein Modus implementiert wird, in dem die Projektionsflächen wie im Schattenbauspiel angeordnet sind. Umgekehrt lässt sich das Schattenbauspiel auch anspruchsvoller gestalten, indem die Projektionsflächen wie in der App ausgelegt werden. Dabei ginge jedoch der Vorteil des simplen permanenten Lösungsabgleichs verloren. Ein weiterer Unterschied zwischen „Dreitafelprojektion VR" und dem Schattenbauspiel ist, dass es in der App kaum möglich ist, das eigene Gebilde ungewollt einstürzen zu lassen; die Hand des Nutzers gleitet widerstandslos durch das erstellte Bauwerk. Hier wurde Realismus zugunsten der feinmotorischen Steuerung reduziert. Um das Gebäude einstürzen zu lassen muss ein platzierter Körper durch Greifen entfernt werden, sodass andere Körper keinen Kontakt mehr zum Boden haben. Eine authentische Haptik der Körper kann die App dabei jedoch nicht bieten. Es werden zwar die verschiedenen geometrischen Körper und die Hand des Lernenden glaubhaft in VR dargestellt, in der Realität umfasst die Hand des Lernenden jedoch lediglich den Controller und führt für jeden Körper die gleiche Greifbewegung aus, nämlich das Drücken des IndexTriggers; hier bringt das Schattenbauspiel durch das Hantieren mit echten Körpern wichtige motorische Erfahrungen mit sich. Bezüglich der Anordnung der geometrischen Körper bringt „Dreitafelprojektion VR" einen einzigartigen

Vorteil aus Sicht eines mathematischen Lernkontextes mit sich: Gesetzte Körper werden an ihre Position „festgeklebt", d. h. es ist nicht nur möglich, Überhänge zu bauen, sondern diese verlieren auch nie das Gleichgewicht und fallen um, weil sie über die anderen Körper fest am Boden verankert sind. Am Ende ist die VR schließlich der Realität nachempfunden, aber nicht an ihre Regeln gebunden. So kann auch, neben den Belohnungseffekten durch grün erscheinende Projektionen bei passender Platzierung von Körpern, unmittelbar ein Belohnungseffekt genutzt werden, um bei richtiger Gesamtlösung ein Feuerwerk erscheinen zu lassen, das über der/dem Lernenden „gezündet" wird. Abgesehen davon kann über Updates das Material (die verfügbaren geometrischen Körper) erweitert werden.

Auch abgesehen von der inhaltlichen Dimension zeigt die VR-Lösung interessante praktische Eigenschaften für den Schuleinsatz. So kann z. B. kein Material verloren gehen oder es kann eine Steuerung für körperlich eingeschränkte Lernende integriert werden. Sobald man die VR-Technologie in der Breite ihrer Möglichkeiten anwendet, fallen auch die zunächst hohen Anschaffungskosten weniger ins Gewicht und man spart bei vielfältigen virtuellen Anwendungsszenarien tatsächlich echten physischen (Lager-)Raum für entsprechende reale Arbeitsmittel.

5.3.5 Ausblick „Dreitafelprojektion VR"

Die App „Dreitafelprojektion VR" bietet noch vielfältiges Weiterentwicklungspotenzial. Es gibt naheliegende Features, die leicht in die App integriert werden könnten. So könnten z. B. Mechanismen genutzt oder integriert werden, um die Aufgabe für den Nutzer einfacher oder komplexer zu gestalten (Differenzierungsmöglichkeiten). Dafür kann die Spielfeldgröße in Hinblick auf Aufgaben verschiedener Anforderungsniveaus variiert werden. Außerdem können, für eine noch leichtere Verknüpfung von Projektion und Erbautem, die Projektionsebenen wie im Schattenbauspiel hochgeklappt werden. Eine Erweiterung der Anzahl der geometrischen Körper könnte mehr Tiefe in das Spiel bringen. Zusätzlich ist das Hinzufügen weiterer Szenarien notwendig, um ein längerfristiges Üben zu ermöglichen. Dabei ist es relativ leicht zu integrieren, dass Spieler eigene Level erstellen können, die sie als Aufgabe speichern und anschließend laden können, damit andere Spieler sie lösen.

Abgesehen von Features, die die Komplexität einer Aufgabe modifizieren, könnten auch Features hinzugefügt werden, die das Nutzungserlebnis von „Dreitafelprojektion VR" verbessern. So könnte z. B. dem Spiel Ton hinzugefügt werden, der abgespielt wird, wenn ein Körper auf den Boden fällt, gegriffen wird oder einschnappt. Zusätzlich zu einem auditiven Reiz könnte durch die Vibration des Controllers auch ein haptischer Reiz hinzugefügt werden, wenn eine Platzierungshilfe aktiviert wird. Dann wäre es leichter zu unterscheiden, wo der platzierte Körper landen wird. Die Einschnappvorschau der Platzierungshilfe könnte statt der Form eines Würfels auch die des Körpers haben, der platziert wird, sodass nicht nur die Position, sondern auch die Rotation des Körpers immer vorher klar ersichtlich ist. Wenn ein Objekt mit dem in der App integrierten Abfalleimer kollidiert, dann verschwindet es aktuell einfach. Das erscheint tatsächlich unstimmig; ein visueller („Zerfallen", „explodieren") oder auditiver („Papiergeraschel") Effekt könnte der Immersion dienlich sein. Außerdem gibt es zum momentanen Zeitpunkt keine Regeln für das „Ankleben" von Körpern. D. h. sie können auch mit minimaler Kontaktfläche platziert werden; so z. B. ein Zylinder, der mit der runden Seite an einem Würfel klebt, was aufgrund des Bruchs mit der Illusion der Realität eigentlich nicht vorgesehen ist. Des Weiteren werden aufgehobene Körper aktuell immer der Rotation der Hand angepasst, statt ihre Rotation beizubehalten. So ist es nicht möglich, sich einen Körper zurechtzudrehen und dann umzugreifen, bevor man ihn platziert. Dadurch müssen teils sehr unnatürliche Haltungen eingenommen werden.

Spannend ist die Frage, inwiefern sich ein Hinzufügen einer ansprechenden 3D-Umgebung auf das Lern- und Nutzungsverhalten der Lernenden auswirkt. Dies wäre eine interessante Ausgangsfrage, um in einer (empirischen) Studie etwaige Effekte detailliert zu untersuchen und zu analysieren. Dafür notwendige 3D-Meshes und Texturen von Objekten für eine hochwertige Schulumgebung liegen den Autoren bereits vor und könnten integriert werden.

Die einfache Szenenverwaltung von Unity ermöglicht darüber hinaus das unkomplizierte Hinzufügen weiterer Lernspiele, bei denen auch bereits von den Autoren entwickelte Softwareteile eingesetzt werden können. Voraussetzung wäre natürlich, dass diese Lernspiele entwickelt werden. Dann könnte eine ganze Lernspielesammlung entstehen, die ein Anreiz zum Einsatz von VR-Technologie im Unterricht sein könnte.

Zur Sicherheit der Lernenden könnte ein nicht sichtbarer Käfig implementiert werden, über den der Spieler virtuell nicht hinausgehen kann. Zwar hat die Oculus Quest bereits ein Guardian-System implementiert, das eine sehr ähnliche Aufgabe übernimmt; wenn ein*e Lernende*r jedoch eigenhändig die Skalierung verändert, dann kann sich entsprechend weiterbewegt werden.

Es gibt bei „Dreitafelprojektion VR" auch entwicklungstechnische Hürden, die nicht ohne Weiteres beseitigt werden können. So fehlt beispielsweise der Eindruck der Haptik eines geometrischen Körpers, wenn dieser gegriffen wird. Außerdem sollte aus entwicklungspsychologischen und lerntheoretischen Gründen gut abgewägt werden, ab welchem Alter die VR-Technologie eingesetzt werden kann, auch da kommunikative Lernszenarien innerhalb von VR bisher nur unzureichend möglich sind. Eine weitere Herausforderung liegt darin, dass sich Schüler*innen während der Nutzung keine Notizen machen können, da das HMD ihr gesamtes Sichtfeld einnimmt. Die angemessene Integration einer Notizmöglichkeit wäre allerdings sehr aufwendig. Schließlich kann auch die bereits zu Beginn erwähnte Simulatorkrankheit bei einzelnen Lernenden schnell zu Unwohlsein führen, was die Einsatzdauer limitiert. Es ist jedoch zu erwarten, dass letzteres Problem mit fortschreitender Technik zurückgeht.

6   Fazit

Virtual Reality ist aus unserer Sicht eine spannende, in ihren Grundzügen bereits seit 1965 existierende Technologie, die ursprünglich aus der universitären Forschung kommt und durch die Unterhaltungsindustrie einen neuen Aufwind erhalten hat. Ihre Möglichkeiten gehen dabei weit über durch Immersion erzeugte motivationale Effekte, die in der Videospielindustrie genutzt werden, hinaus. Viele große Firmen nutzen deshalb VR- und AR-Technologie, um ihre Aus- und Weiterbildungsprozesse ansprechender zu gestalten, Möglichkeiten zur Begegnung mit Lerninhalten zu erweitern und interne Abläufe logistisch oder ökonomisch zu optimieren. Im schulischen Kontext ist VR hingegen noch nicht in dieser Breite vertreten, nicht zuletzt aufgrund des Fehlens von sinnvollen Apps. Die Forschung ist sich indes bisher über den didaktischen Nutzen von VR für den (Mathematik-)Unterricht uneinig. Es wurden Studien durchgeführt, die versuchten, auf Basis unterschiedlicher Lerntheorien Zusammenhänge zwischen Lernzugewinn und Einsatz von VR-Technologie nachzuweisen. Doch während manche Studienergebnisse (u. a. Kampling, 2018) darauf hindeuten, dass sich der Einsatz von VR positiv auf das Lernen auswirken kann, konnten andere keine positiven oder sogar negative Effekte festsellen (u. a. Makransky et al., 2019b). Dabei ist erstaunlich, dass in einigen Studien (Weber, 2020) zum Zeitpunkt der Durchführung bereits veraltete nicht-immersive Technologien genutzt wurden.

Für den Fachinhalt „Dreitafelprojektion" im Mathematikunterricht wirkt der Einsatz von VR-Technologie aus unserer Sicht vielversprechend. Der Erwerb vieler inhalts- sowie prozessbezogener Kompetenzen, die das Ministerium für Schule und Bildung des Landes NRW als Mindeststandard für Grundschüler*innen vorsieht, könnte mit der vorgestellten App unterstützt werden. Dabei sollte sie selbstverständlich ergänzend und nicht ausschließlich genutzt werden, da wichtige Prozesse und Inhalte, wie das Messen, Zeichnen und Konstruieren, durch sie nicht adäquat abgedeckt werden können. Im Gegenzug dazu kann sie einen enaktiven Zugang bieten, wo traditionell ikonisch gearbeitet wird. Damit ergänzt sie herkömmlichen Medien, wie Bauklötze und Schattenbilder, um interessante Lehr-Lernsettings.

Die App bringt in ihrer Entwicklung das selten vorzufindende Potential mit, dass seitens der Entwickler die didaktisch-inhaltliche sowie technisch-realisierende Perspektive durch die Bildungshintergründe der Autoren miteinander verknüpft werden konnten. Sie nutzt aktuelle Konzepte aus der Softwareentwicklung sowie vielseitige Schnittstellen für VR-Technologie. Dazu bindet sie bewährte, wie experimentelle Frameworks mit ein. Sie bietet ein Lernspiel, bei dem Lernende mit geometrischen Körpern interagieren können, um ein Objekt zusammenzubauen, das verschiedene, als Ziel vorgegebene Projektionen erzeugt. Dazu realisiert sie auch ein erstes Feedbacksystem für Lernende sowie Belohnungen als psychologischen Lernanreiz. Die App ist bezüglich ihrer Anwendung möglichst intuitiv und simpel gehalten. Sie bietet dabei aus unserer Sicht vielfältige Entwicklungspotenziale, wie das Einbinden in eine Lernspielesammlung oder das Erstellen eigener Lernszenarien durch Lernende. Es sind aber auch gewisse programm- bzw. technikinhärente Hürden zu überwinden, wie z. B., dass keine unmittelbare Möglichkeit für Lernende besteht, Notizen während der Nutzung der App zu machen.

Mit Blick auf das Beschriebene erscheint es lohnenswert, die Potenziale von VR weiterzuentwickeln und zu erforschen. Für den Mathematikunterricht, der aus lerntheoretischen Gründen stark durch Visualisierungen geprägt ist, könnte sie besonders gewinnbringend sein. Besonders in Bezug auf die analytische Geometrie oder die mehrdimensionale Analysis ließe sich sofort eine ganze Bandbreite weiterer Anwendungsmöglichkeiten finden. Die Grenzen der Möglichkeiten, die uns die VR in ihrer Vielseitigkeit aufzeigt, sind – neben weniger technischer Limitierungen – eben in erster Linie die Grenzen unserer Fantasie.

Literatur

Bauersfeld, H. (1983). Subjektive Erfahrungsbereiche als Grundlage einer Interaktionstheorie des Mathematiklernens und -lehrens. In H. Bauersfeld, H. Bussmann, G. Krummheuer, J. H. Lorenz, & J. Voigt (Hrsg.), *Lernen und Lehren von Mathematik. Analysen zum Unterrichtshandeln II* (S. 1–56). Aulis.

Bourgeois, A., Badier, E., Baron, N., Carruzzo, F., & Vuilleumier, P. (2018). Influence of reward learning on visual attention and eye movements in a naturalistic environment. A virtual reality study. *PloS One, 13*(12), e0207990. https://doi.org/10.1371/journal.pone.0207990.

Bruner, J. S. (1974). *Entwurf einer Unterrichtstheorie*. Berlin Verlag.

Butavicius, M. A., Vozzo, A., Braithwaite, H., & Galanis, G. (2012). Evaluation of a virtual reality parachute training simulator: Assessing learning in an off-course augmented feedback training schedule. *The International Journal of Aviation Psychology, 22*(3), 282–298. https://doi.org/10.1080/10508414.2012.691058.

Das, H. (Hrsg.). (1995). *Telemanipulator and Telepresence Technologies (SPIE Proceedings).* SPIE.

DB AG. (2020). *Immersive Technologien. „Augmented Education" bringt Züge und Weichen ins Klassenzimmer.* https://www.deutschebahn.com/de/Digitalisierung/technologie/Immersive-Technologien-3374488.

DB AG. (2021). *Moderne Konzepte für innovatives und individuelles Lernen: Virtual Reality bei DB Training.* https://www.db-training.de/dbtraining-de/Methoden/Moderne-Konzepte-fuer-innovatives-und-individuelles-Lernen-Virtual-Reality-bei-DB-Training-3927268.

Dewey, J. (1913). *Interest and effort in education.* Houghton Mifflin Company. https://doi.org/10.1037/14633-000.

Dilling, F. (2022). *Begründungsprozesse im Kontext von (digitalen) Medien im Mathematikunterricht. Wissensentwicklung auf der Grundlage empirischer Settings.* Wiesbaden: Springer Spektrum.

Dörner, R., Broll, W. & Grimm, P. (2019). *Virtual und Augmented Reality (VR/AR). Grundlagen und Methoden der Virtuellen und Augmentierten Realität* (2. Aufl.). https://doi.org/10.1007/978-3-662-58861-1.

Dubovi, I., Levy, S. T., & Dagan, E. (2017). Now i know how! The learning process of medication administration among nursing students with non-immersive desktop virtual reality simulation. *Computers & Education, 113*, 16–27. https://doi.org/10.1016/j.compedu.2017.05.009.

Goertz, L., Fehling, C. D., & Hagenhofer, T. (2020). *COPLAR-Leitfaden. Didaktische Konzepte identifizieren – Community of Practice zum Lernen mit AR und VR,* mmb Institut. http://www.social-augmented-learning.de/wp-content/downloads/210225-Coplar-Leitfaden_final.pdf.

Harackiewicz, J. M., Smith, J. L., & Priniski, S. J. (2016). Interest matters. The importance of promoting interest in education. *Policy Insights from the Behavioral and Brain Sciences, 3*(2), 220–227. https://doi.org/10.1177/2372732216655542.

Kampling, H. (2018). The Role of Immersive Virtual Reality in Individual Learning. Proceedings of HICCS 2018. http://hdl.handle.net/10125/50060 (Stand 07.03.2022).

Korgel, D. (2018). *Virtual Reality-Spiele entwickeln mit Unity®. Grundlagen, Beispielprojekte, Tipps & Tricks; behandelt Unity 2017.* Hanser. https://doi.org/10.3139/9783446453722.

Lambert, A. (2012). Was soll das bedeuten?: Enaktiv – ikonisch – symbolisch. Aneignungsformen beim Geometrielernen. In A. Filler & M. Ludwig (Hrsg.), *Vernetzungen und Anwendungen im Geometrieunterricht. Ziele und Visionen 2020; vom 09. bis 11. September 2011 in Marktbreit (Vorträge auf der Herbsttagung des Arbeitskreises Geometrie in der Gesellschaft für Didaktik der Mathematik),* (Bd. 28.2011, S. 5–32). Franzbecker.

Leder, J., Horlitz, T., Puschmann, P., Wittstock, V., & Schütz, A. (2019). Comparing immersive virtual reality and powerpoint as methods for delivering safety training: Impacts on risk perception, learning, and decision making. *Safety Science, 111*, 271–286. https://doi.org/10.1016/j.ssci.2018.07.021.

Lee, E. A.-L., & Wong, K. W. (2014). Learning with desktop virtual reality. Low spatial ability learners are more positively affected. *Computers & Education, 79*(1), 49–58. https://doi.org/10.1016/j.compedu.2014.07.010.

Milgram, P., Takemura, H., Utsumi, A., & Kishino, F. (1995). Augmented reality: a class of displays on the reality-virtuality continuum. In H. Das (Hrsg.), *Telemanipulator and Telepresence Technologies* (SPIE Proceedings, S. 282–292). SPIE.

Makransky, G., Terkildsen, T. S., & Mayer, R. E. (2019). Adding immersive virtual reality to a science lab simulation causes more presence but less learning. *Learning and Instruction, 60*(11), 225–236. https://doi.org/10.1016/j.learninstruc.2017.12.007.

Makransky, G., Wismer, P., & Mayer, R. E. (2019). A gender matching effect in learning with pedagogical agents in an immersive virtual reality science simulation. *Journal of Computer Assisted Learning, 35*(3), 349–358. https://doi.org/10.1111/jcal.12335.

Markowitz, D. M., Laha, R., Perone, B. P., Pea, R. D., & Bailenson, J. N. (2018). Immersive virtual reality field trips facilitate learning about climate change. *Frontiers in Psychology, 9,* 2364. https://doi.org/10.3389/fpsyg.2018.02364.

Marsh, R., Hao, X., Xu, D., Wang, Z., Duan, Y., Liu, J. et al. (2010). A virtual reality-based FMRI study of reward-based spatial learning. *Neuropsychologia, 48*(10), 2912–2921. https://doi.org/10.1016/j.neuropsychologia.2010.05.033.

Mayer, R. E. (2005). *The cambridge handbook of multimedia learning.* Cambridge Univ. Press.

Ministerium für Schule und Weiterbildung NRW (2008). *Richtlinien und Lehrpläne für die Grundschule in Nordrhein-Westfalen. Deutsch, Sachunterricht, Mathematik, Englisch, Musik, Kunst, Sport, Evangelische Religionslehre, Katholische Religionslehre.* Ritterbach Verlag. http://curricula-depot.gei.de/bitstream/handle/11163/933/670770892_2008_A.pdf?sequence=3.

Parong, J., & Mayer, R. E. (2018). Learning science in immersive virtual reality. *Journal of Educational Psychology, 110*(6), 785–797. https://doi.org/10.1037/edu0000241.

Sweller, J. (1994). Cognitive load theory, learning difficulty and instructional design. *Learning and Instruction, 4*(4), 295–312.

Tremayne, M., & Dunwoody, S. (2001). Interactivity, information processing, and learning on the world wide web. *Science Communication, 23*(2), 111–134. https://doi.org/10.1177/1075547001023002003.

Weber, S. (2020). Exploring the potential of virtual reality for learning – a systematic literature review. https://doi.org/10.25819/ubsi/2976.

Wilson, M. (2002). Six views of embodied cognition. *Psychonomic Bulletin & Review, 9*(4), 625–636. https://doi.org/10.3758/BF03196322.

Physische Arbeitsmittel durch Augmented Reality erweitern – Eine Fallstudie zu dreidimensionalen Koordinatenmodellen

Frederik Dilling, Florian Jasche, Thomas Ludwig und Ingo Witzke

Die Vorstellung von und der Umgang mit Geraden und Ebenen im dreidimensionalen Raum ist für viele Schülerinnen und Schüler der Oberstufe eine große Herausforderung. Projektionen dieser Objekte des dreidimensionalen Raumes auf zweidimensionale Medien wie Papier, Tafel oder Computerbildschirme helfen bei diesem Problem nur selten. Auf Basis eines dreidimensionalen Koordinatensystems als physisches Arbeitsmittel können die Objekte allerdings begreifbar gemacht und unverzerrt dargestellt werden. In diesem Beitrag wird die Augmented Reality Anwendung „3D Geometrie" vorgestellt, welche ein physisches Koordinatensystem virtuell erweitert und damit gewisse physischen Limitationen des Modells aufbricht. Die Anwendung ist für Smartphones und Tablets implementiert und erkennt anhand eines visuellen Markers auf dem physischen Koordinatensystem seine Position im Raum. In dieses Koordinatensystem können Scheiben platziert werden, die einen

F. Dilling (✉) · I. Witzke
Fak. IV/Didaktik der Mathematik, Universität Siegen, Siegen, Deutschland
E-Mail: dilling@mathematik.uni-siegen.de

I. Witzke
E-Mail: witzke@mathematik.uni-siegen.de

F. Jasche · T. Ludwig
Cyber-Physische Systeme, Universität Siegen, Siegen, Deutschland
E-Mail: florian.jasche@uni-siegen.de

T. Ludwig
E-Mail: thomas.ludwig@uni-siegen.de

© Der/die Autor(en), exklusiv lizenziert durch Springer Fachmedien
Wiesbaden GmbH, ein Teil von Springer Nature 2022
F. Dilling et al. (Hrsg.), *Neue Perspektiven auf mathematische Lehr-Lernprozesse mit digitalen Medien*, MINTUS – Beiträge zur mathematisch-naturwissenschaftlichen Bildung,
https://doi.org/10.1007/978-3-658-36764-0_13

Ausschnitt einer Ebene im dreidimensionalen Raum darstellen. Diese Scheiben werden ebenfalls von der AR Anwendung erfasst und virtuell erweitert. Des Weiteren wird die symbolische Beschreibung der Ebene als Parameterform in der Anwendung ausgegeben, die sich dynamisch aus der Position der physischen Scheibe ableitet. Darüber hinaus können zusätzliche rein virtuelle Punkte, Geraden und Ebenen hinzugefügt werden und ihre Verhältnisse zueinander bestimmt werden.

1   Einleitung

Bei Augmented Reality (AR) handelt es sich um eine Technologie, welche die virtuelle Erweiterung der Realität beispielsweise über die Kamera und den Bildschirm eines Smartphones ermöglicht. Die Technologie nimmt Einzug in immer mehr Bereiche unseres Alltags, darunter auch in den Bildungsbereich. In diesem Beitrag soll an einem Beispiel aufgezeigt werden, wie sich mit AR physische Arbeitsmittel aus dem Mathematikunterricht erweitern lassen. Der Fokus liegt dabei auf der konkreten Entwicklung einer Anwendung unter Nutzung aktueller AR-Technik und der Erörterung möglicher Einsatzszenarien.

Die Motivation für die Entwicklung der App bilden die Probleme vieler Oberstufenschülerinnen und -schüler im Umgang mit Geraden und Ebenen im dreidimensionalen Raum. Zweidimensionale Repräsentationen dieser mathematischen Sachverhalte auf Papier oder im Computer können insbesondere von Personen mit unzureichend ausgebildetem räumlichem Vorstellungsvermögen nur schwer gelesen und genutzt werden. Hierzu lassen sich dreidimensionale physische Koordinatenmodelle einsetzen, die aber wiederum nur ein rein qualitatives Arbeiten möglich machen. Die entwickelte AR-Anwendung „3D-Geometrie" soll die Möglichkeiten eines solchen physischen Arbeitsmittels erweitern, indem die Objekte virtuell erweitert, in Beziehung gesetzt und auch numerisch und algebraisch beschreibbar werden.

Zunächst wird in Abschn. 2 kurz auf die Rolle von Arbeitsmitteln im Mathematikunterricht sowie die Erstellung individueller Arbeitsmittel mit 3D-Druck eingegangen. In Abschn. 3 folgt dann die Erläuterung der AR-Technologie, die Abgrenzung von anderen Begriffen und ein Überblick über die aktuelle Forschung zu AR in der Bildung mit besonderem Fokus auf die Mathematik. Im vierten Abschnitt wird dann die AR-App „3D-Geometrie" vor einer technischen und einer stoffdidaktischen Perspektive beschrieben. Schließlich wird in Abschn. 5 ein Fazit gezogen und ein Ausblick gegeben.

2　Arbeitsmittel im Mathematikunterricht

2.1　Einsatz von Arbeitsmitteln im Unterricht

Der Begriff *Arbeitsmittel* wird in der mathematikdidaktischen Literatur zum Teil sehr unterschiedlich definiert und genutzt. In Anlehnung an Lengnink et al. (2014) soll er in diesem Beitrag vergleichsweise eng gefasst werden und „etwas Greifbares, das die Lernenden in der Hand haben" (S. 2) – also ein *physisches Arbeitsmittel* – beschreiben. Der Begriff soll zudem mit Bezug auf Schmidt-Thieme und Weigand (2015) von reinen Anschauungsmitteln abgegrenzt werden, da Arbeitsmittel immer auch das Operieren mit den Objekten ermöglichen sollen:

„Arbeitsmittel repräsentieren mathematische Objekte und erlauben zudem Handlungen oder Operationen mit diesen Objekten. [...] Dagegen repräsentiert ein Medium als Anschauungsmittel im Allgemeinen mathematische Inhalte ohne Einwirkungsmöglichkeit des Benutzers, wie etwa Körpermodelle, Schulbuch oder Film." (S. 461 f.)

Mit dem Einsatz von Arbeitsmitteln im Mathematikunterricht können vielfältige Ziele verfolgt werden. Arbeitsmittel können zum Erzeugen von Daten oder Phänomenen verwendet werden, welche anschließend mit Hilfe von Mathematik untersucht werden. Durch das Experimentieren mit Arbeitsmitteln können Zusammenhänge entdeckt und argumentativ abgesichert werden. Arbeitsmittel lassen sich zudem für die Darstellung mathematischer Gegenstände und das Operieren mit ihnen nutzen. Zuletzt können Arbeitsmittel auch zum Üben und Vernetzen sowie als Werkzeug in außermathematischen Anwendungen eingesetzt werden (vgl. Lengnink et al., 2014).

Damit handelt es sich bei Arbeitsmitteln um wichtige Elemente des Mathematikunterrichts. Insbesondere für den Unterricht der Grundschule steht eine Vielzahl an Arbeitsmitteln zur Verfügung. Klassiker sind beispielsweise Dienes Material, Wendeplättchen oder Spielwürfel. In den Sekundarstufen ist der Arbeitsmitteleinsatz weit weniger verbreitet (vgl. Lengnink et al., 2014) und beschränkt sich häufig auf Zeichengeräte wie Zirkel oder Geodreieck – vereinzelt kommen weitere Arbeitsmittel hinzu.

2.2　Individuelle Arbeitsmittel durch 3D-Druck

Der Einsatz der 3D-Druck-Technologie bietet für den Mathematikunterricht die Möglichkeit der Herstellung von Arbeitsmitteln durch Lehrerinnen und Lehrer sowie Schülerinnen und Schüler (siehe u. a. Dilling et al., 2021 und Witzke &

Heitzer, 2019). Auf diese Weise ergeben sich viele Chancen und Herausforderungen für den Arbeitsmitteleinsatz. Eine wesentliche Chance liegt in der hohen Individualität der Arbeitsmittel. Sie können unmittelbar an die Lernvoraussetzungen und -bedingungen der Schülerinnen und Schüler angepasst werden und so besonders anschlussfähig sein. Ein weiterer Vorteil ist die beliebige Reproduzierbarkeit der Arbeitsmittel, die das Arbeiten in unterschiedlichen Sozialformen oder in Einzelarbeit über einen längeren Zeitraum und ohne einen erhöhten Aufwand möglich macht. Durch die Stabilität der Objekte können sie nachhaltig genutzt und in späteren Phasen des Unterrichts wieder aufgegriffen werden. Schließlich können die Schülerinnen und Schüler auch in den Entwicklungsprozess einbezogen werden, wodurch eine aktive Auseinandersetzung und starke Bindung an die Arbeitsmittel entsteht. Herausforderungen von 3D-gedruckten Arbeitsmitteln entstehen auf organisatorischer Ebene insbesondere durch die zum Teil langen Druckzeiten und die Einschränkungen in Bezug auf Größe und Material, auf lerntheoretischer Ebene unter anderem durch die kontextuelle Bindung des Wissens (vgl. Dilling, 2019a, zu letzterem siehe auch Pielsticker, 2020 und Dilling, 2022).

In diesem Beitrag soll ein 3D-Koordinatenmodell betrachtet werden, welches mit einem 3D-Drucker entwickelt wurde (vgl. Dilling, 2019b). Der Fokus liegt hierbei auf der Verwendung von Augmented Reality Technologie zur Erweiterung der Einsatzmöglichkeiten eines solchen Arbeitsmittels.

3 Die Augmented Reality Technologie

3.1 Technische Grundlagen von Augmented Reality

Unter der Augmented Reality (deutsch: erweiterte Realität) wird eine Überlagerung der Realität durch virtuelle Informationen verstanden. Dabei handelt es sich aktuell in der Regel um visuelle Darstellungen, die die Realität überlagern oder erweitern (Azuma, 1997). Ein einfaches Beispiel hierfür ist die virtuelle Abseitslinie bei einer Fußballübertragung. Die Erweiterung der Sinneswahrnehmung ist dabei aber nicht nur auf die visuelle Wahrnehmung begrenzt. Auch andere Sinne wie zum Beispiel die auditive, taktile und haptische sowie gustatorische und olfaktorische Wahrnehmung können erweitert werden (Jeon & Choi, 2009; Narumi et al., 2011; Wang et al., 2018). Aktuell sind aber die meisten AR-Anwendungen der visuellen und auditiven Wahrnehmung zuzuordnen.

Der Begriff der Augmented Reality ist nicht eindeutig definiert (Speicher et al., 2019) aber Roland T. Azuma lieferte 1997 eine bis heute vielfach verwendete

Definition. Er definiert ein Augmented Reality System dabei durch die folgenden drei Charakteristiken:

- Es findet eine Kombination, Erweiterung oder Überlagerung der Realität durch virtuelle Informationen statt.
- Das System reagiert in Echtzeit auf Nutzereingaben.
- Reale und virtuelle Objekte stehen in einem dreidimensionalen Bezug zueinander.

Bei Augmented Reality kommen unterschiedliche Hardwaretechnologien zum Einsatz. Die verbreitetste Hardwaretypen sind dabei hand-held Geräte wie Smartphones oder Tablets. Es werden aber auch spezielle Augmented Reality Brillen (häufig auch Datenbrillen oder Smart Glasses genannt) oder projektionsbasierte Ansätze eingesetzt (Billinghurst et al., 2015), die unterschiedliche Vor- und Nachteile mit sich bringen. So sind hand-held Geräte weit verbreitet und verhältnismäßig günstig, wodurch AR-Anwendungen prinzipiell von einer großen Zielgruppe verwendet werden können. Sie bieten außerdem einen gewissen Multiuser-Aspekt, da die AR Inhalte von mehreren Personen wahrgenommen werden können. Für Szenarien, die beide Hände erfordern (Beispiel: Montagearbeiten), sind hand-held Geräte nur bedingt zu empfehlen, da die eigentliche Tätigkeit behindert werden kann bzw. das Gerät weggelegt werden muss. Für diese Szenarien bieten sich Datenbrillen besser an, weil bei der Nutzung beide Hände freibleiben. Ein weiter Vorteil von Datenbrillen ist, dass sie eine höhere Immersion durch ihre stereoskopische Darstellungsweise bieten können. Allerdings sind Datenbrillen vor allem aufgrund ihres Preises und wegen fehlenden Software-Anwendungen noch nicht sehr stark verbreitet. Des Weiteren haben Datenbrillen einen gewissen isolierenden Effekt auf den Nutzer, da die AR-Inhalte für Außenstehende nicht wahrnehmbar sind. Für Multiuser-Anwendungen eignen sich besonders die projektionsbasierten Ansätze. Dabei werden die AR-Inhalte auf Oberflächen projiziert und sind ohne weitere Hilfsmittel zu sehen, wodurch auch hierbei die Hände der Nutzer freibleiben. Nachteilig an diesen Systemen ist häufig die mangelnde dreidimensionale Darstellung der Inhalte sowie die schlechte Mobilität der Systeme.

Für die Platzierung der virtuellen Inhalte in der realen Umgebung kommen unterschiedliche Trackingverfahren zum Einsatz. Grundsätzlich wird hier zwischen markerbasierten und markerlosen Systemen unterschieden. Bei markerbasierten System werden künstliche Marker wie QR-Codes oder GPS-Koordinaten verwendet, um die virtuellen Inhalte in der Umgebung anzuzeigen. Diese Technik kommt vor allem dann zum Einsatz, wenn die virtuellen Inhalte in einer direkten

Verbindung zu einer physischen Sache, wie zum Beispiel zu einem Buch stehen und an einer definierten Position angezeigt werden sollen. Bei markerlosen Systemen wird durch die Kamera oder andere Sensoren die Umgebung erfasst und es werden Flächen an Fußböden oder Tischen erkannt, auf welche die virtuellen Inhalte platziert werden können.

3.2   Abgrenzung zu Virtual Reality und verwandte Begriffe

Virtual Reality (VR) ist eine artverwandte Technologie zu Augmented Reality. Beide Technologien teilen sich Eigenschaften und Funktionen, wie zum Beispiel die Nutzung des dreidimensionalen Raums für die Darstellung der virtuellen Informationen, haben aber auch konkrete Unterscheidungsmerkmale. Dazu zählt vor allem, dass bei der Virtual Reality versucht wird, die Sinneswahrnehmung der Realität komplett zu ersetzen, anstatt sie zu erweitern oder zu überlagern.

Beide Technologien lassen sich in das sogenannte „Reality-Virtuality (RV) Continuum" nach Milgram et al. (1994) eingruppieren. Das Reality-Virtuality Kontinuum beschreibt dabei ein Kontinuum, bei dem die Wahrnehmung auf der einen Seite auf der komplett realen Umgebung und auf der anderen Seite auf einer komplett virtuellen Umgebung basiert. Aktuelle VR-Technologien fokussieren dabei auch hauptsächlich auf die visuelle und auditive Wahrnehmung, aber auch hier gibt es Ansätze weitere Sinneswahrnehmungen zu simulieren.

Die Einsatzmöglichkeiten von VR sind vielfältig, da in der virtuellen Realität jede beliebige Situation simuliert werden kann. Neben dem Entertainmentbereich wird VR als Lehr- und Lernmittel in der Schule sowie in der Aus- und Weiterbildung verwendet (Radianti et al., 2020).

3.3   Augmented Reality im Bildungsbereich

Augmented Reality ist bereits seit mehr als 10 Jahren eine relevante Technologie für den Schulunterricht. Trotz des immer noch eher seltenen Einsatzes nimmt die Anzahl der wissenschaftlichen Publikationen über AR Systeme für den Schulunterricht in den letzten Jahren stetig zu (Garzón et al., 2019). Dies kann maßgeblich auf die Chancen der AR Systeme für den Unterricht zurückgeführt werden. Zu den meistgenannten Chancen von AR Systeme zählen ein potenzieller Lernzuwachs sowie eine gesteigerte Motivation bei den Lernenden. Studien von Radu (2012, 2014) und Di Serio et al. (2013) zeigen unter anderem, dass Schülerinnen und Schüler mehr Spaß beim Lernen mit Augmented Reality hatten und sich intensiver mit den Inhalten auseinandergesetzt haben. Die meisten Studien sind in der Primarstufe und in den unteren Klassen der Sekundarstufe I zu finden und sind entsprechend auf diese Zielgruppe ausgerichtet. Sie beinhalten häufig spielerische Aspekte, welche sich besonders bei den jüngeren Schülerinnen und Schüler positiv auf die Motivation auswirken (Garzón et al., 2019).

Inhaltlich werden bislang vor allem MINT-Themen behandelt (Garzón et al., 2019). Augmented Reality wird dabei besonders bei der Vermittlung von abstrakten Konzepten wie dem Verhalten von elektromagnetischen Feldern (Ibáñez et al., 2014) eingesetzt oder zur Beobachtung von Prozessen verwendet, die aufgrund einer Vielzahl von Faktoren schwer zu beobachten sind, wie zum Beispiel die Auswirkung der unterschiedlichen Mond Phasen sowie unterschiedlicher Konstellationen zwischen Sonne, Mond und Erde (Tarng et al., 2013). Bei einem Vergleich von einer Web-Anwendung und einer AR-Anwendung mit gleichen Inhalten über Elektromagnetismus konnten Ibáñez et al. feststellen, dass die Schülerinnen und Schüler, welche die AR-Anwendung verwendeten, bessere Testergebnisse erzielten. Daraus schlussfolgern Ibáñez et al., dass vor allem bei abstrakten Konzepten Augmented Reality Vorteile gegenüber anderen Medien haben kann.

AR dient den Lehrpersonen momentan zumeist als „add-on" im Unterricht (Kapoor & Naik, 2020), um unterschiedliche Themen in einer interaktiven Art und Weise zu erläutern. Auch wenn es AR Anwendungen zum eigenständigen Lernen gibt, so zielen die meisten AR Anwendungen nicht darauf ab, Lehrpersonen oder klassische Lernmethoden zu ersetzen, sondern zu ergänzen (Rossano et al., 2020). So bietet der Schulbuchverlag Cornelsen beispielsweise teilweise zu seinen Lehrbüchern eine Augmented Reality Anwendung an, um die Inhalte digital zu erweitern.[1]

Auch wenn Augmented Reality einige Vorteile für den Schulunterricht mitbringt, so sind auch Probleme und Hürden mit der Nutzung von AR verbunden. Beispielsweise kann ein AR System für einen Benutzer zunächst kompliziert wirken (Lin et al., 2011). Die Gestaltung der Anwendung und des Interfaces spielt daher eine entscheidende Rolle bei der Akzeptanz gegenüber der Technologie bei Lehrenden (Squire & Jan, 2007). Des Weiteren ist die Hardware häufig nicht auf Kinder oder für den Einsatz im Klassenzimmer ausgelegt (Yu et al., 2010) und technische Probleme sind nicht ausgeschlossen (Wu et al., 2013). So lassen sich beispielsweise auch Interventionsstudien finden, bei denen Lernende, die mit einer AR-Anwendung unterrichtet wurden, in einem Post-Test schlechter

---

[1] Siehe BuchTaucher-App, https://www.cornelsen.de/buchtaucher.

abschnitten als Personen, die ohne diese Anwendung unterrichtet wurden (siehe Dünser, 2005).

3.4   Augmented Reality im Mathematikunterricht

In Forschung und Entwicklung wurde Augmented Reality mit Bezug zum Mathematikunterricht bisher wenig berücksichtigt. Ahmad und Junaini (2020) untersuchten in einem systematischen Literaturreview den Einsatz von Augmented Reality im Mathematikunterricht. Dabei untersuchten sie 19 englischsprachige Publikationen aus dem Zeitraum 2015 bis 2019 und konnten unter anderem die spezifischen Vorteile von AR für den Mathematikunterricht sowie die adressierten Themen identifizieren. Zu den spezifischen Vorteilen gehören laut der Metastudie von Ahmad und Junaini das gesteigerte Selbstvertrauen der Schülerinnen und Schüler sowie deren gesteigertes Verständnis zum Beispiel von geometrischen Formen (Gecu-Parmaksiz & Delialioglu, 2019), die umfänglichen Möglichkeiten von unterschiedlichen Visualisierungen vor allem von dreidimensionalen Körpern (Chen, 2019) und das interaktive Lernen mit dem Medium (Demitriadou et al., 2020).

Ein Großteil der untersuchten Arbeiten und AR Anwendungen (33 %) befassen sich mit dem Inhaltsbereich der Geometrie[2]. Dies ist nicht überraschend, da sich Augmented Reality durch die Visualisierungsmöglichkeiten für dieses Themenfeld besonders anbietet. Ein bekanntes Beispiel ist die AR-Funktion der GeoGebra 3D Rechner-App, mit der sich ein virtuelles 3D-Koordinatensystem und 3D-Objekte auf einer flachen Oberfläche positionieren und von unterschiedlichen Seiten betrachten lassen. Die Eingabe, Erstellung und Veränderung von Objekten erfolgt weiterhin über das Touchdisplay. Andere AR-Anwendungen aus dem Bereich der Geometrie basieren zum Teil auch auf der Basis von visuellen AR-Markern (z. B. Math VR) und erlauben ebenfalls lediglich eine Bildschirmeingabe. In der im Folgenden vorgestellten und von den Autoren dieses Beitrags entwickelten AR-Anwendung wird ebenfalls ein markerbasiertes Tracking-System verwendet. Der Fokus liegt dabei aber insbesondere auf der gezielten Positionierung und Bewegung verschiedener Marker zur Informationseingabe und weniger auf der klassischen Eingabe über das Touchdisplay.

---

[2] 44 % der untersuchten Arbeiten in Ahmad und Junaini (2020) haben kein genaues Themenfeld angegeben.

4   Die AR-App „3D-Geometrie"

4.1   Das 3D-Koordinatenmodell

Die Grundlage für die AR-App „3D-Geometrie" bildet ein 3D-gedrucktes räumliches Koordinatenmodell. Räumliche Koordinatenmodelle gelten für den Unterricht der Analytischen Geometrie im Allgemeinen als hilfreiche Visualisierungsmöglichkeit. Ein besonderer Vorteil ist die „echte" Dreidimensionalität, die es im Vergleich zu Darstellungen am Computer oder auf Papier erlaubt, Längen und Winkel unverzerrt abzubilden (vgl. Henn & Filler, 2015). Mathematische Sachverhalte und lebensweltliche Objekte können im Modell einfach nachgebaut werden (vgl. Breuer, 2014).

Es gibt viele Möglichkeiten, dreidimensionale Koordinatenmodelle in den Unterricht zu integrieren. Die Auswahl reicht von aufwendigen vorgefertigten bis zu einfachen aus Papier gebastelten Modellen. Mit Hilfe der 3D-Druck-Technologie lassen sich ebenfalls Koordinatenmodelle herstellen, die individuell an die Bedürfnisse der Lernenden angepasst werden können. Das nachfolgend beschriebene Modell ermöglicht die Darstellung von Punkten, Pfeilen, Geraden und Ebenen (siehe Abb. 1) (eine ausführliche Beschreibung findet sich in Dilling, 2019b).

Geraden und Ebenen können im Koordinatenmodell auf unterschiedliche Weise dargestellt werden:

- Die *Parameterdarstellung* ermöglicht die Festlegung einer Geraden oder Ebene durch einen Punkt sowie ein bzw. zwei Vektorpfeile (Abb. 2a). Durch das Verändern der Pfeile kann die Abhängigkeit dynamisch erkundet werden.
- Bei der *Normalenform* von Ebenen wird diese durch einen festen Punkt und einen orthogonal zur Ebene stehenden Vektorpfeil festgelegt (Abb. 2b). Durch das dynamische Verändern des Normalenvektorpfeils können Abhängigkeiten zwischen Ebene und Vektor untersucht werden.
- Die *Koordinatenform* ermöglicht schließlich die Festlegung einer Ebene durch drei auf den Koordinatenachsen liegende Punkte (Abb. 2c). Die Punkte im Modell können auf den Achsen verschoben werden und die Ebene passt sich dynamisch an.

Des Weiteren ermöglicht das 3D-Modell das eigenständige Erkunden von Lagebeziehungen von Geraden und Ebenen durch die Schülerinnen und Schüler. Winkel und Abstände zwischen den Geraden sind im 3D-Modell unverzerrt dargestellt

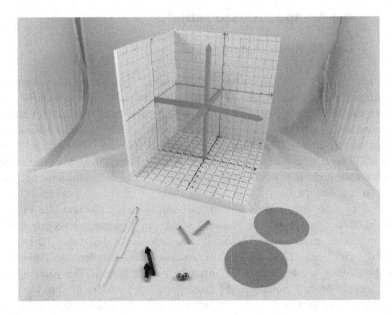

Abb. 1 3D-gedrucktes Koordinatenmodell

Abb. 2 Ebenen im Koordinatenmodell: a) Parameterform – b) Normalenform – c) Koordinatenform

Abb. 3 Zwei windschiefe (a) und zwei sich schneidende Geraden (b)

und können mit einem Geodreieck direkt gemessen werden. 3D-Modelle von zwei windschiefen und zwei sich schneidenden Geraden sind in Abb. 3 zu sehen.

Auch wenn die physischen Eigenschaften des Koordinatensystems die Konzepte von Geraden und Ebenen im dreidimensionalen Raum greifbar machen, so bringt dies auch ein Problem mit sich. Die physischen Modelle können nur einen sehr begrenzten Ausschnitt aus dem mathematischen Modell abbilden und haben konstruktionsbedingt eine dreidimensionale Ausdehnung – es werden damit beträchtliche Transferleistungen der Schülerinnen und Schüler vorausgesetzt. Der Verfremdungseffekt erscheint aber insofern tolerabel, als dass Schülerinnen und Schüler in der Oberstufe bereits gefestigte tragfähige Vorstellungen beispielsweise vom Charakter einer geraden Linie ausgebildet haben und den Modellcharakter vermutlich korrekt einordnen können.

4.2   Erweiterung des 3D-Koordinatenmodells durch die AR-App „3D-Geometrie"

Zu dem zuvor vorgestellten 3D-Koordinatenmodell haben die Autoren dieses Beitrags die Augmented Reality Anwendung „3D-Geometrie" mit der 3D-Spiel-Engine Unity für hand-held Geräte wie Smartphones und Tablets entwickelt. Die Anwendung nutzt das Software Development Kit *Vuforia* zur Implementation der Augmented Reality Features. Eine Besonderheit von *Vuforia* liegt in

Abb. 4 AR-Marker (oben rechts) erzeugt virtuelle Ebene auf einem Tablet (links)

der Möglichkeit, zeitgleich mehrere Marker zu erkennen und mit unterschiedlichen Funktionen zu belegen. Außerdem kann ein Marker auch erkannt werden, wenn einzelne Teile bedeckt sind (z. B. durch ein Körperteil oder einen anderen Marker) (siehe Abb. 4).

In der App „3D-Geometrie" sorgt ein großer Marker an einer der Wände des Koordinatenmodells für die zu dem Koordinatenmodell passende Festlegung des Koordinatenursprungs und der Orientierung der Achsen. Sobald dieser große Marker erkannt wird, wird ein virtuelles schwarzes Koordinatenkreuz in das Bild eingeblendet (Abb. 5a).

Des Weiteren wurden auch die physischen Ebenen des Koordinatenmodells (Abb. 2) mit visuellen Markern versehen. Wird ein Marker auf einer physischen Ebene von der AR Anwendung erkannt, so wird die Ebene virtuell erweitert (Abb. 5b). Außerdem wird eine symbolische Beschreibung der Ebene eingeblendet. Hierbei kann zwischen der Parameterform, der Normalenform und der Koordinatenform gewechselt werden. Die symbolische Beschreibung der Ebene wird dynamisch durch die Positionierung der physischen Ebene anhand des Markers ermittelt. Das bedeutet, dass sich die virtuelle Ebene immer der physischen Ebene anpasst und die Informationen im User Interface aktualisiert werden.

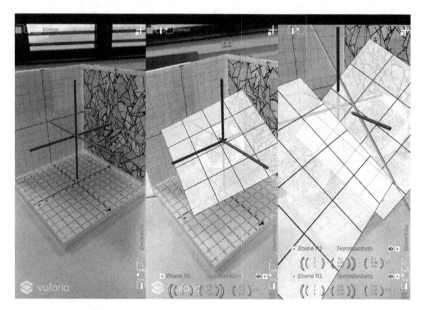

Abb. 5 Koordinatenkreuz (a), eine Ebene (b) sowie zwei sich schneidende Ebenen (c) in der AR-App „3D-Geometrie"

Dies bietet die Möglichkeit, direkt mit dem Inhalt in der AR Anwendung zu interagieren. Befinden sich zwei physische Ebenen im Koordinatensystem, so werden beide erfasst und virtuell erweitert. Es besteht auch die Möglichkeit, sich weitere Informationen zu ihren Beziehungen anzeigen zu lassen. Dazu gehören die Visualisierung der Schnittgeraden mit zusätzlicher Darstellung in der Parameterform sowie der Winkel zwischen den Ebenen und bei Parallelität der Abstand zwischen diesen (Abb. 5c).

Auf den physischen Punkten und Geraden kann aufgrund der Größe kein geeigneter Marker platziert werden. Allerdings lassen sich Punkte, Geraden und auch Ebenen virtuell durch die Eingabe am Bildschirm hinzufügen. Hierzu können in der linken oberen Ecke drei Icons angetippt werden, die für Punkte, Geraden und Ebenen im Raum stehen. Die Eingabe eines Punktes erfolgt über dessen Koordinaten (Abb. 6a), die Gerade kann in Parameterform eingegeben werden (Abb. 6b) und für die Ebene lässt sich die Parameter-, die Koordinaten- oder die Normalenform zur Eingabe auswählen (Abb. 6c). Sobald ein Wert eingegeben wurde, erscheint visuell im AR-Koordinatensystem am Bildschirm ein

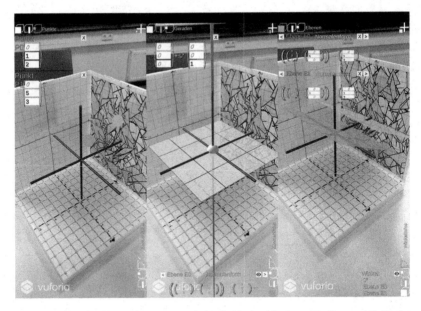

Abb. 6 Auf dem Bildschirm hinzugefügte Objekte in der AR-App „3D-Geometrie": Punkte (a), Gerade und Ebene (b) sowie zwei parallele Ebenen (c)

Punkt, eine gerade Linie im Raum oder der rechteckige Ausschnitt einer Ebene. Im Falle der Ebene ist es wichtig, dass nicht der gesamte Bildschirm gefüllt ist und ein Raster abgebildet ist, damit man die Orientierung im Raum auch auf dem 2D-Bildschirm erkennen kann. Die Objekte sind farblich voneinander abgesetzt und leicht transparent, damit auch dahinter positionierte Objekte betrachtet werden können. Die Objekte können durch die Änderung von Zahlenwerten auch später noch verändert werden.

5   Fazit und Ausblick

In diesem Beitrag wurde die AR-Technologie im Mathematikunterricht am Beispiel der App „3D-Geometrie" exemplarisch beschrieben. Anders als bei vielen bisherigen AR-Mathematik-Apps liegt der Fokus von „3D-Geometrie" auf Handlungen mit einem physischen Koordinatenmodell. Die Informationen zu den Handlungen, insbesondere die Positionierung von Ebenen im 3D-Modell, werden durch Marker auf den Objekten erfasst und so für die App nutzbar gemacht. Dies ermöglicht die Erweiterung des physischen Modells, z. B. durch eine symbolische Beschreibung oder die Visualisierung einer Schnittgeraden.[3]

Der Einsatz im Unterricht kann als grundsätzliche Visualisierungshilfe für recht unterschiedliche Problemstellungen aus der analytischen Geometrie erfolgen. Indem sich viele verschiedene Objekte (Punkte, Geraden und Ebenen) und verschiedene Darstellungsformen (grafisch, Parameterform, Koordinatenform, Normalenform) in Beziehung zueinander setzen lassen, kann das Koordinatenmodell und die AR-App „3D-Geometrie" die Einführung grundlegender Begriffe aus der analytischen Geometrie begleiten und so immer wieder Einzug in den Unterricht halten. Auch in Übungsaufgaben kann die App bei Bedarf genutzt werden, um Hürden in Bezug auf das räumliche Vorstellungsvermögen zu überwinden.

Grundsätzlich scheint die AR-Technologie reichhaltige Erweiterungsmöglichkeiten für physische Arbeitsmittel zu bieten, sodass die Vorteile klassischer Arbeitsmittel mit den Vorteilen digitaler Medien verknüpft werden können. Viele weitere Anwendungsgebiete aus der Mathematik sind in diesem Zusammenhang denkbar, darunter Abbildungen, Schnitte an Körpern oder Projektionen aus der Raumgeometrie. Auf der Grundlage der in diesem Beitrag vorgestellten Anwendung sollen im Rahmen des Forschungsprojektes weitere Szenarien entwickelt und schließlich auch systematisch als Grundlagen- und Entwicklungsforschung zu AR im Mathematikunterricht untersucht werden.[4]

Literatur

Ahmad, N. I. N., & Junaini, S. N. (2020). Augmented reality for learning mathematics: A systematic literature review. *International Journal of Emerging Technologies in Learning, 15*(16), 106–122. https://doi.org/10.3991/ijet.v15i16.14961.

Azuma, R. T. (1997). A survey of augmented reality. *Presence: Teleoperators and Virtual Environments, 6*(4), 355–385. https://doi.org/10.1.1.30.4999.

Breuer, D. (2014). Geometrie im Klettergarten mit dem 3-D-Modell. *Praxis der Mathematik in der Schule, 56*, 15–22.

Billinghurst, M., Clark, A., & Lee, G. (2015). A survey of augmented reality. *Foundations and Trends® in Human–Computer Interaction, 8*(2–3), 73–272. https://doi.org/10.1561/1100000049.

---

[3] Anzumerken sei hier, dass die App auch ohne das physische Modell ausschließlich mit den ausgedruckten Markern genutzt werden kann (siehe Abb. 4).

[4] Zum Zeitpunkt der Veröffentlichung dieses Beitrags ist die App noch nicht öffentlich zugänglich. Nach weiteren durch wissenschaftliche Untersuchungen begleiteten Überarbeitungen und Erweiterungen soll die App bereit gestellt werden.

Chen, Y. (2019). Effect of mobile augmented reality on learning performance, motivation, and math anxiety in a math course. *Journal of Educational Computing Research, 57*(7), 1695–1722. https://doi.org/10.1177/0735633119854036.

Demitriadou, E., Stavroulia, K. E., & Lanitis, A. (2020). Comparative evaluation of virtual and augmented reality for teaching mathematics in primary education. *Education and Information Technologies, 25*(1), 381–401. https://doi.org/10.1007/s10639-019-09973-5.

Di Serio, Á., Ibáñez, M. B., & Kloos, C. D. (2013). Impact of an augmented reality system on students' motivation for a visual art course. *Computers & Education, 68*, 586–596. https://doi.org/10.1016/j.compedu.2012.03.002.

Dilling, F. (2022, im Druck). *Begründungsprozesse im Kontext von (digitalen) Medien im Mathematikunterricht. Wissensentwicklung auf der Grundlage empirischer Settings.* Springer Spektrum. (Dissertation)

Dilling, F. (2019a). *Der Einsatz der 3D-Druck-Technologie im Mathematikunterricht. Theoretische Grundlagen und exemplarische Anwendungen für die Analysis.* Springer Spektrum.

Dilling, F. (2019b). Ebenen und Geraden zum Anfassen – Lineare Algebra mit dem 3D-Drucker. *Beiträge zum Mathematikunterricht 2019*, 177–180.

Dilling, F, Marx, B., Pielsticker, F., Vogler, A., & Witzke, I. (2021). *Praxisbuch 3D-Druck im Mathematikunterricht. Einführung und Unterrichtsentwürfe für die Sekundarstufe I und II.* Waxmann.

Dünser, A. (2005). *Trainierbarkeit der Raumvorstellung mit Augmented Reality.* Dissertation an der Universität Wien.

Garzón, J., Pavón, J., & Baldiris, S. (2019). Systematic review and meta-analysis of augmented reality in educational settings. *Virtual Reality, 23*(4), 447–459. https://doi.org/10.1007/s10055-019-00379-9.

Gecu-Parmaksiz, Z., & Delialioglu, O. (2019). Augmented reality-based virtual manipulatives versus physical manipulatives for teaching geometric shapes to preschool children. *British Journal of Educational Technology, 50*(6), 3376–3390. https://doi.org/10.1111/bjet.12740.

Henn, H.-W. & Filler, A. (2015). *Didaktik der Analytischen Geometrie und Linearen Algebra. Algebraisch verstehen - geometrisch veranschaulichen und anwenden.* Berlin, Heidelberg: Springer Spektrum.

Ibáñez, M. B., Di Serio, Á., Villarán, D., & Delgado Kloos, C. (2014). Experimenting with electromagnetism using augmented reality: Impact on flow student experience and educational effectiveness. *Computers and Education, 71*, 1–13. https://doi.org/10.1016/j.compedu.2013.09.004.

Jeon, S., & Choi, S. (2009). Haptic augmented reality: Taxonomy and an example of stiffness modulation. *Presence: Teleoperators and Virtual Environments, 18*(5), 387–408. https://doi.org/10.1162/pres.18.5.387.

Kapoor, V., & Naik, P. (2020). Augmented reality-enabled education for middle schools. *SN Computer Science, 1*(3), 1–7. https://doi.org/10.1007/s42979-020-00155-6.

Lengnink, K., Meyer, M., & Siebel, F. (2014). MAT(H)Erial. *Praxis der Mathematik in der Schule, 58*, 2–8.

Lin, H. K., Hsieh, M., Wang, C., Sie, Z., & Chang, S. (2011). Establishment and usability evaluation of an interactive AR learning system on conservation of fish. *Turkish Online Journal of Educational Technology, 10*(4), 181–187.

Milgram, P., & Kishino, F. (1994). Taxonomy of mixed reality visual displays. *IEICE Transactions on Information and Systems, E77-D*(12), 1321–1329.

Narumi, T., Nishizaka, S., Kajinami, T., Tanikawa, T., & Hirose, M. (2011). Augmented reality flavors: Gustatory display based on edible marker and cross-modal interaction. In *Proceedings of the SIGCHI Conference on Human Factors in Computing Systems* (S. 93–102). Association for Computing Machinery. https://doi.org/10.1145/1978942.1978957.

Pielsticker, F. (2020). *Mathematische Wissensentwicklungsprozesse von Schülerinnen und Schülern. Fallstudien zu empirisch-orientiertem Mathematikunterricht am Beispiel der 3D-Druck-Technologie.* Springer Spektrum.

Radianti, J., Majchrzak, T. A., Fromm, J., & Wohlgenannt, I. (2020). A systematic review of immersive virtual reality applications for higher education: Design elements, lessons learned, and research agenda. *Computers and Education, 147,* 103778. https://doi.org/10.1016/j.compedu.2019.103778.

Radu, I. (2012). Why should my students use AR? A comparative review of the educational impacts of augmented-reality. *ISMAR 2012 – 11th IEEE International Symposium on Mixed and Augmented Reality 2012, Science and Technology Papers,* 313–314. https://doi.org/10.1109/ISMAR.2012.6402590.

Radu, I. (2014). Augmented reality in education: A meta-review and cross-media analysis. *Personal and Ubiquitous Computing, 18*(6), 1533–1543. https://doi.org/10.1007/s00779-013-0747-y.

Rossano, V., Lanzilotti, R., Cazzolla, A., & Roselli, T. (2020). Augmented reality to support geometry learning. *IEEE Access, 8,* 107772–107780. https://doi.org/10.1109/ACCESS.2020.3000990.

Schmidt-Thieme, B., & Weigand, H.-G. (2015). Medien. In R. Bruder, L. Hefendehl-Hebecker, B. Schmidt-Thieme, & H.-G. Weigand (Hrsg.), *Handbuch der Mathematikdidaktik* (S. 416–490). Springer Spektrum.

Speicher, M., Hall, B. D., & Nebeling, M. (2019). What is mixed reality? *Proceedings of the 2019 CHI Conference on Human Factors in Computing Systems – CHI '19,* 1–15. https://doi.org/10.1145/3290605.3300767.

Squire, K. D., & Jan, M. (2007). Mad city mystery: Developing scientific argumentation skills with a place-based augmented reality game on handheld computers. *Journal of Science Education and Technology, 16*(1), 5–29. https://doi.org/10.1007/s10956-006-9037-z.

Tarng, W., Yu, C. S., Liou, F. L., & Liou, H. H. (2013). Development of a virtual butterfly ecological system based on augmented reality and mobile learning technologies. *2013 9th International Wireless Communications and Mobile Computing Conference IWCMC, 2013,* 674–679. https://doi.org/10.1109/IWCMC.2013.6583638.

Wang, J., Erkoyuncu, J., & Roy, R. (2018). A conceptual design for smell based augmented reality: Case study in maintenance diagnosis. *Procedia CIRP, 78,* 109–114. https://doi.org/10.1016/j.procir.2018.09.067.

Witzke, I., & Heitzer, J. (2019). 3D-Druck: Chance für den Mathematikunterricht? Zu Möglichkeiten und Grenzen eines digitalen Werkzeugs. *Mathematik Lehren, 217,* 2–9.

Wu, H. K., Lee, S. W. Y., Chang, H. Y., & Liang, J. C. (2013). Current status, opportunities and challenges of augmented reality in education. *Computers and Education, 62,* 41–49. https://doi.org/10.1016/j.compedu.2012.10.024.

Yu, D., Jin, J. S., Luo, S., Lai, W., & Huang, Q. (2010). *A useful visualization technique: A literature review for augmented reality and its application, limitation & future direction BT – visual information communication* In M. L. Huang, Q. V. Nguyen, & K. Zhang (Hrsg.), (S. 311–337). Springer US.

Zusammenhänge von motivationalen und affektiven Aspekten und digitaler Herzfrequenzmessung bei mathematischer Wissensentwicklung beschreiben – Eine quantitative Studie

Felicitas Pielsticker und Magnus Reifenrath

Die folgende Studie untersucht mit einem quantitativen Forschungsdesign motivationale und affektive Aspekte von Schüler*innen (14–17 Jahre) in einer mathematischen Lehr-Lern-Situation zur Graphentheorie. Motivationale und affektive Aspekte werden mit der Herzfrequenzmessung (über das digitale Medium einer Pulsuhr) in mathematischen Wissensentwicklungsprozessen in einem empirisch-orientierten Mathematikunterricht in Beziehung gesetzt. Interessant ist, dass ein Zusammenhang zwischen Konstrukten zu motivationalen und affektiven Aspekten und einer Herzfrequenzmessung der Schüler*innen beschreibbar ist. Hieraus ergeben sich weitere Impulse zur Untersuchung von Zusammenhängen zwischen Unterrichtsphasen, Aufgaben und Schüler*innenmotivation.

1 Einleitung

Lernen wird heute als ein aktiver Prozess verstanden (Scherer & Weigand, 2017). Dabei ist allgemein anerkannt, dass Schüler*innen ihr mathematisches Wissen in Handlungs- und Aushandlungsprozessen konstituieren (Krummheuer, 1984).

F. Pielsticker (✉) · M. Reifenrath
Fak. IV/Didaktik der Mathematik, Universität Siegen, Siegen, Deutschland
E-Mail: pielsticker@mathematik.uni-siegen.de

M. Reifenrath
E-Mail: reifenrath@mathematik.uni-siegen.de

Mathematische Wissensentwicklungsprozesse von Schüler*innen hängen dabei von individuellen Erfahrungsbereichen ab (Bauersfeld, 1983). Mit dem Ansatz von Burscheid und Struve (2020) können diese als Konstruktion von Theorien über bestimmte Phänomene der Empirie beschrieben werden – empirische Theorien. Mit dem kognitionspsychologischen Ansatz der „Theory theory" von Alison Gopnik, erscheint es durchaus als sinnstiftend, das Verhalten und Wissen von Schüler*innen in Theorien zu beschreiben. Burscheid und Struve (2020) halten fest, dass mit „Wissen […] in diesem Kontext nicht [das] von der betreffenden Person formulierte[…] Wissen gemeint [ist] […,] sondern das Wissen, das Beobachter den betreffenden Personen unterstellen, um ihr Verhalten zu erklären: Die Personen – etwa die Kleinkinder oder auch Schüler – verhalten sich so, als ob sie über das Wissen/die Theorie verfügen würden" (Burscheid & Struve, 2020, S. 53–54). Dies kann mit den Studien von Gopnik (2003) in Verbindung gebracht werden, wenn es hier heißt, dass „children develop abstract, coherent, systems of entities and rules, particularly causal entities and rules, […] they develop theories" (Gopnik, 2003, S. 5).

Dieser Artikel stellt mit Bezug zu den genannten Ansätzen eine Pilot-Studie vor, die aufzeigen soll, inwiefern Zusammenhänge zwischen affektiven und motivationalen Aspekten und der physiologischen Komponente einer Herzfrequenzmessung in mathematischen Wissensentwicklungsprozessen in einem empirisch-orientierten Mathematikunterricht bestehen. Die Bedeutung motivationaler und affektiver Aspekte – und nicht nur ausschließlich kognitiver Strukturen – in Lehr-Lern-Prozessen tauchte dabei zunächst in der Mitte des zwanzigsten Jahrhunderts auf (Goldin et al., 2016, S. 2) und auch di Martino hält fest „intentional actions involve complex relationships between affective and cognitive aspects; therefore, it is crucial to develop methods able to grasp this complexity" (Goldin et al., 2016, S. 3).

Um die Frage des Zusammenhangs zu klären geht der Artikel zunächst auf den theoretischen Hintergrund hinsichtlich des deskriptiven Konzepts der Subjektiven Erfahrungsbereiche (kurz: SEB) nach Bauersfeld (1983, 1985) und des empirisch-orientierten Mathematikunterrichts ein. Mit Bezug zu aktuellen Darstellungen hinsichtlich motivationaler und affektiver Aspekte im Mathematikunterricht folgt in Abschn. 3 die Darlegung des Forschungsansinnens und die Klärung der Hypothesen der Studie. Methodische Entscheidungen u. a. hinsichtlich Datenerhebung und verwendetem Setting werden in Abschn. 4 deutlich gemacht und die Ergebnisse und folgende Analyse in Abschn. 5 dargelegt. Den Abschluss des Artikels bildet mit Rückblick auf unsere Hypothesen eine Zusammenfassung der Ergebnisse und ein Ausblick auf die Untersuchung weiterer Zusammenhänge zwischen Unterrichtsphasen, Aufgaben und Schüler*innenmotivation (Abschn. 6).

## 2	Theoretischer Hintergrund

Studien von Bauersfeld (1983), Coles (2015), Steinbring (2015) oder Voigt (1984) konnten zeigen, dass es Unterschiede zwischen den Perspektiven der Lehrkräfte und den Perspektiven der Schüler*innen auf Mathematikunterricht gibt. So hält Voigt fest: „Die Mehrdeutigkeit der Objekte ist nicht nur eine Besonderheit einzelner Episoden oder einzelner Aufgaben. Die Mehrdeutigkeit der Objekte kann eine grundsätzliche und lang andauernde Eigenschaft des Unterrichtsgesprächs sein, wenn Lehrer und Schüler die Objekte in systematisch unterschiedlicher Weise interpretieren" (Voigt, 1994, S. 86). In diesem Beitrag wollen wir auf die Schüler*innen Perspektive fokussieren und im Sinne einer konstruktivistischen Lernkonzepts davon ausgehen, dass Schüler*innen ihr Wissen im Umgang mit der sie umgebenden Realität entwickeln und aushandeln.

Entscheidend ist dazu das deskriptive Konzept der Subjektiven Erfahrungsbereiche nach Bauersfeld (1983, 1985). Im Beitrag „Ergebnisse und Probleme von Mikroanalysen Mathematischen Unterrichts" (1985) legt Bauersfeld mithilfe der Formulierung von Thesen seine Konzeption Subjektiver Erfahrungsbereiche sehr prägnant dar; vereinfacht formuliert, handelt es sich um individuelle kognitive und affektive Wissensstrukturen, die Schüler*innen kontextspezifisch aufbauen. Die Darstellungen dieses Beitrags zu Zusammenhängen von motivationalen und affektiven Aspekten und digitaler Herzfrequenzmessung konzentriert sich dabei auf die Beschreibung der affektiven Wissensstrukturen (mit Bezug zu SEB). Der Ausgang von einem konstruktivistischen Lernkonzept und der Ansatz der Subjektiven Erfahrungsbereiche nach Bauersfeld bietet dabei einen Orientierungsrahmen unseres Beitrags.

Mit dem Konzept der Subjektiven Erfahrungsbereiche können wir beschreiben, wie Schüler*innen ihr Wissen in einem konstruktivistischen und interaktionistischen Sinne entwickeln. Der Kerngedanke ist, dass Lernen ein domänenspezifischer Prozess ist und so als an eine bestimmte Situation und einen bestimmten Kontext gebunden beschrieben werden kann. Zu den Erfahrungsbereichen gehören die Bedeutung, die Sprache, die Objekte und die Handlungen, die kognitive und motivationale oder emotionale Dimensionen umfassen. Nach Bauersfeld kann festgehalten werden, dass „[...] learning is characterized by the subjective reconstruction of social means and models through the negotiation of meaning in social interaction and in the course of related personal activities. New knowledge, then, is constituted and arises in the social interaction of members of a social group (culture), whose accomplishments reproduce as well as transmute the culture" (Bauersfeld, 1988, S. 39). Eine wichtige Rolle bei der Verknüpfung der einzelnen

SEB spielt die Sprache. Nach Tiedemann (2016) hat ein Begriff eine Bedeutung, vor allem im Zusammenhang mit anderen Begriffen, aber jeder Begriff hat einen spezifischen Sprachgebrauch. Eine Generalisierung von Begriffen wird in erster Linie durch die Bewältigung eines kognitiven Konflikts erreicht, sodass eine Analogie gebildet werden kann und gemeinsame mathematische Inhalte aus zwei verschiedenen SEB erkannt werden können. Dieser Prozess erfordert einen neu konstituierten SEB, der die Analogiebildung durch eine spontane Sinnkonstruktion des Lernenden ermöglicht (Bauersfeld, 1983). Vor diesem Hintergrund scheint die Bildung von Verbindungen zwischen mathematischen Strukturen für die Entwicklung mathematischer Begriffe keinesfalls als trivial. Um mathematische Zusammenhänge zu erschließen, spielt die Bedeutungsaushandlung von Begriffen in der Interaktion mit anderen Lernenden (bspw. haben die hier betrachteten Schüler*innen in Gruppen gearbeitet) eine entscheidende Rolle (Bauersfeld, 2000). Durch gezielte kognitive Konflikte, initiiert bspw. durch die Lehrperson, können Lernende veranlasst werden ihr Wissen zu erweitern – einen neuen verbindenden SEB zu konstituieren. Im Sinne des Ansatzes nach Bauersfeld spielen neben den kognitiven dann auch die affektiven Wissensstrukturen eine entscheidende Rolle für die Entwicklung mathematischen Wissens. Insbesondere, wenn wir davon ausgehen, dass eine Wissenserfahrung „total" (Bauersfeld, 1985, S. 11) ist.

Dieser Beitrag soll in einer quantitativen Studie, affektive Wissensstrukturen von Schüler*innen (durch Konstrukte zur Messung von motivationalen und affektiven Aspekten), mit einer Herzfrequenzmessung zusammenbringend darstellen.

Darauf aufbauend ist für unsere beschreibende Analyse der motivationalen und affektiven Aspekte in den Wissensentwicklungsprozessen der betrachteten Schüler*innen das Konzept des empirisch-orientierten Mathematikunterrichts (Pielsticker, 2020) grundlegend. Der in Abschn. 4.2 skizzierte Workshop wurde im Sinne eines empirisch-orientierten Mathematikunterrichts entwickelt, konzipiert und durchgeführt. Grundlage für einen empirisch-orientierten Mathematikunterricht bietet dabei der Ansatz der empirischen Theorien nach Burscheid und Struve (2020). Empirisch-orientierter Mathematikunterricht „ist ein Mathematikunterricht, in dem die Lehrkraft die bewusste didaktische Entscheidung (im präskriptiven Sinne) trifft in Konzeption und Durchführung mit empirischen Objekten als den mathematischen Objekten des Mathematikunterrichts zu arbeiten. Die empirischen Objekte (z. B. manipulierte Spielwürfel oder Zeichenblattfiguren) dienen im Unterricht nicht zur Veranschaulichung eigentlich abstrakter mathematischer Begriffe, sondern die Objekte sind die Gegenstände des Unterrichts" (Pielsticker, 2020, S. 44–45).

Im Folgenden wird ein Lehr-Lern-Prozess aus einem Mathematikunterricht vorgestellt, der dieser Konzeption Rechnung trägt.[1]

3 Forschungsansinnen und Hypothesen

Da affektive und motivationale Aspekte mit Blick auf unseren theoretischen Hintergrund aus Abschn. 2 wichtig sind und dabei vor allem mit dem Konzept der SEB in Verbindung stehen, ist es sinnvoll einen Blick auf bisherige Forschung und entwickelte Konstrukte in diesem Bereich zu werfen. Einen guten Überblick liefern hierzu u. a. Goldin et al. (2016), die herausstellen, dass sich Konzepte und Theorien im affektiven Bereich entlang dreier Dimensionen abbilden lassen, wobei die erste Dimension „identifies three broad categories of affect: motivation, emotions, and beliefs" (Goldin et al., 2016, S. 1). Die letzte Dimension umfasst dabei die theoretische Ebene, welche sich in drei Hauptebenen untergliedern lässt: „physiological (embodied), psychological (individual), and social" (Goldin et al., 2016, S. 1). Dabei stellt Hannula ebenfalls fest, dass Affekt im mathematischen Kontext vornehmlich die psychologische Ebene adressiert, wohingegen die physiologische Ebene „is not very popular among mathematics eductors" (Goldin et al., 2016, S. 2). In unserer Studie adressieren wir u. a. auch diese Ebene durch eine Herzratenmessung und greifen dadurch auf, dass Hannula feststellt, dass es zwar im Bereich affektiver und motivationaler Komponenten einige Forschungsergebnisse existieren, allerdings auch „insufficiently explored venues that call for additional research" (Goldin et al., 2016, S. 2). In der Studie werden dabei affektive Konstrukte mit eben dieser physiologischen Komponente in Verbindung gesetzt. Um die von uns untersuchten affektiven Konstrukte dabei einzuordnen ist ein Blick auf das weithin verbreitete TMA-Modell für das Konstrukt „attitude" interessant. Nach diesem Drei-Komponenten-Modell von Di Martino besitzt attitude drei Dimensionen: „emotional dimension", „vision of mathematics" und „perceived competence" (Goldin et al., 2016, S. 6), welche miteinander in Beziehung stehen. Die in unserer Studie untersuchten Konstrukte easiness, enjoyment und helpfulness, welche nachfolgend genauer erläutert werden, lassen sich dabei im Bereich der emotionalen Dimension und der wahrgenommenen Kompetenz ansiedeln. Zusätzlich zeigen die Konstrukte einen deutlichen Bezug zur Motivations-Forschung. Goldin, Jansen und Middleton schlagen neben der

---

[1] Wir möchten an dieser Stelle darauf hinweisen, dass die Ergebnisse dieses Beitrags auch auf der Tagung „27th Conference of Mathematical Views (DIMAVI27)" vorgetragen und im englischsprachigen Tagungsband veröffentlicht werden.

generellen Berücksichtigung affektiver Strukturen hier vor „that the focus of motivation research be shifted from the study of longer-term attitudes and beliefs toward that of in-the-moment-engagement" (Goldin et al., 2016, S. 18). Sowohl mit unserer Erhebung der Daten zur Herzfrequenzmessung als auch zu easiness, enjoyment und helfulness greifen wir dabei den situativen Aspekt (hinsichtlich „in-the-moment-engagement") der Motivations-Forschung auf. Zu erwähnen sei hier, dass diese Unterscheidung in „"" und „""sich auch in vielen wichtigen individuellen Motivationsfaktoren (interest, perceived instrumentality, etc.) findet (Goldin et al., 2016, S. 20 f.).

Das Anliegen der Studie ist also motivationale und affektive Aspekte aufzu-greifen und diese in Verbindung mit physiologischen Komponenten zu setzen. Auch Goldin, Jansen und Middleton sehen u. a. im Schnittpunkt von Motivation und Affekt „the future oft the field" (Goldin et al., 2016, S. 23). In der vorliegen-den Studie führen wir daher zur Messung motivationaler und affektiver Aspekte in Wissensentwicklungsprozessen von Schüler*innen im empirisch-orientierten Mathematikunterricht die drei bereits angesprochenen Konstrukte easiness, enjoy-ment und helpfulness (Rennie, 1994; Woithe, 2020) ein und mit unserer Messung der Herzfrequenz zusammen. Die Wahl dieser Konstrukte basierte im Wesent-lichen auf einer Pilotstudie von Rennie (1994), die darauf abzielte, kognitive und affektive Ergebnisse bei Schüler*innen, die ein naturwissenschaftliches Bil-dungszentrum besuchten, zu messen und zu diesem Zweck ein kurzes, leicht verständliches und bewertbares Messinstrument zu entwickeln. Um die entspre-chenden Konstrukte zu erfassen, orientierten wir uns an den Items von Woithe, da es ähnlich wie bei unserem Lehr-Lern-Prozess keine explizite Gruppenarbeit gab und daher die Items dem Kontext entsprechend angepasst wurden (Woithe, 2020). Generell ist der Erhebungskontext von Woithe, die die Konstrukte im Rahmen von Workshops am CERN S'Cool LAB untersucht hat, auch hinsichtlich der Inter-ventionsdauer von ca. 4,5 h (Woithe, 2020) sowie über die strukturelle Gestaltung als Workshop mit dem von uns entwickelten Lehr-Lern-Prozess vergleichbar. Für die Begriffe, zumindest für die Konstrukte easiness und helpfulness, erscheint zunächst eine Spezifizierung und für enjoyment ein Hinweis sinnvoll. In unserem Beitrag bleiben wir bei den Anglizismen um die Verbindung zu den Untersu-chungen von Rennie (1994) und Woithe (2020) deutlich zu halten. Nach Woithe (2020) wurde in der Pisa-Studie von 2006 „enjoyment of science" als „one of the measures of students' intrinsic motivation to learn science" (Woithe, 2020, S. 26) bewertet. Hier können wir unseren Bezug zur Messung der Motivation sehen. Die helpfulness beschreibt den wahrgenommenen Nutzen von Aktivitäten für Schü-ler*innen und ist „closely related to value-oriented component of interest and serves as an indicator for a hold-component of interest development" (Woithe,

2020, S. 26). Bezüglich der easiness kann gesagt werden, dass sie mit der „cognitive load of the activities" (Woithe, 2020, S. 26) zusammenhängt und Woithe stellt fest, dass „perceived easiness should not be too high to make sure activities cognitively activate students through challenging but doable tasks" (Woithe, 2020, S. 26). Wir haben daher in unserer Studie die folgenden Hypothesen untersucht:

H1: Die Herzfrequenz (HR) weicht bei mathematischen Lehr-Lern-Prozessen vom Ruhepuls der Schüler*innen ab.

Dabei stellt HR die Abkürzung für die Herzfrequenz bzw. den Puls in Schlägen pro Minute dar (auch im Folgenden verwendet). Die Hypothese geht auf eine Studie von Isoda und Nakagosshi zurück, die in einer Fallstudie die Bedeutung der Herzfrequenzveränderung für die Beschreibung der emotionalen Veränderung bei Schüler*innen nachgewiesen haben (Isoda & Nakagosshi, 2000). Da wir im Verlauf unseres mathematischen Lehr-Lern-Prozesses von einer Veränderung der emotionalen und affektiven Komponenten ausgehen, sollte sich dies auch durch eine erhöhte Herzfrequenz zeigen.

H2: Eine steigende HR hat einen Einfluss auf die easiness der Schüler*innen im gegebenen mathematischen Lehr-Lern-Prozess.

In Bezug auf die gleiche Studie von Isoda und Nakagosshi stellen diese fest, dass „changing HR can be expressed in terms of arousal of the student's mind" (Isoda & Nakagosshi, 2000, S. 93) und dass ein allmählicher Anstieg der HR konzentriertes Denken darstellt. Die Hypothese greift auf, dass dadurch auch die Aufgabe als leichter wahrgenommen werden kann.

H3: Steigendes enjoyment hat einen Einfluss auf easiness.

Bereits in der Studie von Woithe (2020) wurde ein Zusammenhang zwischen Hilfsbereitschaft und Vergnügen analysiert. Wie Studien von Gläser-Zikuda und Mayring (2003) zeigen, „if students enjoy learning […] they are also more likely to perceive it as meaningful" (Woithe, 2020, S. 26). In Hypothese H3 interessiert uns, ob es auch eine Korrelation zwischen enjoyment und easiness gibt.

H4: Steigende helpfulness hat einen Einfluss auf easiness.

In H4 wollten wir wissen, ob in Anlehnung an die Hinweise und Ergebnisse der Studie von Woithe (2020) zu helpfulness und enjoyment auch ein Zusammenhang zwischen helpfulness und easiness festgestellt werden kann.

4   Methodische Entscheidungen

4.1   Datenerhebung und Design

Um motivationale und affektive Aspekte in Wissensentwicklungsprozessen von Schüler*innen im empirisch-orientierten Mathematikunterricht messen zu können, haben wir methodisch einen quantitativen Ansatz verwendet, der auf der Messung der Herzfrequenz der Schüler*innen basiert. Ein Zusammenhang zwischen Motivation und Herzfrequenz ist bereits in verschiedenen Studien nachgewiesen und erforscht worden. Die Daten hierzu sind zunächst nicht auf den Bereich der Mathematikdidaktik beschränkt, sondern finden sich vor allem in der Sportwissenschaft/Sportmedizin (Dadaczynski et al., 2017; Wang et al., 2015) sowie in der Informatik (Monkaresi et al., 2017), der künstlichen Intelligenz (Patel et al., 2011) und der Psychologie (Scheibe & Fortenbacher, 2019). Speziell für den Bereich der Mathematikdidaktik finden sich Studien zum Zusammenhang zwischen Herzfrequenz und Motivation, die einen Fallstudienansatz verfolgen (Isoda & Nakagosshi, 2000), und zum Zusammenhang zwischen Schwierigkeitswahrnehmung und Motivation im Bereich Arithmetik (Carroll et al., 1986). Letzteres ist für die vorliegende Studie von besonderem Interesse, da Motivation nicht als eindeutig fassbares Konzept definiert ist. Daher wurden in der Studie die drei Konstrukte easiness, enjoyment und helpfulness untersucht, die Rennie (1994) und Woithe (2020) bereits in ähnlichen Workshops und Forschungsstudien im Vorfeld verwendet haben. Die Herzfrequenz wurde mit der „fitbit charge 4" gemessen, einer Pulsuhr, die als eine ihrer Funktionen die Herzfrequenzmessung über ein definierbares Intervall ermöglicht und die Daten auch grafisch ausgibt.

4.1.1   Pulsuhren – Fitbit

Die Pulsmessungen und damit die Aktivität und die Beanspruchung der Schüler*innen wurden in dieser Arbeit mit Pulsuhren durchgeführt. Fitbit Inc. ist ein US-amerikanischer Hersteller von elektronischen Vitalfunktionsmessgeräten, sogenannten „Tracking Devices", gegründet im Mai 2007 in San Francisco, Kalifornien (https://www.fitbit.com/global/us/home). Tracking-Devices der ersten Generationen

Abb. 1 Daten und Darstellung der Werte der Tracker in Anlehnung an Fitbit (https://www.fitbit.com/global/us/home)

wiesen noch eine enorme Varianz in der Messgenauigkeit auf, während neuere Generationen von Tracking-Devices eine Abweichung von Tests unter Laborbedingungen von nur bis zu 4 % aufweisen (Universität Aberystwyth, 2019). Zahlreiche Studien belegen mittlerweile, dass Tracking-Devices einen positiven Einfluss auf die Erfolgswahrscheinlichkeit bei der Umsetzung eines gesünderen Lebensstils haben (Ridgers et al., 2016). Jeder unserer Tracker hatte Online-Zugriff auf die Fitbit-Website. Außerdem wurden alle Daten anonymisiert und z. B. mit Tracker A, Tracker B, etc. gearbeitet. Die Daten wie Herzfrequenz, Datum und Uhrzeit konnten über die Website und den jeweiligen Online-Zugang des Trackers bei Fitbit abgerufen werden (siehe in Anlehnung Abb. 1). Entsprechend konnten diese Daten in Excel exportiert und für die Analyse verwendet werden.

4.1.2 Ruhepuls

Ein weiterer wichtiger Aspekt für unsere Analyse ist der Ruhepuls. Der Ruhepuls ist der Puls, bei dem keine Aktivitäten oder Bewegungen durchgeführt werden. Das heißt, es ist der Puls, der in Abwesenheit von körperlicher und geistiger Belastung gemessen wird. Idealerweise wird der Ruhepuls unmittelbar nach dem Aufwachen gemessen. Der Ruhepuls von Erwachsenen liegt im Durchschnitt bei ca. 70 BPM, während der von Jugendlichen bei ca. 80 BPM liegt (Pape et al., 2005). Da die Analyse in dieser Arbeit mit Jugendlichen der achten und neunten Klasse durchgeführt wurde, ist der Ruhepuls von 60 bis 100 BPM maßgeblich (Healthwise Staff, 2020). Bei den vorliegenden Pulswerten handelt es sich also nicht um einen Ruhepuls im eigentlichen Sinne des Wortes. Dennoch kann ein Puls abgelesen werden, der sehr nahe an einem Ruhepuls liegt. Am Ende der Aktivität erreichen die Schüler*innen Phasen, in denen der Puls abflacht und ruhiger wird und einem Ruhepuls nahekommt (siehe Abb. 3).

4.1.3 Konstrukte

Um motivationale und affektive Aspekte in Wissensentwicklungsprozessen von Schüler*innen im empirisch-orientierten Mathematikunterricht zu messen, führen wir die drei Konstrukte und unsere Messung der Herzfrequenz zusammen.

Die einzelnen Konstrukte easiness, enjoyment und helpfulness wurden mit einem sequenzierten Fragebogen erfasst, der in ein Arbeitsheft integriert war. Dieser bestand aus insgesamt 19 Items, die den Konstrukten in Gruppen zugeordnet werden konnten und sich auf verschiedene Phasen des Workshops bezogen. Die Konstrukte wurden immer nach der jeweiligen Phase abgefragt, um einen möglichst aktuellen Eindruck zu erhalten. Außerdem hat jedes der 19 Items eine gerade Anzahl von Ausprägungen (1 „trifft überhaupt nicht zu" – 6 „trifft voll und ganz zu"), um einen „error of central tendency" bei Likert-Skalen zu vermeiden. Ein Beispiel für die ersten vier Items ist in Abb. 2 dargestellt.

Beide Datenreihen wurden in verschiedenen Lerngruppen quantitativ erfasst und mit SPSS ausgewertet. Die Zuordnung der Datenreihen erfolgte über einen anonymisierten Code.

	Gib bitte an, wie sehr die folgenden Aussagen auf dich zutreffen.	trifft überhaupt nicht zu	trifft nicht zu	trifft eher nicht zu	trifft eher zu	trifft zu	trifft voll und ganz zu
Sa1	Es war **leicht**, die obige Aufgabe zu bearbeiten.	☐	☐	☐	☐	☐	☐
Sa2	Es war **leicht**, zu verstehen, worum es geht.	☐	☐	☐	☐	☐	☐
Sa3	Es hat mir **gefallen**, die Übung durchzuführen.	☐	☐	☐	☐	☐	☐
Sa4	Die obige Übung hat mir dabei **geholfen**, mein mathematisches Wissen zu erweitern.	☐	☐	☐	☐	☐	☐

Abb. 2 Die ersten vier Items des sequenzierten Fragebogens

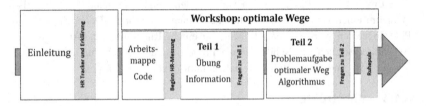

Abb. 3 Organisatorische Struktur des Lehr-Lern-Prozesses

## 4.2		Messungen

Die Daten wurden während mehrerer Sitzungen eines zu diesem Zweck konzipierten Workshops in acht verschiedenen Lerngruppen erhoben. Diese Lerngruppen waren Klassen von Sekundarschulen und Gymnasien in NRW Deutschland und repräsentierten die Klassenstufen 8 bis 11. Die Workshops fanden in ihrer gewohnten Klassenumgebung statt. Der Workshop war auf eine Dauer von 3 ½ Stunden ausgelegt und wurde von zwei Dozenten und der betreuenden Lehrkraft begleitet. Insgesamt hat die Studie somit eine Stichprobengröße von N = 73, wobei die Analyse auf einer Stichprobengröße von N = 46 basiert. Die Datenerhebung fand zwischen August und Dezember 2020 statt. Thematisch basiert der Workshop auf der Graphentheorie und adressiert zentrale Fragen zur Funktionsweise eines Navigationssystems und der Ermittlung optimaler Wege. Das Themengebiet wurde u. a. deshalb gewählt, weil es wenige Vorerfahrungen der Lerngruppe erfordert und bis zu einem gewissen Grad leicht zu elementarisieren ist. Der Inhalt des Workshops wurde in drei Abschnitte unterteilt, die sich auch in der Arbeitsmappe wiederfinden, die die Lerngruppen erhielten. Der erste Teil befasst sich mit grundlegenden Konzepten der Graphentheorie und verdeutlicht diese, während der zweite Teil sich mit der Optimierung von Graphen und Pfaden beschäftigt und zum dritten Teil überleitet, der die Anwendung von Algorithmen thematisiert. Die Arbeitsmappe erfüllte nicht nur inhaltliche Zwecke, sondern diente auch der Datenerhebung, da neben den Inhalten, die in entsprechend sequenzierten Boxen (Informationsboxen, Ausarbeitungskästen, Übungskästen) aufbereitet waren, auch die sequenzierten Fragebogenitems zur Erfassung der Konstrukte easiness, enjoyment und helpfulness nach der jeweiligen Phase zu finden waren. Die Messung der Pulsdaten innerhalb des Workshops bzw. der Zeitpunkt ihrer Erhebung folgte einem definierten Muster, das sich in dessen organisatorische Konzeption einfügt (siehe Abb. 3). Im gesamten Lehr-Lern-Prozess fand in der Einführungsphase eine kurze Einführung für die Lerngruppe in die Funktionsweise des Pulsmessgerätes statt. Der Beginn der Herzfrequenzmessung lag dann nach der Erstellung des Arbeitsheftcodes und vor dem Beginn der inhaltlichen Arbeit in dem ersten Teil. In der folgenden Sequenz wurden die Herzfrequenzen konstant bis zum Ende des Workshops bzw. des Lehr-Lern-Prozesses gemessen. Eine Ausnahme bildeten die Pausen, in denen die Herzfrequenzmessung auch pausiert werden konnte. Entscheidend war die Ermittlung des Ruhepulses als Vergleichswert für die Herzfrequenz und deren Veränderungen. Dies geschah nach dem Ende des Workshops und vor dem Ausschalten des Pulsmessgerätes, da der Abfall der Herzfrequenz in den Daten deutlich sichtbar war.

Tab. 1 Daten des T-Test

Variable	Durchschnitt	N	p-Wert
Ruhepuls	70,33	46	
Puls (gesamter Workshop)	87,89	46	
Differenz	17,6		< .000

5   Analyse und Darstellung der Ergebnisse

5.1   Deskriptive Ergebnisse und Korrelationen

Für die Aufbereitung und Analyse des Datensatzes haben wir SPSS verwendet. Außerdem haben wir zur Vorbereitung unseres T-Tests unseren Datensatz (abhängige Stichprobe) zur Herzfrequenz auf Metrik und Normalverteilung geprüft (Field, 2017; Hair et al., 2019). Wir können feststellen, dass die Herzfrequenzen metrisch und normalverteilt sind. Die gesamte Stichprobe (N = 46) wurde mit dem Shapiro–Wilk-Test geprüft (der Wert war >0,1). Darüber hinaus können wir mit Tab. 1 für die erste Hypothese (H1) „Die Herzfrequenz weicht bei mathematischen Lehr-Lern-Prozessen vom Ruhepuls der Schüler*innen ab" feststellen, dass die Schüler*innen im mathematischen Lehr-Lern-Prozess auf einer kognitiven Dimension engagiert sind. Die Signifikanz ist < 0,01. Somit können wir die erste Hypothese für unseren Datensatz bestätigen. Bei den Schüler*innen weicht die HR in unserem mathematischen Lehr-Lern-Prozess vom Ruhepuls während des letzteren ab. Zur Veranschaulichung ist in Abb. 4 ein Boxplot der Pulsdaten eines einzelnen Teilnehmers mit einem Ruhepuls von 79 bpm für den gesamten Lehr-Lern-Prozess dargestellt. Die rote Linie entspricht dem Ruhepuls und liegt z. B. deutlich unter dem Median für den konkreten Fall.

Für unsere zweite Hypothese (H2: Eine steigende HR hat einen Einfluss auf die easiness der Schüler*innen im gegebenen mathematischen Lehr-Lern-Prozess) haben wir zunächst unseren Datensatz auf interne Konsistenz überprüft. Dies konnten wir mit Hilfe von Cronbachs-Alpha durchführen. Siehe Tab. 2 für die interne Konsistenz der Skala.

Wir haben nicht nur die Items des Konstrukts easiness getestet, sondern auch die der Konstrukte enjoyment und helpfulness. Nach Field (2017) und Hair et al. (2019) liegen die Werte für Cronbachs-Alpha im guten Bereich (> 0,7) und würden sich durch das Entfernen eines Items nicht verbessern. In diesem Sinne messen die Items zu den Konstrukten (auch nach Rennie, 1994; Woithe, 2020) das, was sie messen sollen und sind konsistent. Das Konstrukt easiness hatte aufgrund seiner Wichtigkeit für unsere Hypothesen eine höhere Anzahl von Items.

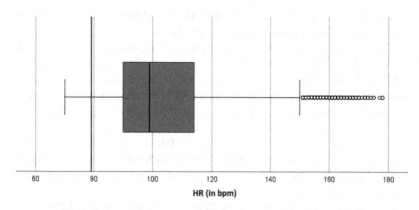

HR (in bpm)

Abb. 4 Boxplot der Pulsdaten eines einzelnen Teilnehmers mit einem Ruhepuls von 79 bpm (rot markiert) für den gesamten Lehr-Lern-Prozess

Tab. 2 Reliabilität der Skalen

Konstrukte	Zahl der Items	Cronbachs-Alpha
Easiness	9	.782
Enjoyment	5	.789
Helpfulness	5	.728

Tab. 3 Deskriptive Daten zur Auswertung des Workshops

Variable	Durchschnitt	N
Puls (gesamter Workshop)	87,89	46
Easiness (gesamter Workshop)	5,07	46
Enjoyment (gesamter Workshop)	4,79	46
Helpfulness (gesamter Workshop)	4,17	46
Geschlecht	1,57	46

Weiterhin haben wir fünf Variablen für unsere Analyse untersucht (siehe Tab. 3): Den Wert der HR für den gesamten Workshop (auch bekannt aus dem T-Test), easiness, die mit einem Mittelwert von 5,07 auf einer geraden Skala von 1 („trifft überhaupt nicht zu") bis 6 („trifft voll und ganz zu") relativ hoch ist, enjoyment und helpfulness (mit einem Mittelwert etwas unterhalb der Leichtigkeit) und das Geschlecht. Zu letzterem lässt sich feststellen, dass mehr männliche Probanden teilgenommen haben. Hier wurde das Geschlecht „weiblich" mit 1 und das Geschlecht „männlich" mit 2 kodiert. Das Geschlecht „divers" wurde von den Teilnehmer*innen nicht angegeben (vgl. Tab. 3).

Anschließend berechneten wir eine Pearson-Korrelation, um zu prüfen, ob es einen Zusammenhang zwischen den Variablen gibt. Dies geschah hauptsächlich als Vorbereitung für eine anschließende Regressionsanalyse. Korrelationen, die bei $p \leq 0{,}05$ signifikant sind, werden fett dargestellt und Pearson-Korrelationskoeffizienten werden für Korrelationen zwischen metrischen Variablen verwendet. Entsprechend der Effektgrößen nach Cohen (1988) können wir dann in unserer Analyse (Korrelationsmatrix, Tab. 4) feststellen: easiness und enjoyment korrelieren mit einem mittleren Effekt (über 0,5), ebenso wie helpfulness und enjoyment. Weiterhin korrelieren helpfulness und easiness mit einem kleinen Effekt (bis 0,5).

Untenstehend in Abb. 5 eine lineare Regression zu unserem Wert 0,560 (siehe Tab. 4).

In unserer multiplen Regressionsanalyse (siehe Tab. 5) adressieren wir neben H2 auch H3 „Steigendes enjoyment hat einen Einfluss auf easiness" und H4 „Steigende helpfulness hat einen Einfluss auf easiness".

Wir können unsere zweite Hypothese bestätigen (siehe Tab. 5). Die unabhängige Variable HR hat einen Einfluss auf die abhängige Variable easiness. Sie hat einen positiven Einfluss, mit einem Beta-Wert von 0,246 und einer Signifikanz von $p < 0{,}1$. Man kann also sagen, dass eine höhere HR mit einer höheren Wahrnehmung von easiness korreliert. Dies kann wie folgt interpretiert werden. Vermutlich führen Hormone wie z. B. Adrenalin, Noradrenalin oder Cortisol zu einer Leistungssteigerung, die aber offensichtlich als positiv empfunden wird. Es handelt sich um sogenannten Eustress. Das ist positiver Stress, weil z. B. die Aufgaben gut erledigt wurden, ein Ergebnis erzielt wurde oder man sich in der Situation gut und sicher fühlt. Nach der Arbeit von Khamis und Kepler (2010) und Hair et al. (2019) können wir mit $N = 5k + 20$ feststellen, dass wir vier unabhängige Variablen in die Regressionsrechnung einbeziehen können (für eine

Tab. 4 Korrelationsmatrix

	Variable	N	1	2	3	4	5
1	Pulse (gesamter Workshop)	46	1				
2	Easiness (gesamter Workshop)	46	.247	1			
3	Enjoyment (gesamter Workshop)	46	.024	**.560**	1		
4	Helpfulness (gesamter Workshop)	46	−.133	**.352**	**.574**	1	
5	Geschlecht	46	−.084	−.100	−.075	−.247	1

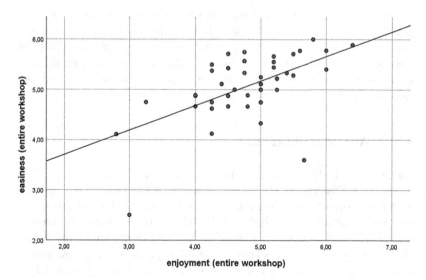

Abb. 5 Einfaches Streudiagramm mit linearer Regression von easiness und enjoyment (Grafik gehört zum Wert 0,560)

Tab. 5 Multiple Regressionsanalyse auf die abhängige Variable easiness (gesamter Workshop). Hier: * p<0,10; ** p<0,05 (siehe Hair et al., 2019 für Signifikanzniveau α)

Unabhängige Variable	Standardisierter Koeffizient β	p-Wert
Puls (gesamter Workshop)	.246	.059*
Enjoyment (gesamter Workshop)	.499	.002**
Helpfulness (gesamter Workshop)	.093	.560
Geschlecht	−.019	.884
R^2	.375	
Korrigiertes R^2	.314	
N	46	

„statistische Power"). Unsere vier Variablen sind HR, enjoyment, helpfulness und Geschlecht. Damit sind wir bei der Bestätigung von H3 angelangt. Mit einem positiven Beta-Wert von 0,499 und einer Signifikanz von p<0,05 (siehe Tab. 5) können wir schließen, dass: Je höher das Vergnügen, desto höher ist die Wahrnehmung der easiness. Leider müssen wir unsere Hypothese H4 verwerfen und können sie in unserer Regression nicht bestätigen. Hier ergab sich mit $p = 0{,}560$ keine Signifikanz. Weiterhin ist zu erwähnen, dass das Geschlecht als Kontrollvariable dient, um diesen Effekt aus unserer Regression zu eliminieren und auch zu kontrollieren.

6   Abschlussdiskussion

Für unsere vier Hypothesen zur Messung von motivationalen und affektiven Aspekten in Wissensentwicklungsprozessen von Schüler*innen im empirisch-orientierten Mathematikunterricht können wir folgende Schlussfolgerungen ziehen: Wir konnten unsere Hypothesen H1, H2 und H3 bestätigen. H4 mussten wir für unseren Datensatz verwerfen. Wir können die Ergebnisse von Rennie (1994) und Woithe (2020) bestätigen und durch die Messung der Konstrukte in einem mathematischen Workshop erweitern. Damit haben wir die drei Konstrukte in einen anderen Kontext gestellt und erweitert. Wir haben auch die Ergebnisse der Fallstudie von Isoda und Nakagosshi (2000) in diesem Bereich für $N = 46$ untersucht. Eine höhere Anzahl von Probanden wäre für detailliertere Aussagen sicherlich sinnvoll. Natürlich unterliegen unsere Ergebnisse aber auch einigen Einschränkungen. Erstens haben wir unsere drei Konstrukte und die Herzfrequenz verwendet, um auf die Motivation der Lernenden zu schließen. Es gab nur eine begrenzte Anzahl von Items für jedes Konstrukt in der quantitativ angelegten Befragung. Für weitergehende Forschung müsste bedacht werden, dass nicht nur die Konstrukte easiness, enjoyment und helpfulness, sondern viele weitere Aspekte bei der Untersuchung motivationaler und affektiver Aspekte berücksichtigt werden müssen. Zweitens kann die Herzfrequenz auch von anderen Faktoren abhängig sein. Zum Beispiel von Variablen wie Messzeitpunkt, nach oder vor einer Mahlzeit, vorheriger Schulunterricht (z. B. Sport), Atmung, Alter, Körpergröße, Blutdruck oder auch Noten der Schüler*innen. Das Alter der Schüler*innen wäre eine weitere interessante Variable. Drittens beruhen unsere Analysen auf einer relativ kleinen Stichprobe von 46 Schüler*innen. Trotz dieser Einschränkungen können unsere Ergebnisse für die Diskussion im Mathematikunterricht wertvoll sein: Es ist eine der ersten quantitativen Studien, die Konstrukte zur Messung von motivationalen und affektiven Aspekten (in einem empirisch-orientierten Mathematikunterricht als Kontext) mit einer Herzfrequenzmessung (und damit digitalen Werkzeugen) zusammenbringt; damit liefert sie die in Abschn. 3 angesprochene Verbindung affektiver Strukturen und

physiologischer Komponenten und adressiert damit die von Hannula angesprochenen „insufficiently explored venues that call for additional research" (Goldin
et al., 2016, S. 2). Damit und darüber hinaus bietet die Untersuchung zukünftige
Anknüpfungspunkte. So ist es z. B. möglich, ähnlich wie in der Fallstudie von
Isoda und Nakagosshi (2000) Gesichtsmerkmale hinzuzufügen oder die Ergebnisse zu affektiven Wissensstrukturen mit einer kognitiven Dimension im Konzept
der Subjektiven Erlebnisbereiche nach Bauersfeld (1983) zu verbinden. Lang-
fristig wäre es für (Mathematik-)Lehrer*innen interessant zu wissen, welche
Phasen des Unterrichts oder welche Aufgaben (z. B. zum Problemlösen oder
zum Üben) die Lernenden besonders motivieren. Wir hoffen daher, dass unsere
Ergebnisse einige wertvolle Erkenntnisse für weitere Studien zu motivationalen
und affektiven Aspekten im Mathematikunterricht liefern.

Danksagungen Die Autoren bedanken sich bei David I. Pielsticker für seine positive
Unterstützung.

Literatur

Bauersfeld, H. (1983). Subjektive Erfahrungsbereiche als Grundlage einer Interaktionstheo-
rie des Mathematiklernens und -lehrens. In Bauersfeld, H., Bussmann, H., & Krummheuer, G. (Hrsg.), *Lernen und Lehren von Mathematik. Analysen zum Unterrichtshandeln
II* (S. 1–57). Aulis-Verlag Deubner.
Bauersfeld, H. (1985). Ergebnisse und Probleme von Mikroanalysen mathematischen Unterrichts. In W. Dörfler & R. Fischer (Hrsg.), *Empirische Untersuchungen zum Lehren und
Lernen von Mathematik* (S. 7–25). Hölder-Pichler-Tempsky.
Bauersfeld, H. (1988). Interaction, construction, and knowledge: Alternative perspectives for
mathematics education. In D. A. Grouws & T. J. Cooney (Hrsg.), *Perspectives on research
on effective mathematics teaching* (S. 27–46). Lawrence Erlbaum.
Bauersfeld, H. (2000). Radikaler Konstruktivismus, Interaktionismus und Mathematikunter-
richt. In E. Begemann (Hrsg.), *Lernen verstehen – Verstehen lernen* (S. 117–146). Peter
Lang.
Burscheid, H. J., & Struve, H. (2020). *Mathematikdidaktik in Rekonstruktionen. Grundlegung
von Unterrichtsinhalten.* Springer. https://doi.org/10.1007/978-3-658-29452-6.
Carroll, D., Turner, J. R., & Prasad, R. (1986). The effects of level of difficulty of men-
tal arithmetic challenge on heart rate and oxygen consumption. *International Journal of
Psychophysiology, 4*(3), 167–173. https://doi.org/10.1016/0167-8760(86)90012-7
Cohen, J. (1988). *Statistical power analysis for the behavioral sciences* (2. Aufl.). L. Erlbaum
Associates.

Coles, A. (2015). On enactivism and language: Towards a methodology for studying talk in mathematics classrooms. *ZDM Mathematics Education, 47*, 235–246. https://doi.org/10.1007/s11858-014-0630-y

Dadaczynski, K., Schiemann, S., & Backhaus, O. (2017). Promoting physical activity in worksite settings: Results of a German pilot study of the online intervention Healingo fit. *BMC Public Health, 17*, 696. https://doi.org/10.1186/s12889-017-4697-6.

Field, A. (2017). *Discovering statistics using IBM SPSS statistics* (5. Aufl.). SAGE Publications.

Gläser-Zikuda, M., & Mayring, P. (2003). A qualitative oriented approach to learning emotions at school. In P. Mayring & C. Rhoeneck (Hrsg.), *Learning emotions: The influence of affective factors on classroom learning.*

Goldin, G. A., Hannula, M. S., Heyd-Metzuyanim, E., Jansen, A., Kaasila, R., Lutovac, S., Di Martino, P., Morselli, F., Middleton, J. A., Pantziara, M., & Zhang, Q. (2016). Attitudes, Beliefs, Motivation and Identity in Mathematics Education. *ICME-13 Topical Surveys.* Springer, Cham. https://doi.org/10.1007/978-3-319-32811-9_1

Gopnik, A. (2003). *The theory theory as an alternative to the innateness hypothesis.* https://doi.org/10.1002/9780470690024.ch10

Hair, J. F., William, Jr., Black, C., Babin, B. J., & Anderson R. E. (2019). *Multivariate Data Analysis. 8th Edition.* Cengage Learning EMEA.

Healthwise Staff. (2020, September 23). *Pulse Measurement.* University of Michigan, Michigan Medicine. https://www.uofmhealth.org/health-library/hw233473#aa25322. Zugegriffen: 23. Sept. 2020.

Isoda, M., & Nakagosshi, A. (2000). A case study of student emotional change using changing heart rate in problem posing and solving japanese classrooms in mathematics. In T. Nakahara, & M. Koyama (Hrsg.), *Proceedings of the 24th Conference of the International Group for the Psychology of Mathematics Education*, Bd. 3, 87–94.

Khamis, H. J., & Kepler, M. (2010). Sample size in multiple regression: 20+ 5k". In *Journal of Applied Statistical Science, 17*, 505–517.

Krummheuer, G. (1984). Zur unterrichtsmethodischen Dimension von Rahmungsprozessen. In *JMD, 5*(4), 285–306. https://doi.org/10.1007/BF03339250

Monkaresi, H., Bosch, N., Calvo, R., & D'Mello, S. (2017). Automated Detection of Engagement Using Video-Based Estimation of Facial Expressions and Heart Rate". *IEEE Transactions on Affective Computing, 8*, 15–28.

Pape, H.-C., Kurtz, A., & Silbernagl, S. (2005). *Physiologie.* Thieme.

Patel, M., & Lal, S.k.l., Kavanagh, D., & Rossiter, P. (2011). Applying neural network analysis on heart rate variability data to assess driver fatigue. *Expert Systems with Applications, 38*(6), 7235–7242. https://doi.org/10.1016/j.eswa.2010.12.028

Pielsticker, F. (2020). Mathematische Wissensentwicklungsprozesse von Schülerinnen und Schülern. Fallstudien zu empirisch-orientiertem Mathematikunterricht mit 3D-Druck. Springer. https://doi.org/10.1007/978-3-658-29949-1

Rennie, L. J. (1994). Measuring affective outcomes from a visit to a science education centre. *Research in Science Education, 24*, 261–269.

Ridgers, N. D., McNarry, M. A., & Mackintosh, K. A. (2016). *Feasibility and effectiveness of using wearable activity trackers in youth: A systematic review JMIR Mhealth Uhealth, 4*(4), 129.

Scherer, P. & Weigand, H.-G. (2017). Mathematikdidaktische Prinzipien, In M. Abshagen, B. Barzel, J. Kramer, T. Riecke-Baulecke, B. Rösken-Winter, & C. Selter (Hrsg.), *Basiswissen Lehrerbildung: Mathematikunterrichten* (S. 28–42). Kallmeyer.

Scheibe, S., & Fortenbacher, A. (2019). Heart Rate Variability als Indikator für den emotionalen Zustand eines Lernenden. In S. Schulz (Hrsg.), *Proceedings of DELFI Workshops 2019*. Gesellschaft für Informatik e. V. z. (S. 55). https://doi.org/10.18420/delfi2019-ws-107

Steinbring, H. (2015). Mathematical interaction shaped by communication, epistemological constraints and enactivism. *ZDM Mathematics Education, 47*, 281–293. https://doi.org/10.1007/s11858-014-0629-4

Tiedemann, K. (2016). „Ich habe mir einfach die Rechenmaschine in meinem Kopf gebaut!" Zur Entwicklung fachsprachlicher Fähigkeiten bei Grundschulkindern. *Beiträge zum Mathematikunterricht* 2016 (S. 991–994). WTM-Verlag.

Universität Aberystwyth. (2019, 28. Januar). *Aberystwyth researchers put activity trackers to the test*. From https://www.aber.ac.uk/en/news/archive/2019/01/title-220012-en.html. Zugegriffen: 28. Jan. 2019.

Voigt, J. (1984). Die Kluft zwischen didaktischen Maximen und ihrer Verwirklichung im Mathematikunterricht. In *JMD, 84*, 265–283.

Voigt, J. (1994). Entwicklung mathematischer Themen und Normen im Unterricht. In H. Maier & J. Voigt (Hrsg.), *Verstehen und Verständigung: Arbeiten zur interpretativen Unterrichtsforschung* (S. 77–111). Aulis.

Wang, J. B., Cadmus-Bertram, L. A., Natarajan, L., White, M. M., Madanat, H., Nichols, J. F., Ayala, G. X., & Pierce, J. P. (2015). Wearable Sensor/Device (Fitbit One) and SMS Text-Messaging Prompts to Increase Physical Activity in Overweight and Obese Adults: A Randomized Controlled Trial. *Telemedicine Journal and E-Health, 21*(10), 782–792. https://doi.org/10.1089/tmj.2014.0176

Woithe, J. (2020). *Designing, measuring and modelling the impact of the hands-on particle physics learning laboratory S'Cool LAB at CERN. Effects of student and laboratory characteristics on high-school students' cognitive and affective outcomes* (Report No. CERN-THESIS-2020–089) [Doctoral dissertation, Kaiserslautern University]. CERN Document Server. http://cds.cern.ch/record/2727453/?ln=de

Problemlösen, unterstützt durch GeoGebra – lassen sich klassische geometrische Probleme für den Unterricht nutzen?

Jochen Geppert

Im folgenden Artikel wird ein Weg vorgestellt, wie man im Unterricht oder in Arbeitsgemeinschaften mithilfe der dynamischen Geometriesoftware Geogebra Konstruktionsprobleme anhand des Pólyaschen Fragenkatalogs (Pólya, 1966) bearbeiten kann. Konkret wird über die Betrachtung der Spiegelung am Kreis eine Heuristik zur Lösung für drei Apollonische Berührprobleme vorgestellt. Im Artikel werden die bekannten mathematischen Zusammenhänge zusammenfassend aufgeführt, um eine Planung entsprechender Lerneinheiten sofort nach dem Lesen zu ermöglichen.

1 Die Spiegelung am Kreis – Zusammenhänge mit GeoGebra entdecken

1.1 Spiegelung am Kreis – Grundlagen

Die Beweise der im Folgenden vorgestellten Aussagen zur Spiegelung am Kreis sind alle elementarer Natur und könnten grundsätzlich am Gymnasium auch behandelt werden. Zu jeder Aussage werden zwei Alternativbeweise vorgestellt, einmal ein analytischer Beweis im Koordinatensystem und zum anderen ein geometrisch-konstruktiver Beweis. Die in der Literatur zusammengestellten Bücher und Artikel wurden alle in diesem Artikel berücksichtigt, so findet man die folgenden Beweise in Humenberger (2016), aber auch in Scheid (Scheid &

J. Geppert (✉)
Universität Siegen, Fak. IV/Didaktik der Mathematik, Siegen, Deutschland
E-Mail: geppert@mathematik.uni-siegen.de

© Der/die Autor(en), exklusiv lizenziert durch Springer Fachmedien
Wiesbaden GmbH, ein Teil von Springer Nature 2022
F. Dilling et al. (Hrsg.), *Neue Perspektiven auf mathematische Lehr-Lernprozesse mit digitalen Medien*, MINTUS – Beiträge zur mathematisch-naturwissenschaftlichen Bildung,
https://doi.org/10.1007/978-3-658-36764-0_15

Schwarz, 2009), die konstruktiven Beweise findet man in Courant (Courant & Robbins, 1962). Die Möglichkeit, Teile der Apollonischen Probleme über die Inversion am Kreis zu behandeln wird insbesondere in Röttgen – Burtscheidt (Röttgen-Burtscheidt, 2004) und in Bol (Bol, 1948) diskutiert.

Die Spiegelung oder Inversion am Kreis hat ihren Namen aus der Eigenschaft, dass alle Punkte des Kreises Fixpunkte der Spiegelung sind. Der Mittelpunkt M des Kreises wird dabei als Urbild der Spiegelung ausgeschlossen, da ihm ein unendlich weit entfernt liegender Spiegelpunkt entspricht[1].

Def. 1.1: Kreisspiegelung

Gegeben sei ein Kreis $K(M, r)$; jeder Punkt $P \neq M$ wird dann bei der Spiegelung am Kreis K durch die folgende Vorschrift auf seinen Bildpunkt P' abgebildet:

1. *P' liegt auf dem Strahl MP*
2. *Es gilt:* $|MP| \cdot |MP'| = r^2$

Die Konstruktion des Spiegelpunkts für einen Urbildpunkt außerhalb des Kreises geschieht entlang der folgenden Konstruktionsschritte:

1. Zeichne den Strecke MP.
2. Bestimme den Mittelpunkt der Strecke MP.
3. Zeichne den Thaleskreis über MP: Es entsteht der Schnittpunkt S mit dem Kreis K
4. Fälle das Lot von S auf MP: P'

Die Begründung ergibt sich bei der Betrachtung der folgenden Darstellung über den Kathetensatz Abb. 1, 2 und 3:

1.2 Spiegelung am Kreis – Eigenschaften und analytische Beweise

Liegt der Urbildpunkt innerhalb des Kreises, so lässt sich über die Betrachtung der obigen Darstellung der Bildpunkt P' leicht konstruieren und man kann erkennen, dass die Punkte P und P' bezüglich der Kreisspiegelung invers zueinander sind.

---

[1] Man kann diesen Punkt jedoch nutzen, um im Unterricht den Unterschied zwischen Realität und Mathematik zu thematisieren.

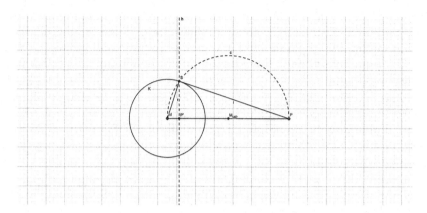

Abb. 1 Zur Konstruktion des Bildpunktes

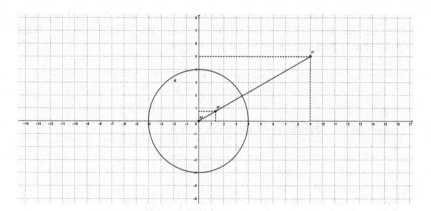

Abb. 2 Zur Ableitung der Transformationsgleichungen

Betrachtet man die Kreisspiegelung in einem Koordinatensystem[2]:
Der Kreis K(M,r) wird dann dargestellt durch die Kreisgleichung:

$$k : x^2 + y^2 = r^2$$

---

[2] Wobei man o. B. d. A. annehmen kann, dass der Ursprung des Koordinatensystems in den Mittelpunkt des Kreises gelegt wird.

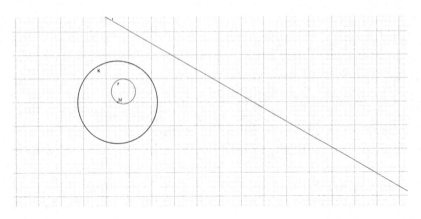

Abb. 3 Kreisspiegelung einer Passante

Die beiden Punkte haben die Koordinaten $P(x|y)$ und $P'(x'|y')$ und man erhält mit den Punkten $X(x|0)$ und $X'(x'|0)$ aus der Ähnlichkeit der beiden rechtwinkligen Dreiecke: $\triangle$MPX und $\triangle$MP'X':

$$\frac{x'}{x} = \frac{y'}{y} = \frac{\sqrt{x'^2 + y'^2}}{\sqrt{x^2 + y^2}}$$

Aufgrund der Abbildungsvorschrift gilt weiter:

$$\sqrt{x'^2 + y'^2} \cdot \sqrt{x^2 + y^2} = r^2 \Leftrightarrow \sqrt{x'^2 + y'^2} = \frac{r^2}{\sqrt{x^2 + y^2}}$$

Man erhält dann die beiden folgenden Abbildungsgleichungen:

$$x' = \frac{x}{x^2 + y^2} r^2, \, y' = \frac{y}{x^2 + y^2} r^2$$

Wichtig ist im weiteren Zusammenhang, dass die Umkehrabbildung dann ebenfalls durch die gleiche Transformation:

$$x = \frac{x'}{x'^2 + y'^2} r^2, \, y = \frac{y'}{x'^2 + y'^2} r^2$$

beschrieben wird. [O. B. d. A. kann man für die weiteren Rechnungen nun auch $r = 1$ annehmen.]

Satz 1.1
Bei der Inversion am Kreis[3] K(M,r) gelten die folgenden Zusammenhänge:

1. *Jede Gerade durch den Mittelpunkt M (ohne den Punkt M) wird auf sich selbst abgebildet.*
2. *Jede Gerade, die nicht durch den Mittelpunkt M verläuft, wird auf einen Kreis durch M (ohne den Punkt M) abgebildet und umgekehrt.*

Beweis
Die beiden Aussagen[4] lassen sich in einem einzigen Beweis zusammen zeigen, wählt man o. B. d. A. als Gerade $g : x = a$, so erhält man für $a = 0$ die Situation aus der ersten Aussage. Man erhält dann für das Bild der Geraden:

$$x' = \frac{a}{a^2 + y^2} r^2; \; y' = \frac{y}{a^2 + y^2} r^2$$

Hieraus erhält man:

$$x'^2 + y'^2 = \frac{a^2 + y^2}{\left(a^2 + y^2\right)^2} r^4 \Leftrightarrow x'^2 + y'^2 = \frac{r^2}{a^2 + y^2}$$

Beachtet man:

$$a^2 + y^2 = \frac{a}{x'} r^2$$

so erhält man für $a \neq 0$:

$$x'^2 + y'^2 = \frac{r^2}{a^2 + y^2} = \frac{r^2}{\frac{a}{x'} r^2} = \frac{x'}{a} \Leftrightarrow \left(x' - \frac{1}{2a}\right)^2 + y'^2 = \left(\frac{1}{2a}\right)^2$$

die behauptete Kreisgleichung.
Für den Fall a = 0 erhält man $x' = 0$, $y' = \frac{r^2}{y}$ und somit die Aussage 1.

---

[3] O. B. d. A liegt der Mittelpunkt im Ursprung des Koordinatensystems.
[4] O. B. d. A kann man ja das Koordinatensystem immer so positionieren, dass die Gerade parallel zur y-Achse liegt.

Zum Einsatz von GeoGebra im Unterricht werden später noch ausführliche Bemerkungen gemacht, an dieser Stelle seien die obigen Ergebnisse schon einmal visuell verdeutlicht:

Dieses Ergebnis wird im Rahmen der Behandlung Apollonischer Berührprobleme von entscheidender Bedeutung sein.

Satz 1.2
Bei der Inversion am Kreis $K(M, r)$ gelten die folgenden Zusammenhänge:

1. *Jeder Kreis, der nicht durch den Mittelpunkt M verläuft, wird auf einen Kreis abgebildet, der ebenfalls nicht durch M verläuft.*
2. *Ein Kreis $\neq K(M, r)$ ist genau dann ein Fixkreis der Kreisspiegelung, wenn er den Inversionskreis rechtwinklig schneidet.*

Beweis
1. Es soll ein Kreis gespiegelt werden, der nicht durch den Mittelpunkt des Inversionskreises verläuft. Wir beschreiben ihn durch die Gleichung[5]:

$$(x - a)^2 + y^2 = R^2, a \neq R$$

Einsetzen in die Transformationsgleichungen:

$$x' = \frac{x}{x^2 + y^2} r^2, \, y' = \frac{y}{x^2 + y^2} r^2$$

liefert:

$$x' = \frac{x}{x^2 + R^2 - (x - a)^2} r^2, \, y' = \frac{\sqrt{R^2 - (x - a)^2}}{x^2 + R^2 - (x - a)^2} r^2$$

$$x'^2 + y'^2 = \frac{x^2 r^4}{\left[x^2 + R^2 - (x - a)^2\right]^2} + \frac{\left(R^2 - (x - a)^2\right) r^4}{\left[x^2 + R^2 - (x - a)^2\right]^2}$$

$$x'^2 + y'^2 = \frac{R^2 r^4 + 2xar^4 - a^2 r^4}{\left[R^2 + 2xa - a^2\right]^2} = \frac{r^4}{R^2 + 2xa - a^2}$$

---

[5] O. B. d.A kann man die y-Achse des Koordinatensystems so legen, dass die Mittelpunkte der beiden Kreise auf der x-Achse liegen.

Mit $x = \frac{x'}{x'^2+y'^2}r^2$ erhält man dann:

$$x'^2 + y'^2 = \frac{r^4}{R^2 + 2xa - a^2} = \frac{r^4}{R^2 + 2\frac{x'}{x'^2+y'^2}r^2a - a^2} = \frac{r^4(x'^2 + y'^2)}{(R^2 - a^2)(x'^2 + y'^2) + 2x'r^2a}$$

$$(R^2 - a^2)(x'^2 + y'^2) + 2x'r^2a = r^4$$

Da nach Voraussetzung $a \neq R$ gilt, kann man durch den Faktor $(R^2 - a^2)$ dividieren und erhält:

$$x'^2 + y'^2 + 2x'\frac{r^2a}{(R^2 - a^2)} = \frac{r^4}{(R^2 - a^2)}$$

$$\left(x' + \frac{r^2a}{(R^2 - a^2)}\right)^2 + y'^2 = \frac{r^4(R^2 - a^2) + r^4a^2}{(R^2 - a^2)^2} = \left[\frac{r^2R}{R^2 - a^2}\right]^2$$

Man erhält die Gleichung eines Kreises:

$$\left(x' + \frac{r^2a}{(R^2 - a^2)}\right)^2 + y'^2 = \bar{r}^2, \textit{mit } \bar{r} := \frac{r^2R}{R^2 - a^2}$$

und somit wie behauptet, als Bild einen Kreis mit Mittelpunkt auf der x-Achse, der nicht durch M verläuft.

2. Damit der gespiegelte Kreis ein Fixkreis ist, muss in der obigen Gleichung gelten:

$$-a = \frac{r^2a}{(R^2 - a^2)} \textit{ und } R^2 = \frac{r^4R^2}{(R^2 - a^2)^2},$$

also

$$R^2 - a^2 = -r^2 \Leftrightarrow a^2 = R^2 + r^2$$

Dies ist eine Pythagoras-Beziehung, die den behaupteten rechtwinkligen Schnitt beschreibt.

Die folgenden Darstellungen verdeutlichen die Ergebnisse:

Rückt der zu spiegelnde Kreis näher an den Inversionskreis, d. h. $a > 0$ nimmt ab, so nimmt der Radius des gespiegelten zu und sein Mittelpunkt rückt auf den Ursprungskreis zu.

Man erhält also eine Darstellung wie die folgende:

Mit GeoGebra lassen sich die Objekte verschieben und so kann man beobachten, wann Ursprungskreis und Bildkreis übereinstimmen:

1.3 Spiegelung am Kreis – Eigenschaften und konstruktive Beweise

Die obigen Beweise können im Unterricht oder in Arbeitsgemeinschaften auch durch konstruktive Beweise ersetzt werden, die sich mit Geogebra motivieren lassen, insbesondere mit der Möglichkeit, durch Geogebra Spuren von geometrischen Objekten sichtbar zu machen. Es werden in diesem Abschnitt die obigen Aussagen noch einmal wiederholt und auf konstruktive Art ohne die Verwendung analytischer Werkzeuge bewiesen.

Betrachten wir also noch einmal die vier oben beschriebenen Aussagen

1. *Jede Gerade durch den Mittelpunkt M (ohne den Punkt M) wird auf sich selbst abgebildet.*
2. *Jede Gerade, die nicht durch den Mittelpunkt M verläuft, wird auf einen Kreis durch M (ohne den Punkt M) abgebildet und umgekehrt.*
3. *Jeder Kreis, der nicht durch den Mittelpunkt M verläuft, wird auf einen Kreis abgebildet, der ebenfalls nicht durch M verläuft.*
4. *Ein Kreis $\neq K(M, r)$ ist genau dann ein Fixkreis der Kreisspiegelung, wenn er den Inversionskreis rechtwinklig schneidet.*

1. Die erste Aussage ergibt sich sofort aus der Def. 1.1 und der dort vorgestellten Konstruktion. Man kann sie mit Geogebra in der Weise visualisieren, dass man einen Punkt auf einer Geraden durch den Mittelpunkt bewegt und erkennt, dass der Bildpunkt sich ebenfalls auf dieser Geraden bewegt:

Bewegt man den Punkt P (oder auch den Punkt P'), so erkennt man, wie sich der jeweils andere Punkt auf der Geraden bewegt. Schon an dieser Stelle lässt sich die interessante Frage stellen, welchen Bildpunkt man dem Mittelpunkt M zuordnen soll, denn man kann erkennen, je näher der Punkt P' dem Mittelpunkt M kommt, umso weiter weg vom Kreis bewegt sich der Punkt P.

2. Das Ergebnis einer Inversion einer Geraden am Kreis, die nicht durch
den Mittelpunkt des Inversionskreises verläuft, kann man konstruktiv aus der
folgenden Darstellung beweisen:

Um die Behauptung zu beweisen fällt man das Lot vom Mittelpunkt M aus
auf die Gerade f und nennen A den Lotfußpunkt. A' sei der Spiegelpunkt von A
und P' sei der Spiegelpunkt eines weiteren auf der Geraden gelegenen Punktes
P. Aus der Definitionsgleichung der Inversion folgt dann:

$$|MP| \cdot |MP'| = |MA| \cdot |MA'| = r^2 \Leftrightarrow \frac{|MA'|}{|MP'|} = \frac{|MP|}{|MA|}$$

Die beiden Dreieck $\Delta P'A'$ und ΔMAP sind also ähnlich und der Winkel
$\sphericalangle MP'A'$ ist ein rechter Winkel. Aus der Umkehrung des Satzes von Thales folgt
dann aber sofort, dass der Punkt P' auf einem Kreis mit Durchmesser MP' liegt.
Dies lässt sich mit Geogebra auch schön visualisieren, wenn man Geogebra die
Spur des Punktes P' zeichnen lässt, während man den Punkt P auf der Geraden
bewegt.[6]

3. Diese Aussage folgt dann sofort aus der letzten, wenn der Kreis invers zur
Geraden ist, dann ist es diese auch zum Kreis.

4. Um die obige Aussage konstruktiv zu zeigen (wobei der Weg über eine Verwendung der Strahlensätze und des Sehnen-Tangentensatzes verläuft), betrachtet
man:

Es sei also c ein Kreis, der nicht durch den Mittelpunkt M des Inversionskreises verläuft mit dem Mittelpunkt M_k und dem Radius R: Um das Bild der
Inversion zu konstruieren, betrachten wir mehrere Geraden durch den Mittelpunkt M des Inversionskreises, die den Kreis c in den Punkten A, B bzw. E und
F schneiden. Die Bilder dieser Punkte lassen sich nach dem in der Definition 1.1
besprochenen Verfahren konstruieren. Dazu konstruieren wir noch eine Tangente
von M an den Kreis c.

Dann gilt:

$$|MA'| \cdot |MA| = r^2 = |MB'| \cdot |MB|$$

Und aus dem Sekanten-Tangenten-Satz folgt:

$$|MB| \cdot |MA| = |MT|^2$$

---

[6] Leider ist eine Bilddarstellung der Spuren nicht möglich – es lohnt sich aber, diese im
Unterricht zu benutzen!

Nach einer Division also:

$$\frac{|MA'|}{|MB|} = \frac{r^2}{|MT|^2} = \frac{|MB'|}{|MA|} = const := C$$

Die gleiche Konstante würde man auch für die Punkte E und F sowie deren Bildpunkte erhalten, sie hat also für alle Geraden durch M, die den Kreis c schneiden, den gleichen Wert.

Zeichnet man eine Parallele zu $M_k B$ (oben im Bild in roter Farbe), die Gerade MM_k, so erhält man als Schnittpunkt den Punkt Q. Aus der Strahlensatzfigur folgt dann:

$$\frac{|MQ|}{|MM_k|} = \frac{|MA'|}{|MB|} = \frac{|A'Q|}{R} = C$$

somit also auch

$$|MQ| = C \cdot |MM_k| \text{ und } |A'Q| = C \cdot R$$

Dieses Ergebnis bedeutet dann, dass für jede Lage der Punkte A und B der Punkt Q stets derselbe Punkt auf MM_k ist und der Abstand $|A'Q|$ immer denselben Wert besitzt, somit die Bildpunkte also auf einer Kreislinie um den Punkt Q herum liegen. Das gleiche Ergebnis erhält man natürlich auch für den Abstand $|B'Q|$, da nach obigem Ergebnis ja

$$\frac{|MA'|}{|MB|} = \frac{|MB'|}{|MA|}$$

gilt.

1.4   Spiegelung am Kreis – Entdeckungen mit Geogebra

Geogebra verfügt über den Befehl „Spiegele das Objekt am Kreis", der sich sehr leicht durch Anklicken des Objekts und anschließendes Anklicken des Inversionskreises ausführen lässt.

Nachdem man gemäß der Def. 1.1 die Konstruktion von Spiegelpunkten eingeführt hat, kann man im Unterricht zur Motivation beispielhaft folgende Spiegelbilder[7] mit Geogebra konstruieren:

Die oben erwähnten Aussagen zur Kreisspiegelung können dann allesamt im Unterricht mit Geogebra nachvollzogen, „entdeckt" werden. Hierbei ist es wichtig, auf alle Beobachtungen zu achten, neben der Lage des Spiegelobjekts, auch auf seine Form, die Zahl der Schnitt- bzw. Berührpunkte. Diese Ergebnisse lassen sich noch weiter vertiefen, wenn man die Inversion mehrerer Objekte – neben den oben gezeigten Figuren – betrachtet. Hierzu kann man Arbeitsaufträge wie die folgenden geben:

1. *Invertiere eine Gerade und einen Kreis, bei dem die Gerade den Kreis berührt. Was kann man beobachten?*

Bei der Betrachtung dieser Ergebnisse sind die folgenden Beobachtungen wichtig festzuhalten:

- *Berührende Objekte werden in berührende Objekte invertiert.*
- *Gerade und Kreis werden beide in Kreise invertiert. Ob diese beiden Kreise sich von außen oder von innen berühren (das Bild des Kreises also innerhalb oder außerhalb des Bildkreises der Gerade liegt), hängt von der Lange der Gerade ab, ist ihr Lotabstand zum Mittelpunkt des Inversionskreises kürzer als der Abstand der beiden Mittelpunkte M und Z, so liegt der Bildkreis des Kreises innerhalb des Bildkreises der Gerade.*

Bei der Betrachtung dieser Ergebnisse sind die folgenden Beobachtungen wichtig festzuhalten:

2. *Invertiere eine Gerade und einen Kreis, bei dem die Gerade den Kreis schneidet. Was kann man beobachten?*

1. *Bei der Inversion bleibt der Schnitt zweier geometrischer Objekte also solcher erhalten.*
2. *Im speziellen werden ein Kreis und eine ihn schneidende Gerade auf einen Kreis durch den Inversionsmittelpunkt und einen ihn schneidenden Kreis, der nicht durch M verläuft, abgebildet.*

---

[7] Sie stammen aus dem Artikel von Humenberger (Röttgen-Burtscheidt, 2004).

3. *Invertiere eine Gerade und einen Kreis, bei dem die Gerade eine Passante für beide Kreise ist.*

Bei der Betrachtung dieser Ergebnisse sind die folgenden Beobachtungen wichtig festzuhalten:

1. *Geometrische Objekte die sich nicht schneiden haben auch keine Inversionen, die sich schneiden.*
2. *Im speziellen werden ein Kreis und eine Gerade, die sich nicht schneiden auf zwei Kreis abgebildet, die sich nicht schneiden.*

1.5 Ein vorbereitendes Werkzeug: Konstruktion gemeinsamer Tangenten

Im Verlauf eines Geometriekurses mit Geogebra sollten Tangentenkonstruktionen an Kreisen als vorbereitende Probleme, zur Einübung von Heuristiken behandelt werden. Im Folgenden wird ein Vorschlag vorgestellt, anhand welcher Fragen dies geschehen könnte.

1.5.1 Konstruktion der Tangenten von einem Punkt außerhalb des Kreises

1. Problem

Konstruktion der Tangenten von einem Punkt P außerhalb des Kreises.

Gegeben seien ein Kreis K(M,r) und ein Punkt P außerhalb des Kreises. Zu konstruieren sind die Tangenten von P aus an den Kreis.

Hilfsfragen:

1. *Kannst Du eine Hilfsskizze zum Problem anfertigen?*
2. *Könntest Du das Problem als gelöst annehmen und dazu eine Hilfsskizze anfertigen?*
3. *Was weißt Du aus dem bisherigen Unterricht über „Tangenten und Kreise"?*
4. *Kennst Du mathematische Aussagen, in denen ein Kreis vorkam?*
5. *Gibt es einen Zusammenhang, in dem Deine Antwort zu dritten und zur vierten Frage in irgendeiner Form verknüpft vorkommt? Kannst Du diesen Zusammenhang zur Lösung dieses Problems verwenden?*

2. Problem

Konstruktion der äußeren Tangenten an zwei Kreise, die nicht ineinander liegen.

Gegeben seien zwei Kreise $K(M\_1, r = 5cm)$ und $K(M\_2, r = 3cm)$, die nicht ineinander liegen. Zu konstruieren sind die äußeren Tangenten an die beiden Kreise: Hilfsfragen:

1. *Kannst Du die Lösung des ersten Problems hier verwenden?*
2. *Könntest Du das Problem lösen, wenn Du die Parameter (also die Radien oder die Lage der beiden Kreise) des Problems bestimmen könntest? Falls ja, löse ein solches Problem mit Geogebra!*
3. *Worin besteht der Unterschied zwischen Deiner Lösung aus 2. und der Aufgabe? Gibt es Gemeinsamkeiten? Schreibe diese heraus!*

Lösung

Die Konstruktion gelingt hier über das Verfahren des ersten Problems, wenn man es am Kreis $K(M_1, r = r_1\text{-}r_2)$ verwendet und die Tangenten dann parallel verschiebt.

3. Problem

Konstruktion der inneren Tangenten an zwei Kreise, die nicht ineinander liegen.

Gegeben seien zwei Kreise $K(M_1, r = 5cm)$ und $K(M_2, r = 3cm)$, die nicht ineinander liegen. Zu konstruieren sind die inneren Tangenten an die beiden Kreise: Hilfsfrage:

Kannst Du das Vorgehen zur Lösung der ersten beiden Probleme hier verwenden?

Lösung

Die Konstruktion gelingt hier über das Verfahren des ersten Problems, wenn man es am Kreis $K(M_1, r = r_1 + r_2)$ verwendet und die Tangenten dann parallel verschiebt.

2   Drei Apollonische Berührprobleme[8]

2.1   Gegeben sind zwei Kreise und ein Punkt: KKP

Im ersten Problem wird die folgende Situation betrachtet:

---

[8] Die Apollonische Berührprobleme haben alle mehr als eine Lösung. Es wird in diesem Abschnitt jedoch immer nur eine Lösung vorgestellt.

Gegeben sind also zwei Kreise und ein Punkt P, zu konstruieren ist ein Kreis, der durch den Punkt verläuft und beide Kreise berührt. Hat man im Unterricht in verschiedenen vorherigen Problemen die Strategie „Rückwärtsarbeiten" verwendet, kann man hoffen, dass diese „als im Werkzeugkasten sich befindend" eingesetzt wird.

Man kann natürlich auch mit Pólya[9] die Aufforderung aussprechen:

Kannst Du mit Geogebra ein Problem wie oben skizziert mit Lösung zeichnen?

Es ist natürlich kein Problem so eine „Lösung" mit Geogebra zu skizzieren, da man ja die Kreise bewegen kann:

Die spannende Frage ist nun, ob jemand auf die Idee kommt, diese Lösung an einem passenden Kreis zu invertieren. Um diese Idee vorher im Unterricht wahrscheinlicher werden zu lassen, ist es sinnvoll, vor der Behandlung dieses Berührproblems mehrere Aufgaben wie beispielsweise die Inversion zweier oder dreier sich berührender Kreise mit Geogebra zu behandeln.

Die Frage an welchem Kreis man die obige Situation invertieren sollte ergibt sich dann aus der Überlegung, dass der Zielkreis durch den Punkt P verlaufen muss, somit muss P auch der Mittelpunkt des Inversionskreises sein – sein Radius ist beliebig. Man erhält dann die folgende Situation:

Dieses Bild kann man dann im Pólyaschen Sinne als „Sprungbrett" zur Lösung benutzen. Wähle hierzu einen beliebigen Radius für den Inversionskreis; invertiere anschließend die beiden Kreise am Inversionskreis und konstruiere ihre gemeinsame äußere Tangente, deren Inversion der gesuchte Kreis ist.

Das zentrale Ergebnis dieser Problemlösung über die Inversion kann man als heuristische Strategie formulieren:

Versuche den Inversionskreis so zu wählen, dass.
der gesuchte Kreis in eine Gerade invertiert wird.

2.2   Gegeben sind ein Kreis und zwei Punkte: KPP

Dass man mit der oben formulierten Strategie ein hilfreiches Werkzeug zur Hand hat, soll noch am folgenden Berührproblem dargestellt werden.

---

[9] In (Pólya, 1966) erläutert Polya an verschiedenen Problemen mögliche heuristische Strategien u. A. stellt er an verschiedenen Stellen dem Leser Fragen, die auch im Unterricht so verwendet werden können.

Gegeben seien ein Kreis und zwei Punkte, gesucht ist ein Kreis, der durch die beiden Punkte geht und den gegebenen Kreis berührt:

Mit der Anwendung der obigen Strategie kann man einen der beiden gegeben Punkte als Mittelpunkt des Inversionskreises wählen. Zur Wahl des Radius kann man sagen, dass man am einfachsten diesen so wählt, dass der Inversionskreis durch den anderen Punkt verläuft Abb. 4, 5 und 6:

Nach der Inversion erhält man das folgende Bild:

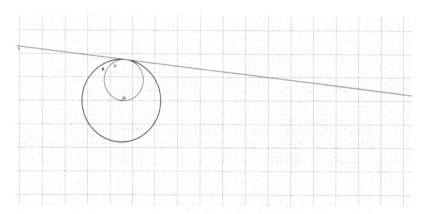

Abb. 4 Kreisspiegelung einer Tangente

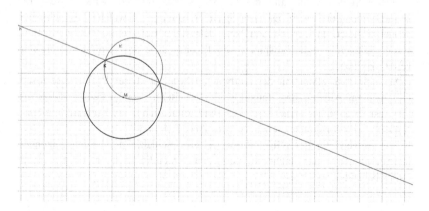

Abb. 5 Kreisspiegelung einer Sekante

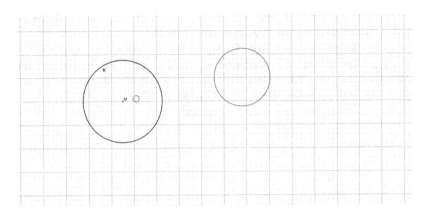

Abb. 6 Kreisspiegelung eines Kreises, der nicht durch M verläuft_1

Man konstruiert nun die beiden Tangenten von P_1 aus an den Bildkreis:
Die Inversion der beiden Tangenten ergibt dann die beiden Lösungen des
Problems, wie man in der folgenden Abbildung sehen kann:

2.3   Gegeben sind drei Kreise: KKK

Die Lösung des Berührproblems, bei dem drei Kreise gegeben sind und man
einen weiteren sucht, der alle drei berührt, ist von größerem Schwierigkeitsgrad
als die beiden vorherigen. Es ist auch ein Beispiel dafür, welche Möglichkeiten
Geogebra bietet, da hier durchaus sehr detaillierte Konstruktionen durchgeführt
werden können – zum Beispiel dadurch, dass diese fast beliebig vergrößert
werden können.

Versucht man allein mit der erarbeiteten Strategie dieses Problem zu lösen,
wird man im Allgemeinen immer wieder scheitern, da man keinen Punkt des
Lösungskreises sicher vorhersagen kann und somit auch in der Konstruktion eines
„frühen" Inversionskreises scheitern wird Abb. 7, 8 und 9.

Zur Anwendung der obigen Strategie müssen daher die beiden folgenden
Sachverhalte, die man leicht mit Geogebra verdeutlichen kann, im Unterricht
vorher behandelt werden:

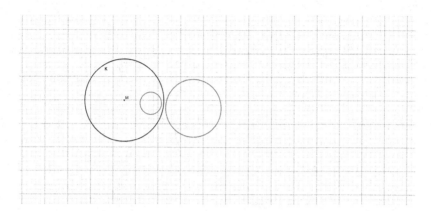

Abb. 7 Kreisspiegelung eines Kreises, der nicht durch M verläuft_2

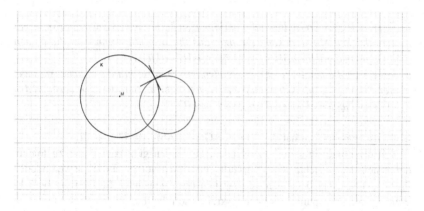

Abb. 8 Kreisspiegelung eines Fixkreises

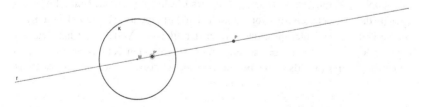

Abb. 9 Zur Spiegelung einer Geraden durch den Mittelpunkt

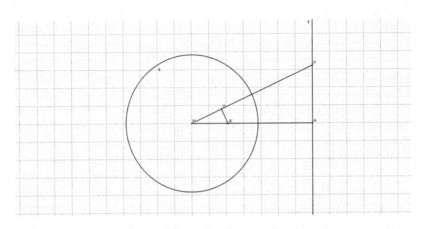

Abb. 10 Zur Inversion einer Geraden am Kreis

1. *Wenn sich zwei Kreise inwendig berühren, so berühren sich auch die Kreise mit den gleichen Mittelpunkten, die man aus ihnen erhält, wenn man die beiden Radien um denselben Betrag vergrößert oder verkleinert.*

2. *Wenn sich die beiden Kreise von außen berühren, so gilt die gleiche Aussage, wenn man den Radius des einen um einen beliebigen Betrag vergrößert und den anderen um den gleichen Betrag verkleinert.*

Das Ausgangsproblem hat die folgende Gestalt Abb. 10, 11 und 12:

Um die obige Strategie anzuwenden, also einen günstigen Punkt zu finden, durch den der gesuchte Kreis verläuft, muss man vorher ein leicht verändertes Problem lösen, bei dem man den zweiten oben genannten Sachverhalt berücksichtigt. Der Mittelpunkt des Lösungskreises soll die drei obigen Kreise berühren und man kann annehmen, von außen[10]. Mit dem zweiten obigen Sachverhalt bedeutet das aber nun Folgendes: Man bearbeite zuerst ein anderes vorgeschobenes Problem. Vergrößert man den Radius des Lösungskreises des neuen Problems soweit, dass dieser beispielsweise durch den Mittelpunkt M_1 des blauen Kreises verläuft, so bedeutet dies, dass dieser den gleichen Mittelpunkt hat, wie der eigentlich gesuchte, nun aber einen um r_1 vergrößerten Radius besitzt – dies bedeutet gleichzeitig, dass die beiden anderen Kreise aus der obigen Abb. 31

---

[10] Natürlich könnte man auch den Kreis suchen, den die obigen Kreise von innen berühren, das lässt sich als Folgeproblem stellen.

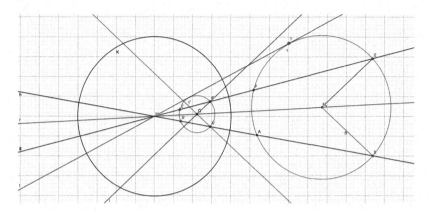

Abb. 11   Zur Inversion eines Kreises

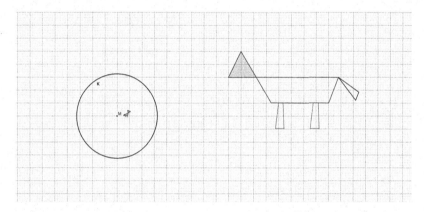

Abb. 12   Zur Motivation_1

einen um r_1 verringerten Radius besitzen. Zur Messung der einzelnen Radien kann man den GeoGebra-Befehl zur Messung der Länge einer Strecke benutzen.

Das vorgelagerte Problem hat dann die folgende Gestalt:

Gesucht ist also nun der Kreis, der durch den Punkt M_1 verläuft und die beiden kleineren Kreise berührt. Diese können wir nach 2.1 konstruieren und damit liegt der Mittelpunkt des gesuchten Kreises auch schon fest. Als Inversionskreis wurde dann einfach der gegebene blaue Kreis benutzt:

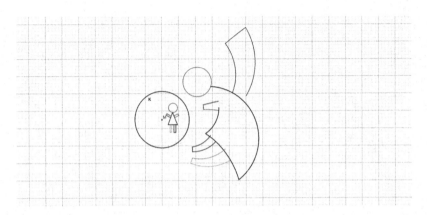

Abb. 13 Zur Motivation_2

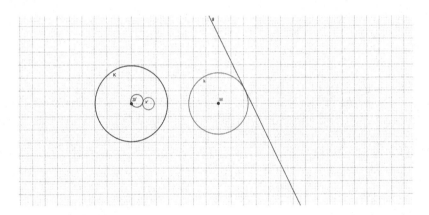

Abb. 14 Zur Invertierung eines Kreises plus Tangente_1

In der Vergrößerung kann man erkennen, dass die gemeinsame Tangente der beiden Bildkreise zu konstruieren ist:

Eine derart kleine Konstruktion ist mit dem Bleistift nicht mehr durchführbar und sie zeigt, welche Möglichkeiten das Arbeiten mit GeoGebra bietet.

Die endgültige Lösung findet man dann dadurch, dass man den Lösungskreis des Vorproblems um den Radius r_1 verkleinert:

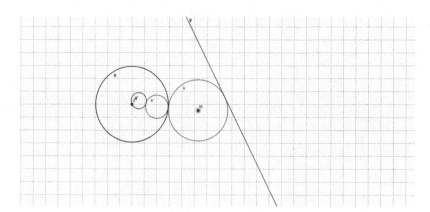

Abb. 15 Zur Invertierung eines Kreises plus Tangente_2

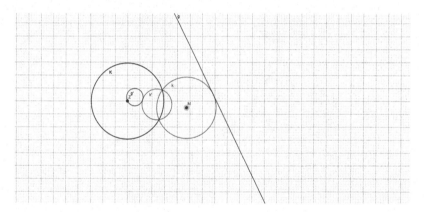

Abb. 16 Zur Invertierung eines Kreises plus Tangente_3

3   Fazit

Die vorgestellten geometrischen Berührprobleme sind alle mit Inhalten der Mittelstufenmathematik lösbar und könnten, wenn man die Zeit dazu hätte, auch im Unterricht erarbeitet werden. Im Allgemeinen ist dies natürlich nicht möglich, sie sollten deshalb in besonderen mathematischen Arbeitsgemeinschaften oder auch als Thema einer Facharbeit behandelt werden. Ihr Vorteil liegt darin, dass sie

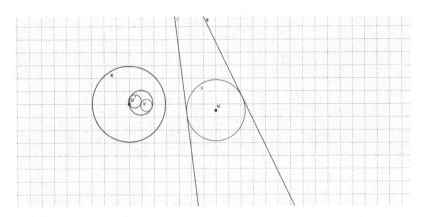

Abb. 17 Zur Invertierung eines Kreises plus Tangente_4

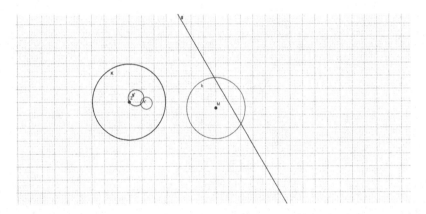

Abb. 18 Zur Invertierung eines Kreises plus Sekante_1

mathematisches Problemlösen im Rahmen einer relativ begrenzten Anzahl mathematischer Inhalte erlauben, wobei der Schwierigkeitsgrad sukzessive gesteigert werden kann. Hier kann als Ausgangspunkt sogar die Behandlung von bekannten Themen aus dem Unterricht, wie der Konstruktion des Um- und des Inkreises dienen, ohne dass man die Inversion am Kreis sofort einführen muss. Der Einsatz von GeoGebra ermöglicht, wie vorgestellt die Bearbeitung von Problemen, die sonst durch eine Konstruktion mit Zirkel und Lineal praktisch nicht zu lösen

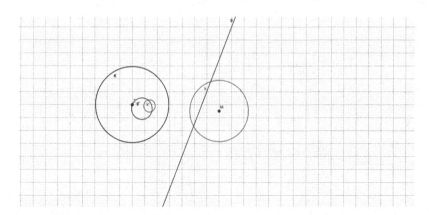

Abb. 19 Zur Invertierung eines Kreises plus Sekante_2

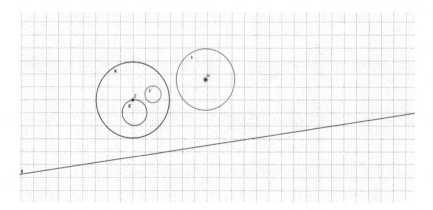

Abb. 20 Zur Invertierung eines Kreises plus gemeinsamer Passante

sind. Die oben dargestellten Probleme beschreiben somit ein Beispiel für den Einsatz von digitalen Medien im Mathematikunterricht, der einen eindeutigen Vorteil gegenüber herkömmlichen Medien bietet.

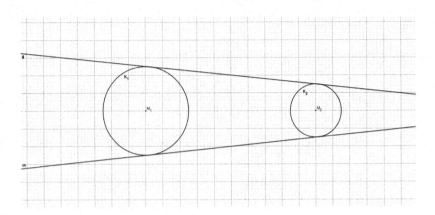

Abb. 21 Zur Konstruktion der äußeren gemeinsamen Tangenten

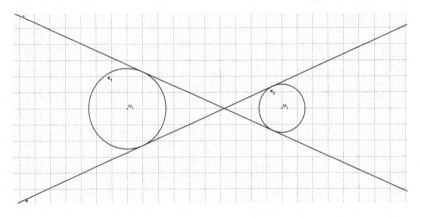

Abb. 22 Zur Konstruktion zweier gemeinsamer innerer Tangenten

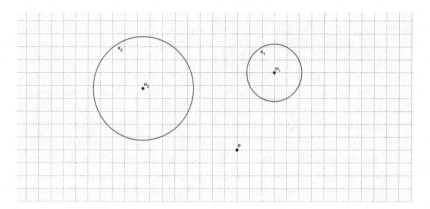

Abb. 23 Zum ersten Berührproblem_1

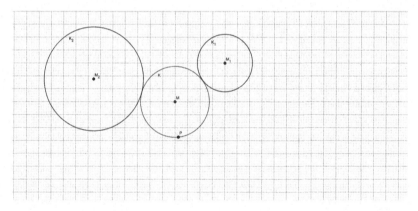

Abb. 24 Zum ersten Berührproblem_2

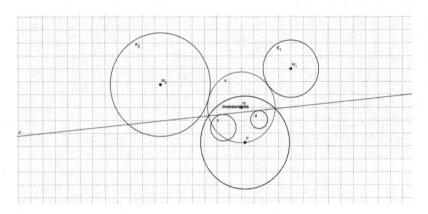

Abb. 25 Zum ersten Berührproblem_3

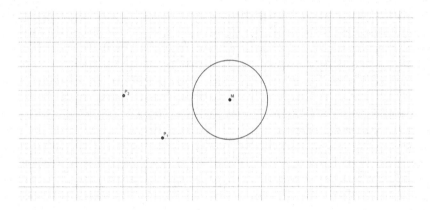

Abb. 26 Zum zweiten Berührproblem_4

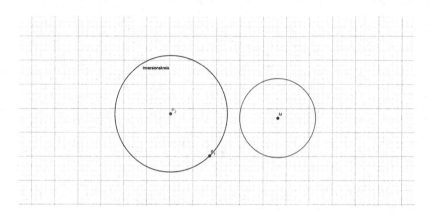

Abb. 27 Zum zweiten Berührproblem_5

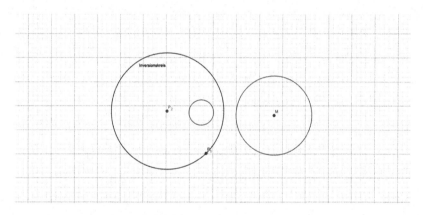

Abb. 28 Zum zweiten Berührproblem_6

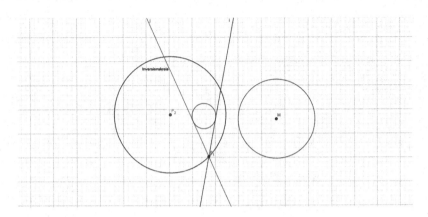

Abb. 29 Zum zweiten Berührproblem_7

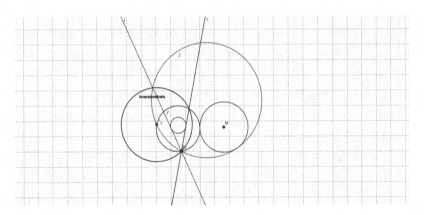

Abb. 30 Zum zweiten Berührproblem_8

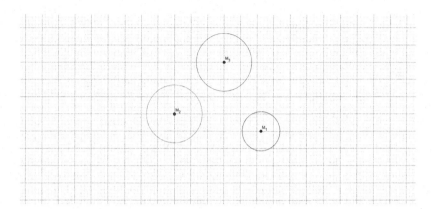

Abb. 31 Zum dritten Berührproblem

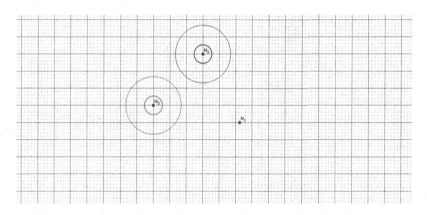

Abb. 32 Zum dritten Berührproblem: Vorproblem

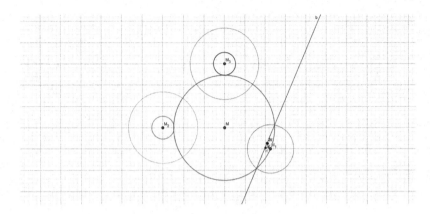

Abb. 33 Zum dritten Berührproblem: Lösung des Vorproblems_1

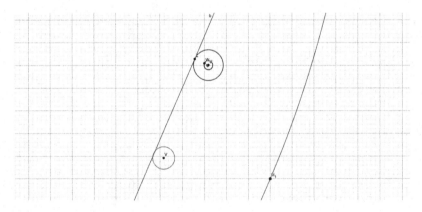

Abb. 34 Zum dritten Berührproblem: Lösung des Vorproblems_2

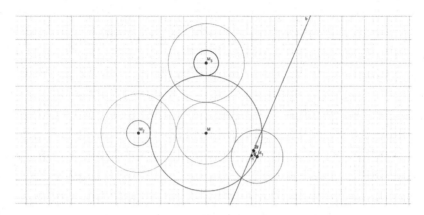

Abb. 35 Zum dritten Berührproblem: Lösung des Problems

Literatur

Bol, G. (1948) Elemente der Analytischen Geometrie 1. Teil. Göttingen: Studia Mathematica, Vandenhoeck und Ruprecht.

Courant, R., & Robbins, H. (1962). *Was ist Mathematik?* Springer.

Humenberger, H. (2016). Pol und Polare am Kreis – die Kreisspiegelung. *Der Mathematikunterricht, 62* (4), 44–54.

Pólya, G. (1966). *Vom Lösen mathematischer Aufgaben.* Birkhäuser Verlag.

Röttgen-Burtscheidt, J. (2004) *Das Apollonische Berührproblem,* Sammlung von Lösungen, Diplomarbeit; Köln 2007. https://www.matheraetsel.de/lit_geometrie.html. Zugegriffen: 1. Febr. 2021.

Scheid, H., & Schwarz, W. (2009). *Elemente der Geometrie.* Akademischer Verlag.

Mathematikhaltige Programmierumgebungen mit Scratch – Eine Fallstudie zu Problemlöseprozessen von Lehramtsstudierenden

Frederik Dilling und Amelie Vogler

Das Programmieren ist eine zentrale Kompetenz des Informatikunterrichts. Bei geeigneten Problemstellungen bietet es aber auch im Mathematikunterricht die Möglichkeit, sich tiefgehend mit mathematischen Sachverhalten und Konzepten auseinanderzusetzen. In diesem Beitrag werden mathematikhaltige Problemlöseprozesse von Lehramtsstudierenden unter Verwendung der Blockprogrammierumgebung Scratch mit einem Fallstudienansatz untersucht. Auf theoretischer Ebene wird ein Überblick über das Problemlösen in der Mathematik und der Informatik sowie eine kurze Einführung in das (Block-)Programmieren im Mathematikunterricht gegeben.

1 Einleitung

Das Lernen mit und über digitale Medien und Werkzeuge ist in der mathematik-didaktischen Forschung von immer größerer Bedeutung. Dass das Programmieren in diesem Zusammenhang gewinnbringende Lerngelegenheiten mit besonderem

F. Dilling (✉) · A. Vogler
Fak. IV/Didaktik der Mathematik, Universität Siegen, Siegen, Deutschland
E-Mail: dilling@mathematik.uni-siegen.de

A. Vogler
E-Mail: vogler2@mathematik.uni-siegen.de

© Der/die Autor(en), exklusiv lizenziert durch Springer Fachmedien   359
Wiesbaden GmbH, ein Teil von Springer Nature 2022
F. Dilling et al. (Hrsg.), *Neue Perspektiven auf mathematische Lehr-Lernprozesse mit
digitalen Medien*, MINTUS – Beiträge zur mathematisch-naturwissenschaftlichen Bildung,
https://doi.org/10.1007/978-3-658-36764-0_16

Fokus auf Probleme, die einen expliziten Bezug zu mathematischen Sachverhalten aufweisen, bietet, deuten die Ergebnisse der in diesem Artikel vorgestellten Fallstudie an. Forschungsgegenstand dieser Studie sind die Problemlöseprozesse von Studierenden in mathematikhaltigen Programmierumgebungen.

In Abschn. 2 wird die Aktivität des Problemlösens aus mathematischer sowie informatischer Perspektive dargestellt und als charakteristische Tätigkeiten und somit Schnittstelle beider Disziplinen hervorgehoben. Hierbei wird Bezug auf das Problemlösen nach Pólya (1949), Schoenfeld (1985) und Müller und Weichert (2013) genommen. In Abschn. 3 werden dann die Möglichkeiten und Chancen des Programmierens im Mathematikunterricht erörtert sowie dessen Bedeutung hinsichtlich der bildungspolitischen Vorgaben für das schulische Lehren und Lernen dargelegt (3.1). In einem weiteren Unterabschnitt (3.2) wird am Beispiel einer Lehrveranstaltung der Universität Siegen, an welcher die in der Fallstudie untersuchten Studierenden teilnahmen, dargestellt, wie das Programmieren in die universitäre Lehre im Fach Mathematik eingebunden werden kann. Abschließend wird dann die blockbasierte Programmierung mit Scratch beschrieben (3.3). In Abschn.4 werden zunächst die Rahmenbedingungen, die Methodik und die zugrunde liegenden Fragestellungen der Fallstudie (4.1) erläutert. Daran anknüpfend werden im Weiteren (4.2 und 4.3) die Problemlöseprozesse von zwei Studenten analysiert und vergleichend betrachtet. In Unterabschn. 4.4 werden die Ergebnisse der Fallstudie mit Blick auf die zuvor formulierten Fragestellungen diskutiert. Schließlich folgen im letzten Abschnitt ein Fazit und ein Ausblick.

2   Problemlösen in Mathematik und Informatik

Das Identifizieren und Lösen von Problemen stellt eine typische Aktivität in der Mathematik und der Informatik dar und ist dementsprechend auch zentraler Gegenstand fachdidaktischer Forschung in diesen Fächern. Die Definition eines Problems erfolgt dabei meist als die Transformation von einem Anfangszustand in einen Endzustand, wobei dem problemlösenden Individuum für den Übergang kein direktes Verfahren bekannt ist (Dörner, 1979; Newell & Simon, 1972; Schoenfeld, 1985). Stattdessen müssen eigenes Wissen und Strategien verknüpft werden, um eine Lösung zu finden. Damit lässt sich eine gute Problemlöseaufgabe nach Schoenfeld (1985) wie folgt beschreiben:

> „The problem solver does not have easy access to a procedure for solving a problem –
> a state of affairs that would make the task an exercise rather than a problem – but does
> have an adequate background with which to make progress on it [...]." (S. 11)

Problemlöseaufgaben sind somit immer abhängig vom Individuum, in unserem Fall Lehramtsstudierende, zu sehen. Nicht die Komplexität einer Aufgabe ist entscheidend, sondern vielmehr, ob dem Individuum direkte Lösungsverfahren bekannt sind oder nicht (Smith, 1991).

In dieser Form ist der Begriff des Problems nicht an Fächergrenzen gebunden – zur Problemlösung können im Allgemeinen Wissen und Strategien aus verschiedenen Bereichen Anwendung finden. Gerade dies macht aus Sicht der Autorin und des Autors dieses Beitrags authentische Probleme aus, die nicht ausschließlich für den Unterricht, sondern auch im Alltag relevant sein können. Für den Mathematikunterricht sollte man mathematikhaltige Probleme (Dilling, 2020) im Blick haben, die bei der Problemlösung wesentlich mathematisches Wissen und Strategien beanspruchen. In diesem Beitrag wird mathematikhaltiges Problemlösen an der Schnittstelle zur Informatik mit der Blockprogrammiersoftware Scratch betrachtet. Im Folgenden soll daher zunächst der Blick auf Ansätze zur Beschreibung des Problemlösens in der Mathematik- und der Informatikdidaktik gerichtet werden, um ein adäquates Beschreibungsinstrument für die spätere Fallstudie zu bilden.

2.1   Problemlösen in der Mathematikdidaktik

Das mathematische Problemlösen von Schülerinnen und Schülern lässt sich vereinfacht mithilfe der bekannten Stufen des Problemlöseprozesses nach Pólya (1949) beschreiben. Die Stufen können aber auch explizit mit den Lernenden besprochen werden, um sie als allgemeine Hilfestellung und zur Strukturierung des eigenen Lösungsprozesses heranzuziehen. Sie sollten allerdings nicht normativ verwendet werden – Schülerinnen und Schüler können ebenso auf andere Weise vorgehen und Lösungen für Probleme finden.

Der *erste Schritt* zur Lösung eines Problems ist nach Pólya das Verstehen der Aufgabe. In dieser Phase stehen die Fragen im Vordergrund, was unbekannt ist, was gegeben ist und wie die Bedingungen lauten. Um die Fragen zu beantworten, müssen die Schülerinnen und Schüler den Aufgabentext verstehen. Dabei kann unter anderem das Entwerfen einer Zeichnung oder das Einführen von Notationen hilfreich sein. Schließlich sollte in dieser Phase auch eine Hypothese darüber entwickelt werden, ob die in der Aufgabe genannten Bedingungen überhaupt erfüllt werden können.

Der *zweite Schritt* ist das Ausdenken eines Planes. Ein Plan umfasst das Wissen über notwendige „Rechnungen, Umformungen oder Konstruktionen [...], um die Unbekannte zu erhalten" (Pólya, 1949, S. 22). Um einen Lösungsplan zu entwickeln, kann unter anderem auf dem eigenen Wissen über die mit dem Problem in Beziehung stehenden Begriffe und Sätze sowie auf bereits gelösten ähnlichen Problemen aufgebaut werden. Des Weiteren kann es in dieser Phase hilfreich sein, die Aufgabe umzuformulieren oder zunächst einzuschränken.

Im *dritten Schritt* geht es um das Ausführen des Planes. Dies bedeutet, dass die geplanten Rechnungen, Umformungen und Konstruktionen tatsächlich ausgeführt werden. Dabei ist es entscheidend, dass die Schülerin oder der Schüler jeden Schritt intuitiv oder formal kontrolliert, um die Richtigkeit der Lösung sicherstellen zu können.

Der *vierte Schritt* ist schließlich die Rückschau durch „nochmaliges Erwägen und Überprüfen des Resultats und des Weges, der dazu führte" (ebd., S. 28). Auf diese Weise kann einerseits das Resultat noch einmal auf Korrektheit geprüft und andererseits das Wissen gefestigt und die Problemlösefähigkeit ausgebaut werden.

Die Schritte des Problemlöseprozesses können auch als Kreislauf aufgefasst werden (siehe Abb. 1), in dem nach der Rückschau eine Verbesserung der gefundenen Lösungen durch erneutes Durchführen der Problemlöseschritte stattfinden kann (vgl. Greefrath, 2018):

Ein weiteres bekanntes Werk in Bezug auf das mathematische Problemlösen stellt Alan H. Schoenfelds *Mathematical Problem Solving* (Schoenfeld,

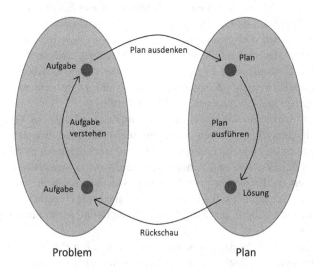

Abb. 1 Problemlösekreislauf in Anlehnung an Pólya (1949) nach Greefrath (2018)

1985) dar. Dieser hat aufbauend auf seinen Erfahrungen aus Kursen zum Problemlösen an verschiedenen Colleges und wissenschaftlichen Untersuchungen relevante Eigenschaften eines Individuums für einen erfolgreichen Problemlöseprozess identifiziert. Sein System umfasst vier Kategorien zur Analyse von Problemlöseprozessen:

"Whether one wishes to explain problem-solving performance, or to teach it, the issues are more complex. One must deal with (1) whatever mathematical information problem solvers understand or misunderstand, and might bring to bear on a problem; (2) techniques the have (or lack) for making progress when things look bleak; (3) the way they use, or fail to use, the information at their disposal; and (4) their mathematical world view, which determines the ways that the knowledge in the first three categories is used." (Schoenfeld, 1985, S. 14)

Die *Resources* bezeichnen das mathematische Wissen, welches vom problemlösenden Individuum in der Problemlösesituation genutzt werden kann. Hierunter fallen Faktenwissen und prozedurales Wissen, aber auch Intuitionen und für das Problem relevantes informelles Wissen. Die Kategorie Resources schließt nicht nur richtiges, sondern auch fehlerhaftes Wissen mit ein.

In der Kategorie *Heuristics* Heuristics bwerden betrachtet werden Strategien und Techniken betrachtet, um an ein unbekanntes Problem heranzugehen. Dies umfasst unter anderem das Zeichnen von Skizzen, das Einführen geeigneter Notationen, das Erörtern verwandter Probleme, das Umformulieren des Problems, das Rückwärtsarbeiten oder das Überprüfen und Verifizieren von Verfahren. Heuristics können einen entscheidenden Beitrag zur erfolgreichen Problemlösung leisten. Die Grundlage zur Anwendung einer Strategie oder Technik bildet allerdings immer das der Kategorie Resources zugeschriebene Wissen.

Control bezeichnet nach Schoenfeld die allgemeinen Entscheidungen zur Auswahl und Ausführung von Resources und Heuristics. Die Kategorie umfasst die Planung sowie die Kontrolle und Bewertung des Problemlöseprozesses. Auf dieser Basis werden bewusste Entscheidungen für die Nutzung gewisser Wissensaspekte oder Strategien getroffen, die den Verlauf des Prozesses wesentlich beeinflussen.

Die letzte Analysekategorie Schoenfelds ist das *Belief System*. Hierunter ist das eigene mathematische Weltbild („mathematical world view") zu verstehen, welches (teils unbewusste) Faktoren für das Verhalten darstellt. Die Beliefs beziehen sich auf das Individuum selbst, die Umgebung, das Thema und die Mathematik und geben den Rahmen für Resources, Heuristics und Control vor.

2.2   Problemlösen in der Informatikdidaktik

Auch in der Informatik stellt das Problemlösen eine charakteristische Tätigkeit dar, mit dem Ziel, einen Algorithmus zu entwickeln und in einem Programm umzusetzen:

> „Das Ziel einer Problemlösung ist, ausgehend von einer Problemstellung ein System zu finden, das diese Lösung darstellt. Diese Vorgehensweise lässt sich in drei Schritten aufgliedern. Ausgangspunkt ist eine gegebene Problemstellung, für die eine Lösung durch den Rechner gesucht wird. Nachfolgend wird mittels Abstraktion aus dem Problem im Idealfall ein Algorithmus erstellt. Der Algorithmus ist im nächsten Schritt in ein Programm zu transferieren, welches dann auf einem Rechner ausgeführt wird. Das Programm stellt die Lösung des Problems dar." (Müller & Weichert, 2013, S. 16)

Der informatische Problemlöseprozess lässt sich wie auch der Problemlöseprozess in der Mathematik als eine Abfolge bestimmter typischer Schritte beschreiben. Zunächst muss im *ersten Schritt* das Problem formuliert bzw. identifiziert werden. Hierauf folgt im *zweiten Schritt* die Analyse des Problems. Dabei ist eine entscheidende Frage, ob es eine, keine oder mehrere Lösungen für das Problem gibt. Zudem erfolgt in diesem Schritt eine Abstraktion, indem Variablen für bestimmte Informationen eingeführt werden. Eventuell wird zudem das Problem überarbeitet oder in Teilprobleme zerlegt. Der *dritte Schritt* ist das Entwerfen eines Algorithmus für mögliche Teilprobleme sowie das Gesamtproblem. Im *vierten Schritt* wird die Korrektheit des Algorithmus überprüft (Terminiert der Algorithmus?, Liefert er immer das richtige Ergebnis?, usw.) und im *fünften Schritt* erfolgt die Analyse des Implementationsaufwands. Erst im *sechsten Schritt* wird dann die eigentliche Programmierung vorgenommen, also der Algorithmus in einer ausgewählten Programmiersprache formuliert. Je nachdem, ob das Ergebnis zufriedenstellend ist, erfolgt die Verbesserung des Algorithmus und der Programmierung in weiteren Problemlösezyklen. Der informatische Problemlöseprozess muss im Unterricht nicht immer vollständig durchlaufen werden. Beispielsweise kann auch lediglich ein Algorithmus entwickelt, nicht aber in einem Programm umgesetzt werden oder es wird ein Algorithmus vorgegeben, der dann mit einer bestimmten Programmierumgebung umgesetzt werden soll.

3   Programmieren im Mathematikunterricht

3.1   Möglichkeiten und Chancen des Programmierens im Mathematikunterricht

Möglichkeiten und Chancen des Programmierens im Mathematikunterricht werden nicht erst seit kurzem in der Mathematikdidaktik diskutiert. Lehmann hält bereits 2004 fest, dass sich aus dem Informatikunterricht bekannte Arbeitsweisen häufig auch für den Mathematikunterricht eignen. Die Tätigkeit des Programmierens beschreibt er dabei wie folgt:

> „So ist [...] das Programmieren [...] trotz aller vorheriger Planung häufig auch ein Experimentieren und Suchen nach der besten Realisierung – ein Arbeiten mit einer Lösungsidee und der häufig nötigen Abwandlung und Verbesserung der Idee. Auf diese Weise können aber auch viele mathematische Problemstellungen angegangen werden: Experimentieren – vermuten – begründen – beweisen." (S. 308)

Kortenkamp hält 2005 fest: „Konzepte wie Schleifen, Prozeduren und insbesondere Variablen sind eigentlich unabdingbar und bieten Bildungschancen! [...] [Es] ist [...] genauso wichtig, irgendeine Programmiersprache zum Verständnis dieser Konzepte benutzt zu haben, wie es notwendig ist, die schriftliche Addition als strukturiertes Verfahren in der Grundschule zu lernen" (S. 84). In dieser Forderung hebt Kortenkamp hervor, dass beim Programmieren im Mathematikunterricht nicht eine bestimmte Programmiersprache zu beherrschen im Vordergrund stehen sollte, sondern diese Sprache zu nutzen, um ein adäquates Verständnis von informatischen Konzepten wie Schleifen, Prozeduren und Variablen zu entwickeln. Weiterhin fordert er, dass das Programmieren als gestalterische und strukturierende Tätigkeit wenigstens für diejenigen, die später Mathematik lehren möchten, in das Lehramtsstudium verankert werden müsse (vgl. ebd.). Auch Beckmann (2005) expliziert an Aspekten, wie den Variablen, Funktionen sowie der Rekursion und Iteration, dass (vergessene) mathematische Denkweisen durch den Einbezug informatischer Aspekte in den Mathematikunterricht motiviert werden, z. B. könne lokales Ordnen durch modulares Arbeiten in Programmierumgebungen angeregt werden. Außerdem betont Beckmann auch, dass ein fächerverbindender Ansatz bezogen auf die Mathematik und Informatik einen Beitrag zur Entwicklung der Problemlösefähigkeiten leistet und eine Beschäftigung mit (besonderen) mathematischen Inhalten motiviert:

> „Wird Programmieren [...] zur Lösung mathematischer Probleme eingesetzt, ist zu erwarten, dass damit auch ein Mathematiklernen einher geht. Denn Programmieren

erfordert immer auch die intensive Auseinandersetzung mit dem Thema, hier also mit der Mathematik. Darüber hinaus kann Programmieren aber auch gezielt eingesetzt werden, um bestimmte mathematische Inhalte oder Methoden zu lernen und zu vertiefen." (Beckmann, 2003, S. 16)

Umso erstaunlicher ist es, dass die Programmierung zwischenzeitlich weitgehend aus dem mathematischen Unterricht verschwunden war (vgl. u. a. Oldenbourg 2011). In den letzten Jahren ist es insbesondere die Blockprogrammierung, welche als besonders intuitiv zu erlernende Art der Programmierung Einzug in den Mathematikunterricht nimmt (vgl. dazu u. a. Bescherer & Fest, 2019). In NRW wurde 2018 der Medienkompetenzrahmen basierend auf dem Strategiepapier zur Bildung in der digitalen Welt der Kultusministerkonferenz (2016) eingeführt. Dieser beschreibt für die gesamte Bildungskette die Kompetenzen, welche die Schülerinnen und Schüler im Umgang mit digitalen Medien erwerben sollen. Hier wird nun explizit unter der übergeordneten Kompetenz des Problemlösens und Modellierens formuliert, dass „[n]eben Strategien zur Problemlösung [...] Grundfertigkeiten im Programmieren vermittelt [werden] sowie die Einflüsse von Algorithmen und die Auswirkung der Automatisierung von Prozessen in der digitalen Welt reflektiert [werden]" (Medienberatung NRW, 2020, S. 22). Eppendorf und Marx (2020) halten fest, dass der Lehrplan NRW für das Fach Mathematik das Programmieren zwar nicht explizit erwähnt, der situationsangemessene Einsatz digitaler Werkzeuge aber ausdrücklich gefordert wird. Weiterhin erläutern die beiden Autoren, dass ein Programm zur Blockprogrammierung in Verbindung mit einem mathematischen Inhalt als ein digitales mathematisches Werkzeug betrachtet werden dürfe, wenn man nach Schmidt-Thieme und Weigand (2015) davon ausgehe, dass der Benutzer mithilfe von Werkzeugen auf mathematische Objekte einwirken und sie verändern kann. Dies konkretisieren Eppendorf und Marx (2020, S. 234 ff.) am Beispiel der Unterrichtsidee zur Konstruktion eines regelmäßigen Dreiecks mittels des Programms Scratch in Anlehnung an Förster (2014), in welcher ein mathematikhaltiges (geometrisches) Problem unter Nutzung informatischer Aspekte untersucht wird. An dieser Stelle wird auf eine detaillierte Betrachtung dieses Beispiels verzichtet, da in Abschn. 4 beispielhaft eine Problemstellung aus dem Bereich der Arithmetik im Rahmen der Fallstudie dieses Beitrags näher ausgeführt wird.

Förster (2011) beschreibt, dass das Programmieren insbesondere Schülerinnen und Schülern helfen kann, die Schwierigkeiten beim Problemlösen haben. Denn das Programmieren hält eine gemeinsame Sprache bereit, ermöglicht eigene Erfahrungen und man kann über (selbst erstellte) Programme, genauer über ihre Struktur, ihre Entwicklung und ihre Beziehung zu anderen Programmen leichter reden. Dabei bezieht Förster sich auf das Konzept von Feuerzeig und Papert

(1969) zu Programmiersprachen als konzeptuelle Rahmung des Lernens von Mathematik. Außerdem ist das Programmieren auch hilfreich, um das Überprüfen, Bewerten und Überarbeiten bzw. das (wiederholte) Modifizieren einer Lösungsidee seitens der Lernenden, welches auch das Abwandeln und Verbessern der Lösungsidee nach Lehmann (2004) umfasst, zu fördern. Darüber hinaus greift Förster (2011) in Anlehnung an Strecker (2009) auf, dass das Programmieren auch Parallelen zum mathematischen Beweisen aufweist, da das Finden einer Transformation, die bestimmte Eingabewerte in Ausgabewerte abbildet, oder auch das Finden eines Algorithmus mit einer Beweisaufgabe im Mathematikunterricht verglichen werden kann.

Anknüpfend an die bereits genannte Forderung von Kortenkamp hält auch Förster (2011) fest, dass die visuelle Programmiersprache Scratch eine Vermittlung von informatischen Basiskompetenzen im Bereich Algorithmen und Programmierung für Lehramtsstudierende ermöglichen kann. In den beiden nachfolgenden Abschnitten wird am Beispiel einer mathematikdidaktischen Lehramtsveranstaltung an der Universität Siegen dargestellt, wie eine solche Ausbildung informatischer Basiskompetenzen realisiert werden kann.

3.2   Programmieren in der Lehramtsausbildung am Beispiel einer Lehrveranstaltung an der Universität Siegen

In zwei parallel im Sommersemester 2021 stattfindenden Lehrveranstaltungen der Mathematikdidaktik der Universität Siegen studierten Studierende des Lehramts Mathematik für Gymnasien, Gesamtschulen oder Grundschulen die Besonderheiten und Funktionen der Blockprogrammierung. Die Studierenden, welche zugleich die Probanden der in Abschn. 4 dargestellten Fallstudie waren, belegten die Veranstaltung zum Ende ihres Bachelorstudiums als sogenannte fachdidaktischer Ergänzung. Den Studierenden war zum Zeitpunkt der Auswahl der Veranstaltung nur durch den Titel *Mathematik digital* bewusst, dass im Fokus der Einsatz digitaler Medien im Mathematikunterricht stehen würde. Die Lehrveranstaltung wurde als Seminar mit jeweils 14 und 40 Studierenden pandemiebedingt ausschließlich digital in Kombination von synchronen Videokonferenzen per Zoom und asynchron bearbeitbaren Lernmaterialien durchgeführt.

Die Konzeption der Veranstaltung verfolgte das Ziel, den Studierenden fachdidaktische Hintergründe des Einsatzes verschiedenster digitaler Medien, wie zum Beispiel der 3D-Druck-Technologie, der dynamischen Geometriesoftware, verschiedener Applikationen virtueller Anschauungs- und Arbeitsmittel und in diesem Fall auch der Blockprogrammierung zu vermitteln, sowie damit verbundene, mögliche Unterrichtsszenarien zu erarbeiten und zu erproben. Gleich zu Beginn dieses Durchgangs wurden die Studierenden in einführenden Videokonferenzen durch die Dozierenden zunächst auf die Idee des Algorithmus als Problemlösung aufmerksam gemacht, indem kurz theoretisch aufgegriffen wurde, was aus Sicht der Mathematikdidaktik und auch Informatik als Problem bzw. Problemlösen verstanden werden kann. Dabei wurde auf eine ausführliche Betrachtung der beiden Problemlösekreisläufe (vgl. Abschn. 2) bewusst verzichtet. Aufbauend auf von den Studierenden in Kleingruppen erarbeiteten und in Flussdiagrammen formulierten alltäglichen Algorithmen, wie dem Zähneputzen, wurde festgehalten, was unter einem Algorithmus verstanden werden kann. Dass das Planen einer strukturierten algorithmischen Sequenz zur Lösung eines Problems und die Umsetzung dieser in einem Programm sowie die anschließende Beurteilung der Problemlösung von Relevanz für den Unterricht in einer digitalen Welt ist, wurde anhand des Medienkompetenzrahmens NRWs erläutert.

Abschließend gaben die Dozierenden einen ersten Überblick über die Eigenschaften und Funktion des Programms Scratch (vgl. Abschn. 3.3). In den darauffolgenden drei Semesterwochen haben die Studierenden eigenständig an Scratch-Mathematikaufgaben gearbeitet. Hierzu wurde den Studierenden ein Protokollheft zur Verfügung gestellt, in dem sie nach bestimmten Vorgaben vier von neun bereitgestellten Aufgaben auswählen und bearbeiten konnten. Zu jeder ausgewählten Aufgabe haben die Studierenden ihre Problemlösung als Screenshot festgehalten und den eigenen Problemlöseprozess unmittelbar nach der Bearbeitung einer jeden Aufgabe fragengeleitet reflektiert. Weitere Aufgaben im Protokollheft bestanden in der Entwicklung einer eigenen mathematischen Aufgabenstellung zur Bearbeitung in Scratch und in einer fragengeleiteten Abschlussreflexion.

Diese Aufzeichnungen dienten der in Abschn. 4 dargelegten Fallstudie als Datengrundlage. Im Rahmen optionaler Sprechstunden konnten die Studierenden größere Schwierigkeiten im Umgang mit der Programmierumgebung mit den verantwortlichen Dozierenden und weiteren Studierenden besprechen. Im folgenden Abschnitt wird ein kurzer Einblick in die Blockprogrammierung mit Scratch gegeben.

3.3   Die Programmierumgebung Scratch

Förster verwendet die 2007 vom MIT veröffentlichte Blockprogrammierung Scratch als ideale Einstiegsmöglichkeit für Schülerinnen und Schüler und auch

Lehrerinnen und Lehrer, um fernab vertiefter Programmierkenntnisse, produktive Ergebnisse im Mathematikunterricht zu ermöglichen. Im Gegensatz zu einer skriptbasierten Programmierung, wie z. B. Java, bietet Scratch „die Vorteile, dass Befehle selbsterklärend sind, Syntaxfehler nicht existieren, logische Fehler (oft) ‚(ein)gesehen‘ werden und schnelle Erfolgsmöglichkeiten sowie hohe Schülermotivation Hand in Hand gehen" (Förster, 2011, S. 264).

Im beschriebenen Seminar haben die Studierenden die dritte Version von Scratch verwendet. In Abb. 3 ist die sehr intuitiv zu begreifende Programmoberfläche dieser Version von Scratch mit den wichtigsten Funktionen und Bereichen dargestellt. In den *Skriptbereich* des Programms können die sogenannten *Blöcke* per Drag and Drop von der Auswahlliste, die nach Kategorien sortiert ist, hineingezogen und zu einem Programm zusammengesetzt werden. Dabei deutet die puzzleartige Struktur der einzelnen Blöcke, welche mit verschiedenen Befehlen hinterlegt sind, an, in welcher Weise sie überhaupt angeordnet werden dürfen. Beispielsweise bilden die gelben Blöcke immer den Startblock bzw. -befehl (vgl. Abb. 4). Die Idee von Scratch basiert darauf, dass eine *Hauptfigur,* standardmäßig die orangene Katze, das aus verschiedensten Befehlen bzw. Handlungsaufforderungen bestehende Programm auf der *Bühne* ausführt. In dieser Blockprogrammierumgebung wird also ein Programm basierend auf einer algorithmischen Sequenz zur Animation der Hauptfigur (hier Katze) entwickelt. Das Programm kann durch die Programmvorschau jederzeit getestet werden, wodurch (logische) Fehler schnell eingesehen werden können.

In Abb. 4 sind insbesondere die Blöcke abgebildet, die von wesentlicher Relevanz für die Betrachtung der nachfolgenden Aufgabenstellungen zur Erkundung arithmetischer Zusammenhänge sind. An dieser Stelle sei anzumerken, dass Scratch noch über zahlreiche weitere Funktionen und Möglichkeiten verfügt, wie die Aktivierung des Malstifts (z. B. zum Zeichnen von geometrischen Formen) oder die Nutzung des Mikrofons sowie der Kameraaufnahme.

Die gelben Blöcke sind die sogenannten Anfangs- oder Startblöcke. Die lilafarbenen Blöcke lassen die Hauptfigur in Form von Sprechblasen reden oder denken. Dieser Kategorie sind zudem Blöcke zugeordnet, mit denen das Aussehen der Figur verändert werden kann. Mithilfe der blauen Blöcke kann eine Interaktion mit dem Betrachter der Animation erreicht werden, da dieser eine Antwort auf die von der Hauptfigur gestellte Frage eintippen kann, welche dann im Programm als Variable weiterverarbeitet werden kann. Die grünen Blöcke charakterisieren mathematische Operationen und Funktionen, wie die Grundrechenarten, logische Operatoren, Relationen und das Generieren von Zufallszahlen. Darüber hinaus bietet die orangene Blockkategorie die Möglichkeit, Variablen zu generieren und zu verändern. Hier sei angemerkt, dass ein Häkchen vor der Variablen

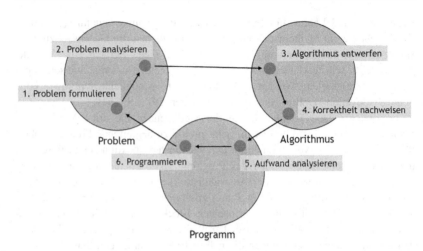

Abb. 2 Problemlösen in der Informatik in Anlehnung an Müller und Weichert (2013)

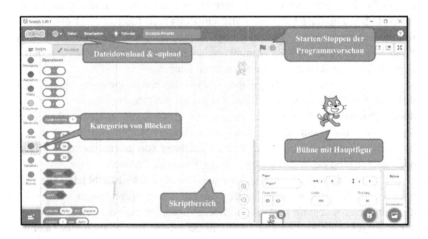

Abb. 3 Programmoberfläche von Scratch 3

dazu führt, dass diese und ihr entsprechender aktueller Wert dauerhaft im Büh-
nenbild angezeigt wird. Als letztes sind noch die hell-orangenen Blöcke (rechts in
Abb. 4) zu betrachten. Diese umfassen verschiedene Steuerungsbefehle, welche

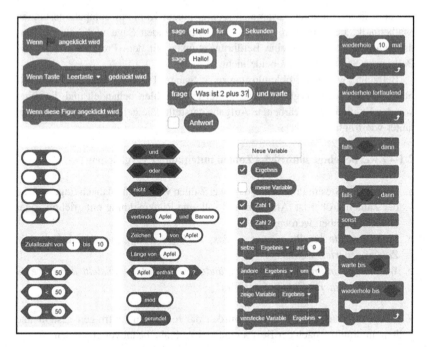

Abb. 4 Ausgewählte Blöcke im Programm Scratch

typisch für die Informatik sind. Die Wiederhole-Blöcke charakterisieren beispielsweise die Schleifen bzw. Iterationen und die Falls-Dann-Blöcke ermöglichen
Verzweigungen bzw. Wenn-Dann-Aussagen in ein Programm zu transferieren.

4 Fallstudie

4.1 Rahmenbedingungen und Methodik

In einer Fallstudie soll das mathematikhaltige Problemlösen im Kontext von
Blockprogrammierungen untersucht werden. Die Grundlage hierfür bilden die
zwei in Abschn. 3.2 beschriebenen parallel gehaltenen Seminare.

In dieser Fallstudie betrachten wir exemplarisch zwei Problemlöseprozesse
der Studenten Martin und Jonas (Namen wurden geändert). Beide studieren
Mathematik für das gymnasiale Lehramt und haben zuvor nur wenig Erfahrung

mit dem Programmieren gesammelt. Außer einem Kurs zur computergestützten Mathematik, in dem nach Angaben der Studierenden Sage und Latex behandelt wurden, hatten sie keine Berührungspunkte mit dem Programmieren. Das Programm Scratch kannten beide nicht.

Betrachtet wird die Problemlösung zu Aufgabe 2.1 (siehe unten) des Protokollheftes, welche den Vergleich zweier natürlicher Zahlen behandelt und die dritte von den Studierenden bearbeitete Aufgabe darstellt. Die genaue Aufgabenstellung lautet wie folgt:

2.1 – Zwei beliebige natürliche Zahlen miteinander vergleichen

a. Entwickeln Sie ein Programm, das zwei Zahlen vorgibt und danach fragt, welche der Zahlen größer ist. Anschließend soll eine Rückmeldung mit „richtig" oder „falsch" gegeben werden.

b. *Verändern Sie Ihr Programm so, dass nach jeder Aufgabe automatisch neue Zahlen generiert werden.*

c. *Was müsste an Ihrem Programm verändert werden, damit anstelle der größeren nach der kleineren Zahl gefragt wird?*

Zur Strukturierung der Reflexion wurden die folgenden Leitfragen gestellt und sollten unmittelbar nach der Bearbeitung der Aufgabe beantwortet werden:

- *Beschreiben Sie Ihre Problemlösung.*
- *Was ist Ihnen besonders gut und schnell gelungen?*
- *Was fanden Sie hier besonders schwierig oder kompliziert?*
- *An welcher Stelle trat ein Problem auf? Erläutern Sie, wie Sie dieses Problem gelöst haben! Haben Sie eine bestimmte Strategie angewendet, um das Problem zu lösen?*
- *Welches mathematische Wissen haben Sie zur Lösung der Aufgabe/der konkreten Probleme angewendet?*
- *Wie haben Sie überprüft, dass Ihr Programm die gestellte Aufgabe löst?*

Die Antworten der beiden Studenten auf diese Fragen und die Screenshots ihrer Problemlösung bilden die Datenbasis für diese Fallstudie. Auf ihrer Grundlage sollen die Problemlöseprozesse der beiden Studierenden rekonstruiert werden und in einem interpretativen Ansatz (vgl. Maier & Voigt, 1991) vor dem Hintergrund, der in Abschn. 2 vorgestellten Theorien analysiert werden. Dabei sind die drei folgenden Fragen zentral:

1) Wie kann das Vorgehen der Gruppe mit den Schritten des mathematischen Problemlöseprozesses (Problem verstehen, Plan ausdenken, Plan ausführen, Rückschau) nach Pólya (1949) beschrieben werden?

2) Inwiefern tragen Resources, Heuristics, Control und Belief Systems nach Schoenfeld (1985) zur Problemlösung bei?

3) Welche Rolle spielen das Formulieren und Analysieren eines Problems, das Entwerfen und Überprüfen eines Algorithmus sowie die Aufwandsanalyse und das Programmieren als Schritte des informatischen Problemlöseprozesses nach Müller und Weichert (2013)?

In den folgenden Abschnitten findet sich die Beschreibung und Analyse der Problemlöseprozesse im Rahmen eines interpretativen Ansatzes auf der Basis der Theorien von Pólya, Schoenfeld sowie Müller und Weichert. Dabei wird insbesondere auf die Aufgabenteile b und c der oben beschriebenen und von den Studenten bearbeiteten Problemstellung eingegangen.

4.2   Problemlöseprozess des Studenten Martin

Student Martin startet sein Programm zur Lösung von Aufgabenteil b der Aufgabe 2.1 (siehe Abb. 5), bei dem die größere von zwei Zahlen angegeben werden soll, mit einer Frage an den Programmnutzer. Dieser soll definieren, wie viele Aufgaben er bearbeiten möchte, indem er eine natürliche Zahl eingibt. Der hierauf folgende Algorithmus wird entsprechend oft mithilfe eines „wiederhole x mal"-Blocks wiederholt, sodass der Nutzer in einer Schleife entsprechend viele Aufgaben gestellt bekommt. Innerhalb der Schleife werden zunächst die zwei Variablen y1 und y2 als Zufallszahlen zwischen 0 und 10.000 definiert. Dies soll durch einen weiteren Wiederhole-Block so oft wiederholt werden, bis beide Variablen nicht den gleichen Wert zugewiesen bekommen haben. Hierauf folgt dann die Aufgabe für den Nutzer mit entsprechenden Ersetzungen für die Variablen y1 und y2: „Gib die größere der beiden Zahlen an: y1 und y2. Schreibe 1 für die erste Zahl und 2 für die zweite Zahl".

Hierauf folgt eine Unterscheidung von vier Fällen, die Martin durch eine mehrfach verschachtelte Fallunterscheidung trennt. Zunächst wird geprüft, ob y1 größer als y2 ist und der Nutzer die Antwort 1 gegeben hat. Falls dieser Fall eintritt, erhält der Nutzer die Rückmeldung, dass er die Aufgabe richtig bearbeitet hat und die Schleife beginnt erneut mit der Generierung neuer Zufallszahlen.

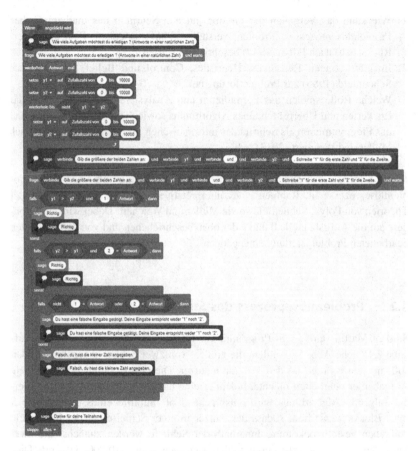

Abb. 5 Problemlösung des Studenten Martin zum Aufgabenteil b

Tritt der genannte Fall nicht ein, so wird erneut eine Fallunterscheidung vorgenommen. Ist y2 größer als y1 und die Eingabe lautet 2, so erfolgt ebenfalls eine Rückmeldung, dass die Aufgabe richtig bearbeitet wurde. Trifft dies nicht zu, wird erneut eine Fallunterscheidung vorgenommen. Entspricht die Eingabe des Nutzers nicht den Zahlen 1 oder 2, so wird die Rückmeldung gegeben, dass eine falsche Eingabe gemacht wurde. Im anderen Fall wird die Rückmeldung gegeben, dass die Antwort falsch ist und die kleinere Zahl angegeben wurde. Die Schleife beginnt jeweils von vorne.

Für das Programm zum Aufgabenteil c, bei dem anstelle der größeren die kleinere zweier Zahlen bestimmt werden soll, ist Martin ähnlich vorgegangen. Der Unterschied liegt lediglich darin, dass im ersten betrachteten richtigen Fall die Zahl 1 und im zweiten richtigen Fall die Zahl 2 eingegeben wird. In seiner Reflexion schreibt Martin als Antwort auf die Frage, was ihm besonders gut und schnell gelungen ist, das Folgende:

> Die Definition der Zahlen sowie der Fragestellung sind mir schnell und gut gelungen. Nachdem mir klar war, wie viele Fälle notwendigerweise zu betrachten sind, war der dazugehörige Algorithmus schnell umgesetzt.

Entsprechend der ersten zwei Schritte nach Pólya hat Martin somit die Problemstellung verstanden und sich einen Plan überlegt („Nachdem mir klar war, wie viele Fälle notwendigerweise zu betrachten sind"). Diesen Plan hat er dann entsprechend des dritten Problemlöse-Schrittes nach Pólya ausgeführt, indem er den Algorithmus im Programm durch das Zusammensetzen passender Blöcke darstellt („war der dazugehörige Algorithmus schnell umgesetzt").

Betrachtet man das Vorgehen von Martin aus informatischer Perspektive, so lässt sich erkennen, dass er zunächst das gegebene Problem analysiert, also den zweiten Schritt des informatischen Problemlösekreislaufs durchführt. Eine vorherige (eigenständige) Formulierung des Problems (Schritt 1) findet nicht statt – dieses ist bereits durch die Aufgabenstellung gegeben. Anschließend entwirft Martin den Algorithmus (Schritt 3) und setzt ihn im Programm um (Schritt 6). Die Entwicklung und die Implementation des Algorithmus schienen bei Martin somit Hand in Hand zu gehen und waren keine separaten Schritte.

Auf die Frage, was fanden Sie besonders schwierig oder kompliziert, antwortet Martin Folgendes:

> Kompliziert war die Betrachtung der einzelnen Fälle, die eintreten können. So muss man im Algorithmus zwei Fälle betrachten, in denen die Lösung richtig ist. Der eine Fall ist, wenn „y1" die kleinere Zahl ist, diese auch anzugeben und der andere, wenn „y2" die kleinere Zahl ist, diese auch anzugeben. Der dritte Fall tritt ein, wenn keine der beiden Zahlen „1" oder „2" entspricht. Mit dem vierten Fall fasse ich alle weiteren Fälle zusammen, denn egal welche Kombination sonst noch vorliegt, die Zahlen sind richtig, aber die Zuordnung falsch. Also erhält man die Ausgabe falsch. Mit diesem Fall werden eigentlich mehrere Fälle abgedeckt, so aber korrekt in einem zusammengefasst.

In seiner Antwort beschreibt Martin, welche Fälle er in seiner Lösung betrachtet. Dabei schaut er zunächst, wann die Antwort eines Nutzers richtig ist („zwei Fälle betrachtet, in denen die Lösung richtig ist") und fast die übrigen Fälle als

falsche Antwort bzw. Eingabe zusammen. Damit scheint Martin das heuristische
Hilfsmittel des Rückwärtsarbeitens zu nutzen, indem er zunächst schaut, welche
Rückmeldungen muss mein Programm geben und dann die entsprechenden Fälle
zuordnet. Die möglichen Fälle für eine falsche Antwort fasst er dann in der Fallunterscheidung als einen Fall zusammen, indem er sie als solche beschreibt, die
nicht unter die als richtig deklarierten Fälle fallen („sonst sage ‚Falsch […]‘",
siehe Abb. 5), und optimiert damit sein Programm.

Die Frage, an welcher Stelle ein Problem aufgetreten ist und wie versucht
wurde, dieses zu lösen, wurde von Martin folgendermaßen beantwortet:

> Mir ist beim Durchgehen des Algorithmus aufgefallen, dass ich den (wenn auch
> unwahrscheinlichen Fall) das „y1" und „y2" gleich sind, nicht betrachtet habe. Der
> Nutzer hätte hier angeben können, was er wollte, entweder wäre die Ausgabe „Falsch,
> du hast die größere Zahl angegeben." oder „Du hast eine falsche Eingabe getätigt.
> Deine Eingabe entspricht weder "1" noch "2"." erfolgt. Es gab nicht die Möglich-
> keit, eine richtige Antwort zu geben. Durch eine While-Schleife am Anfang stellt der
> Algorithmus sicher, dass, wenn zwei gleiche Zahlen generiert wurden, diese solange
> nochmal generiert werden, bis sie ungleich sind. Damit entfällt dieses Problem.

Martins Aussage zeigt zunächst einmal, dass er zur Kontrolle seiner Lösung (Control nach Schoenfeld) den in Blöcken dargestellten Algorithmus durchgeht. Dies
entspricht dem Schritt des Überprüfens eines Algorithmus aus dem informatischen Problemlöseprozess. Dieser findet anders als in dem Modell von Müller
und Weichert nicht vor der Programmierung statt, sondern während bzw. nach
der Programmierung. Dies lässt sich darauf zurückführen, dass die Entwicklung
des Algorithmus und dessen Implementation eng verwoben sind.

Martin bemerkt, dass er mit seinen zunächst betrachteten Fällen nicht alle
möglichen Fälle abdeckt. Er verändert seinen Algorithmus so, dass der zunächst
nicht betrachtete Fall nicht auftreten kann. Daran sieht man, dass der Problemlöseprozess des Studenten nicht linear verläuft, sondern entsprechend den bei
Pólya oder Müller und Weichert angegebenen Kreislauf-Modellen schrittweise
bessere Lösungen entwickelt werden, indem ein regelmäßiger Rückbezug auf die
Problemstellung erfolgt.

Auf die Frage, welches mathematische Wissen zur Problemlösung angewendet
wurde, antwortet Martin Folgendes:

> Ich habe die Ordnung auf den reellen Zahlen verwendet, die sich auf die natürli-
> chen Zahlen überträgt. Außerdem habe ich das Wissen über das Gleichheitszeichen
> verwendet.

Martin nennt in seiner Antwort die Ordnung der reellen Zahlen und das Gleichheitszeichen als das angewendete mathematische Wissen (Ressources nach Schoenfeld). Beides ist für das Vergleichen zweier Zahlen essenziell. Hinzu kommt vermutlich noch weiteres mathematisches und informatisches Wissen, dessen Verwendung Martin vielleicht gar nicht bewusst war, ohne die er seine Problemlösung aber wohl nicht hätte entwickeln können. Hierzu zählt zum Beispiel sein Wissen über Variablen oder den Begriff der Zufallszahl. Auch grundlegendes Wissen aus dem Bereich der Logik wurde angewendet, insbesondere zu Wenn-Dann-Aussagen oder zum Prinzip der Fallunterscheidung. Neben dem mathematischen Wissen im engeren Sinne musste Martin auch Wissen aus der Schnittstelle zur Informatik anwenden, z. B. in Bezug auf Schleifen.

Martins Aussage zeigt sehr deutlich, dass er ein vergleichsweise enges Verständnis davon hat, was zur Mathematik gehört und was nicht (Beliefs nach Schoenfeld).

In der letzten Frage zu der hier betrachteten Problemstellung wird gefragt, wie man geprüft hat, ob das Programm die gestellte Aufgabe löst.

> Ich bin den Algorithmus im Kopf durchgegangen und habe danach jede mögliche Ausgabe min. einmal durch die passenden Eingaben generiert und dabei darauf geachtet, dass der Algorithmus funktioniert und keinen Fehler macht.

Das von Martin beschriebene Vorgehen lässt sich dem vierten Schritt des mathematischen Problemlöseprozesses nach Pólya zuordnen – der Rückschau auf das Problem. Indem er verschiedene Werte in das Programm eingibt, prüft er, ob das eingangs gestellte Problem gelöst wurde. Die Lösung überprüft Martin sowohl durch Prüfen der Korrektheit des Algorithmus auf theoretischer Ebene als auch durch das Austesten von Einzelbeispielen als Eingabe in das Programm (Control nach Schoenfeld). Dies ist auch durchaus beides sinnvoll, da ein korrekter Algorithmus noch nicht bedeutet, dass die Blöcke und die darin implementierten Funktionen auch zu dem erwarteten Ergebnis führen. Dies lässt sich nur durch eine Art Experiment überprüfen.

4.3   Problemlöseprozess des Studenten Jonas

Das Programm von Student Jonas (siehe Abb. 6) weist einige Parallelen zu dem von Martin erstellten Programm auf, im Detail zeigen sich allerdings gewisse Unterschiede. Jonas definiert wie Martin zunächst zwei Variablen a und b als Zufallszahlen und wählt hierzu einen Bereich zwischen 1 und 100 aus. Anschließend folgt die Frage an den Programmnutzer, welche der beiden Zahlen größer

Abb. 6 Problemlösungen
des Studenten Jonas zum
Aufgabenteil b

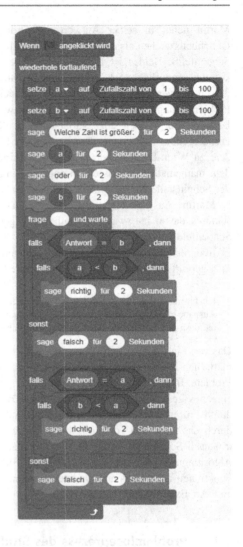

ist. Hierauf folgt eine doppelte Fallunterscheidung. Zunächst werden die beiden
Fälle „Antwort = b" und „Antwort = a" durch zwei falls-sonst-Blöcke unterschieden. Wenn der Nutzer mit b geantwortet hat, wird durch einen weiteren
falls-Block geprüft, ob „a<b" gilt. Ist dies gegeben, erhält der Nutzer die Rückmeldung „richtig", andernfalls kommt die Rückmeldung „falsch". Analog wird

bei der Antwort a des Nutzers „b < a" geprüft und es werden entsprechende Rückmeldungen gegeben. Auf analoge Weise formuliert Jonas ein Programm für die kleinste zweier Zahlen.

Jonas erklärt in seiner Reflexion, wie er zu der Lösung des gestellten Problems gekommen ist. Interessant ist unter anderem die Stelle, an der er beschreibt, wie er aufbauend auf seiner Problemlösung des Aufgabenteils b den Aufgabenteil c gelöst hat:

> Um die Abfrage nach der größeren Zahl zur kleineren Zahl zu verändern muss tatsächlich nur sehr wenig geändert werden. Neben der Abfrage selbst müssen nur die 2 Antwort-Blöcke vertauscht werden, wie im Screenshot zu sehen. Dadurch wird die Antwort der Abfrage genau umgedreht, sodass die kleinere Zahl betrachtet wird.

Als Heurismus verwendet Jonas hier das Aufbauen auf bereits gelösten verwandten Problemen. Er erkennt eine Verbindung zwischen Aufgabenteil b und c – durch gezieltes Verschieben von Blöcken, kann er dann auch die neue Aufgabe lösen.

Später im Protokoll beschreibt Jonas, wie er mit dem Problem umgegangen ist, dass beide Zufallszahlen gleich sein könnten:

> Außerdem wollte ich das Programm noch so ändern, dass die zwei Zufallszahlen nicht gleich sind, allerdings konnte ich bei den Blöcken kein „Ungleich" finden. Das Problem lässt sich aber auch lösen, indem man den Zahlenbereich groß genug macht, wodurch die Wahrscheinlichkeit zweier gleicher Zufallszahlen minimiert wird.

In Scratch gibt es keinen direkten Befehl dafür, dass zwei Zahlen ungleich sein sollen. Martin hat daher den „ = "-Operator in Kombination mit einem nicht-Operator verwendet. Jonas geht anders vor: Da er das Problem nicht formal innerhalb des Algorithmus lösen kann, versucht er die Häufigkeit des Auftretens zu verringern und sich so einer Lösung anzunähern (Heuristics nach Schoenfeld). Hierzu erhöht er das Intervall, aus dem die Zufallszahlen gewählt werden.

An einer anderen Stelle in seiner Reflexion schreibt Jonas über das genutzte mathematische Wissen:

> Im Prinzip brauchte man bei dieser Aufgabe kaum mathematisches Wissen, wichtig war es, die Bedeutung der Zeichen „<" und „>" zu wissen und das Wissen um eine Fallunterscheidung (falls das als mathematisches Wissen zählt).

Jonas fasst damit (explizit) mehr unter mathematisches Wissen, als es Martin getan hat (Beliefs nach Schoenfeld). Für ihn zählt beispielsweise die Fallunterscheidung als ein hier angewendetes mathematisches Prinzip.

Abschließend beschreibt Jonas, wie er seine eigene Lösung überprüft hat:

Ich habe das Programm ein paar mal durchlaufen lassen und jede Mögliche [sic] Antwort ausprobiert um zu verifizieren, dass mir das Programm auch die richtige Antwort rausgibt.

Jonas erklärt, dass er verschiedene Werte in das Programm eingegeben und die jeweilige Ausgabe überprüft hat. Damit geht er ähnlich wie bei einem (naturwissenschaftlichen) Experiment vor und prüft systematisch „jede Mögliche [sic] Antwort". Hiermit meint er vermutlich, dass er jeden von ihm im Algorithmus festgelegten Fall getestet hat. Die theoretische Überprüfung der Korrektheit des Algorithmus erwähnt Jonas nicht, vermutlich hat er dies aber zumindest in einem gewissen Rahmen beim Aufstellen seiner Lösung berücksichtigt.

4.4   Ergebnisdiskussion

Nachdem in den beiden letzten Abschnitten die Problemlösungen und Reflexionen von Martin und Jonas detailliert beschrieben und analysiert wurden, sollen die daraus gewonnenen Erkenntnisse an dieser Stelle noch einmal in Bezug auf die drei Forschungsfragen verdichtet werden. Forschungsfrage 1 bezieht sich zunächst auf die Schritte des Problemlösens nach Pólya:

1. *Wie kann das Vorgehen der Gruppe mit den Schritten des mathematischen Problemlöseprozesses (Problem verstehen, Plan ausdenken, Plan ausführen, Rückschau) nach Polya (1949) beschrieben werden?*

Die Phasen des Problemlöseprozesses nach Pólya konnten insbesondere in der Reflexion von Martin an mehreren Stellen klar identifiziert werden – Jonas beschreibt dagegen eher einzelne Situationen im Problemlöseprozess als den gesamten Prozess, sodass die Rekonstruktion einzelner Schritte bei ihm schwieriger ist. Es wird deutlich, dass beide Studenten ihre Problemlösungen nach der Überprüfung eines ersten Ergebnisses verändert haben – der Problemlöseprozess verlief nicht linear, sondern hatte den Charakter eines Kreislaufs. Somit eignet sich das Problemlösemodell nach Pólya offenbar gut, um Problemlöseprozesse an der Schnittstelle von Mathematik und Informatik zu betrachten.

Forschungsfrage 2 geht auf die Kategorien für erfolgreiches Problemlösen nach Schoenfeld ein:

2. *Inwiefern tragen Resources, Heuristics, Control und Belief Systems nach Schoenfeld (1985) zur Problemlösung bei?*

Auf der Grundlage der Reflexionen von Martin und Jonas ließen sich wesentliche Aspekte der Problemlösekategorien nach Schoenfeld rekonstruieren. Als Recources haben die beiden Studenten verschiedene grundlegende mathematische Inhalte genannt (z. B. Wissen über die natürlichen Zahlen) angewendet; es waren aber auch ein grundlegendes Variablenverständnis, Aspekte der Logik (z. B. Fallunterscheidungen) und informatisches Grundwissen für die Problemlösung notwendig und wurde von den Studenten angewendet.

Als Heuristics haben die Studenten verschiedene Strategien eingesetzt. Hierzu zählte unter anderem das Aufgreifen verwandter Probleme oder das Rückwärtsarbeiten. Als Kontrollmechanismen (Control) fungierte unter anderem die theoretische Überprüfung der Korrektheit des Algorithmus sowie das Testen verschiedener Eingabewerte im Rahmen eines Experiments. Das Belief-System der Studierenden ließ sich aus ihren Antworten nur schwer rekonstruieren. Mit den Kategorien nach Schoenfeld lassen sich mathematikhaltige Problemlöseprozesse an der Schnittstelle zur Informatik demnach ebenfalls sinnvoll analysieren.

In der dritten Forschungsfrage wurde schließlich der informatische Problemlösekreislauf beleuchtet:

3. *Welche Rolle spielen das Formulieren und Analysieren eines Problems, das Entwerfen und Überprüfen eines Algorithmus sowie die Aufwandsanalyse und das Programmieren als Schritte des informatischen Problemlöseprozesses nach Müller und Weichert (2013)?*

In den Antworten von Martin ließen sich viele der Schritte des informatischen Problemlösekreislaufs wiederfinden. So konnten die Problemformulierung und -analyse, die Algorithmusentwicklung und Programmierung sowie die Algorithmusüberprüfung rekonstruiert werden. Dabei wurde allerdings deutlich, dass anders als im theoretischen Modell die Entwicklung des Algorithmus und dessen Umsetzung im Programm nicht getrennt voneinander, sondern Hand in Hand geschehen. Dies könnte an der Systematik der Blockprogrammierung liegen, die ein eher exploratives Arbeiten mit den Blöcken ermöglicht. Zudem war den Studierenden die Programmiersprache durch die Blöcke vorgegeben, sodass sie schauen mussten, wie eine Lösung mit ebendiesen möglich ist.

Auch wenn bei Martin Abweichungen zum theoretischen Modell nach Müller und Weichert bestanden, stellen die im Modell beschriebenen Schritte des informatischen Problemlöseprozesses eine sinnvolle Grundlage zur systematischen Analyse seines Vorgehens bereit.

5   Fazit

Im Sinne des zu Beginn genannten Lehrens und Lernens mit und über digitale Medien und Werkzeuge zeigt die in diesem Artikel vorgestellte Fallstudie, wie angehende Mathematiklehrkräfte bereits im Studium an das Programmieren herangeführt werden können. Am Beispiel der mathematikhaltigen Problemaufgabe – *Entwickeln Sie ein Programm, das zwei Zahlen vorgibt und danach fragt, welche der Zahlen größer ist. Anschließend soll eine Rückmeldung mit „richtig" oder „falsch" gegeben werden.* – konnten die Problemlöseprozesse zweier Lehramtsstudenten analysiert und verglichen werden. Einschlägige Werke zum Problemlösen in der Mathematik (Pólya, 1949; Schoenfeld, 1985) und Informatik (Müller & Weichert, 2013) wurden zunächst differenziert betrachtet und stellten sich im Rahmen der Untersuchung als sinnvolles Analyseinstrument zur Betrachtung der individuellen Vorgehensweisen von Studierenden beim Problemlösen in mathematikhaltigen Programmierumgebungen heraus. Zusammenfassend kann zunächst festgehalten werden, dass das Vorgehen beider Studenten zeigt, dass sie den dargestellten Kreislauf nach Pólya (1949) in ihrem Problemlöseprozess mehrfach durchlaufen haben. Denn beide Studenten reflektierten, dass sie ihre erste Problemlösung nach der Überprüfung ihres ersten Algorithmus u. a. durch das Testen verschiedener Eingabewerte, welches als eine Art Experiment beschrieben werden kann, noch einmal verändert haben. Mit Blick auf die Problemlösekategorien nach Schoenfeld (1985) zeigen die Ergebnisse auch, dass die Studenten in der Kategorie Resources grundlegende mathematische Inhalte, wie z. B. ihr Wissen über natürliche Zahlen, und die zur Problemlösung ebenfalls notwendigen informatischen Grundkenntnisse, wie z. B. das Wissen über Schleifen, eingesetzt haben. Bezugnehmend auf den informatischen Problemlöseprozess nach Müller und Weichert (2013) wird deutlich, dass die verwendete Blockprogrammierungssoftware eine eher explorative Programmentwicklung anzuregen scheint. Denn beide Studenten durchlaufen die Schritte zur Entwicklung eines Algorithmus (siehe Schritt 3 und 4 in Abb. 2) und zur Umsetzung in ein Programm (siehe Schritt 5 und 6 in Abb. 2) nicht getrennt voneinander. Für etwaige weitere Forschungsvorhaben, welche in diesem Bereich angesiedelt sind, sei abschließend anzumerken, dass eine detaillierte Rekonstruktion der Problemlöseprozesse, insbesondere hinsichtlich der Abfolge einzelner Schritte, sicherlich durch Datenaufnahmen während des tatsächlichen Problemlösens angereichert werden könnte.

Literatur

Beckmann, A. (2003). *Fächerübergreifender Mathematikunterricht. Teil 4: Mathematikunterricht in Kooperation mit Informatik.* Franzbecker.

Beckmann, A. (2005). Informatische Aspekte im Mathematikunterricht – Möglichkeiten und Chancen. In U. Kortenkamp (Hrsg.), *Informatische Ideen im Mathematikunterricht.* Bericht über die 23. Arbeitstagung des Arbeitskreises „Mathematikunterricht und Informatik" in der Gesellschaft für Didaktik der Mathematik e. V. vom 23. bis 25. September 2005 in Dillingen an der Donau. Franzbecker.

Bescherer, C., & Fest, A. (2019). Mathematik und informatische Bildung. Programmieren mit Scratch. In T. Junge, & H. Niesyto (Hrsg.), *Digitale Medien in der Grundschullehrerbildung. Erfahrungen aus dem Projekt dileg-SL.* Schriftenreihe Medienpädagogik interdisziplinär, Bd. 12. Verlag kopaed, S. 117–130.

Dilling, F. (2020). Authentische Problemlöseprozesse durch digitale Werkzeuge initiieren – eine Fallstudie zur 3D-Druck-Technologie. In F. Dilling & F. Pielsticker (Hrsg.), *Mathematische Lehr-Lernprozesse im Kontext digitaler Medien* (S. 161–180). Springer Spektrum.

Eppendorf, F., & Marx, B. (2020). Blockprogrammieren im Mathematikunterricht – ein Werkstattbericht. In F. Dilling & F. Pielsticker (Hrsg.), *Mathematische Lehr-Lernprozesse im Kontext digitaler Medien* (S. 227–245). Springer Spektrum.

Feurzeig, W., & Papert, S. (1969). Programming-languages as a conceptual framework for teaching mathematics. In *Programmed Learning Research.* Dunod.

Förster, K-T. (2011). Neue Möglichkeiten durch die Programmiersprache Scratch: Algorithmen und Programmierung für alle Fächer. In R. Haug & L. Holzäpfel (Hrsg.). *Tagungsband GDM 45* (S. 263–266). Tagung für Didaktik der Mathematik: WTM.

Förster, K.-T. (2014). Scratch von Anfang an: Programmieren als begleitendes Werkzeug im mathematischen Unterricht der Sekundarstufe. In J. Roth & J. Ames (Hrsg.), *Beiträge zum Mathematikunterricht 2014* (S. 373–376). Münster.

Greefrath, G. (2018). *Anwendungen und Modellieren im Mathematikunterricht. Didaktische Perspektiven zum Sachrechnen in der Sekundarstufe.* Springer Spektrum.

Kortenkamp, U. (2005). Strukturieren mit Algorithmen. In U. Kortenkamp (Hrsg.), *Informatische Ideen im Mathematikunterricht.* Bericht über die 23. Arbeitstagung des Arbeitskreises „Mathematikunterricht und Informatik" in der Gesellschaft für Didaktik der Mathematik e. V. vom 23. bis 25. September 2005 in Dillingen an der Donau. Franzbecker.

Kultusministerkonferenz (2016). Strategie der Kultusministerkonferenz „Bildung in der digitalen Welt" (Beschluss der Kultusministerkonferenz vom 08.12.2016).

Lehmann, E. (2004). Konzeptionelle Überlegungen zur Einbeziehung informatischer Inhalte und Methoden beim Computereinsatz im Mathematikunterricht der Sekundarstufe 2. *JMD, 25,* 307–308.

Medienberatung NRW (2020). *Medienkompetenzrahmen NRW.* https://medienkompetenzrahmen.nrw/fileadmin/pdf/LVR_ZMB_MKR_Broschuere.pdf Zugegriffen: 23. Aug. 2021.

Müller, H., & Weichert, F. (2013). *Vorkurs Informatik.* Springer.

Newell, A., & Simon, H. A. (1972). *Human problem solving.* Prentice-Hall.

Oldenburg, R. (2011). *Mathematische Algorithmen im Unterricht: Mathematik aktiv erleben durch Programmieren.* Vieweg+Teubner.

Pólya, G. (1949). *Schule des Denkens. Vom Lösen mathematischer Probleme.* Francke.

Schmidt-Thieme, G., & Weigand, H.-G. (2015). Medien. In R. Bruder, L. Hefendehl-Hebeker, B. Schmidt-Thieme, & H.-G. Weigand (Hrsg.), *Handbuch der Mathematikdidaktik* (S. 461–490). Springer Spektrum.

Schoenfeld, A. (1985). *Mathematical Problem Solving.* Academic Press.

Smith, M. U. (1991). *Toward a unified theory of problem solving: Views from the content domains.* Erlbaum.

Strecker, K. M. (2009). *Informatik für Alle – Wie viel Programmierung braucht der Mensch?* (Dissertation). Georg-August-Universität Göttingen. https://ediss.uni-goettingen.de/handle/11858/00-1735-0000-0006-B3C8-0. Zugegriffen: 23. Aug. 2021.

Printed in the United States
by Baker & Taylor Publisher Services